U0282756

R语言应用系列

Introduction to Scientific Programming and Simulation Using R

R 语言的科学编程与仿真

欧文·琼斯
Owen Jones
〔澳〕 罗伯特·梅拉德特　著
Robert Maillardet
安德鲁·鲁宾逊
Andrew Robinson

王　亮　周丙常（西北工业大学）
王　亮　（西安电子科技大学）　译

西安交通大学出版社
Xi'an Jiaotong University Press

Introduction to Scientific programming and Simulation Using R

Owen Jones，Robert Maillardet，and Andrew Robinson

ISBN：978 - 1 - 4200 - 6872 - 6

Copyright©2011 by Taylor & Francis Group, LLC

Chapman & Hall/CRC is an imprint of Taylor & Francis Group, an informa business.

All rights reserved. This translation published under license.

本书中文简体字版由泰勒·弗朗西斯集团有限责任公司授权西安交通大学出版社独家出版发行并限在中国大陆地区销售。未经出版者预先书面许可，不得以任何方式复制或发行本书的任何部分。

本书封面贴有 Taylor & Francis 公司防伪标签，无标签者不得销售。

陕西省版权局著作权合同登记号 图字 25 - 2012 - 006 号

图书在版编目(CIP)数据

R 语言的科学编程与仿真/(澳)琼斯(Jones,0.),(澳)梅拉德特(Maillardet,R.),(澳)鲁宾逊(Robinson,A.)著；王亮,周丙常,王亮译.—西安:西安交通大学出版社,2014.9
书名原文:Introduction to scientific programming and simulation using R
ISBN 978 - 7 - 5605 - 6242 - 1

Ⅰ.①R… Ⅱ.①琼…②梅…③鲁…④王…⑤周…⑥王… Ⅲ.①程序语言-程序设计 Ⅳ.①TP312

中国版本图书馆 CIP 数据核字(2014)第 103611 号

书　　名	R 语言的科学编程与仿真	
著　　者	〔澳〕欧文·琼斯,罗伯特·梅拉德特,安德鲁·鲁宾逊	
译　　者	王　亮　周丙常　王　亮	
责任编辑	李　颖	

出版发行　西安交通大学出版社
　　　　　（西安市兴庆南路 10 号　邮政编码 710049）
网　　址　http://www.xjtupress.com
电　　话　(029)82668357　82667874(发行中心)
　　　　　(029)82668315　82669096(总编办)
传　　真　(029)82668280
印　　刷　陕西宝石兰印务有限责任公司

开　　本　720mm×1000mm　　1/16　　印张　27.5
印　　数　0001～3000 册　　　　　　　字数　654 千字
版次印次　2014 年 12 月第 1 版　　2014 年 12 月第 1 次印刷
书　　号　ISBN 978 - 7 - 5605 - 6242 - 1/TP · 622
定　　价　73.00 元

读者购书、书店添货、如发现印装质量问题,请与本社发行中心联系、调换。
订购热线:(029)82665248　(029)82665249
投稿热线:(029)82665397
读者信箱:banquan1809@126.com

版权所有　侵权必究

译者序

两年前，当我接下这项翻译任务的时候，心里非常的忐忑不安。生怕由于自己能力不足，无法将澳大利亚墨尔本大学三位老师的这本心血之作完美地展示给中国读者；辜负了三位老师的期待；耽误了中文读者的学习。不过，也正是因为如此，更坚定了我要将这本书做好的决心，虽然我知道要将这么一本完美著作的灵魂与精髓彻底用中文表述出来是十分困难的事情，但是，我仍决定以自己的最大努力将她诠释之后呈现在中文读者的眼前。因为，多次参加国际会议的经历，以及 2013—2014 年我在美国伊利诺伊理工大学的学习，都让我深深认识到 R 作为一门新兴的语言具有多么广泛的应用前景，国际上对其的使用已然常态化，而国内此类的图书却异常有限，与编程和仿真结合紧密的相关著作更是稀少，因此，能有这么一个将国外该领域优秀著作带给国内读者的机会是非常鼓舞人心的，也是十分难得的。与此同时，我们（周丙常和我）合作翻译的上一本 R 语言图书（《R 语言初学者指南》）取得了非常不错的销售成绩，也得到了诸多读者的好评，这进一步增强了我们将这本书做成、做好、做精的信心。

编程与仿真一直以来是数学、统计、工程等学科处理问题的重要手段与途径，在计算机技术快速发展的今天，借助计算机解决一些理论上难以处理或者是根本处理不了的问题已经成为大家的共识。要借此手段将问题处理好，一来需要合理的算法和理论，二来需要恰当的载体。本书以 R 语言，这种近年来愈衍愈热的语言为载体，系统地讲述了如何在 R 的环境下进行编程、仿真等问题，将经典的处理问题的方法与充满朝气的新生平台相结合，让读者感觉似乎是几位久别重逢的老朋友，又带回了几位生气勃勃的新朋友。这样的组合使读者能更加坦然并深刻地了解认识这些新朋友，从而更容易接受他们，使其与这些老朋友一起在自己身上发光、闪亮。

全书包含四部分内容：第一部分讲述了 R 语言的基本知识以及相关的编

程方法;第二部分讲述了一些经典的数值计算方法在 R 中的实现;第三部分讲述了 R 环境下概率统计上的一些概念的仿真;第四部分介绍了随机建模与仿真,并给出了几个案例分析。全书的学习仅需要一些高等数学、概率论与数理统计的知识即可,并不需要过多的程序设计知识。本书可作为理工科,特别是数学、统计、经济等方向的本科二年级以上或者研究生的教材,也可供有相关需要的读者自学。

参与本书翻译工作的有西北工业大学的王亮老师和周丙常老师,西安电子科技大学的王亮老师。全书共分四大部分 22 章,其中前言和 1、2、9、10～12 章以及附录等内容由西北工业大学王亮老师翻译;3、4、13～19 章由周丙常老师翻译;5～8、20～22 章由西安电子科技大学王亮老师翻译。西北工业大学应用数学系的岳晓乐、张莹、都琳、贾万涛老师对全文给出了一些中肯的指正意见,孙春艳、李超、郝孟丽、何美娟、杨贵东、韩群博士,靳丽民、王德莉、鲁捧菊硕士参与了书中程序的验证工作,统稿工作由西北工业大学王亮老师负责。在此,除了感谢各位译者的辛苦工作之外,也要感谢西安交通大学出版社和李颖编辑对于本书出版所做的策划、编校等工作,以及所有为本书出版做出奉献的人,没有大家的通力合作与努力,就不会有本书的顺利出版。同时我们结合作者主页 http://www.ms.unimelb.edu.au/～odj/给出的勘误,已在译文中就一些问题予以纠正。为了提升本书的可读性,翻译及编辑过程在尊重原书的基础上,同时尽量符合中文的叙述与语法习惯,然而由于译者水平有限,难免有不妥与错误之处,在此向读者致歉的同时,恳请得到大家的不吝赐教并批评指正。

西北工业大学 王亮

liangwang 1129@nwpu.edu.cn

2014 年 11 月 于西安

前　言

这本书有两个主要的目标：对科学编程的讲解和对随机建模的介绍。由于科学编程中的数值方法使利用数学模型处理实际问题变成一种可能，因此，数学建模、尤其是随机建模与科学编程具有紧密的内在联系。本书中有关随机建模与仿真的数值方法将指导我们如何分析一些棘手的建模问题。

此外，仿真还是一种我们已知的进行统计判断最好的方法。

本书假定用户已经完成了或者正在进行大学第一年微积分课程的学习。本书中涉及到的相关知识比较适合于理科/工程/商贸专业的本科一二年级学生，以及一些应用领域中硕士水平的学生。对于本书的学习并非特别需要编程及概率的一些前期知识。

针对比较强调仿真应用的一些概率课程，本书可以作为入门的课程来学习。现代应用概率论和统计学是比较强调数值分析的，此书中我们从一开始就将编程与概率论的知识进行了有机的结合。

我们之所以选择 R 语言作为编程的工具，是因为其具有一些与众不同的特点。在 R 的执行过程中，我们并不详细介绍相关的统计分析方法（虽然有些方法被公认为是相当漂亮的），而是重点讲述如何将算法转换为相应的代码。我们潜在的读者群应该是那些想要编写工具的人，而不仅仅是使用工具的人。

作为本书的补充内容，程序包 **spuRs** 包含了我们所需要使用的大部分代码和数据。在第 1 章中我们讲述了如何安装这个程序包。在书的最后我们还给出了文中涉及到的程序名索引以及 R 命令术语表。

课程结构设置

这本书的内容对于第一年的课程学习来说可能有些过多，其包括课堂授课 36 次，一小时专题辅导 12 次，两小时实验课 12 次。然而，由于本书包含的内容对于任何具体课程来说都是足够的，因此，我们可以根据不同的课程结构来选择相应的内容，或者根据不同的需求来选择对应的知识。我们发现实验课教学是非常重要的,这是由于在实验课上学生可以通过具体的实验过程来学习如何编程。因而,教师可以直接使用文中给出的大量示例和习题来让学生进行实验课程的学习,这些示例和习题是第22章编程设计的一个补充,其都是基于我们给学生布置的课外作业。

核心内容 接下来的这些章节包含了我们对于科学编程与仿真课程的核心知识。

第 I 部分:R 的核心知识以及编程的基本概念。见 1～6 章。

第 II 部分:从数值角度来思考数学:使用第一部分中的概念来实现求根和数值积分。见 9～11 章。

第 III 部分:通过概率论、随机变量和数学期望的基本知识来理解仿真。13～15 章讲述了均匀分布。

第 IV 部分:随机建模与仿真:随机数生成、蒙特卡洛积分法、案例研究。见 18.1～18.2 章节,19 章,21.1～21.2 章节,22 章。

其他有关随机方面的知识内容 上述这些核心知识仅仅涉及到了离散型随机变量,对于估计方面只是使用了样本均值收敛于总体均值的概念。16 章和 17 章增加了一些连续型随机变量、中心极限定理和置信区间的内容。18.3～18.5 节以及 20 章介绍了一些有关模拟连续型随机变量以及方差缩减的知识。在对连续型随机变量有了一些了解之后,我们在 21.3～21.4 节中给出了一些较容易理解的相关案例。

需要注意的是,在 22 章中所提到的一些使用连续型随机变量的示例是可以很容易使用离散型随机变量来替代的。

其他有关编程和数值分析方面的知识 核心内容中给出的有关基本绘图的内容是完全足够的,但是,如果要绘制更加专业的图形,就需要参考第 7 章了。有关更深层次的编程问题,第 8 章起到了桥梁的作用,这对于想编写更完美程序的读者是非常有用的。

第 12 章介绍的是有关单变量和多变量的最优化问题。12.3～12.7 节主要讲述的是多变量的最优化问题,这一部分的内容要比其他部分难一些,需要读者相当熟悉向量的微积分知识。除了示例 17.1.2 之外,这一部分的知识是比较独立的,使用 **optim** 函数就可以了。然而,如果你想像使用黑匣子那样使用 **optim** 函数,这个示例也是比较容易理解的,而不需要专门学习有关多变量最优化的相关知识。

章节概要

1:安装。这一章主要介绍如何获取并安装 R,并且给出本书的补充知识spuRs 程序包。

2:基于 R 的计算环境。这一章将介绍如何使用 R 进行算术计算;创建并控制变量、向量和矩阵;进行逻辑运算;调用 R 的内部函数并获得相关帮助信息;了解工作空间。

3:编程基础。这一章将介绍一系列构成各种程序的基础编程模块。其中某些结构在各种程序设计语言中都是相同的,例如 **if,for** 和 **while** 语句。而还有一些方面却是与众不同的,例如针对向量的编程,这些不同主要是由于考虑到 R 代码的效率所确定的。

4:输入与输出。这一章主要介绍一些 R 提供的将数据输入进行分析和输出或存储结果的基本知识。其中,第 6 章对如何导入数据进行了详细的介绍,第 7 章对于绘图进行了详细的介绍。

5:函数化编程。这一章是对第 3 章相应内容的补充,涉及到了用户自定义函数。具体的内容包括如何创建函数,创建函数应遵守的法则,如何在某种工作环境中调用函数等。我们同样还介绍了一些创建函数的小技巧,以及在 R 中如何使用这些技巧。

6:复杂数据结构。这一章中将介绍 R 中一些较复杂的数据结构——列表与数据框,它们可以简化数据的表示法、操作以及分析。数据框有点像矩阵,但是其允许在不同的列中有不同的数据模式,列表是一种普通的数据存储对象,其几乎覆盖了各种类型的 R 对象。此外,我们还介绍了因子,其作用是表示分类对象。

7:绘图。在第 4 章的基础上,本章对 R 的绘图能力进行了更深入的阐释。我们介绍了默认绘图功能的各方面知识,还探讨了如何通过绘图参数来调整图形并在一页中绘制多个图形。并且展示了如何将图形存储为各种不同的格式。最后,我们给出了可以表示多维数据(格图)和 3D 图形的一些绘图工具。

8:R 语言高级编程技术。这一章中简要提及了一些 R 语言中的高级编程思想。主要介绍了程序包的管理及交互使用,并给出了 R 管理我们在工作空间中创建的对象以及我们所运行函数的一些细节信息。此外,还对如何调试所编写函数提供了一些建议。

最后,提供了 R 作为一种面向对象的程序设计语言的一些基础信息,例如,执行由其他计算机语言,譬如 C,所编译的代码。

9:数值精度与程序的效率。 在这一章中,我们将从细节角度考虑计算机的操作及编程问题,特别是针对 R 语言。我们主要考虑计算机如何表示数字,以及表示精度对于计算结果的影响。还涉及计算机执行计算所需的时间,及如何从编程技术角度减少计算所需的时间。最后,我们考虑了计算机内存因素对于计算效率的影响问题。

10:求根。 这一章主要介绍了一系列不同的求根方法。包括了不动点迭代法,牛顿一拉富生算法,割线法和二分法。

11:数值积分。 这一章将介绍数值积分的相关知识。对于积分而言,一个主要的问题是显示的原函数不一定存在。在这种情况下,我们就可以试着使用计算方法的手段来得到积分的近似解。本章主要涉及了梯形积分法,辛普森积分法和自适应积分法。

12:最优化。 这一章讲述的主要问题是如何求解某些函数可能存在的最大值或者最小值。对于一元函数我们主要介绍了牛顿法和黄金分割法,对于多元函数我们主要介绍了最速上升/下降法和牛顿法。此外,我们还进一步提供了一些 R 中常用的最优化工具的信息。

13:概率。 为了更准确地描述客观世界,这一章将讲述一些数学概率的知识,它考虑的主要是如何描述和研究不确定性问题。我们在此将讲述概率公理化和条件概率,此外,我们还将讲述全概率公式,其可以将复杂的概率问题分解为易于处理的简单问题;并且讲述贝叶斯理论,其将以一种非常有用的方式来处理有关条件概率的问题。

14:随机变量。 这一章中介绍随机变量的相关概念。我们将分别给出离散型和连续型随机变量的定义,并讲述各种用来描述它们分布的方法,包括分布函数、概率累积函数和概率密度函数。我们还将给出数学期望、方差、独立性和协方差的定义。此外,本章还将给出随机变量变换的相关知识,并将得到弱大数定理。

15:离散型随机变量。 这一章中将主要介绍一些相对重要的离散型随机变量,以及 R 中与其相关的一些函数。内容包括了伯努利分布、二项分布、几何分布、负二项分布和泊松分布。

16:连续型随机变量。 这一章将介绍一些连续型随机变量的理论、应用及其在 R 中的表示。包括均匀分布、指数分布、威布尔分布、伽玛分布、正态分布、χ^2 分布和 t 分布。

17：参数估计。这一章主要讲述点估计和区间估计。我们将分别介绍中心极限定理、正态近似、渐近置信区间和蒙特卡洛置信区间。

18：模拟。在这一章中我们将分别讲述如何模拟均匀分布随机变量和离散型随机变量，并给出如何使用逆变换方法和拒绝法来模拟连续型随机变量。此外，我们还将介绍一些模拟正态随机变量的方法。

19：蒙特卡洛积分。这一章将介绍一些基于模拟进行积分的方法。内容包括投点法和更高效的蒙特卡洛积分法。此外，本章还将比较这两种方法与第 11 章讲述的梯形法和辛普森方法在收敛速度上的一些不同结果。

20：方差缩减。这一章将讲述一些有关估计问题中抽样的新方法。内容包括对立抽样法、控制变量和重要抽样法。这些方法在实际应用中可以极大地提高模拟的效率。

21：案例研究。这一章中我们将给出三个具体的案例，分别是流行病问题、库存问题和种子传播问题（包括面向对象的编码的应用）。这些案例的主要目的还是阐述如何使用数值模拟方法。

22：案例选讲。这一章给出了一系列可以由学生来处理的问题。它们与上一章的例子比起来都比较简单，但是比每一章的课后题又更有意思。

参考文献/补充书目

如果你还想进一步学习一些有关科学编程与数值仿真的知识，本书作者在这里提供了一些比较有用的书籍。

R 语言

W. N. Venables and B. D. Ripley, *S Programming*. Springer, 2000.

W. N. Venables and B. D. Ripley, *Modern Applied Statistics with S*, *Fourth Edition*. Springer, 2002.

J. M. Chambers and T. J. Hastie (Editors), *Statistical Models in S*. Brooks/Cole, 1992.

J. Maindonald and J. Braun, *Data Analysis and Graphics Using R: An Example-Based Approach*, *Second Edition*. Cambridge University Press, 2006.

科学编程/数值方法

W. Cheney and D. Kincaid, *Numerical Mathematics And Computing*, *Sixth Edition*. Brooks/Cole, 2008.

M. T. Heath, *Scientific Computing：An Introductory Survey*, *Second Edition*. McGraw-Hill, 2002.

W. H. Press, S. A. Teukolsky, W. T. Vetterling and B. P. Flannery, *Numerical Recipes*, *3rd Edition：The Art of Scientific Computing*. Cambridge University Press, 2007.

C. B. Moler, *Numerical Computing with Matlab*, Society for Industrial Mathematics, 2004.

随机建模与仿真

A. M. Law and W. D. Kelton, *Simulation Modeling and Analysis*, *Third Edition*. McGraw-Hill, 1999.

M. Pidd, *Computer Simulation in Management Science*, *Fifth Edition*. Wiley, 2004.

S. M. Ross, *Applied Probability Models with Optimization Applications*. Dover, 1992.

D. L. Minh, *Applied Probability Models*. Brooks/Cole, 2001.

几点说明

R 在不断的更新中。每一年程序员都会推出或多或少的新版本，这些新版本涉及到很多对于前文的更新和更改，其中大多数是比较微小的，当然，也有一些是比较大的改变。然而，这些新版本并不完全保证是向下兼容的，因此，新版本有可能破坏原工作环境中某些代码的原功能。

例如，在我们书写这本书的过程中，R 的版本从 2.7.1 升级到了 2.8.0，而新版本与旧版本对于函数 **var** 的默认返回值是不同的，若输入中出现 **NA**，旧版本将报错，而新版本将返回 **NA**。值得庆幸的是，我们有充分的时间对这种情况做出明确的说明。

我们对 R 的所有更新做了总结，并且指明本书是与 2.8.0 版本配套的。**spuRs** 程序包中将给出具体的勘误表。

致谢

本书的大部分内容都是基于前两位作者在墨尔本大学的课程来编写的。这门课程已经持续了很多年,我们要特别感谢这些前期授课教师为本书奠定的基础结构,特别是史蒂夫·卡妮和查克·米勒。我们同样要感谢本书的校对员和审稿人:迦得·亚伯拉罕、保罗·布莱克威尔、史蒂夫·卡妮、阿兰·琼斯、大卫·罗尔斯,尤其是菲尔·斯佩克特。奥尔加·博洛夫科娃(Borovkova)和约翰·梅因唐纳德分别在编码问题和 **playwith** 程序包问题中给予了诸多帮助,在此表示衷心感谢。

我们还要感谢在为编写本书提供工具方面做出贡献和成绩的团体,他们使得本书能够顺利出版。在此特别感谢为 R 核心做出贡献的 LATEX 社区,GNU 团体和为 **Sweave** 提供帮助的弗里德里希·莱切(Leisch)。

当然,没有我们的合作伙伴这本书也是无法完成的,这些合作伙伴有夏洛特、黛博拉和格瑞斯,以及我们可爱的孩子们尹定格(Indigo)、西蒙妮、安德烈和菲力克斯。

ODJ,欧文·琼斯

RJM,罗伯特·梅拉德特

APR,安德鲁·鲁宾逊

2008 年 10 月

目　录

第Ⅱ部分　数值技术

第Ⅲ部分 概率与统计

第 I 部分

编 程

第 **1** 章

安装

这一章我们来讲述如何获取和安装 R，保证 R 可以正确找到数据和程序文 P.3
件，选择合适的编辑器来帮助书写 R 的脚本，充分使用 R 的使用指南及大量帮助
资源。我们还将讲述如何安装 **spuRs** 包，此安装包是这本书的一个补充，它包含了
书内涉及到的大部分例子和函数的代码。

R 是一种被称为 S 的函数式编程语言的实现工具。它是由几个统计程序设计
师发展起来并维护的，同时得到了大量使用团体的支持。不同于 S＋——另一种
目前在使用的 S 的实现工具，R 是免费的。它被广泛应用于统计计算和制图学中，
而且，它还是一种可以适用于科学编程的完全函数式编程语言。

1.1　R 的安装

对于各种不同的计算机平台，包括 Unix，Windows 和 MacOS 的各种版本，R
都有与其适用的版本。

我们可以从 R 综合档案网络（Comprehensive R Archive Network）（CRAN）
诸多站点中的任何一个来下载 R，例如 **http://cran.ms.unimelb.edu.au/**。对于
第一次安装来说，此站点提供的信息已经足够了。关于下载和安装 R 的一些意见
和建议可以从 CRAN 站点的常见问题解答（FAQs）来获得。

1.2　R 的启动

在 Windows 环境下运行 R 的工具称为 **Rgui.exe**（R 图形用户界面（graphical
user interface）的简写）。在 MacOS 环境下运行 R 的工具称为 **R.app**。在 UNIX
环境下启动 R 非常简单，只需输入命令 **R** 就可以了（我们假定你的**路径**（*path*）包

含了 R 文件）。

当 R 启动时,它需要加载一些基本信息,然后给出如下提示符:

```
>
```

这个提示符就是在 R 中进行操作的基本输入点,我们可以在此提示符后输入表达式;R 对表达式进行处理,然后输出结果。

```
> 1 + 1
[1] 2
```

R 是面向对象的语言,意思就是说我们可以创建一个对象,将其存储在 R 语句中,然后通过调用其名字来操作它。例如,

```
> x <- 1 + 1
> x
[1] 2
```

当停止使用 R 时,可以通过命令 **q( )** 来退出。R 将询问是否需要保存目前的工作空间,这包括所有你所创建的对象。有关工作空间的更多信息可以参考 2.9 节。

1.3　工作目录

当运行 R 时,需要在你的硬盘上指定一个位置来做为 R 的**工作目录**,此位置将存储用户编写的程序和数据文件。你可以通过输入命令 getwd( ) 来确认当前的工作目录。当启动 R 时你需要做的第一件事就是确定当前的工作目录正是你所想要的那个,可以通过输入命令 **setwd("dir")** 来完成这一项操作,这里 **dir** 表示工作目录的地址。此外,如果你是在 Windows 环境下使用 **Rgui.exe**,则可以通过菜单命令来更改工作目录。

例如,如果你的 U 盘显示为 E 盘驱动器,你想要把第 2 章习题的解答存储在目录 E:\spuRs\ch2 下,则可以输入 **setwd("E:/spuRs/ch2")**。需要注意的是,R 在目录和文件地址的表示中使用的是和 UNIX 用法相同的斜杠/;. 表示当前目录;.. 表示根目录。

```
> getwd()
[1] "/home/andrewr/0.svn/1.research/spuRs/trunk/manuscript/chapters"
> setwd("../scripts")
> getwd()
[1] "/home/andrewr/0.svn/1.research/spuRs/trunk/manuscript/scripts"
```

在 Windows 环境中你可以通过右击程序的快捷方式,选择属性,完成"起始位置"的选定,从而使得 R 自动启动后在你喜欢的工作目录下运行。在 MacOS 环境下你可以使用首选项菜单来设置初始的工作目录。

1.4　书写脚本

虽然我们可以在 R 的提示符后输入并执行所有可能的表达式,但是这样远没P.5有书写脚本方便,所谓脚本,是指我们需要 R 进行处理的一系列表达式的一个简单集合。脚本的同义词还有**程序**(program)和**代码**(code)。

书写程序,就需要一个文本编辑器(区别于文字处理器)。Windows 环境下的 R 具有嵌入式的文本编辑器,但是 Tinn-R[①] 也是一个不错的选择,其可以通过 http://www.sciviews.org/Tinn-R 来得到。对于更多的高级用户而言,emacs 和 Xemacs 下使用 R 也非常方便,在此情况下我们特别推荐使用 Emacs Speaks Statistics(ESS)包。

1.5　帮助

这本书并没有覆盖 R 的全部功能,甚至是涉及到的 R 的功能也并未介绍了其所有方面。若要了解 R 的更多命令或函数,譬如函数 **x**,可以输入 **help(x)** 或者**? x** 来实现。如果记不清你所想知道的命令的具体名称或者函数名称,则可通过 **help.search("x")** 语句来查找所有与 **x** 相关的标题、名称、别名和关键词等的帮助信息。

输入 **help.start()**,可以得到一个非常有用的超文本标记语言(HTML)帮助界面,这个界面可以实现查询帮助信息的功能,并且提供了很多使用指南的链接,这里我们特别强烈推荐《R 入门指南》(An Introduction to R)。

本书的最后提供了一个简单的命令术语表,如果要得到更多资料,一个不错的选择是借助于 CRAN 网,这个网站介绍了很多相关文献,并且可以链接到 R 社区提供的在线资源。此外,第 8 章中我们也介绍了一些有关高级技术的参考文献。

毋庸置疑,通过阅读一些帮助信息、R 使用指南和这本书可以把你带入 R 的世界,并了解其一些应用。但是,要真正了解 R 内的各个部分是如何工作的,你别无选择,只有一个办法:在实践中学习。

---

① 书写程序时我们推荐使用 1.17.2.4 版本,其安装设置要比最新版简单。

1.6　辅助材料

这本书中贯穿着 R 用法和编程的例子,因此,读者不需要亲自来编写这些代码,我们已将一些较长的程序和所有使用的数据进行了在线存档,其网站与 R 相同,都是 CRAN。实际上,这些存档还包括了额外的功能,这就是所谓的**程序包**(*package*)。这些程序包可以在 R 中下载,进而我们可以直接使用一些函数和数据集,同样我们也可以使用内部函数及其数据集。

P.6　　接下来我们将介绍如何获取、安装并下载这些存档。当成功安装之后,你将得到一个新的名为 **spuRs** 的工作目录,在此工作目录底下有一个名为 **resources** 的子目录,这里面包含了本书的资源。除此之外,**spuRs** 还包括了很多其他的子目录;这些在使用功能包时都是有用的。目录 **resources** 下又包含了两个子目录:**scripts**,其蕴含了程序代码;**data**,其内蕴含了数据集。

当程序包安装完毕并且已在 R 中加载,就可以直接存取一些函数和数据集。要得到这些函数和数据集的清单,可以通过在程序包加载完成后输入?**spuRs** 来实现。如果要使用数据集 **x**,除了要加载程序包之外,还需要输入 **data(x)**,此时,**x** 就成为一个可以使用的对象了。如果要得到函数 **f** 的代码,同样可以通过在 R 中输入 **f** 来实现。

在编辑文本中,当给定程序 **prog.r**,且如果此程序包含在存档中,则其代码将以如下注释行开始

```
# spuRs/resources/scripts/prog.r
```

若某个函数 **f** 为程序包中的一部分,且是可用的,则其代码将以如下注释行开始

```
# loadable spuRs function
```

需要注意,函数 **f** 的代码同样可以从 **spuRs** 程序包中以如下文件形式得到

spuRs/resources/scripts/f.r 。

1.6.1　当有写入权限时安装与加载程序包

为了使下面的内容成功实现,你的电脑需要可以上网。如果你的电脑安装有防火墙,则进一步的操作可能需要查阅上网说明书或者本地支持。

如果你的电脑已按要求配置完成,则从 R 中安装存档只需要一步就可以了。

但是保证写入的是 R 的应用目录也是很关键的,也就是说,你需要把文件存储到
R 的安装目录下。正常运行 R,然后输入:

```
> install.packages("spuRs")
```

若没有错误或者警告出现,则任何时候你都可以访问程序包中的东西了,方法　P.7
为输入

```
> library(spuRs)
```

如果安装成功,则存档的压缩版本将会被下载并存储到一个临时位置。在你
想要移动这个压缩版本的情况下,可以记录下这个临时位置,否则,当你退出 R 时
它将被清除掉。解压的存档将存储在 R 应用目录下的子目录 **library** 下的 **spuRs**
目录中,具体来说,我们可以在 R 的应用目录的子目录 **library** / **spuRs** / **resources** /
scripts 下找到我们程序的代码,在子目录 **library** / **spuRs** / **resources** / **data** 下找到数
据集。

如果安装过程失败,则有可能是下载或者安装环节出现了问题。如果是下载
环节出了问题,则有可能是网络的问题,可以过一段时间再试试。如果还是不行,
就需要查阅一下本地支持了。

1.6.2　当限制写入权限时安装与加载程序包

这一部分讲述了一些当电脑对用户限制写入权限时获取和安装存档的必需
步骤。

准备。在你的硬盘上找一个合适的区域,创建一个目录,将下载的存档放在此
目录下。当使用完毕后你就可以删除这个目录了,所以这个位置并不是很重要。
例如,我们可以创建如下这个目录:

```
D:\temporary
```

接着,在硬盘中合适的位置再创建一个目录,用来存储档案文件,这个目录可
能需要保留起来。例如,我们可以创建如下这个目录:

```
D:\library
```

需要注意我们在此均假定可以写入 **D:** 盘。如果不能写入此盘的话,则我们
可以在其他地方来创建目录,把相应的位置记录下来就可以了。

正常运行 R,检查一下是否已成功创建了目录。完成此过程的一个简单方法

是使用函数 **list.files**,来列出目录下的详细内容。

```
> list.files("D:/library")
character(0)
> list.files("D:/temporary")
character(0)
```

P.8　　如果目录无法找到的话这里将会给出警告提示。像我们前面所讲述的那样,不管对什么操作系统,R 中描述地址时使用的都是斜杠。

　　下载。创建了目录并检查了它的有效性之后,我们就可以往下继续进行,接下来要做的是下载存档,这一步使用的是 **download.packages** 函数。

```
> info <- download.packages("spuRs", destdir = "D:/temporary")
```

　　此步骤中,你需要选择一个合适的 CRAN 镜像,越近的镜像其速度就越快。R 将提供给你有关 URL 和存档大小的一些信息。需要注意这里 **download.packages** 命令给出了输出结果,我们将其存储在 **info** 中。

　　这样,压缩的存档就被存储到了 **D:\temporary** 中。

　　安装。接下来,我们要做的就是从 R 中安装程序包,使我们可以直接访问很多函数和数据集。此处 **info** 就变得非常有用。

```
> info
     [,1]      [,2]
[1,] "spuRs"   "D:/temporary/spuRs_1.0.0.zip"
```

　　注意,这里 **info** 中的第二个元素表示的是存档的地址。现在我们就可以很容易地来安装存档了,做法为:

```
> install.packages(info[1,2], repos = NULL, lib = "D:/library")
package 'spuRs' successfully unpacked and MD5 sums checked
updating HTML package descriptions
```

　　R 将会在目录 **library** 下生成一个子目录 **spuRs**,用来存储文档。这就是说,你可以在子目录 **library / spuRs / resources / scripts** 下找到我们程序的代码,在子目录 **library / spuRs / resources / data** 下找到数据集。

　　此时,我们就可以使用 **library** 命令将 **spuRs** 程序包下载到工作段,下载时必须将存档安装的目录包含在参数 **lib.loc** 中。

```
> library(spurs, lib.loc = "D:/library")
```

将这个目录加入到 R 可以识别的函数库列表中也是非常有用的,这样的话各种帮助工具就可以识别它了。即下面三个表达式中的第二个是必需的,其他的表达式给出了它的作用效果。 P.9

```
> .libPaths()
```

```
[1] "C:/PROGRA~1/R/R/library"
```

```
> .libPaths("D:/library")
> .libPaths()
```

```
[1] "D:/library"              "C:/PROGRA~1/R/R/library"
```

此时,当我们调用搜索工具或者使用 **help.start** 时,R 除了在一般的位置进行搜索之外,还会在 **D:\library** 中进行搜索。

第 **2** 章
基于 **R** 的计算环境

P.11　　R 可以作为一种高级的计算器来处理大量数值计算问题。这样使用 R 不仅在平时的计算中非常实用,而且还可以帮助我们创建或者检测将要写入 R 程序中的代码是否正确,进而帮助我们理解遇到的某些新的 R 函数。

　　这一章我们将学习如何使用 R 进行算术计算;创建与处理变量、向量和矩阵;进行逻辑运算;调用 R 的内部函数并获取其帮助信息;以及了解工作空间及 R 在运行时所创建的各种相关对象。

　　这本书所有例子中需要输入到 R 中的部分采取的均为**斜打字机字体**,R 输出的部分均采取的是**正打字机字体**,右向的尖括号>表示 R 输入的提示符。在 R 中我们可以使用换行符/或者是分号来将一个指令分成几部分表示,不过如果使用分号的话,将会导致程序可读性的降低,因此并不鼓励使用它。如果在一个指令结束前输入了返回,则 R 中的提示符将不再是>,取而代之的是 + ,它的意思是等待指令全部输入完成。

　　R 提供了异常丰富的计算环境,为了不给读者造成过多的负担,我们仅在遇到这些函数和对象的时候对其进行介绍,而并不是一次将其全部罗列出来。

2.1　算术

　　对于一般的算术运算,R 使用的符号与我们平时使用的是一样的,分别为加 + ,减 - ,乘*,除/和乘幂^。圆括号( )可以用来表明具体的运算顺序。此外,R 还提供了取模运算符%%和整除运算符%/%。

```
> (1 + 1/100)^100
[1] 2.704814
> 17%%5
[1] 2
> 17%/%5
[1] 3
```

这里[1]为输出的前缀,其表示后面跟着的是输出向量的第 1 项(有时会显得 P.12
有点多余)。R 的计算具有很高的精度,但是其默认情况下只输出 7 个有效数字。
不过,我们可以使用 **options(digits = x)** 命令来改变对于 **x** 有效数字位数的显
示。(但是,在第 9 章中我们将看到,对于 **x** 有效数字位数的显示并不能保证 **x** 的
精度。)

R 具有很多内部函数,例如 **sin(x),cos(x),tan(x)**,(这里所有自变量取值都
是弧度制),**exp(x),log(x)** 和 **sqrt(x)**。一些特殊的常量在 R 中也是预先定义了
的,例如 **pi**。

```
> exp(1)
[1] 2.718282
> options(digits = 16)
> exp(1)
[1] 2.718281828459045
> pi
[1] 3.141592653589793
> sin(pi/6)
[1] 0.5 ①
```

此外,函数 **floor(x)** 和 **ceilinq(x)** 分别表示对 **x** 向下和向上取整。

2.2　变量

变量相当于一个有名字的文件夹,你可以把某些东西放到文件夹里,查看它、

---

① 若为 **options(digits = 16)**,结果是 0.4999999999999999;后述程序中精度为 **options(digits = 7)**。——译者注

用其他的东西替换它,但是文件夹的名字却是始终不变的。

对变量进行赋值我们使用的是赋值指令< -,当首次对变量进行了赋值之后,这个变量也就随即生成了。变量的名字可以包括字母、数字、. 或者_,但是其必须由字母或者是. 加字母开始,注意,变量名区分大小写。

若要在屏幕上显示变量 **x** 的值,我们只需要输入 **x** 就可以了,这实际上是命令 **print(x)** 的简写。后面我们将看到,在某些情况下我们必须要使用这个命令的全称,或者是它的等价形式 **show(x)**,例如,在书写脚本或者是在一个循环里面需要输出结果的时候。

```
> x <- 100
> x
[1] 100
> (1 + 1/x)^x
[1] 2.704814
> x <- 200
> (1 + 1/x)^x

[1] 2.711517
```

P.13　　我们同样可以通过将一个赋值语句用圆括号括起来输出其结果,如下所示:

```
> (y <- (1 + 1/x)^x)
[1] 2.711517
```

当我们把一个值赋给一个变量的时候,在赋值指令右边的表达式首先被计算出来,然后这个值才被赋给左边的变量。因此,我们(常常)能够看到一个赋值指令的右边和左边有相同的变量名。

```
> n <- 1
> n <- n + 1
> n
[1] 2
```

除了使用赋值指令< -进行变量赋值之外,与大多数程序设计语言相同,R 也允许使用 = 进行变量赋值。但是我们更常用的是< -,因为这样做不会与数学计算中的等号混淆。例如,对于赋值语句 **n < - n + 1**,我们可以认为 **n** 是电脑存储器中的一个数据单元,当对它进行赋值时,其内容发生了改变。但是另一方面,当使用一般的数学计算表达式 **n = n + 1** 时,我们更容易将其理解为等号两端的变量 **n** 具有相同的值(这将导致上述等式没有有限解)。

一个好的编程习惯是在对变量起名字的时候,使用具有意义的名字来提高程序的可读性。

2.3　函数

在数学中,函数可以理解为具有一个或者多个自变量(或者输入),而且可以生成一个或者多个输出(或者返回值)的一个功能体。R 中所谓的函数与上述定义是类似的。

在 R 中,如果要调用一个内部(或用户定义)的函数,只需要输入函数名,将其各个参数值用逗号分隔开,放在一个圆括号里,然后列在函数名后就可以了。我们在此使用 **seq** 函数作为例子来说明这种用法,此函数的作用是生成等差数列:

```
> seq(from = 1, to = 9, by = 2)
[1] 1 3 5 7 9
```

P.14

这里面的某些参数取值是可以改变的,并且具有预先给定的默认值,例如,如果我们省略掉参数 **by**,R 将使用其默认值 **by = 1**:

```
> seq(from = 1, to = 9)
[1] 1 2 3 4 5 6 7 8 9
```

若要了解某个内部函数 **fname** 的用法及其参数的默认值,我们可以通过输入 **help(fname)** 或者**? fname** 来求助内部函数帮助信息。

每个函数的参数都有其默认的顺序,如果你以这种顺序来给出参数值,则可以不需要写出参数的名字,但是,你也可以不按照顺序给参数赋值,不过你需要以 **argument_name = expression** 的格式来写出参数名。

```
> seq(1, 9, 2)
[1] 1 3 5 7 9
> seq(to = 9, from = 1)
[1] 1 2 3 4 5 6 7 8 9
> seq(by = -2, 9, 1)
[1] 9 7 5 3 1
```

每个参数的值都可以通过一个表达式来给出,这个表达式可以是一个常数、变量、另一个函数,或者是它们的组合。

```
> x <- 9
> seq(1, x, x/3)

[1] 1 4 7
```

　　R中函数的参数个数可以是变化的,甚至没有参数也是可以的。调用函数时必须使用圆括号,哪怕是没有参数也需要。如果你只输入了函数名,则 R 将只输出函数的"对象",即程序定义函数本身的简单用法。可以试着输入 demo 和 demo ()来看看它们有什么不同。(然后可以通过输入 demo(graphics)来查看 R 绘图方面的一些很好的示例。)

　　一般来说,当我们描述函数的时候,可能只需要介绍它最重要或者是常用的选项。对于其完整的定义,我们可以使用内部帮助文件来得到。

2.4　向量

P.15　　向量可以认为是若干变量的一个索引表。你可以把向量理解为是一个存放有文件的抽屉:这个抽屉的外面有一个名字,其里面是按照从前到后的顺序标有标签 1、2、3、…的文件,其中每个文件都是一个简单的变量,其名字由向量的名字和它的标签/索引号组成:向量 x 的第 i 个元素的名字表示为 x[i]。

　　与变量类似,当你第一次对向量进行赋值的时候,这个向量就生成了。事实上,我们可以认为一个变量恰好是长度为 1 的一个简单向量(也被称为最简单的向量)。若要创建一个长度大于 1 的向量,我们可以借助于能够给向量赋值的函数来进行。这样的函数有很多,但是经常使用的构造向量的基本函数有三个,分别为 c (…)(即结合,combine);seq(from, to, by)(即排序,sequence);和 rep(x, time)(即重复,repeat)。

```
> (x <- seq(1, 20, by = 2))

 [1]  1  3  5  7  9 11 13 15 17 19

> (y <- rep(3, 4))

[1] 3 3 3 3

> (z <- c(y, x))

 [1]  3  3  3  3  1  3  5  7  9 11 13 15 17 19
```

　　函数 seq(from, to, by = 1)和 seq(from, to, by = -1)总是经常被使用,因

此,R 提供了一个简单的写法 **from:to**。需要注意,这里:的运算优先级要高于类似于 **+** 和 **-** 这样的算术运算符,因而,如果我们需要得到从 1 到 $n+1$ 的序列,我们应该使用的是 **1:(n+1)**,而不是 **1:n+1**,后者生成的将是 $2,3,\cdots,n,n+1$。

如果要访问向量 **x** 的第 **i** 个元素,我们可以使用 **x[i]**。若这里 **i** 为若干正整数组成的向量,则 **x[i]** 表示的是 **x** 相应位置处的元素形成的子向量。若这里 **i** 为若干负整数组成的向量,则 **x[i]** 表示的是 **x** 删除相应位置处的元素所形成的子向量。

```
> (x <- 100:110)

 [1] 100 101 102 103 104 105 106 107 108 109 110

> i <- c(1, 3, 2)
> x[i]

[1] 100 102 101

> j <- c(-1, -2, -3)
> x[j]

[1] 103 104 105 106 107 108 109 110
```

当然,创建一个没有元素的向量也是允许的。函数 **length(x)** 可以给出向量 **x** P.16
具有的元素个数。

```
> x <- c()
> length(x)

[1] 0
```

对向量进行代数运算在此表示对其对应的元素分别进行相应的代数运算,这是一种元素智能运算。

```
> x <- c(1, 2, 3)
> y <- c(4, 5, 6)
> x * y

[1]  4 10 18

> x + y

[1] 5 7 9

> y^x

[1]   4  25 216
```

当你对两个长度不同的向量采取某种算术运算的时候,R 将会自动对较短的向量进行循环复制操作,直至生成一个与较长向量长度相同的向量,然后再进行运算。

```
> c(1, 2, 3, 4) + c(1, 2)

[1] 2 4 4 6

> (1:10)^c(1, 2)

 [1]   1   4   3  16   5  36   7  64   9 100
```

这种法则对于长度是 1 的向量同样是适用的,并且可以使用如下简单的记号来表示:

```
> 2 + c(1, 2, 3)

[1] 3 4 5

> 2 * c(1, 2, 3)

[1] 2 4 6

> (1:10)^2

 [1]   1   4   9  16  25  36  49  64  81 100
```

P.17　　　　当较长向量的长度并不是较短向量长度的整数倍时,R 仍然会按照这种循环复制的手段对较短的向量进行操作,但是这种情况下会出现警告信息。

```
> c(1,2,3) + c(1,2)

[1] 2 4 4
Warning message:
In c(1,2,3) + c(1, 2) :
  longer object length is not a multiple of shorter object length
```

以向量作为参数的一些有用的函数包括 **sum**(⋯),**prod**(⋯),**max**(⋯),**min**(⋯),**sqrt**(⋯),**sort**(**x**),**mean**(**x**)和 **var**(**x**),等等。需要注意,这里面有些函数对于向量的处理是基于元素的,而有些则是以整个向量作为输入返回一个结果的:

```
> sqrt(1:6)

[1] 1.000000 1.414214 1.732051 2.000000 2.236068 2.449490

> mean(1:6)

[1] 3.5

> sort(c(5, 1, 3, 4, 2))

[1] 1 2 3 4 5
```

2.4.1 示例:均值与方差

```
> x <- c(1.2, 0.9, 0.8, 1, 1.2)
> x.mean <- sum(x)/length(x)
> x.mean - mean(x)

[1] 0

> x.var <- sum((x - x.mean)^2)/(length(x) - 1)
> x.var - var(x)

[1] 0
```

2.4.2 示例:简单数值积分

```
> dt <- 0.005
> t <- seq(0, pi/6, by = dt)
> ft <- cos(t)
> (I <- sum(ft) * dt)
[1] 0.5015487

> I - sin(pi/6)

[1] 0.001548651
```

P.18

注意,在这个例子中,t 为一个向量,因此 ft 也是一个向量,这里 ft[i] 和 cos(t[i]) 是相等的。

如果要画出一个向量与另一个向量的关系图,我们适合使用函数 **plot(x, y, type)**。当使用这个绘图语句时,**x** 和 **y** 的长度必须相同,可选变量 **type** 表示绘图参数,我们用它来控制所绘图形的形状:"**p**"表示点图(默认值);"**l**"表示线图;"**o**"表示点在线上的图;等等。

2.4.3　示例:指数的极限形式

```
> x <- seq(10, 200, by = 10)
> y <- (1 + 1/x)^x
> exp(1) - y

 [1] 0.124539368 0.064984123 0.043963053 0.033217990 0.026693799
 [6] 0.022311689 0.019165457 0.016796888 0.014949367 0.013467999
[11] 0.012253747 0.011240338 0.010381747 0.009645015 0.009005917
[16] 0.008446252 0.007952077 0.007512533 0.007119034 0.006764706

> plot(x, y)
```

其输出结果如图 2.1 所示。

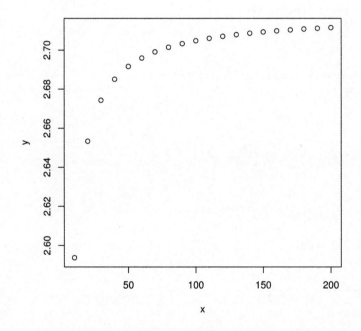

图 2.1　$y = (1 + 1/x)^x$;示例 2.4.3 的输出结果

2.5　缺失数据

在实际的实验中,可能由于各种各样的原因,会导致某个或某些观察值的缺失。根据我们对其所采取的统计分析方法,有些缺失数据可以忽略,而有些则需要被生成出来(相关过程称为设算)。

R 使用数据值 **NA** 来表示缺失的观察值,其可以与其他各种数据出现在一起,我们可以简单地认为 **NA** 值表示应该有一个数据在这个地方,只是由于某些原因,这个数据丢失了而已。我们可以使用函数 **is.na** 来检测缺失值。

```
> a <- NA              # assign NA to variable A
> is.na(a)             # is it missing?

[1] TRUE

> a <- c(11,NA,13)     # now try a vector
> is.na(a)             # is it missing?

[1] FALSE  TRUE FALSE

> mean(a)              # NAs can propagate

[1] NA

> mean(a, na.rm = TRUE) # NAs can be removed

[1] 12
```

P.19

另外,这里我们需要提及一下空对象,它一般是一些函数或者表达式的返回值,可以表示为 **NULL**。需要注意的是 **NA** 与 **NULL** 并不等价,**NA** 表示这个位置本应该有数据只是由于某些原因导致数据丢失,而 **NULL** 表示这个位置根本不存在数据。

2.6 表达式及其赋值

到目前为止,我们已经可以使用一些简单的 R 命令进行一些粗略的计算。在这一部分中,我们将介绍一些有用的语句。

在 R 中,**表达式**指的是一段可以被执行的代码。如下所示这些例子都是表达式。

```
> seq(10, 20, by = 3)

[1] 10 13 16 19

> 4

[1] 4

> mean(c(1, 2, 3))

[1] 2

> 1 > 2

[1] FALSE
```

P.20

如果要存储一个表达式的值,可以使用运算符 < - ,这个结合的过程称为**赋值**。如下这些例子表示的都是赋值。

```
> x1 <- seq(10, 20, by = 3)
> x2 <- 4
> x3 <- mean(c(1, 2, 3))
> x4 <- 1 > 2
```

2.7　逻辑表达式

由比较运算符 < , > , < = , > = , == (等于),及 ! = (不等于);和逻辑运算符 &(和), |(或),及 !(非)构成的表达式称为逻辑表达式。逻辑表达式的运算次序可以由圆括号( )来控制。在 2.7.2 节中,我们还将介绍另外两个比较运算符 & 和 || 。

逻辑表达式的值是 **TRUE** 或者 **FALSE** 中的一个。我们可以使用整数 1 和 0 分别表示 **TRUE** 和 **FALSE**(这是一个类型强制转换的例子)。

需要注意,如果 **A** 和 **B** 之中至少有一个是 **TRUE**,则 **A** | **B** 就是 **TRUE**。如果要执行异或运算,即要求 **A** 或者 **B** 是 **TRUE**,但两者不能都是 **TRUE**,我们使用 xor(**A**, **B**):

```
> c(0, 0, 1, 1) | c(0, 1, 0, 1)
```

```
[1] FALSE  TRUE  TRUE  TRUE
```

```
> xor(c(0, 0, 1, 1), c(0, 1, 0, 1))
```

```
[1] FALSE  TRUE  TRUE FALSE
```

上述的例子还说明,可以对向量使用逻辑运算,其结果是由 TRUE/FALSE 这两个值组成的向量。这在使用索引操作对某向量选取子向量,即 x[subset]时是相当有用的。

P.21　提取子向量的一种方法是首先生成一个与 **x** 长度相同的向量 subset,其值为 **TRUE/FALSE**。执行 x[subset]操作之后,我们将的到一个 **x** 的子向量,其元素为 **x** 中与 subset 中 **TRUE** 值所对应的元素。重要的是,参数 subset 可以通过 **x** 本身得到。

例如,假设我们想得到 1 到 20 之间所有能整除 4 的整数,我们可以使用如下的方法。

```
> x <- 1:20
> x%%4 == 0
```

```
 [1] FALSE FALSE FALSE  TRUE FALSE FALSE FALSE  TRUE FALSE FALSE FALSE
[12]  TRUE FALSE FALSE FALSE  TRUE FALSE FALSE FALSE  TRUE
```

```
> (y <- x[x%%4 == 0])
```

```
[1]  4  8 12 16 20
```

　　R 还提供了 **subset** 函数,用来选取 **x** 的子向量。其与使用索引操作的一个主要区别是他们对于缺失值(**NA**)的处理方式不同。**subset** 函数的执行过程中将忽略掉缺失值,而 **x**[**subset**]命令将保持对缺失值不动,例如:

```
> x <- c(1, NA, 3, 4)
> x > 2
```

```
[1] FALSE    NA  TRUE  TRUE
```

```
> x[x > 2]
```

```
[1] NA  3  4
```

```
> subset(x, subset = x > 2)
```

```
[1] 3 4
```

　　如果你想要知道向量 **x** 进行逻辑运算之后 **TRUE** 元素对应的索引位置,可以使用指令 **which(x)**。

```
> x <- c(1, 1, 2, 3, 5, 8, 13)
> which(x%%2 == 0)
```

```
[1] 3 6
```

2.7.1　示例:舍入误差

　　只有整数和分母为 2 的次幂的分数可以由存储在数字计算机中的浮点数精确表示出来(更多详细信息可参考 9.1 节)。其他的所有数字都具有舍入误差,这种无法回避的限制导致了很多问题。

```
> 2 * 2 == 4
```

P.22

```
[1] TRUE
```

```
> sqrt(2) * sqrt(2) == 2
```

```
[1] FALSE
```

　　上述这个问题之所以发生的原因是 **sqrt(2)** 具有舍入误差,这种误差是由于开方导致的。解决这类问题的办法是使用函数 **all.equal(x,y)**,如果 **x** 和 **y** 的差小于某个指定的误差限,这个误差限由 R 计算的精度决定,此函数将返回 **TRUE**。

```
> all.equal(sqrt(2) * sqrt(2), 2)
[1] TRUE
```

关于精度方面的问题我们将在 9.2 节中继续讨论。

2.7.2 顺序运算符 **&** 和 **||**

逻辑运算符 **&** 和 **||** 分别是 **&** 和 **|** 的顺序执行版本。

假设 **x** 和 **y** 为两个逻辑表达式,如果要计算 **x&y**,R 将首先计算 **x** 和 **y**,如果 **x** 和 **y** 均为 **TRUE**,则返回 **TRUE**,否则,返回 **FALSE**。而当计算 **x&&y** 时,R 首先计算 **x**,如果 **x** 为 **FALSE** 的话,R 将返回 **FALSE**,而不再计算 **y** 了。如果 **x** 为 **TRUE**,则 R 继续计算 **y**,如果 **y** 为 **TRUE**,则返回 **TRUE**,否则,返回 **FALSE**。

对于 **x || y** 的计算是类似的,仅在有必要,即 **x** 为 **FALSE** 的时候,R 才去计算 **y** 的值。

当 **y** 的定义不是很明确的时候,使用顺序计算 **x** 和 **y** 是非常有用的。例如,当我们想确认 $x\sin(1/x)=0$ 是否成立的时候。

```
> x <- 0
> x * sin(1/x) == 0
[1] NA
Warning message:
In sin(1/x) : NaNs produced
> (x == 0) | (sin(1/x) == 0)
[1] TRUE
Warning message:
In sin(1/x) : NaNs produced
> (x == 0) || (sin(1/x) == 0)
[1] TRUE
```

需要注意,**&&** 和 **||** 仅适用于对标量的计算,而 **&** 和 **|** 还可以基于元素对向量进行计算。

2.8 矩阵

P.23 矩阵可以通过将函数 **matrix** 作用于向量来得到,其使用的格式为

```
matrix(data, nrow = 1, ncol = 1, byrow = FALSE).
```

这里 data 是一个向量,其长度最长为 nrow * ncol,nrow 和 ncol 分别表示这个矩阵的行数和列数(默认值均为 1),byrow 的取值为 TRUE 或者 FALSE (默认值为 FALSE),它表示将 data 的元素是按行还是按列来填充矩阵。如果 length(data) 的值小于 nrow * ncol 的值(譬如,前者值为 1),则 data 的值将被循环重复使用足够多次,直至满足我们的要求。这种运算方式为我们生成一个全部是零或者全部是一的矩阵提供了一个简单的方法。

如果要创建一个对角矩阵,我们可以使用函数 diag(x)。如果要将两个行的长度相同的矩阵按行合并(即按垂直方向堆叠起来),我们可以使用函数 rbind(⋯)。如果要将两个列的长度相同的矩阵按列合并(即按水平方向堆叠起来),我们可以使用函数 cbind(⋯)。

若要指定矩阵中的一个元素,我们需要使用两个索引指标。

```
> (A <- matrix(1:6, nrow = 2, ncol = 3, byrow = TRUE))

     [,1] [,2] [,3]
[1,]    1    2    3
[2,]    4    5    6

> A[1, 3] <- 0
> A[, 2:3]

     [,1] [,2]
[1,]    2    0
[2,]    5    6

> (B <- diag(c(1, 2, 3)))

     [,1] [,2] [,3]
[1,]    1    0    0
[2,]    0    2    0
[3,]    0    0    3
```

一般的代数运算符号,包括乘法*,对于矩阵都是按元素进行的。如果要进行矩阵乘法,我们使用的运算符是%*%。除此之外,我们还有很多专门针对矩阵运算的函数,例如 nrow(x),ncol(x),det(x)(求解行列式),t(x)(求解转置矩阵),以及 solve(A,B),其返回满足方程 A%*%x == B 的 x 值。如果 A 为可逆矩阵,则 solve(A) 的值为矩阵 A 的逆矩阵。

```
> (A <- matrix(c(3, 5, 2, 3), nrow = 2, ncol = 2))
```

```
       [,1] [,2]
[1,]    3    2
[2,]    5    3

> (B <- matrix(c(1, 1, 0, 1), nrow = 2, ncol = 2))

       [,1] [,2]
[1,]    1    0
[2,]    1    1

> A %*% B

       [,1] [,2]
[1,]    5    2
[2,]    8    3

> A * B

       [,1] [,2]
[1,]    3    0
[2,]    5    3

> (A.inv <- solve(A))

       [,1] [,2]
[1,]   -3    2
[2,]    5   -3

> A %*% A.inv

       [,1]          [,2]
[1,]    1 -8.881784e-16
[2,]    0  1.000000e+00

> A^(-1)

          [,1]       [,2]
[1,] 0.3333333 0.5000000
[2,] 0.2000000 0.3333333
```

  观察可见，**A%*%A.inv** 的值[①]有一些小误差，造成此类误差的原因是，我们对于实数的存储是以二进制形式进行的，而二进制数的比特数是有限的，此类误差通常称为**舍入误差**（详见第 9 章）。

  需要注意，在 R 中，矩阵是以向量形式以及一个表示行数和列数的维度属性来存储的，表示矩阵的向量是以列排列的。因此，我们可以使用一个索引指标来访问矩阵中的某个元素，如下所示，

---

① 结果不一定是整数。——译者注

```
> A[2]
```

```
[1] 5
```

　　如果你想知道某个对象是矩阵还是向量,可以使用函数 **is.matrix(x)** 和 **is.** P.25
vector(x)。当然,在数学上来说,向量也是一个行数或者列数为一的矩阵,但是,
R 将矩阵和向量是作为两个不同类型的对象来处理的。如果要用向量 **x** 来生成一
个列数为一的矩阵 **A**,我们可以使用命令 **A < - as.matrix(x)**。注意,此变换并不
改变 **x** 的值。

　　如果要将矩阵 **A** 按列生成一个向量,我们可以使用命令 **as.vector(A)**;此操
作仅仅是将存储 **A** 中的维度属性删除掉而已,其元素的存储保持不变(矩阵为按列
存储)。这个转换对象类型的过程称为**类型强制转换**。在很多情况下,R 会在后台
将某对象的类型强制转换为满足你进行计算或使用函数所需要的类型。

　　有些情况下,将目标对象排列为一个维数大于二的数组是比较方便的,在 R
中可以通过使用指令 **array(data,dim)** 来达到这个目的,该命令中 **data** 表示包含
有数组中元素的向量,**dim** 也为一向量,其长度表示数组的维数,其元素分别表示
数组每一维的大小。为了使数组被填满,我们必须保证 **length(data)** 和 **prod**
(dim) 的大小相等;若要了解 **data** 中的元素在数组的索引方式这些细节问题,可以
参考一些在线帮助。

2.9　工作空间

　　在 R 中我们所创建的对象会一直保存至我们删除它们为止,若要列出当前所
有已定义的对象,可以使用命令 **ls()** 或者 **objects()**。如果要移除对象 **x**,可以使
用 **rm(x)**,如果要移除当前已定义的全部对象,可以使用 **rm(list = ls())**。

　　如果我们想要在当前工作目录中将已存在的所有对象都存储到一个名为
fname 的文件中,可以使用 **save.image(file = "fname")**。如果要将指定的对象
(比如 **x** 和 **y**)存储起来,可以使用 **save(x,y,file = "fname")**。如果要加载某些存
储对象,可以使用 **load(file = "fname")**。当我们退出 R 时,R 将会询问是否需要
将工作空间保存起来,若选择是,则所有已存在的对象都会被保存在当前工作目录
下的 **.RData** 文件中。

　　R 会将所有你输入的命令记录下来,若要将这些历史记录存储在名为 **fname**
的文件中,可以使用 **savehistory(file = "fname")**,加载历史文件 **fname** 时,可以
使用 **loadhistory(file = "fname")**。若你在退出 R 时选择了保存工作空间,则当
前的历史记录将会被保存在当前工作目录的 **.Rhistory** 文件中。

2.10　习题

1. 使用 R 的赋值语句对变量 z 分别赋以下值

    (a) x^{a^b}

    (b) $(x^a)^b$

　(c) $3x^3 + 2x^2 + 6x + 1$（试着使用最少的运算次数）

    (d) x 的第二个小数位数上的数字（提示：使用 **floor(x)** 和/或 **%%**）

    (e) $z+1$

2. 给出可以返回下列矩阵或者向量的 R 表达式

    (a) $(1,2,3,4,5,6,7,8,7,6,5,4,3,2,1)$

    (b) $(1,2,2,3,3,3,4,4,4,4,5,5,5,5,5)$

    (c) $\begin{bmatrix} 0 & 1 & 1 \\ 1 & 0 & 1 \\ 1 & 1 & 0 \end{bmatrix}$

    (d) $\begin{bmatrix} 0 & 2 & 3 \\ 0 & 5 & 0 \\ 7 & 0 & 0 \end{bmatrix}$

3. 假设 **vec** 是长度为 2 的向量。在空间 $\mathbb{R}^2$ 中 **vec** 可以理解为是一个点的坐标，使用 R 语言将其表示为极坐标形式。你可能需要如下反三角函数（至少其中一个）：**acos(x)**，**asin(x)** 和 **atan(x)**。

4. 使用 R 生成一个向量，其元素为 1 到 100 之间不能被 2，3 和 7 整除的所有整数。

5. 假设 queue < - c("Steve"，"Russell"，"Alison"，"Liam")，其表示一个超级市场的排队序列，Steve 排在队列的第一位。使用 R 中的表达式逐步更新这个队列：

    (a) Barry 来了；

    (b) Steve 完成后离开了；

    (c) Pam 由于只有一件商品，通过交涉排到了最前面；

    (d) Barry 等不及离开了；

    (e) Alison 等不及离开了。

    对于最后一种情况，你不能假设你已知道 Alison 在队列中的具体位置。

    最后，使用函数 **which(x)** 确定 Russell 在队列中的具体位置。

    注意，在对一个变量赋一个字符串的值时，需要使用引号。我们将在 4.1 节中正式介绍相关字符串的知识。

6. 下列赋值语句中哪些是正确的？向量 **x**,**y**, 和 **z** 在每一步中的具体值各是什么？

```
rm(list = ls())
x <- 1
x[3] <- 3
y <- c()
v[2] <- 2
y[3] <- y[1]
y[2] <- y[4]
z[1] <- 0
```

第 3 章

编程基础

3.1 引言

本章介绍一系列编程的基本组成部分,它们是大多数程序的模块。其中的一些工具在所有的程序语言中都适用,比如,**if** 语句的条件执行,**for** 和 **while** 语句的循环执行。另外的一些工具,比如向量化编程,是相对专业一些,但是它对 R 代码的有效运行很重要。有可能在别的语言里很有效的代码也许在 R 里就变得不再有效。

一个程序或者代码只是一列依次执行的命令。通常程序有三部分:输入、计算、输出。有些可能会加入第四部分:程序说明。当编写程序时我们一般不需要在 R 命令行里逐一输入每个命令,而是把一系列命令写入一个可以存储的单独的文件。然而,当编写一个程序时,你可能发现把命令逐个输入控制台以便随时测试它们的效率是很有用的。

假设我们在工作目录里有一个存为 **prog.r** 的程序。这里有两种方法运行或者执行程序:我们可以使用命令 **source("prog.r")** 或者把整个程序复制并粘贴到 R 里。(第三种方法是可以通过键入命令 **R CMD BATCH prog.r** 到脚本(shell)在 R 里运行该程序。)

当我们使用 source 时,从键盘输入或者输出到屏幕的命令可以更好地预见它的行为。这是因为当你使用 **source** 时,R 不必判断你是键入一条命令或者键入一个程序。另外,如果有错误发生时 source 将停止处理,但是粘贴代码将继续运行。继续运行可能是无害的,或者可能浪费时间,或者编译已经存在的对象。如果需要,应该在文件名前加入目录信息,例如 **source("../scripts/prog.r")** 将会向上一层然后进入 **scripts** 目录,进而寻找文件 **prog.r**。不管当前工作路径是什么,一个绝对(对应于相对)路径都会正常工作,比如 **source("C:/Documents and Settings/odj/My Documents/spuRs/resources/scripts/prog.r")**。

这里有三个原因使得我们把程序保存到一个文件并以这种方式运行：

首先，我们可以容易地修改程序代码，扩展或者改正；第二，我们可以使用不同P.30的输入再次运行该程序；第三，可以方便地分享代码。

因为 R 程序可能在用户已经定义的变量环境里运行，所以运行程序前清除工作空间是一个好的编程习惯，这样确保每次的开始状态是一样的。相应地我们可以（尝试）开始每个程序前使用命令 **rm(list = ls())** 以移除工作空间的所有对象。

这里给出一个说明，为了与通常的应用保持一致，从现在开始我们将把简单变量、向量、矩阵和数组都记为是变量：它的名字是固定的但是取值是变化的。更一般地，对象包括变量和我们后面将要遇到的用户定义的函数。

3.1.1　示例：二次方程的根 1 **quad1.r**

这里给出一个简单例子是计算二次方程实根的程序。使用符号 ♯ 给出代码注释。同时也指出当使用 **source** 命令时，**show(x)** 的简写 **x** 不再起作用[①]。

```
# program: spuRs/resources/scripts/quad1.r
# find the zeros of a2*x^2 + a1*x + a0 = 0

# clear the workspace
rm(list=ls())

# input
a2 <- 1
a1 <- 4
a0 <- 2

# calculation
root1 <- (-a1 + sqrt(a1^2 - 4*a2*a0))/(2*a2)
root2 <- (-a1 - sqrt(a1^2 - 4*a2*a0))/(2*a2)

# output
show(c(root1, root2))
```

执行该代码（运行该程序）产生如下输出

```
> source("../scripts/quad1.r")

[1] -0.5857864 -3.4142136
```

为了编写程序以执行数学算法，我们需要能做出选择并重复运算。这些任务可以使用 **if** 命令以及 **for** 和 **while** 命令实现。

---

① 所以 **show(x)** 应改为 **print(x)**，作者已在勘误中指出。——译者注

3.2　**if** 分支

P.31　　根据条件执行程序的一部分或者另一部分是经常用到的。**if** 函数具有形式

```
if (logical_expression) {
    expression_1
    ...
}
```

if 命令的一个自然的扩展是包含 **else** 部分：

```
if (logical_expression) {
    expression_1
    ...
} else {
    expression_2
    ...
}
```

大括号{}是用来把一个或者多个表达式放在一起。如果只有一个表达式那么大括号不是必须的。

当执行 **if** 表达式时，如果 **logical_expression** 是 **TRUE**，那么执行第一组表达式而不执行第二组表达式。相反地如果 **logical_expression** 是 **FALSE**，那么仅执行第二组表达式。**if** 语句可以嵌套从而在程序里生成复杂的执行路径。

警告：因为 **if** 语句的 **else** 部分是可选的，如果你输入

```
if (logical_expression) {
    expression_1
    ...}
else {
    expression_2
    ...}
```

那么你会得到一个错误。这是因为 R 在看到出现单独一行的 **else** 部分前认为 **if** 语句已经结束。也就是说，R 把 **else** 当作一个新命令的开始，但是这里没有以 **else** 开始的命令，所以 R 给出了一个错误。

另一个有用的条件执行的函数是 **ifelse**，我们在 3.5 节提到，以及允许多个分支的 **switch**。

3.2.1　示例：二次方程的根 2 **quad2.r**

这里给出寻找二次方程的根的改进程序。尝试使用 **a2,a1** 和 **a0** 的不同的值。

P.32

```
# program spuRs/resources/scripts/quad2.r
# find the zeros of a2*x^2 + a1*x + a0 = 0

# clear the workspace
rm(list=ls())

# input
a2 <- 1
a1 <- 4
a0 <- 5

# calculate the discriminant
discrim <- a1^2 - 4*a2*a0
# calculate the roots depending on the value of the discriminant
if (discrim > 0) {
    roots <- c( (-a1 + sqrt(a1^2 - 4*a2*a0))/(2*a2),
                (-a1 - sqrt(a1^2 - 4*a2*a0))/(2*a2) )
} else {
    if (discrim == 0) {
        roots <- -a1/(2*a2)
    } else {
        roots <- c()
    }
}

# output
show(roots)
```

作为练习读者可以尝试增加 **if** 语句重新编写程序 **quad2.r** 使得它能处理 a_2 ＝ 0（习题 8）的情况。

用大括号{}括起来的表达式在 R 里被认为是单个表达式。类似地，一个 **if** 命令可以看作是一个单独的表达式。因此代码

```
if (logical_expression_1) {
    expression_1
    ...
} olɔɔ {
    if (logical_expression_2) {
        expression_2
        ...
    } else {
        expression_3
        ...
    }
}
```

可以等价地（并且是更清楚地）写为

```
if (logical_expression_1) {
    expression_1
    ...
} else if (logical_expression_2) {
    expression_2
    ...
} else {
    expression_3
    ...
}
```

3.3 for 循环

for 命令具有如下形式,这里 **x** 是一个简单变量,**vector** 是一个向量。

```
for (x in vector) {
    expression_1
    ...
}
```

当运行时,**for** 命令对 **vector** 中的每一个元素执行一次大括号{}中的一组表达式。当循环重复时,该组表达式使用 **x** 取 **vector** 中每个元素的值。

3.3.1 示例:向量求和

接下来的例子使用循环对一个向量中每个元素求和。注意我们使用函数 **cat**(代表结合)显示某些变量的值。**cat** 与 **show** 相比的优点是它允许我们把文本和变量放在一起。组合的符号\n(反斜线－n)用来表示"打印"新的一行。

需要指出的是对向量的元素求和,有一个更精确并且更简单(但是不太有教育意义)的方法是使用内置函数 **sum**。

```
> (x_list <- seq(1, 9, by = 2))

[1] 1 3 5 7 9

> sum_x <- 0
> for (x in x_list) {
+     sum_x <- sum_x + x
+     cat("The current loop element is", x, "\n")
+     cat("The cumulative total is", sum_x, "\n")
+ }
The current loop element is 1
The cumulative total is 1
The current loop element is 3
The cumulative total is 4
```

P.34

```
The current loop element is 5
The cumulative total is 9
The current loop element is 7
The cumulative total is 16
The current loop element is 9
The cumulative total is 25
> sum(x_list)
```

[1] 25

3.3.2　示例：n 的阶乘 1 **nfact1.r**

下面的程序计算 $n!$ 。

```
# program: spuRs/resources/scripts/nfact1.r
# Calculate n factorial

# clear the workspace
rm(list=ls())

# Input
n <- 6

# Calculation
n_factorial <- 1
for (i in 1:n) {
    n_factorial <- n_factorial * i
}

# Output
show(n_factorial)
```

这里给出结果

```
> source("../scripts/nfact1.r")
```

[1] 720

请注意我们也可以很容易地使用 **prod(1:n)** 计算阶乘。

3.3.3　示例：养老金 **pension.r**

这里的例子是计算复利下的养老金的数额。它使用 **floor(x)** 函数，它的值是小于 **x** 的最大整数。

```
# program: spuRs/resources/scripts/pension.r
# Forecast pension growth under compound interest

# clear the workspace
rm(list=ls())

# Inputs
r <- 0.11              # Annual interest rate
term <- 10             # Forecast duration (in years)
period <- 1/12         # Time between payments (in years)
payments <- 100        # Amount deposited each period

# Calculations
n <- floor(term/period)  # Number of payments
pension <- 0
for (i in 1:n) {
    pension[i+1] <- pension[i]*(1 + r*period) + payments
}
time <- (0:n)*period

# Output
plot(time, pension)
```

执行命令 **source("pension.r")**①产生的输出如图 3.1 所示。

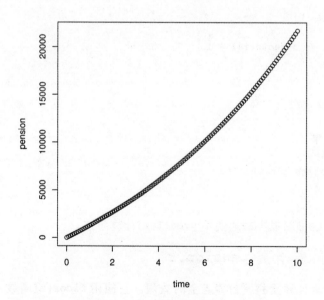

图 3.1 养老金的值:示例 3.3.3 的输出

---

① 应该为 **source("../scripts/pension.r")**。——译者注

下个例子指出了 **pension.r** 中一个效率低的地方。

3.3.4　示例：重构数组维数

这里有一个试验可以对你的程序做一些改变以便运行得更快。下面两个程序产生的结果相同，但是第一个更快。

程序 1
```
n <- 1000000
x <- rep(0, n)
for (i in 1:n) {
    x[i] <- i
}
```

程序 2
```
n <- 1000000
x <- 1
for (i in 2:n) {
    x[i] <- i
}
```

差别的原因是有一点技巧，也即是改变一个向量的大小和生成一个新的向量 P.36
需要的时间一样长。在第二个程序里，每个语句 **x[i] <- i** 使得 **x** 的长度从 **i - 1**
变到 **i**，所以这是使得它比第一个程序慢的原因。

改变向量大小的过程被称为**重构**数组维数，当"完全生成"时被称为**预分配**。
更详细的介绍见 9.3 节。

3.4　while 循环

通常在一个循环之前我们不知道需要进行多少次。也即是，每次进行循环时，
我们检查看是否满足条件。在这种情况下我们使用 **while** 循环，它具有形式

```
while (logical_expression) {
    expression_1
    ...
}
```

当执行 **while** 命令时，首先执行 **logical_expression**。如果它是 **TRUE**，那么 P.37
在大括号 **{}** 里的一组表达式才执行。然后控制语句返回到命令的开始：如果 **log-
ical_expression** 仍然是 **TRUE**，那么该组表达式又继续执行，如此循环。显然地，
当循环最终停止时，**logical_expression** 最终必须是 **FALSE**。为了能达到这个，
logical_expression 通常依赖于在该组表达式里改变的某个变量。

while 循环比 for 循环更基础，所以我们通常可以把 for 循环重写为 while 循环。

3.4.1　示例：斐波那契数 **fibonacci.r**

考虑斐波那契数 $F_1, F_2, \cdots$，它用如下规则进行归纳定义了 $F_1 = 1, F_2 = 1$，对于 $n \geq 2$ [①]有 $F_n = F_{n-1} + F_{n-2}$。假设你想知道第一个大于 100 的斐波那契数。我们可以使用如下的 while 循环寻找：

```
# program: spuRs/resources/scripts/fibonacci.r
# calculate the first Fibonacci number greater than 100

# clear the workspace
rm(list=ls())

# initialise variables
F <- c(1, 1) # list of Fibonacci numbers
n <- 2       # length of F

# iteratively calculate new Fibonacci numbers
while (F[n] <= 100) {
    # cat("n =", n, " F[n] =", F[n], "\n")
    n <- n + 1
    F[n] <- F[n-1] + F[n-2]
}

# output
cat("The first Fibonacci number > 100 is F(", n, ") =", F[n], "\n")


> source("../scripts/fibonacci.r")

The first Fibonacci number > 100 is F( 12 ) = 144

> F

 [1]   1   1   2   3   5   8  13  21  34  55  89 144
```

3.4.2　示例：复利 **compound.r**

P.38　　本例我们使用 while 循环计算需要花多长时间还清贷款。

```
# program: spuRs/resources/scripts/compound.r
# Duration of a loan under compound interest
```

---

① 应该为 $n > 2$。——译者注

```
# clear the workspace
rm(list=ls())

# Inputs
r <- 0.11            # Annual interest rate
period <- 1/12       # Time between repayments (in years)
debt_initial <- 1000 # Amount borrowed
repayments <- 12     # Amount repaid each period

# Calculations
time <- 0
debt <- debt_initial
while (debt > 0) {
    time <- time + period
    debt <- debt*(1 + r*period) - repayments
}

# Output
cat('Loan will be repaid in', time, 'years\n')

> source("../scripts/compound.r")

Loan will be repaid in 13.25 years
```

3.5 向量化编程

经常需要对一个向量的每个元素执行某个运算。R 的建立使得这样的编程任务可以通过向量化运算完成而不用使用循环。使用向量化运算使得计算更有效率并且更简洁。

例如，我们可以通过下列循环计算前 n 个数的平方和：

```
> n <- 100
> S <- 0
> for (i in 1:n) {
+     S <- S + i^2
+ }
> S
```

[1] 338350

作为另一种选择，我们可以使用向量化运算： P.39

```
> sum((1:n)^2)
```

[1] 338350

当然，对于上面的例子，假如我们记得公式 $n(n+1)(2n+1)/6$ ，我们也可以使用它。

函数 **ifelse** 应用于向量时会逐个元素按条件执行。**ifelse(test, A, B)** 有三个向量参数：逻辑表达式 **test**，以及两个表达式 **A** 和 **B**。函数返回一个向量，它由执行表达式 **A** 和 **B** 组成：当 **test** 的元素是 **TRUE** 时相应的是 **A** 的元素，当 **test** 的元素是 **FALSE** 时相应的是 **B** 的元素。如前所述，如果向量的长度不同，那么 R 将重复较短的向量以匹配较长的向量。例子如下。

```
> x <- c(-2, -1, 1, 2)
> ifelse(x > 0, "Positive", "Negative")
```

```
[1] "Negative" "Negative" "Positive" "Positive"
```

关于结果的模式有一些微妙之处。详见？**ifelse**。

另外两个有用的函数是 **pmin** 和 **pmax**，它们提供了最小值和最大值的向量化的版本。比如，

```
> pmin(c(1, 2, 3), c(3, 2, 1), c(2, 2, 2))
```

```
[1] 1 2 1
```

3.6 程序流程

术语**流程**是用来描述如何控制一个程序从一行移到另一行，它是由 **if** 语句，**for** 循环和 **while** 循环（以及函数，我们将会在后面见到）决定。给定一个程序，我们可以给每行标号画出它的流程，需要确认每行只有一个命令，那么可以系统地给出每行的访问顺序。为了这么做我们需要给出所有变量以及它们取值的列表，因为它们会影响流程。

考虑下面的例子；行号在左侧给出。

P.40

```
   # program: spuRs/resources/scripts/threexplus1.r
1  x <- 3
2  for (i in 1:3) {
3    show(x)
4    if (x %% 2 == 0) {
5      x <- x/2
6    } else {
7      x <- 3*x + 1
8    }
9  }
10 show(x)
```

使用这个程序可以画出流程,我们在表 3.1 中给出结果。

表 3.1 程序 threexplus1.r 的流程

行号	x	i	解释
1	3		i 没有定义
2	3	1	i 赋值为 1
3	3	1	3 输出到屏幕
4	3	1	(x %% 2 == 0)取值 FALSE,因此转向第 7 行
7	10	1	x 赋值为 10
8	10	1	else 部分结束
9	10	1	for 循环结束,程序没结束所以返回第 2 行
2	10	2	i 赋值为 2
3	10	2	10 输出到屏幕
4	10	2	(x %% 2 == 0)取值 TRUE,因此转向第 5 行
5	5	2	x 赋值为 5
6	5	2	if 部分结束,转向第 9 行
9	5	2	for 循环结束,程序没结束所以返回第 2 行
2	5	3	i 赋值为 3
3	5	3	5 输出到屏幕
4	5	3	(x %% 2 == 0)取值 FALSE,因此转向第 7 行
7	16	3	x 赋值为 16
8	16	3	else 部分结束
9	16	3	for 循环结束,转向第 10 行
10	16	3	16 输出到屏幕

这正是计算机执行程序时所做的:它在程序里追踪当前位置并保存变量和它们取值的列表。你当前在哪一行,如果你知道所有变量那么你就会知道下一步应该是哪一行。

3.6.1 伪代码

伪代码是用来描述速记和/或者非正式地编写程序。伪代码不遵守任何一种 P.41 编程语言的严格的句法(语法规则),但是它使用变量、数组、if 语句和循环。也即是它包含足够的如何通过程序控制流程的信息。

正如你学习其他高级语言,你会发现基本程序结构——比如变量、数组、if 语句和循环——对于它们来说是一样的。伪代码关注这些基本结构而忽略细节问题。它是描述算法的有用的方法而不用担心需要编写一个完整的程序。案例研究 21.3(参见详细目录)给出了一个很长的程序例子,揭示了不同水平下如何使用伪代码。

3.7 基础调试

你将会花很多时间寻找你代码中的错误。为了发现错误和故障,你需要观察在你代码的分支或者循环里变量如何改变。一个有效的并且简单的方法是在整个程序里包含语句如 `cat("var =", var, "\n")`,当程序执行时可以显示变量比如 **var** 的值。当程序成功运行时,你可以删除或者注释它们使得它们不被执行。

比如,如果你想知道在上面的程序中变量 i 如何变化,我们可以加一行如下:

```
# program: spuRs/resources/scripts/threexplus1.r
x <- 3
for (i in 1:3) {
  show(x)
  cat("i = ", i, "\n")
  if (x %% 2 == 0) {
    x <- x/2
  } else {
    x <- 3*x + 1
  }
}
show(x)
```

运行上面的程序给出如下结果

P. 42
```
> source("../scripts/threexplus1.r")

[1] 3
i = 1
[1] 10
i = 2
[1] 5
i = 3
[1] 16
```

解决手边问题应用最简单的版本,并在仅当需要时增加复杂度是一个好的编程习惯。尽管这样的组织方法在第一次看似较慢,但是它可以减少全部练习成型时不可避免的复杂度。

使用已知结果的简单初始条件测试你的代码也是非常有帮助的。这些测试的理想状态是使用最终程序的简短版本,这样可以使得结果的分析尽可能简单。图形和统计概述是很好的中间结果的展现方法,并且生成它们的代码很容易评述运行结果。

谨慎使用缩进可以大大增强代码的易读性。缩进可以增强代码的整体结构,比如,循环和条件语句开始和结束于何处? 一些文本编辑器,比如 Emacs 提供了句法上的缩进提醒,它使得写代码更便利。

3.8 良好的编程习惯

好的编程是清晰比聪明更重要。聪明是好的,但是如果有另外的选择,清晰是更好的。原因是在实际中更多的时间花费在纠正和修改程序而不是编写程序,如果你想成功纠正或者修改一个程序,你必须使得程序清晰。

你将会发现即使是你自己写的程序在过了几周之后也会难以理解。

我们发现下列是有用的准则:每个程序开始时给出一些注释说明程序名称、作者、编写时间以及程序用来实现什么。程序能实现什么的描述可以解释输入和输出是什么。

变量名称必须是说明性的,也即是,它们会给出一个线索说明变量的值代表什么。避免使用预留名称和函数名称作为变量名称(特别是 **t,c** 和 **q** 都是 R 中的函数名称)。你可以通过使用 **exists** 函数观察你对一个对象使用的名称是否已经存在。

使用空白行把相关的代码部分分成一节,并使用缩进区分 **if** 语句或者 **for** 或 P.43 **while** 循环的内部。

给出程序详细的说明文件,最好有具体算法的参考文献。没有比拿到几年前没有说明文件的程序并试图寻找和解释异常现象更糟糕的事情。

3.9 习题

1. 考虑函数 $y = f(x)$ 定义如下:

x	$\leqslant 0$	$\in (0,1]$	> 1
$f(x)$	$-x^3$	x^2	$\sqrt{x}$

假设给定 x,使用 **if** 语句编写一个 y 的表达式。

把你的 y 的表达式加入到下列程序,然后运行它并画出函数 f 的图形。

```
# input
x.values <- seq(-2, 2, by = 0.1)

# for each x calculate y
n <- length(x.values)
y.values <- rep(0, n)
for (i in 1:n) {
```

```
    x <- x.values[i]
    # your expression for y goes here
    y.values[i] <- y
}

# output
plot(x.values, y.values, type = "l")
```

你的图形应该看起来像图 3.2。你认为 f 在点 1 处有导数吗？0 点呢？
我们注意到上述程序使用 **ifelse** 函数进行向量化编程是可以的。

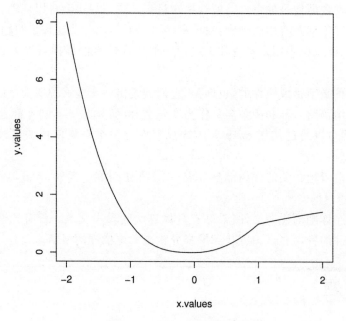

图 3.2 习题 1 生成的图形

2. 令 $h(x,n) = 1 + x + x^2 + \cdots + x^n = \sum_{i=0}^{n} x^i$。编写一个 R 程序使用 **for** 循环计算 $h(x,n)$。

3. 习题 2 中的函数 $h(x,n)$ 是几何级数的有限和。对于 $x \neq 1$，它有下列显式公式：

$$h(x,n) = \frac{1 - x^{n+1}}{1 - x}$$

P.44 使用下列值，应用该公式测试习题 2 中你编写的程序

x	n	$h(x,n)$
0.3	55	1.428571
6.6	8	4243335.538178

你可以使用电脑计算该公式而不用亲自手工计算。

4. 首先使用 **while** 循环编写一个程序达到与习题 2 同样的结果。然后使用向量化运算(没有循环)编写一个程序完成相同的任务。

如果还没有结束,确信你的程序可以适用于 $x = 1$ 的情形。

5. 为了使向量 $(x, y)^{\mathrm{T}}$ 逆时针旋转 θ 弧度,你可以左乘矩阵

$$\begin{bmatrix} \cos(\theta) & -\sin(\theta) \\ \sin(\theta) & \cos(\theta) \end{bmatrix}$$

在 R 里编写一个程序实现这个任务。

6. 给定一个向量 **x**,同时使用 for 循环和向量化运算计算它的几何平均。($x_1, \cdots,$ x_n 的几何平均是 $\left(\prod_{i=1}^{n} x_i \right)^{1/n}$。)

你可能也想继续计算调和平均,$n / \sum_{i=1}^{n} 1/x_i$,然后检查如果所有的 x_i 均是正数,调和平均总是小于或者等于几何平均,而几何平均总是小于或者等于算术平均。 P.45

7. 你如何计算一个向量 **x** 中三的倍数的元素求和?

8. 如果 **a2** 等于 0 并且/或者 **a1** 等于 0,那么程序 **quad2.r**(示例 3.2.1)将如何?使用 **if** 语句,修改 **quad2.r** 使得它对于所有可能的(数值)输入都能给出一个合理的答案。

9. 画出下面两个程序的流程。

(a) 第一个程序是 3.6 节例子的修改,这里现在 x 是一个数组。你需要跟踪 x 的每个元素的值,也即是 $x[1], x[2]$ 等。

```
# threexplus1array.r
x <- 3
for (i in 1:3) {
  show(x)
  if (x[i] %% 2 == 0) {
    x[i+1] <- x[i]/2
  } else {
    x[i+1] <- 3*x[i] + 1
  }
}
show(x)
```

(b) 第二个程序运用"捕食"系统里的 Lotka-Volterra 模型。我们假设 $x(t)$ 是在开始时 t 年的被捕食动物(兔子)的数量,$y(t)$ 是捕食动物(狐狸)的数量,那么 Lotka-Volterra 模型是:

$$x(t+1) = x(t) + b_r \cdot x(t) - d_r \cdot x(t) \cdot y(t);$$

$$y(t+1) = y(t) + b_f \cdot d_r \cdot x(t) \cdot y(t) - d_f \cdot y(t);$$

这里参数的定义如下：

b_r 是没有捕食动物时兔子的自然出生率；

d_r 是兔子遭遇捕食动物时的死亡率；

d_f 是狐狸在没有食物(兔子)时的自然死亡率；

b_f 是狐狸捕食兔子的效率。

```
# program spuRs/resources/scripts/predprey.r
# Lotka-Volterra predator-prey equations
br <- 0.04   # growth rate of rabbits
dr <- 0.0005 # death rate of rabbits due to predation
df <- 0.2    # death rate of foxes
bf <- 0.1    # efficiency of turning predated rabbits into foxes
x <- 4000
y <- 100
while (x > 3900) {
  # cat("x =", x, " y =", y, "\n")
  x.new <- (1+br)*x - dr*x*y
  y.new <- (1-df)*y + bf*dr*x*y
  x <- x.new
  y <- y.new
}
```

P.46

注意实际上你不需要知道有关该程序的其他任何事情也可以给出它的流程。

10. 编写一个程序使用循环寻找一个向量 **x** 的最小值，不要使用任何预定义的函数比如 min(…) 或者 sort(…)。

你需要定义一个变量，比如 **x.min** 以便存储你遇到的最小值。开始时令 **x.min <- x[1]**，然后使用 **for** 循环比较 **x.min** 和 **x[2]**,**x[3]** 等。如果/当你发现 **x[i]< x.min**，相应地更新 **x.min** 的值。

11. 编写一个函数把两个有序向量合并成一个有序向量。不要使用 **sort(x)** 函数，并尽可能使你的函数有效。也即是，试图使得合并向量需要的运算次数最小。

12. 双骰儿赌博游戏玩法如下。首先，你投掷两个六面的骰子；令 x 表示第一次投掷时骰子点数和。如果 $x = 7$ 或者 11 那么你胜，否者你将继续投掷直到再次出现 x，这种情况下你也胜，或者直到得到 7 或者 11，这种情况下你输。

编写一个函数模拟双骰儿赌博游戏。你可能用到下列一段代码去模拟投掷两个(均匀)的骰子：

x <- sum(ceiling(6 ∗ runif(2)))

13. 假设 $(x(t), y(t))$ 有极坐标 $(\sqrt{t}, 2\pi t)$。绘制当 $t \in [0, 10]$ 时 $(x(t), y(t))$ 的图形。你的图形应该看起来像图 3.3。

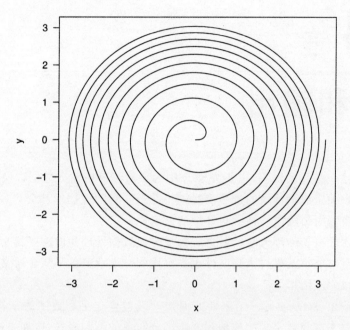

图 3.3　习题 13 的输出

第 **4** 章

输入和输出

P.49   本章讲述一些基础知识，主要关于 R 中为了后续分析输入数据以及保存和显示分析结果。关于数据输入的进一步讨论将在第 6 章的数据框部分讨论。在第 7 章我们给出有关图形输出结构的更详细的讨论。

计算机程序擅长处理大量的数据。为了方便数据处理我们需要从文件中直接读入数据。有时能把结果写入到文件也是有用的。本章覆盖了从普通文本文件写入和读出以及生成图形。

输入和输出(I/O)的另一个重要方面是处理包含文字和数字的字符，因此我们应该能读写文本和数字。相应地我们将区分对象的不同**模式**，比如字符型、数值型和逻辑型。我们可以通过使用 **mode** 函数确定一个对象的模式。

4.1　文本

到目前为止，我们已经见过数值型模式和逻辑型模式(**TRUE/FALSE**)的对象。一串字符属于**字符型**模式。

字符串通过使用双引号" "或者单引号' '定义。字符串可以整理成像数值形式的向量或者矩阵。我们也可以通过使用 **paste(..., sep)** 粘贴字符串。这里 **sep** 是一个可选的输入(缺省值是" ")，它决定哪些字符放在字符串(在输入……出现的)之间。

```
> x <- "Citroen SM"
> y <- "Jaguar XK150"
> z <- "Ford Falcon GT-HO"
> (wish.list <- paste(x, y, z, sep = ", "))

[1] "Citroen SM, Jaguar XK150, Ford Falcon GT-HO"
```

特殊字符可以通过使用转义字符\包含在字符串里。使用\"表示";\ n 表示另起一行；\ t 表示一个制表符；\ b 表示一个退格键；\\表示\。

如果一个字符串可以被认为是一个数，那么 **as.numeric(x)** 强制把它转换成　P.50
那个数。使用 **as.character(x)** 把一个数转换成字符串，R 将经常根据你的需要进
行转换。把一个数转换成字符串一般更有用的方法是使用函数 **format(x, digits,**
nsmall, width)。**digits,nsmall** 和 **width** 都是可选的：**nsmall** 表示使用几位小
数；**digits** 表示使用多少位有效数字；**width** 表示总的字符串应该多长。需要注意
的是 R 可能会不考虑你建议的 **digits,nsmall** 和 **width** 的值。这种情况可以通过
下面方法避免，在使用 **format** 前可以通过函数 **round(x,k)** 近似 **x** 到 k 位小数。

正如我们已经见到的，命令 **cat** 可以显示结合的字符串。

下面的例子展示了如何使用格式化输出打印一个数字表格。这个程序编写了
数 **x** 的前 **n** 次方。

```
# program spuRs/resources/scripts/powers.r
# display powers 1 to n of x

# input
x <- 7
n <- 5

# display powers
cat("Powers of", x, "\n")
cat("exponent     result\n\n")

result <- 1
for (i in 1:n) {
  result <- result * x
  cat(format(i, width = 8),
      format(result, width = 10),
      "\n", sep = "")
}
```

它产生了如下输出

```
> source("../scripts/powers.r")

Powers of 7
exponent     result

       1          7
       2         49
       3        343
       4       2401
       5      16807
```

函数 **format** 和 **paste** 也可以以向量作为输入。因此上面的程序可以进行如下的向量化：

```
> cat(paste(format(1:n, width = 8), format(x^(1:n), width = 10),
+     "\n"), sep = "")
       1         7
       2        49
       3       343
       4      2401
       5     16807
```

使用 **sprintf** 和 **formatC** 函数可以对数转换成字符进行更高级的控制。详见内置的帮助文件。

4.2 从文件输入

R 提供了许多从文件读取数据的方法，最灵活的是 **scan** 函数。我们可以使用 **scan** 从文件里读取一个向量值。**scan** 有许多选项，这里我们只需要其中的一些，它的形式是

scan(file = "", what = 0, n = -1, sep = "", skip = 0, quiet = FALSE)

scan 返回一个向量。所有的参数都是可选的，缺省值在上面给出。

file 给出了文件的来源。缺省值""表示从键盘读取（见 4.3 节）。

what 给出了一个读取数据模式的例子，缺省值 0 表示数值型数据。使用""表示字符型数据。

n 给出了读取的元素个数。如果 **n = -1** 那么 **scan** 读取到文件结束。

sep 允许你给出特定的符号分割读入值，比如","。缺省值" "具有特殊的含义允许任意的空白（包括制表符）分割读入值。注意经常用新的一行或者回车分割读入值。

skip 表示开始读取前跳过的行数，缺省值是 0。当你的文件在数据前包含一些描述的行时这个是很有用的。

quiet 控制是否报告 **scan** 读取了多少值，缺省值是 **FALSE**。

如果你想读取比文件中剩余的更多的条目，可以给出具体的 n，那么 **scan** 将会返回一个包含剩余长度的向量，长度可能是 0。

为了查找目录 **dir.name** 里都有什么文件，使用 **dir(path = "dir.name")**，或者等价地 **list.files(path = "dir.name")**。目录地址可以是当前工作目录的相 对地址或者绝对地址。**Path** 有缺省值"."，表示当前工作目录。

把数据整理成表格的形式是常见的情况，列表示变量，行表示相应的观测值。

表格数据方便存储为文本文件,表格的每行与文本文件的每行相对应,观测值用特定的字符比如逗号分开。R 提供了具体的函数特别是 **read.table** 方便读取这种文件。我们将在 6.2 节讨论这些。

4.2.1　示例:文件输入 **quartiles1.r**

下面的程序从一个文件读取一个数值向量然后计算它们的中位值,第一四分位值和第三四分位值。一个样本的 $100p$ 分位点定义为存在一个最小值 x 使得样本中至少有 p 部分样本小于或者等于 x。第一四分位点是一个样本的 25% 分位点,第三四分位点是 75% 分位点,中位值是 50% 分位点。(请注意一些分位点和中位值的定义与这些稍微有点不同。)

这个例子里文件 **data1.txt** 预先使用文本编辑器生成,存放在目录**../data**下,它是当前工作目录的同级目录(也即是,它与当前工作目录有相同的父目录)。

```
# program: spuRs/resources/scripts/quartiles1.r
# Calculate median and quartiles.

# Clear the workspace
rm(list=ls())

# Input
# We assume that the file file_name consists of numeric values
# separated by spaces and/or newlines
file_name = "../data/data1.txt"

# Read from file
data <- scan(file = file_name)

# Calculations
n <- length(data)
data.sort <- sort(data)
data.1qrt <- data.sort[ceiling(n/4)]
data.med <- data.sort[ceiling(n/2)]
data.3qrt <- data.sort[ceiling(3*n/4)]

# Output
cat("1st Quartile:", data.1qrt, "\n")

cat("Median:       ", data.med, "\n")
cat("3rd Quartile:", data.3qrt, "\n")
```

P.53

假设文件 **data1.txt** 只有下列一行

```
8 9 3 1 2 0 7 4 5 6
```

运行该程序然后生成如下结果：

```
> source("../scripts/quartiles1.r")

1st Quartile: 2
Median:       4
3rd Quartile: 7
```

对于许多统计运算，R 有内置函数计算分位数，尽管使用的定义与上面不同。这里使用内置函数 **quantile** 给出上述问题的解。我们把寻找输入参数定义的任务留给读者，请使用 **help** 函数。

```
> quantile(scan("../data/data1.txt"), (0:4)/4)

  0%  25%  50%  75% 100%
0.00 2.25 4.50 6.75 9.00
```

4.3　从键盘输入

如果输入项 file 给的值是""（缺省值），scan 可以从键盘读取数据。使用一个空行表示输入结束。键盘输入只在 scan 被交互地调用或者使用 source（或者在一个函数里：见第 5 章）时才工作。如果你复制并粘贴包括 scan(file = "") 的命令，那么 R 将把 scan(file = "") 下面的行解释为输入而不是命令。

为了从键盘读取一个单独的文本行 R 提供了命令 readline(prompt)，它提供了可选的符号输入 prompt（缺省值""）。与 scan 类似，readline 也仅在执行 source（或者在一个函数里）时正确工作。

4.3.1　示例：二次方程的根 2b　quad2b.r

这里是计算二次方程的根的另一个版本的程序，现在我们使用 readline 从键盘输入数据。

```
# program spuRs/resources/scripts/quad2b.r
# find the zeros of a2*x^2 + a1*x + a0 = 0

# clear the workspace
rm(list=ls())

# input
cat("find the zeros of a2*x^2 + a1*x + a0 = 0\n")
a2 <- as.numeric(readline("a2 = "))
a1 <- as.numeric(readline("a1 = "))
a0 <- as.numeric(readline("a0 = "))
```

```
# calculate the discriminant                                           P.54
discrim <- a1^2 - 4*a2*a0
# calculate the roots depending on the value of the discriminant
if (discrim > 0) {
    roots <- (-a1 + c(1,-1) * sqrt(a1^2 - 4*a2*a0))/(2*a2)
} else {
    if (discrim == 0) {
        roots <- -a1/(2*a2)
    } else {
        roots <- c()
    }
}

# output
if (length(roots) == 0) {
    cat("no roots\n")
} else if (length(roots) == 1) {
    cat("single root at", roots, "\n")
} else {
    cat("roots at", roots[1], "and", roots[2], "\n")
}
```

这里给出运行情况

```
> source("quad2b.r")①

find the zeros of a2*x^2 + a1*x + a0 = 0
a2 = 2
a1 = 2
a0 = 0
roots at 0 and -1

> source("quad2b.r")②

find the zeros of a2*x^2 + a1*x + a0 = 0
a2 = 2
a1 = 0
a0 = 2
no roots
```

4.4 输出到文件

　　R 提供了许多命令可以把输出写入到文件。我们一般使用 **write** 或者 **write.**　P.55

---

① 命令应改为 **source("../ scripts / quad2b.r")**。——译者注
② 命令应改为 **source("../ scripts / quad2b.r")**。——译者注

table 写入数值并使用 **cat** 写入文本，或者把数值和文本混合在一起。

　　Write 命令具有如下形式：

```
write(x, file = "data", ncolumns = if(is.character(x)) 1 else 5,
      append = FALSE)
```

这里 **x** 是准备写入的向量。如果 **x** 是一个矩阵或者数组，那么写入前会把它转化成向量（按列展开）。其它的参数是可选的。

　　file 给出准备写入或者添加到的文件，是一个字符串。缺省值"data"把一个叫 **data** 的文件写入到当前工作目录。使用 **file = " "** 把它写入到屏幕。

　　ncolumns 给出写入向量 **x** 的列数。数值的缺省值是 5，字符的缺省值是 1。请注意向量是按行写入的。

　　append 表示是否添加或者覆盖文件，缺省值是 **FALSE**。

　　因为 **write** 在写入前把矩阵转换成向量，所以使用它把矩阵写入到文件时可能产生不可预料的结果。因为 R 按列存储矩阵，如果你想输出能反映矩阵的结构，你应该把矩阵的转置传递给 **write**。

```
> (x <- matrix(1:24, nrow = 4, ncol = 6))

     [,1] [,2] [,3] [,4] [,5] [,6]
[1,]    1    5    9   13   17   21
[2,]    2    6   10   14   18   22
[3,]    3    7   11   15   19   23
[4,]    4    8   12   16   20   24

> write(t(x), file = "../results/out.txt", ncolumns = 6)
```

　　这里是文件 **out.txt** 的结果：

```
1 5 9 13 17 21
2 6 10 14 18 22
3 7 11 15 19 23
4 8 12 16 20 24
```

　　更灵活地写入到文件的命令是 **cat**，它具有形式

```
cat(..., file = "", sep = " ", append = FALSE)
```

P.56　　**...** 是一个表达式列表（用逗号分开）被强制转化为字符串并结合然后写入。

　　file 给出了写入或者添加到的文件，是用一个字符串表示。缺省值""写入到屏幕。

sep 是插入到写入对象间的字符串，缺省值是""。

append 表示是否添加或者覆盖文件，缺省值是 **FALSE**。

请注意 **cat** 不在表达式...后自动写入新的一行，如果你想开始一个新行你必须包括字符串"\n"。

R 也提供把对象写成特殊格式的函数，比如 **write.table** 是把数据写成表格格式（详见 6.2 节）。也有一个非常有用的 **dump**，它生成一个代表大多数 R 对象的文本，以便后面被 **source** 读入。例如

```
> x <- matrix(rep(1:5, 1:5), nrow = 3, ncol = 5)
> dump("x", file = "../results/x.txt")
> rm(x)
> source("../results/x.txt")
> x

     [,1] [,2] [,3] [,4] [,5]
[1,]   1    3    4    4    5
[2,]   2    3    4    5    5
[3,]   2    3    4    5    5
```

4.5 绘图

我们已经看到 **plot(x, y, type)** 可以用来绘制一个向量相对于另一个向量的图形，这里 **x** 的值在 x 轴，**y** 的值在 y 轴。实际上输入 **y** 的值是可选的，如果省略了那么将画 **x** 关于 **1:length(x)** 的图形（因此你会得到 **x** 的值在 y 轴和 **1:length(x)** 在 x 轴）。其他有用的可选参数是 **xlab,ylab** 和 **main**，它们都是字符串分别用来给 x 轴，y 轴和整个图形做标签。

为了在当前图形上增加点 **(x[1], y[1]), (x[2], y[2]),** ...使用 **points(x, y)**。增加线使用 **lines(x, y)**。垂直或者水平线可以使用 **abline(v = xpos)** 和 **abline(h = ypos)** 绘制。**points** 和 **lines** 均有可选输入项 **col**，它表示色彩("red", "blue",等)。色彩的完整列表可以通过 **colours**（或者 **colors**）函数获得。为了在点 **(x[i], y[i])** 处增加文本 **labels[i]**[①]，使用 **text(x, y, labels)**。可选输入项 **pos** 用来表示在该点的哪个方向增加标签。（使用 **help(text)** 查看 **pos** 的可能取值。）如果当前图形没有标题，可以使用 **title(main)** 添加一个（这里 **main** 是一个字符串）。

作为一个例子我们绘制抛物线 $y^2 = 4x$ 的部分图形，以及它的焦点和准线。 P.57

---

① 应该是 **labels**。——译者注

我们使用输入项 **type = "n"** 的作用,它仅建立图形维数以及绘制坐标轴,除此之外什么都不绘制。

```
> x <- seq(0, 5, by = 0.01)
> y.upper <- 2 * sqrt(x)
> y.lower <- -2 * sqrt(x)
> y.max <- max(y.upper)
> y.min <- min(y.lower)
> plot(c(-2, 5), c(y.min, y.max), type = "n", xlab = "x",
+     ylab = "y")
> lines(x, y.upper)
> lines(x, y.lower)
> abline(v = -1)
> points(1, 0)
> text(1, 0, "focus (1, 0)", pos = 4)
> text(-1, y.min, "directrix x = -1", pos = 4)
> title("The parabola y^2 = 4*x")
```

输出结果在图 4.1 给出。

使不只一个图形可见的方法是打开另外的图形设备。在 Windows 环境下可以通过在每个增加的图形前使用命令 **windows()** 实现。在 Unix 下使用命令 **X11()**,MacOS 使用 **quartz()**,详细的信息参见? **dev.new** 和? **dev.control**。

相应地你也可以使用命令 **par(mfrow = c(nr, nc))** 或者 **par(mfcol = c(nr, nc))** 在单个图形窗口绘制绘图格子。命令 **par** 被用来设置许多不同的参数控制图形的生成。设置 **mfrow = c(nr, nc)** 生成一个含有 **nr** 行和 **nc** 列的图形格子,它是按行排列的。**mfcol** 类似但是填充图形时是按列排列的。

下面的例子示范了 **mfrow** 和函数 **curve**,它用来绘制函数 $x\sin(x)$ 的不同部分。

```
> par(mfrow = c(2, 2))
> curve(x * sin(x), from = 0, to = 100, n = 1001)
> curve(x * sin(x), from = 0, to = 10, n = 1001)
> curve(x * sin(x), from = 0, to = 1, n = 1001)
> curve(x * sin(x), from = 0, to = 0.1, n = 1001)
> par(mfrow = c(1, 1))
```

输出结果如图 4.2 所示。

在第 7 章我们将再次讨论绘图这个主题。

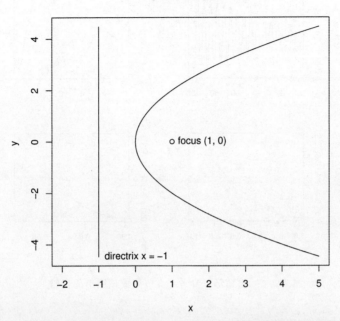

P.58

图 4.1　分阶段生成的图形。参考 4.5 节生成该图形的代码

4.6　习题

1. 这里给出文件 **age.txt** 和 **teeth.txt** 的前几行,取自于一位具有统计思想的牙
医的数据库:

```
ID      Age
1       18
2       19
3       17
.       .
.       .
.       .

ID      Num Teeth
1       28
2       27
3       32
.       .
.       .
.       .
```

在 R 里编写一个程序,首先读入每个文件,然后合并成一个列表写入到文件 **age
_teeth.txt**,使得具有下列形式:

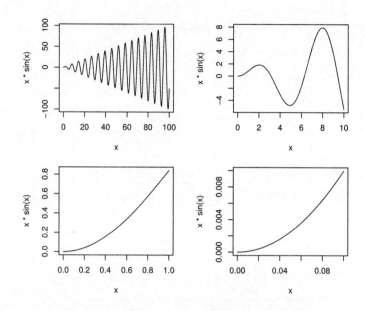

图 4.2　一组图形。参考 4.5 节生成该图形的代码

```
ID        Age       Num Teeth
1         18        28
2         19        27
3         17        32
.         .         .
.         .         .
.         .         .
```

2. 函数 **order(x)** 返回 **1:length(x)** 的一个排列给出了 **x** 中元素的次序。例如

```
> x <- c(1.1, 0.7, 0.8, 1.4)
> (y <- order(x))
[1] 2 3 1 4
> x[y]
[1] 0.7 0.8 1.1 1.4
```

使用 **order** 或者别的,修改习题 1 中你的程序使得输出文件按照它的第二列排序。

3. 设计一个程序使得输出一个 **1** 到 **n** 的平方和立方的表格。对于 **n <- 7** 结果应该如下:

```
> source("../scripts/square_cube.r")

 number   square     cube

     1        1        1
     2        4        8
     3        9       27
     4       16       64
     5       25      125
     6       36      216
     7       49      343
```

4. 编写一个打印标准乘法表的 R 程序

```
> source("../scripts/mult_table.r")
     [,1] [,2] [,3] [,4] [,5] [,6] [,7] [,8] [,9]
[1,]   1    2    3    4    5    6    7    8    9
[2,]   2    4    6    8   10   12   14   16   18
[3,]   3    6    9   12   15   18   21   24   27
[4,]   4    8   12   16   20   24   28   32   36
[5,]   5   10   15   20   25   30   35   40   45
[6,]   6   12   18   24   30   36   42   48   54
[7,]   7   14   21   28   35   42   49   56   63
[8,]   8   16   24   32   40   48   56   64   72
[9,]   9   18   27   36   45   54   63   72   81
```

提示:生成一个矩阵 **mtable** 包含这个表格,然后使用 **show(mtable)**。

5. 使用 R 绘制双曲线 $x^2 - y^2/3 = 1$,如图 4.3 所示。

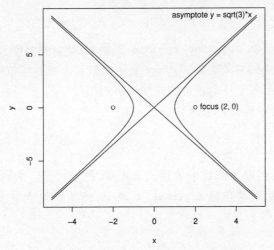

图 4.3　双曲线 $x^2 - y^2/3 = 1$;见习题 5

第 5 章
函数化编程

P.63 本章介绍如何创建函数在编程过程中需要满足的规则以及函数之间、函数与环境之间的交互关系。同时,本章还介绍了在 R 语言中如何有效地构造函数,还特别介绍了 R 语言如何处理函数。

作为程序的基本构成部分,函数是构造复杂算法的基本模块。在一些其他编程语言中,*procedures* 程序和子程序与 R 语言中的函数作用是类似的。

5.1 函数

一个函数,其基本形式如下

```
name <- function(argument_1, argument_2, ...) {
    expression_1
    expression_2
    ...
    return(output)
}
```

这里 argument_1, argument_2 等表示变量名,expression_1, expression_2 和 output 表示 R 中的常规表达式,name 表示函数名。在有些情况下,函数没有变量,这时花括号仅在多于一个表达式的情形下给出。

使用下面的命令运行一个函数

```
name(x1, x2, ...)
```

上述表达式的值即为函数中表达式 output 的输出值。为计算 output 的值,函数首先将 x1 的值赋给变量 argument_1,将 x2 的值赋给变量 argument_2,如此循环。^① 这里,参数作为变量在函数内运行。我们将这称之为参数值**传给**了函数。然后,函数计算花括号{ }内的表达式,表达式 **output** 进而返回相应的函数值。

P.64
　　一个函数有时包含有多个返回变量 **return** 表达式,在这种情况下,程序在执行到第一个表达式即停止。如果在程序中没有表达式命令 **return(output)**,函数将返回花括号中最后一个表达式所给出的结果。

　　在 R 语言中,对于任意一个函数,它总会返回一个值。对于一些函数,它的返回值不是很重要,比如,如果函数将其输出结果写入一个文件,这时就没必要返回值。这些情形下,程序往往省略了返回值,或者返回空值 NULL。

　　在调用的情况下,如果一个函数的返回值没有被安排给一个变量,则该值将被打印出来。表达式 **invisible(x)** 与 **x** 有相同的值,区别仅仅在于前者没有打印。

5.1.1　示例:二次求根函数 3　quad3.r

　　作为例子,这里给出一个程序求解一个二次函数的根。在程序中,命令 **rm(list = ls())** 对工作区命令执行没有影响,可以将其移出(在后面 5.2 节中将介绍其原因)。

　　注意函数名不一定需要与程序文件名匹配,但当程序包含一个单独函数时,函数名与程序文件名一致是非常常见的。

```
# program spuRs/resources/scripts/quad3.r

quad3 <- function(a0, a1, a2) {
  # find the zeros of a2*x^2 + a1*x + a0 = 0
  if (a2 == 0 && a1 == 0 && a0 == 0) {
    roots <- NA
  } else if (a2 == 0 && a1 == 0) {
    roots <- NULL
  } else if (a2 == 0) {
    roots <- -a0/a1
  } else {
    # calculate the discriminant
    discrim <- a1^2 - 4*a2*a0
    # calculate the roots depending on the value of the discriminant
    if (discrim > 0) {
      roots <- (-a1 + c(1,-1) * sqrt(a1^2 - 4*a2*a0))/(2*a2)
    } else if (discrim == 0) {
      roots <- -a1/(2*a2)
    } else {
      roots <- NULL
```

---

① 事实上,为了节省时间,R 在运行函数过程(直到没有变量为止)中仅就数值改变的情况下进行新的赋值运算。但是为了理解函数的工作过程,可以认为当调用函数时所有的变量都被赋值运算。

```
    }
  }
  return(roots)
}
```

P.65　　　为使用上述函数,首先载入程序(使用 **source** 函数,或将其复制、粘贴到 R 中),然后通过给出合适的参数调用函数。

```
> rm(list = ls())
> source("../scripts/quad3.r")
> quad3(1, 0, -1)

[1] -1  1

> quad3(1, -2, 1)

[1] 1

> quad3(1, 1, 1)

NULL
```

使用函数最重要的优点在于一旦载入函数,该函数可以重复使用,不需要每次重新载入。在 R 中,使用者自己定义的函数也可以如 R 内容预先定义好的函数一样反复使用。在实际中,函数之间也可以嵌套使用。

使用函数的第二个优点是可以将一个程序分成几个小的逻辑单元运行。大程序集往往由若干小程序组成,各个小程序可各自执行事先设计好的工作。

5.1.2　示例:n 中选 r 函数 **n_choose_r.r**

在忽略顺序的情况下,从 n 个事物中选 r 个,其选择个数我们可以记作 $\binom{n}{r}$。

众所周知,由公式有 $\binom{n}{r} = \dfrac{n!}{r!(n-r)!}$。为计算该式,一种方法是先设计一个程序计算 $n!$,然后将其代入 $\binom{n}{r}$ 得到计算结果。

```
# program spuRs/resources/scripts/n_choose_r.r

n_factorial <- function(n) {
    # Calculate n factorial
    n_fact <- prod(1:n)
    return(n_fact)
}

n_choose_r <- function(n, r) {
```

P.66

```
# Calculate n choose r
n_ch_r <- n_factorial(n)/n_factorial(r)/n_factorial(n-r)
return(n_ch_r)
}
```

下面具体运行示例。

```
> rm(list = ls())
> source("../scripts/n_choose_r.r")
> n_choose_r(4, 2)

[1] 6

> n_choose_r(6, 4)

[1] 15
```

作为拓广,注意到 $\binom{n}{r}$ 中,n 可以表示为任意的实数值,r 为非负整数,由定义

有 $\binom{n}{r} = n(n-1)\cdots(n-r+1)/r!$。这种推广在定义某种概率密度分布时非

常有用。

最后,注意在 R 语言中,我们可以用其他更加有效的函数进行计算来达到同

样的目的,如 **choose** 和 **factorial**。

5.1.3 示例:平尾均值(Winsorised mean)**wmean.r**

令 $\mathbf{X} = \{x_1, x_2, \cdots, x_n\}$ 表示实值样本,$x_{(1)} \leqslant x_{(2)} \leqslant \cdots \leqslant x_{(n)}$ 表示相应的排

序后的样本,则 $\mathbf{X}$ 的第 k 个截尾均值为

$$\overline{x}_k = \frac{x_{(k+1)} + \cdots + x_{(n-k)}}{n - 2k}$$

即,我们丢弃前 k 个最小值和后 k 个最大值,然后取其平均值。截尾均值相比通常

均值,在含有异常值的情形下更加贴切地描述了整体均值。

第 k 个平尾均值如下定义

$$w_k = \frac{(k+1)x_{(k+1)} + x_{(k+2)} + \cdots + x_{(n-k-1)} + (k+1)x_{(n-k)}}{n}$$

由定义,我们有平尾均值,指用 $x_{(n-k)}$ 代替前 k 个最小值,用 $x_{(k+1)}$ 代替后 k 个

最大值。当读者认为由于误差或者测量问题导致所遇到的数据含有偶然的异常值

时,可用平尾均值代替通常均值估计总体平均水平。

下面给出一个计算第 k 个平尾均值的程序。

P.67 `# program spuRs/resources/scripts/wmean.r`

```
wmean <- function(x, k) {
    # calculate the k-th Windsorised mean of the vector x
    x <- sort(x)
    n <- length(x)
    x[1:k] <- x[k+1]
    x[(n-k+1):n] <- x[n-k]
    return(mean(x))
}
```

　　一个实际应用的结果如下：

```
> source("../scripts/wmean.r")
> x <- c( 8.244, 51.421, 39.020, 90.574, 44.697,
+         83.600, 73.760, 81.106, 38.811, 68.517)
> mean(x)

[1] 57.975

> wmean(x, 2)

[1] 59.8773

> x.err <- x
> x.err[1] <- 1000
> mean(x.err)

[1] 157.1506

> wmean(x.err, 2)

[1] 65.9695
```

5.1.4　函数调用时的程序流

　　当一个函数被执行时，计算机会自动开辟空间给函数变量，复制函数代码，并将命令传递到函数中。当程序运行结束，结果将被传递回主程序，然后函数代码和变量将在缓存中删除。我们用下面的程序对此进行说明。这里我们用数字标识出函数 **swap** 的程序行，表 5.1 给出相关程序流。

```
    # swap.r

f1  swap <- function(x) {
        # swap values of x[1] and x[2]
f2      y <- x[2]
f3      x[2] <- x[1]
```

P. 68

```
f4    x[1] <- y
f5    return(x)
f6  }

p1  x <- c(7, 8, 9)
p2  x[1:2] <- swap(x[1:2])
p3  x[2:3] <- swap(x[2:3])
```

表 5.1 程序 swap.r 控制流

	主程序	交互程序（第一步）		交互程序（第二步）		
程序行	x	x	y	x	y	注释
p1	(7,8,9)					
f1	(7,8,9)	(7,8)				控制 p2 命令行转入交互行
f2	(7,8,9)	(7,8)	8			
f3	(7,8,9)	(7,7)	8			
f4	(7,8,9)	(8,7)	8			
f5	(7,8,9)	(8,7)	8			交互作用返回(8,7)；返回 p2 行，删除函数变量
p2	(8,7,9)					
f1	(8,7,9)			(7,9)		控制 p3 命令行转入交互行
f2	(8,7,9)			(7,9)	9	
f3	(8,7,9)			(7,7)	9	
f4	(8,7,9)			(9,7)	9	
f5	(8,7,9)			(9,7)	8	交互作用返回(9,7)；返回 p3 行，删除函数变量
p3	(8,9,7)					

5.2 范围及其影响

　　一个函数中所定义的参数和变量仅作用于该函数中。也就是说，如果在一个函数中定义和使用一个变量 x，则该变量在该函数外不起作用。如果不同的变量在函数内部和函数外部具有相同的变量名，则这些变量是相互独立，且互不影响的。我们可以认为一个函数构成一个独立环境，通过参数值及其表达式来沟通外部环境。[①] 比如，如果使一个函数执行命令 rm(list = ls())（这不是一个好主意），仅仅删除了函数内部定义的对象。

---

① 此处这样表达并不完全准确，但为读者提供了一种有用的参考。

```
> test <- function(x) {
+     y <- x + 1
+     return(y)
+ }
> test(1)

[1] 2

> x

Error: Object "x" not found

> y

Error: Object "y" not found

> y <- 10
> test(1)

[1] 2

> y

[1] 10
```

　　一个变量在程序中所定义的部分称为该变量的范围。将变量范围限制在一个函数内,这样调用函数不会影响其他函数外部的变量,除了分配返回值。

　　需要说明的是,变量的范围并不是对称的。也就是说,定义于函数内部的变量在函数外部是不能看到的,定义于函数外部的变量在函数内部能够看到(这里假设,函数内部没有同名变量)。做这样的安排,使得可以在特别的情况下给出好的程序形式(参看 5.5 节),同时,也使得函数在运行过程中仅仅影响其执行范围内程序。下面给出一个例子:

```
> test2 <- function(x) {
+     y <- x + z
+     return(y)
+ }
> z <- 1
> test2(1)

[1] 2

> z <- 2
> test2(1)

[1] 3
```

　　这个例子说明最好保证函数中所使用的变量要么是参数,要么在函数中已经被定义。例 4 给出了一个容易运行出错的例子。相反的,另外在 12.4.1 节中还特别给出一个使用函数范围简化程序的例子。

5.3 可选参数和缺省值

为给出参数 argument_1 的缺省值 x1，这里我们在函数内使用 argument_1 = x1 表示。如果一个参数具有缺省值，则在调用该函数时，该参数可能被省略，在这种情况下缺省值将被使用。

如果一个参数被省略，这样会在参数赋值时造成一些模棱两可的情况出现。为避免这种情况出现，R 语言从左至右依次向参数赋值，除非该参数已预先被赋值。

```
> test3 <- function(x = 1, y = 1, z = 1) {
+     return(x * 100 + y * 10 + z)
+ }
> test3(2, 2)

[1] 221

> test3(y = 2, z = 2)

[1] 122
```

5.4 基于向量形式的函数编程

前面已经提及，很多 R 语言中函数是以向量形式表示的，即对于一个给定的向量输入，函数分别作用于每一个分量元素，进而返回一个向量值。这种以向量形式表达的做法可以使得程序更加紧凑、高效和具有可读性。

为进一步方便基于向量的编程，R 语言提供了一类既有效又灵活的函数，使所定义的函数可被容易地表达为向量形式，相关的函数有：apply, sapply, lapply, tapply 和 mapply。

函数 sapply(X,FUN) 的作用是将函数 FUN 作用于向量 X 的每个分量。也就是P.71说，sapply(X,FUN) 函数返回一个向量，其第 i 个元素是表达式 FUN(X[i]) 的值。如果函数 FUN 含有除 X[i] 以外的参数，可以使用命令 sapply(X, FUN, ...)，其每个分量的返回形式为 FUN(X[i], ...)。换句话说，参数通过 sapply 函数传递给 FUN，这样允许操作者使用具有多个参数的函数。注意参数…的值每次传递的都一样。为了向量化多于一个参数的函数，我们还可以使用命令 mapply。

如果将函数作用于一个矩阵的每行或每列向量，我们可以使用 apply 函数命令，其使用方法比 sapply 更加灵活，也更加复杂。

我们在 6.4.1 节给出使用命令 **tapply** 的例子,6.4.2 节中给出使用函数 **sapply** 和 **lapply** 命令的例子,有关这些命令更详细的使用方法可以通过命令 **help (apply)** 查看。

5.4.1　示例:素数密度函数 **primedensity.r**

这里,给出一个使用 **sapply** 函数的例子,其目的是给出一个函数 **prime**,以用来检验一个给定的整数是否是素数。我们在 **prime** 中的第 2 到 n 向量中使用 **sapply** 函数,这样我们得知所有小于等于 n 的素数。

令 $\rho(n)$ 表示小于等于 n 的素数的个数。Legendre 和 Gauss 证明

$$\lim_{n \to \infty} \frac{\rho(n)\log(n)}{n} \to 1$$

该结果在 1896 年亦由 Hadamard 和 de la Vallée Poussin 给出。理论的证明方法非常困难,但这并不影响我们利用数值方法验证该结论。我们使用函数 **cumsum(x)** 给出向量 **x** 的累积和。还可以将该函数应用于逻辑向量 TRUE/FALSE 的值,在计算累积和之前 R 程序强制其返回 1/0 向量。

```
# spuRs/resources/scripts/primedensity.r
# estimate the density of primes (using a very inefficient algorithm)

# clear the workspace
rm(list=ls())

prime <- function(n) {
    # returns TRUE if n is prime
    # assumes n is a positive integer
    if (n == 1) {
        is.prime <- FALSE
    } else if (n == 2) {
        is.prime <- TRUE
    } else {
        is.prime <- TRUE
        for (m in 2:(n/2)) {
            if (n %% m == 0) is.prime <- FALSE
        }
    }
    return(is.prime)
}

# input
# we consider primes <= n
n <- 1000
```

```
# calculate the number of primes <= m for m in 2:n
# num.primes[i] == number of primes <= i+1
m.vec <- 2:n
primes <- sapply(m.vec, prime)
num.primes <- cumsum(primes)

# output
# plot the actual prime density against the theoretical limit
par(mfrow = c(1, 2))
plot(m.vec, num.primes/m.vec, type = "l",
    main = "prime density", xlab = "n", ylab = "")
lines(m.vec, 1/log(m.vec), col = "red")

plot(m.vec, num.primes/m.vec*log(m.vec), type = "l",
    main = "prime density * log(n)", xlab = "n", ylab = "")
par(mfrow = c(1, 1))
```

执行命令 **source("primedensity.r")**，在图 5.1 中给出相应的输出结果。

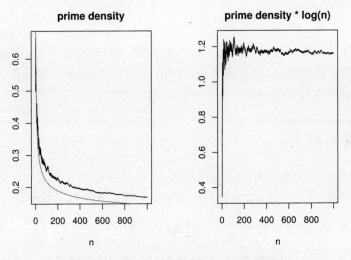

图 5.1　例 5.4.1 结果给出的素数密度图

可以发现，在点 $n-1000$ 处，素数密度 $\rho(n)/n$ 并未接近 $1/\log(n)$，虽然看起来递减速率是符合实际的。为了给出较好的收敛率，我们需要选取较大的 n 值。但是，这需要程序花费较长的时间得到运算结果。

n 的选取对于程序的效率并未提高。我们可以使用两种方法来提高程序 **prime** 的效率。首先，我们只需要检查前 $\sqrt{n}$ 阶因子。当 $n=ab$ 时，则至少 a,b 之一小于等于 $\sqrt{n}$。其次，一旦发现不需要因子，便不需要继续检测该数是否为素数。基于这两点更新要求，我们给出如下修正程序：

```
# program spuRs/resources/scripts/prime.r

prime <- function(n) {
    # returns TRUE if n is prime
    # assumes n is a positive integer
    if (n == 1) {
        is.prime <- FALSE
    } else if (n == 2) {
        is.prime <- TRUE
    } else {
        is.prime <- TRUE
        m <- 2
        m.max <- sqrt(n)  # only want to calculate this once
        while (is.prime && m <= m.max) {
            if (n %% m == 0) is.prime <- FALSE
            m <- m + 1
        }
    }
    return(is.prime)
}
```

　　但是，如果读者不仅仅想检验 n 是否为素数，而且想查找所有小于等于 n 的素数，有一个更有效的算法，称为埃拉托斯特尼筛选法（'Sieve of Eratosthenes', ca. 240 BC）。利用该算法我们在 5.5 节中将给出一个例子。

5.5　循环程序

P.74　　循环程序是一种非常有效的编程技术，它可以通过编程来实现。循环程序本身是一种调用自身的方法，因为很多算法本质上都是需要利用循环算法来求解的。

5.5.1　示例：n 阶乘函数 2 **nfact2.r**

　　由于 n 的阶乘可以表示为 $n \times ((n-1)!)$，我们可以使用如下循环算法求解。注意到程序使用 **cat** 给出程序说明，为方便起见，程序标出了相应的程序行。

```
    # function nfact2.r
1   nfact2 <- function(n) {
        # calculate n factorial
2       if (n == 1) {
3           cat("called nfact2(1)\n")
4           return(1)
5       } else {
6           cat("called nfact2(", n, ")\n", sep = "")
7           return(n*nfact2(n-1))
8       }
9   }
```

```
> source("../scripts/nfact2.r")
> nfact2(6)

called nfact2(6)
called nfact2(5)
called nfact2(4)
called nfact2(3)
called nfact2(2)
called nfact2(1)
[1] 720
```

当考察循环函数流时,需要谨记一旦调用函数,程序会复制一个新的函数以及新的函数变量。比如,表 5.2 给出调用函数 **nfact2(3)** 时的函数程序流。这里,i,j 表示嵌套在第 i 个函数体内的第 j 个命令行。

表 5.2 函数 nfact2 控制流

	阶乘 (一次调用)	阶乘 (二次调用)	阶乘 (三次调用)	
行	n	n	n	注释
1.1	3			
1.2	3			$n \neq 1$,故跳转至第 6 行
1.6	3			输出"调用 3!"
2.1	3	2		2! 在 1.7 行调用
2.2	3	2		$n \neq 1$,故跳至第 6 行
2.6	3	2		输出"调用 2!"
3.1	3	2	1	1! 在 2.7 行调用
3.2	3	2	1	$n = 1$ 执行第 3 行
3.3	3	2	1	输出"调用 1!"
3.4	3	2	1	返回值1,删除变量,返回 2.7 行
2.7	3	2		返回值2,删除变量,返回 1.7 行
1.7	3			返回值6,删除变量,返回调用命令行

5.5.2 示例:埃拉托斯特尼筛选法 **primesieve.r**

埃拉托斯特尼筛选法是用来寻找所有小于等于 n 的素数的一种方法。其工作原理如下:

步骤 1. 从第 $2, 3, \cdots, n$ 开始,开始的最大素数为 $p = 2$。

步骤 2. 从列表移除所有 p 整数倍的数字(仅保留 p 自身)。

步骤 3. 将 p 增加改变为剩余数字中仅大于 p 的最小值。

步骤 4. 如果 p 大于 $\sqrt{n}$,程序停止,否则重复步骤 2。

下面给出一个程序的循环算法,读者可以借此理解循环算法。

P.75

```
# program spuRs/resources/scripts/primesieve.r
# loadable spuRs function

primesieve <- function(sieved, unsieved) {
  # finds primes using the Sieve of Eratosthenes
  # sieved: sorted vector of sieved numbers
  # unsieved: sorted vector of unsieved numbers

  # cat("sieved", sieved, "\n")
  # cat("unsieved", unsieved, "\n")
  p <- unsieved[1]
  n <- unsieved[length(unsieved)]
  if (p^2 > n) {
      return(c(sieved, unsieved))
  } else {
      unsieved <- unsieved[unsieved %% p != 0]
      sieved <- c(sieved, p)
      return(primesieve(sieved, unsieved))
  }
}
```

P.76

运行函数有：

```
> rm(list = ls())
> source("../scripts/primesieve.r")
> primesieve(c(), 2:200)
```

```
 [1]   2   3   5   7  11  13  17  19  23  29  31  37  41  43  47  53
[17]  59  61  67  71  73  79  83  89  97 101 103 107 109 113 127 131
[33] 137 139 149 151 157 163 167 173 179 181 191 193 197 199
```

从程序可以看出，埃拉托斯特尼筛选法程序使用 $O(n(\log n)(\log\log n))$ 算子来寻找小于等于 n 的素数。（符号 $g(x) = O(f(x))$ 意味着存在常数 c 使得 $\lim_{x\to\infty} g(x)/f(x) \leqslant c$。换句话说，$g(x)$ 的增加速度不会大于 $f(x)$ 的常数倍。）读者可以用例 5.4.1 中的算法计算程序中执行了多少次运算，可以看到该程序并非十分有效。

5.6 调试函数

很多情况下，需要在无法控制数据输入类型（数值型、字符型、逻辑型等）时编写程序代码。不期望的输入类型能够导致无法预料的输出结果。比如，程序函数无法工作而程序员无法查找失效原因。更糟糕的是，程序有时看起来运行正常，但是却得到一些看似正常，实际却无意义的结果。因此，为了确保程序的正常运行，有必要对程序输入进行检查。（读者可如此检查：数据输入类型是否正确、完整等?)**stop** 函数是在这种情况下一个非常有用的命令。比如,**stop("Your message here.")**命令将强制停止程序运行过程并输出相关结果。

browser 函数在调用自定义的函数命令时非常有用。命令 **browser()** 会暂时停止程序,并允许程序员检查它的对象。当然,读者同样也可以每次逐步执行一条程序命令以检查其正确性。

在 **browser** 命令环境中,R 命令可以被正常地输入和执行,但是一些命令在该环境中具有新的解释。相关重要的命令有:

n 逐步将命令送入调制器单步调制。在单步调制模式中,

P.77

- **n** 分析当前命令步骤并打印下一步将要执行的命令,**return** 命令具有相同的效果。
  - **c** 从下一步连续执行命令到当前程序集末尾,这里的末尾指当前循环部分或者函数命令结束部分(**cont** 命令具有相同的效果)。
  - **Q** 停止程序,退出 browser 环境,并返回上一级环境界面。

c 停止当前 browser 环境,并从下一条命令继续执行(**return** 键和 **cont** 命令具有类似的效果)。

下面给出一个应用的例子 **my_fun** 如下,该程序的目的是用一个未定义的变量 **z** 与输入数值相乘。

```
> my_fun <- function(x) {
+     browser()
+     y <- x * z
+     return(y)
+ }


> my_fun(c(1,2,3))
Called from: my_fun(c(1,2,3))
Browse[1]>
```

browser 命令可以检测程序执行,且给出一个提示。使用 **n** 命令,读者可以依顺序逐步执行函数命令。同时,R 语言还同时显示出下一行将要分析的程序。这里用花括号{ **Enter** }给出将要分析的输入命令。

```
Browse[1]> n
debug: y <- x * z
Browse[1]>

Browse[1]> { Enter }
Error in my_fun(c(1, 2, 3)) : object "z" not found
```

上例清楚地显示,我们函数中的问题位于命令行 **y <- x * z**。这里,相应的问题为:代码调用一个目标变量 **z**,而该变量并不存在。任何情形下,我们可以重复执行函数命令,返回到相关程序命令行。

P.78
```
> my_fun(c(1,2,3))

Called from: my_fun(c(1,2,3))
Browse[1]>

Browse[1]> n

debug: y <- x * z
Browse[1]>
```

我们发现该程序存在问题,可以通过逐一检查执行对象的方法来发现程序错误的位置。

```
Browse[1]> ls()

[1] "x"
Browse[1]>

Browse[1]> Q

>
```

显然,上述环境中缺失了某些命令导致程序出错。

读者还可以通过? **browser** 和? **debug** 命令进一步查找更多信息,我们在 8.3 节中给出了有关调试程序的更多例子。

5.7　习题

1. 一个向量 $v = (a_0, a_1, \cdots, a_k)$ 的欧几里得长度是其分量平方和的根,记为 $\sqrt{a_0^2 + a_1^2 + \cdots + a_k^2}$。试给出一个计算向量长度的函数。

2. 在例 3.9.2 中,我们给出一个程序计算有限几何序列和 $h(x, n)$。将该程序转化成一个包含两个变量 x, n,并返回结果 $h(x, n)$ 的函数,并计算 $x = 1$ 时的情形。

3. 本问题处理一个轮盘赌问题。使用函数 **runif(1)**,使其给出一个 $(0,1)$ 内的随机数。为了给出范围 $\{1, 2, 3, 4, 5, 6\}$ 内的一个整数,我们使用 **ceiling(6 * runif(1))** 或 **sample(1:6, size = 1)** 命令。

　　(a) 假设进行一个赌博游戏。具体地说,假设打赌在 4 次轮盘旋转中,至少可以得到一个 6。试给出一个程序,模拟该游戏过程,并给出结果。检查给出的程序,使每次产生不同结果。

　　(b) 将(a)中给出的程序写入函数 **sixes**,若在 n 轮游戏中至少得到一个 6,则该

函数返回值 **TRUE**,否则返回 **FALSE**。也就是说,变量为轮盘赌游戏次数 n,返回值分别为 **TRUE** 和 **FALSE**。试给出当 $n = 4$ 时的程序。

(c) 利用(b)给出的 **sixes** 函数,模拟 N 次游戏(每次打赌你可以在 n 次轮盘赌 P.79 中至少得到一个 6),并给出获胜比例。该比例即为在 n 次轮盘赌中得到至少一个 6 的概率。

给定 $n = 4, N = 100$,1000 和 10000,运行上述程序,并解释相关结果与 N 的相关性?

在 n 次轮盘赌中,得到非 6 的概率为 $(5/6)^n$,则得到 6 的概率为 $1-(5/6)^n$。修正上述程序,计算理论概率和仿真模拟概率估计值,并给出两者的差异。解释计算结果精度与 N 的关系。

读者在处理本问题中可利用 **replicate** 函数。

(d) 在问题(c)中,假设我们将每次游戏结果存储于一个文件中,然后再给出相关结果。

将 N 次运行结果存储在文件 **sixes _ sim.txt** 中,且每个结果单独置于一行。比如,前面若干次游戏得到的结果如下面的形式存储:

```
TRUE
FALSE
FALSE
TRUE
FALSE
    .
    .
```

试给出另一个程序读取文件 **sixes _ sim.txt**,并计算获胜比例。

当程序运行需要很长时间时,将仿真结果储存在一个文件中的方法是十分重要的。这样做有助于保存相关的程序运行结果,以防止当系统崩溃时丢失数据。

4. 考虑下列程序及其结果。

```
# Program spuRs/resources/scripts/err.r

# clear the workspace
rm(list=ls())

random.sum <- function(n) {
    # sum of n random numbers
    x[1:n] <- ceiling(10*runif(n))
    cat("x:", x[1:n], "\n")
    return(sum(x))
```

P.80
```
    }

x <- rep(100, 10)
show(random.sum(10))
show(random.sum(5))

> source("../scripts/err.r")
x: 8 5 4 2 10 6 8 9 3 2
[1] 57
x: 2 2 3 5 9
[1] 521
```

试解释程序出错原因并修正程序。

5. 对 $r \in [0,4]$，则从 $[0,1]$ 到 $[0,1]$ 的 *logistic* 映射定义为 $f(x) = rx(1-x)$。对给定的点 $x_1 \in [0,1]$，表达式 $x_{n+1} = f(x_n)$ 给出的序列 $\{x_n\}_{n=1}^{\infty}$ 称为由 f 得到的**离散动态系统**。

给出一个以 x_1, r, n 为参数的函数，并产生前 n 项离散动态系统结果，并画出散点图。

logistic 映射是一个用来描述总体增长的模型：如果 x_n 表示第 n 年的总体数量，x_{n+1} 是第 $n+1$ 年的总体数量。运行代码，分析不同的初始值 x_1 和 r 会对系统产生什么样不同的结果。

图 5.2 给出一些典型的输出结果。

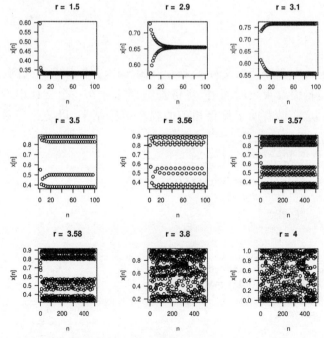

图 5.2　例 5 获得的 logistic 图

6. 细胞生命游戏是由数学家 J. H. Conway 于 1970 年根据细胞自动机给出的一种游戏。该游戏在细胞格子上进行,每个细胞要么存活要么死亡。细胞格子随着时间进化,并与其前后左右上下相邻的八个细胞相互作用。

   在每一时间点,细胞按如下规则变化:

   - 一个活细胞若其周围细胞个数少于两个,则该细胞会由于孤独而死亡。
   - 一个活细胞若其周围细胞个数多余三个,则该细胞会由于拥挤而死亡。
   - 一个活细胞若其周围有两个或三个细胞,则该细胞继续存活至下一代。
   - 一个死细胞若其周围恰好有三个细胞,则该细胞复活。

   一个生命游戏的初始状态构成该系统的第一代,第二代细胞由第一代细胞在上述规则作用下产生,重复该规则再产生下一代细胞。
   该细胞生命游戏在无限格子点存在很重要的理论应用,但是在实际中我们利用格子联成环状。即,如果细胞位于最左列的格子,则其左侧的邻居细胞位于最右列格子上。如果细胞位于最高行的格子上,则其邻居细胞位于最低行格子上。
   下面用 R 程序给出一个上述游戏的模拟程序。细胞格子存储在矩阵 A 中,这　P.81
   里,如果位于格子 (i,j) 上的细胞是活的,则 $A[i,j]$ 为 1,否则 $A[i,j]$ 为 0。

```
# program spuRs/resources/scripts/life.r

neighbours <- function(A, i, j, n) {
    # A is an n*n 0-1 matrix
    # calculate number of neighbours of A[i,j]
    .
    .
    .
}

# grid size
n <- 50

# initialise lattice
A <- matrix(round(runif(n^2)), n, n)

finished <- FALSE
while (!finished) {
    # plot
    plot(c(1,n), c(1,n), type = "n", xlab = "", ylab = "")
    for (i in 1:n) {
        for (j in 1:n) {
            if (A[i,j] == 1) {
                points(i, j)
            }
        }
    }
```

P.82
```
# update
B <- A
for (i in 1:n) {
    for (j in 1:n) {
        nbrs <- neighbours(A, i, j, n)
        if (A[i,j] == 1) {
            if ((nbrs == 2) | (nbrs == 3)) {
                B[i,j] <- 1
            } else {
                B[i,j] <- 0
            }
        } else {
            if (nbrs == 3) {
                B[i,j] <- 1
            } else {
                B[i,j] <- 0
            }
        }
    }
}
A <- B

## continue?
#input <- readline("stop? ")
#if (input == "y") finished <- TRUE
}
```

注意到上述程序包含一个无限循环的步骤,读者可以使用跳出或者停止命令按钮来终止程序。为了运行程序,读者需要在计算格子 (i,j) 上细胞的邻居细胞数时,执行函数 **neighbours(A, i, j, n)**。21.2.3 节中程序 **forest_fire.r** 使用了类似功能的函数,读者可以参考。)

为运行程序,读者可以使用滑翔机枪算法对该程序进行初始化,见图 5.3(参看 **spuRs** 包中 **glidergun.r** 程序)。有关其他该游戏的模式参看文献《生命游戏》[①]。

P.83

7. 从包含 n 个事物的集合中选取 r 个的方法,在不计顺序的情况下共有 $\binom{n}{r} = \dfrac{n!}{r!(n-r)!}$ 种。令 x 表示含 n 个事物集合的第一个元素。我们可以将包含 r 个事物的子集分为包含 x 的子集和不包含 x 的子集两类,则第一类子集有 $\binom{n-1}{r-1}$ 个,第二类子集有 $\binom{n-1}{r}$ 个。也就是说,

---

① M. Gardner, *Wheels*, *Life*, *and Other Mathematical Amusements*. Freeman, 1985.

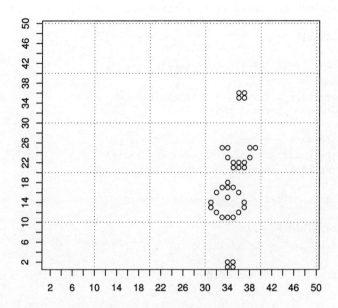

图 5.3 例 6 获得的轮盘赌结果图

$$\binom{n}{r} = \binom{n-1}{r-1} + \binom{n-1}{r}$$

使用上述公式和结论 $\binom{n}{n} = \binom{n}{0} = 1$，试写出循环程序计算 $\binom{n}{r}$。

8. 一个使用 3 个不同高度堆栈柱子的经典益智游戏称为汉诺塔，该游戏中有一根柱子上从下至上放着依次从大到小的不同圆环(这样，没有将大的环置于较小环的上面)。该游戏的目标是通过移动堆栈环将柱子上的环从一个柱子移动到另一个柱子上，且在移动的过程中不允许出现大环位于小环的上面。

下面给出了一个循环算法计算完成该游戏。如果只有一个环，只需要移动一次即可完成游戏。若要移动 n 个环从柱子 **frompole** 到柱子 **topole**，首先需要将前 $n-1$ 个环从柱子 **frompole** 到柱子 **sparepole**，然后将最底下也是最大的环从柱子 **frompole** 移到空柱子 **topole**，然后再将 $n-1$ 个环从柱子 **sparepole** 移动到柱子 **topole**(在最大环的上面)。

下面给出该算法程序。比如，如果初始时有 8 个环，我们使用命令 **moverings** P.84
(8,1,3)将把环从柱子 1 移动到柱子 3。

```
# Program spuRs/resources/scripts/moverings.r

# Tower of Hanoi

moverings <- function(numrings, frompole, topole) {
  if (numrings == 1) {
    cat("move ring 1 from pole", frompole,
        "to pole", topole, "\n")
  } else {
    sparepole <- 6 - frompole - topole # clever
    moverings(numrings - 1, frompole, sparepole)
    cat("move ring", numrings, "from pole", frompole,
        "to pole", topole, "\n")
    moverings(numrings - 1, sparepole, topole)
  }
  return(invisible(NULL))
}
```

在 **moverings(3, 1, 3)** 和 **moverings(4, 1, 3)** 情况下检查该算法，并解释程序如何工作。

利用数学公式证明，使用该算法，移动一个包含 n 个环的汉诺塔需要 $2^n - 1$ 步。

第 **6** 章

复杂数据结构

作为一种统计分析的数据处理程序,从本质上说,R 语言提供了复杂结构用来 P.85
存储和处理数据。在第 2 章中,我们给出了一些用来表达数据的基本类型。本章
学习一些更加复杂的数据结构类型:列表和数据框,它们可以更加有效地简化数据
表达、数据保存、数据分析。数据框类似于矩阵,但允许在不同列存储不同格式的
数据类型,而列表是一种可以用来大量存储分类数据的结构。

6.1 因子

统计中数据变量一般分为三种类型:数值数据、次序数据和分类数据。次序数
据和分类数据可以从有限集中取值,但该数据集的数据形式必须按顺序排列。比
如,在一个实验中,人们需要将活动水平分为三等:低等、中等和高等。另外一个分
类数据是头发颜色的例子。在 R 语言中次序数据和分类数据的类型称为因子,这
些因子的所有可能值构成因子的水平。

使用因子的理由有两点:首先,很多统计模拟的行为依赖于变量的输入输出类
型,所以需要区分不同的数据类型;其次,使用因子存储数据非常有效。

实践中,除了因子存储的数据类型可取有限值外,其他方面因子与字符型数据
区别并不是很大。R 程序处理因子与字符型数据的方式不同。为了产生一个因
子,我们将 **factor** 命令作用于数据 **x**。在缺省条件下,**x** 的区分值用来表示相应的
因子水平,当然,我们还可以通过 **levels** 命令指定水平。后者允许我们产生很多
的水平,而不仅仅是 **x** 中的值,这一点使得我们可以很方便地改变因子中的某些
值。我们用命令 **is.factor(x)** 来检查一个目标是否为因子,并用命令 **levels(x)**
给出其所有的水平。

P.86

```
> hair <- c("blond", "black", "brown", "brown", "black", "gray",
+          "none")
> is.character(hair)

[1] TRUE

> is.factor(hair)

[1] FALSE

> hair <- factor(hair)
> levels(hair)

[1] "black" "blond" "brown" "gray"  "none"

> hair <- factor(hair, levels = c("black", "gray", "brown",
+                                 "blond", "white", "none"))
> table(hair)

hair
black  gray brown blond white  none
    2     1     2     1     0     1
```

注意到上面程序中命令 **table** 可以用来计算每个因子水平出现的次数。除因子外，**table** 函数也可以用来处理其他的向量模式。**table** 函数的输出结果为一个一维数组（向量）。如果多个向量传递给 **table** 函数，输出结果为多维数组。

在缺省情况下，R 按照字母顺序排列一个因子的所有水平。如果读者自己指定水平，R 会使用读者指定的次序排列。需要注意的是，由于字符串 10 的大小小于字符串 **2**，如果给出的水平以数字开头，这将导致一些意想不到的结果。

为了产生一个按次序排列的因子，我们在选项命令中使用 **ordered = TRUE**。这样，函数命令就会自动指定水平，并排列顺序。

```
> phys.act <- c("L", "H", "H", "L", "M", "M")
> phys.act <- factor(phys.act, levels = c("L", "M", "H"),
+     ordered = TRUE)
> is.ordered(phys.act)

[1] TRUE

> phys.act[2] > phys.act[1]

[1] TRUE
```

通常缩略字或者数值型符号用来表示一个因子的水平。我们可以使用参数 **labels** 来改变水平的名称。在了解标签与水平之间的指向后，通过这种方式也可

P.87

以用来考察标签与因子水平之间的对应关系。

```
> phys.act <- factor(phys.act, levels = c("L", "M", "H"),
+                 labels = c("Low", "Medium", "High"), ordered = TRUE)
> table(phys.act)

phys.act
   Low Medium   High
     2      2      2

> which(phys.act == "High")

[1] 2 3
```

R 程序通常以我们赋予的水平报告因子的运行结果,但在程序内部 R 实质上以整数的形式表示因子。这一点在使用命令时需要非常小心,因为如果读者在处理因子时不小心,R 会在后台自动强制将因子转变为数值向量。

```
> hair

[1] blond black brown brown black gray  none
Levels: black gray brown blond white none

> as.vector(hair)

[1] "blond" "black" "brown" "brown" "black" "gray"  "none"

> as.numeric(hair)

[1] 4 1 3 3 1 2 6

> c(hair, 5)

[1] 4 1 3 3 1 2 6 5

> x <- factor(c(0.8, 1.1, 0.7, 1.4, 1.4, 0.9))
> as.numeric(x)              # does not recover x

[1] 2 4 1 5 5 3

> as.numeric(levels(x))[x]    # does recover x

[1] 0.8 1.1 0.7 1.4 1.4 0.9

> as.numeric(as.character(x)) # does recover x

[1] 0.8 1.1 0.7 1.4 1.4 0.9
```

最后需要指出的是,如果仅选取一个因子的子集,读者在此时结束程序会漏掉一些因子水平,这一点在一些统计分析中会产生一些麻烦。为了克服这一缺陷,我们可以再次通过函数 **factor** 命令定义因子,再一次计算水平值。类似的,也可以将参数 **drop** = **TRUE** 传递给下标运算符。

P.88

```
> table(hair[hair == "gray" | hair == "none"])
```

```
black   gray brown blond white   none
    0     1    0     0     1      1
> table(hair[hair == "gray" | hair == "none", drop = TRUE])

gray none
    1    1
```

6.2　数据框

我们已经看到 R 语言如何处理数字、字符串和逻辑值。除此之外,在实际中我们还需要面对这些不同类型数据混合在一起的情形,如何将其不同类型的数据分组。R 语言向量数据结构的特征要求向量的每个分量具有相同的类型。然而,在处理实际数据集时需要将不同数据类型分类。比如,考虑一个林业试验的例子,我们随机选取一些地点,并从每个地点中随机选取一些树木。对每棵树,测量其高度和直径(数值型),及树木的物种(字符型)。

地点	树	物种	直径(单位:厘米)	高度(单位:米)
2	1	DF	39	20.5
2	2	WL	48	33.0
3	2	GF	52	30.0
3	5	WC	36	20.7
3	8	WC	38	22.5
⋮	⋮	⋮	⋮	⋮

读者也许希望将所收集的数据在 R 中以矩阵的形式表达,但是在 R 中矩阵元素的数据类型必须是相同的。为了处理这种问题,列表和数据框提供了一种比矩阵更加灵活,能够存储复杂数据结构的形式。

一个数据框是指一个为满足表达多变量数据集而定制的列表。它是一个等长度的向量列表。每个向量或列都对应于一个变量,每个行对应一个单独的观察值或试验单元。这里,每个向量可以为任何类型的数据。

通常,大数据框的元素通常都是从外部文件读入 R 中,这需要用到如下命令 `read.table`,形式如下

```
read.table(file, header = FALSE, sep = "")
```

read.table 返回一个数据框。这个命令包含很多参数变量,下面给出一些重

要的参数选项,更多信息读者可以查看? `read.table`。

`file` 表示读取文件的文件名。可以是对当前工作目录的相对路径或者绝对 P.89
路径。假设数据集每一行对应于一个单独试验的观察值,则每一行中元素的个数
必须相同。虽然数据的类型不同,但是该数据类型的模式在每一行中必须相同。

`Header` 命令指出文件的第一行是否是文本中给出变量名的那一行。

`Sep` 给出用来区分每一行不同值的字符。缺省形式`""`表示可以用空格、制表
位、回车来区分不同的值。

`read.table` 命令有两个较为常用的使用方式:`read.csv(file)`表示利用逗号
区分数据,等价于命令 `read.table(file, header = TRUE, sep = ",")`;`read.delim`
`(file)`表示利用制表符 **Tab** 区分的数据,等价于 `read.table(file, header =`
`TRUE, sep = "\t")`。

如果存在标头的话,可以用其来对数据框的每一列进行命名。读者可以在读
入数据后自己给出每一列的名称(使用 **names** 函数),或使用参数 **col.names** 将名
称录入给一个与列的长度相同的字符型向量。当标头和参数 **col.names** 不存在
时,R 默认使用`"V1"`,`"V2"`,…的形式命名。

本节开头给出的来自爱达荷州实验林大学的部分上平溪森林试验数据存储在
文件 **ufc.csv** 中,下面给出该数据的前几行。这里,**dbh** 便是直径的缩写。

```
"plot","tree","species","dbh.cm","height.m"
2,1,"DF",39,20.5
2,2,"WL",48,33
3,2,"GF",52,30
3,5,"WC",36,20.7
3,8,"WC",38,22.5
```

注意到该数据使用逗号分开的,并且存在变量名称的标头行,因此使用如下方
式读入数据:

```
> ufc <- read.csv("../data/ufc.csv")
```

利用 **head** 和 **tail** 函数检查目标

```
> head(ufc)
  plot tree species dbh.cm height.m
1    2    1      DF     39     20.5
2    2    2      WL     48     33.0
3    3    2      GF     52     30.0
```

```
4      3      5        WC      36      20.7
5      3      8        WC      38      22.5
6      4      1        WC      46      18.0

> tail(ufc)

     plot tree species dbh.cm height.m
331  143    1       GF   28.0     21.0
332  143    2       GF   33.0     20.5
333  143    7       WC   47.8     20.5
334  144    1       GF   10.2     16.0
335  144    2       DF   31.5     22.0
336  144    4       WL   26.5     25.0
```

可以看到,数据框的每一列都有唯一的数据名。我们可以利用数据框名、列名和符号 $ 提取变量。

```
> x <- ufc$height.m
> x[1:5]

[1] 20.5 33.0 30.0 20.7 22.5
```

读者还可以利用符号[[?]]提取列。比如,命令 **ufc $ height.m**, **ufc[[5]]** 和 **ufc[["height.m"]]** 具有相同的效果。

可以使用矩阵指标直接提取数据框的元素:

```
> ufc[1:5, 5]

[1] 20.5 33.0 30.0 20.7 22.5
```

为了在数据框中提取多个变量,或者选择一个数据框子集,可以使用符号[?]。这种情况下,我们还可以使用命令,**ufc[4:5]**,它与 **ufc[c("dbh.cm", "height. m")]** 的效果是一样的。

```
> diam.height <- ufc[4:5]
> diam.height[1:5, ]

  dbh.cm height.m
1     39     20.5
2     48     33.0
3     52     30.0
4     36     20.7
5     38     22.5

> is.data.frame(diam.height)

[1] TRUE
```

使用[?]提取列得到的是另外一个数据框。当仅仅选择一个变量时,使用该命令可能导致歧义。P.91

```
> x <- ufc[5]
> x[1:5]
```

```
Error in `[.data.frame`(x, 1:5) : undefined columns selected
```

当使用[[?]]提取变量时,用户一次只能提取一个。使用[[?]]选择一个列向量时,该命令可以保存被提取对象的模式,而[?]表示所保存的模式具体来自哪个被提取对象。

```
> mode(ufc)
```

```
[1] "list"
```

```
> mode(ufc[5])
```

```
[1] "list"
```

```
> mode(ufc[[5]])
```

```
[1] "numeric"
```

如同从外部文件读入数据框那样,读者可以使用命令 **data.frame** 利用现有的向量或数据框构造一个存储数据的数据框:

```
data.frame(col1 = x1, col2 = x2, ..., df1, df2, ...)
```

这里,**col1**,**col2**,⋯表示列向量名,**x1**,**x2**,⋯表示等长度的向量,**df1**,**df2**,⋯表示列向量长度与 **x1**,**x2**,⋯相同的数据框。当然,如果没有列向量名的时候,R 程序会自动给列向量命名。

在数据框内部,可以通过命名并赋值产生一个新的变量。例如,对于很多树种,其树干可以用一个椭圆抛物面模拟,相应的,其体积可以近似的用树干高度乘以树木胸高处横截面积再除以二得到。也就是说,体积相当于相同高度和直径圆柱体体积的一半。我们可以计算这个量,并将其加入到 **ufc** 数据框中:

```
> ufc$volume.m3 <- pi * (ufc$dbh.cm/200)^2 * ufc$height/2
> mean(ufc$volume.m3)
```

```
[1] 1.93294
```

类似地,还可以将上述结果存储于 **ufc[6]**、**ufc["volume.m3"]**、**ufc[[6]]** 或 **ufc[["volume.m3"]]** 中。

命令 **names(df)** 会以字符串的形式返回数据框 **df** 的名称。如果需要改变 **df** 的名称,可以将一个字符串向量传递给 **names(df)**,比如

P.92
```
> (ufc.names <- names(ufc))
```

```
[1] "plot"      "tree"      "species"   "dbh.cm"    "height.m"
[6] "volume.m3"
```

```
> names(ufc) <- c("P", "T", "S", "D", "H", "V")
> names(ufc)
```

```
[1] "P" "T" "S" "D" "H" "V"
```

```
> names(ufc) <- ufc.names
```

注意到,如果 **df** 是一个数据框,虽然我们可以给 **names(df)** 赋值,但是 **names(df)** 并不表示一个变量。本质上来说,**names(df)** 称为一个属性。通常情况下,一个属性的值由其所附加目标的模式决定。在我们的例子中,必须对数据框的每列命名,并且这些名称要互不相同。

属性的另一个例子是矩阵的维数 **dim**。当总元素个数保持不变时,我们可以通过改变矩阵的维数来改变矩阵的形状。R 程序会将旧矩阵的的每列元素赋到新矩阵的每列元素中,但是读者需要明白,虽然 **dim(df)** 给出矩阵的行列数目,但是命令 **dim(df) <- c(x, y)** 有时会出错。原因在于,**dim** 不是一个数据框的属性,函数 **dim** 纯粹是为了方便而扩展到数据框。更多有关属性的内容参考 8.4 节。

除了列名称和变量名称,一个数据框还有行名称。缺省的情况下,行名称为 "1", "2", "3",…,但是,我们可以使用命令 **read.table** 和 **data.frame**,通过其选项 **row.names** 来指定所需要的名称。命令 **row.names(df)** 会以字符串的形式返回数据框 **df** 的行名称,类似于命令 **names**,**row.names** 也是数据框的一个属性,所以读者可以通过 **row.names(df)** 给数据框 **df** 重新进行行命名。当删除一行数据时,剩余行的名称保持不变。

函数 **subset** 是一个选择数据框行向量非常有用的工具,特别是当其结合运算符**%in%**一起使用时。比如,假设我们仅对 DF 树种和 GF 树种的树木高度感兴趣,则

```
> fir.height <- subset(ufc, subset = species %in% c("DF", "GF"),
+                      select = c(plot, tree, height.m))
> head(fir.height)
```

```
   plot tree height.m
1     2    1     20.5
3     3    2     30.0
7     4    2     17.0
8     5    2     29.3
9     5    4     29.0
10    6    1     26.0
```

对相同类型向量 **x** 和 **y**,表达式 **x %in% y** 给出一个与 **x** 长度相同的逻辑向　P.93
量,它的第 i 个元素是 **TRUE** 当且仅当元素 **x[i]** 等于 **y** 向量的某一个值。这里,运
算符 **%in%** 表示一个多对多映射。参数 **select** 表示选择一个列向量。需要注意
的是,这里提取的是列向量,而不包括向量名。最后还要注意的是,这里表达式将
相关的值传给 **select** 子集,**select** 命令可以直接使用目标数据框的列向量,程序
的第一个参数给出说明。

为了将一个数据框写入文件,可以使用如下命令:

```
write.table(x, file = "", append = FALSE, sep = " ",
            row.names = TRUE, col.names = TRUE)
```

下面给出一些常见参数说明,完整类型说明请使用 **?write.table** 命令查阅。

x 表示所给出的数据框。

file 表示数据将要写入的文件名。若该文件不存在,程序将自动创建一个
文件。

append 表示数据是否添加到或重写进文件。

Sep 表示用来分离行向量内元素的字符。行向量被新起的一行分开。

row.names 给出一个逻辑值,表示是否以矩阵行名称作为矩阵第一列,或包含
以行名称为元素的字符向量。

col.names 给出一个逻辑值,表示是否以矩阵列名称作为矩阵第一行,或包含
以列名称为元素的字符向量。

通过 **complete.cases** 命令,我们可以从诸如数据框这样的二维数据中识别出
完整行向量(即行向量没有缺失值)。同时使用 **na.omit** 函数移除含有缺失值的行
向量。

6.2.1　连接

为方便起见,R 程序允许使用者将一个数据框连接到工作空间中。当连接成
功后,数据框中的变量可以在不需要指定数据框名称的前提下访问。　P.94

```
> attach(ufc)
> max(height.m[species == "GF"])

[1] 47
```

若要将数据框 **df** 分离出来,可以使用命令 **detach(df)**。当连接一个数据框
时,R 程序会自动将每个变量备份,这些变量会在数据框被分离时删掉。因此,如
果改变一个连接变量,并不会改变数据框。

```
> height.m <- 0 #vandalism
> max(height.m)

[1] 0

> max(ufc$height.m)

[1] 47

> detach(ufc)
> max(ufc$height.m)

[1] 47
```

6.3 列表

　　由前面可知,向量是一个被引用对象的集合,且所有的元素必须为相同数据类型,如字符型、数值型、逻辑符号等,这种类型被称为向量的**模式** *mode*。如同向量一样,列表也可以表示被引用对象的集合,但是在列表中,每个分量元素可以具有不同的数据类型。列表的模式是 `list`。

　　列表可被看作是一个装载不同类型目标的容器,可以包含单独的数据、数据构成的向量,甚至包含向量的数据框等。在 R 程序中,列表通常用来收集和存储复杂函数的输出结果。当读者熟悉 R 语言之后,列表将变成一个非常有用的工具,以帮助我们从不同的角度解决问题。数据框可以看做是一种特殊的列表。

　　可以使用命令 `list(...)` 来创建一个列表,并使用逗号将不同参数分离。单方框号可以用来选择一个列表子集,双方框号可以用来提取一个单独元素。

```
> my.list <- list("one", TRUE, 3, c("f", "o", "u", "r"))
> my.list[[2]]

[1] TRUE
```

P.95

```
> mode(my.list[[2]])

[1] "logical"

> my.list[2]

[[1]]
[1] TRUE

> mode(my.list[2])

[1] "list"

> my.list[[4]][1]

[1] "f"

> my.list[4][1]

[[1]]
[1] "f" "o" "u" "r"
```

当显示一个列表时,在 R 中可以用双方括号[[**1**]], [[**2**]], …来显示列表元素,用单方括号[**1**], [**2**], …来显示向量元素。

当列表被创建后,可以用参数 **name1 = x1**, **name2 = x2**, …命令命名列表元素。当然,我们也可以通过给 **names** 属性赋值的方式来命名。与数据框不同的是,列表的元素不需要一定被命名。读者可以在单、双方括号中引用元素名称,或者在符号 **$** 后使用名称来提取列表元素。

```
> my.list <- list(first = "one", second = TRUE, third = 3,
+     fourth = c("f", "o", "u", "r"))
> names(my.list)

[1] "first"  "second" "third"  "fourth"

> my.list$second

[1] TRUE

> names(my.list) <- c("First element", "Second element",
+     "Third element", "Fourth element")
> my.list$"Second element"

[1] TRUE

> x <- "Second element"
> my.list[[x]]

[1] TRUE
```

需要注意的是,双引号也可以用来提取列表元素,即使元素名称中包含空格的 P.96 形式。单引号和反引号也具有同样的效果。

我们可以使用 **unlist(x)**命令来拉长一个列表 **x**,将其转化为一个向量。

```
> x <- list(1, c(2, 3), c(4, 5, 6))
> unlist(x)

[1] 1 2 3 4 5 6
```

当列表元素本身包含列表时,列表仍然可以被拉长为一个向量,除非设置了参数 **recursive = FALSE**。

很多函数的输出都可以以列表的形式给出结果。比如,当我们进行最小二乘回归拟合时,回归对象本身就是一个列表,并且可以利用列表命令来处理。如在 R 中,我们可以使用 **lm** 函数来拟合一组观察值 $\{(x_i, y_i)\}_{i=1}^{n}$ 所对应的回归线 $y = ax + b$。

```
> lm.xy <- lm(y ~ x, data = data.frame(x = 1:5, y = 1:5))
> mode(lm.xy)

[1] "list"

> names(lm.xy)

[1] "coefficients"   "residuals"      "effects"        "rank"
[5] "fitted.values"  "assign"         "qr"             "df.residual"
[9] "xlevels"        "call"           "terms"          "model"
```

这里,我们不关心所拟合的直线效果如何,通过结果可以观察到函数 lm 返回一个列表:第一个元素(称为 **coefficients**)通过 a 和 b 给出拟合直线的系数值向量;第二个元素(称为 **residuals**)通过 $y_i - ax_i - b$ 给出残差向量;第三个元素(称为 **fitted.values**)通过 $ax_i + b$ 给出拟合值向量;以此类推。

6.3.1 示例:澳大利亚式足球

维多利亚女王时代的橄榄球联赛(VFL)始于 1897 年,并于 1990 年演变为澳大利亚足球联盟(AFL)。表 6.1 中给出了在 VFL 和 AFL 比赛中获胜的球队及其获胜时间。

我们可以用列表的形式存储相应的数据,其中包括数据向量和球队名向量。

P.97

表 6.1　VFL/AFL 球队及其比赛获胜年代

Adelaide	1997, 1998
Carlton	1906, 1907, 1908, 1914, 1915, 1938, 1945, 1947, 1968, 1970, 1972, 1979, 1981, 1982, 1987, 1995
Collingwood	1902, 1903, 1910, 1917, 1919, 1927, 1928, 1929, 1930, 1935, 1936, 1953, 1958, 1990
Essendon	1897, 1901, 1911, 1912, 1923, 1924, 1942, 1946, 1949, 1950, 1962, 1965, 1984, 1985, 1993, 2000
Fitzroy/Brisbane Lions	1898, 1899, 1904, 1905, 1913, 1916, 1922, 1944, 2001, 2002, 2003
Footscray/Western Bulldogs	1954
Fremantle	
Geelong	1925, 1931, 1937, 1951, 1952, 1963, 2007
Hawthorn	1961, 1971, 1976, 1978, 1983, 1986, 1988, 1989, 1991, 2008
Melbourne	1900, 1926, 1939, 1940, 1941, 1948, 1955, 1956, 1957, 1959, 1960, 1964
North Melbourne/Kangaroos	1975, 1977, 1996, 1999
Port Adelaide	2004
Richmond	1920, 1921, 1932, 1934, 1943, 1967, 1969, 1973, 1974, 1980
Saint Kilda	1966
South Melbourne/Sydney	1909, 1918, 1933, 2005
West Coast	1992, 1994, 2006

```
> premierships <- list(
+   Adelaide = c(1997, 1998),
+   Carlton = c(1906, 1907, 1908, 1914, 1915, 1938, 1945, 1947,
+               1968, 1970, 1972, 1979, 1981, 1982, 1987, 1995),
+   Collingwood = c(1902, 1903, 1910, 1917, 1919, 1927, 1928, 1929,
+                   1930, 1935, 1936, 1953, 1958, 1990),
+   Essendon = c(1897, 1901, 1911, 1912, 1923, 1924, 1942, 1946,
+                1949, 1950, 1962, 1965, 1984, 1985, 1993, 2000),
+   Fitzroy_Brisbane = c(1898, 1899, 1904, 1905, 1913, 1916, 1922, 1944,
+                        2001, 2002, 2003),
+   Footscray_W.B. = c(1954),
+   Fremantle = c(),
+   Geelong = c(1925, 1931, 1937, 1951, 1952, 1963, 2007),
+   Hawthorn = c(1961, 1971, 1976, 1978, 1983, 1986, 1988, 1989, 1991, 2008),
+   Melbourne = c(1900, 1926, 1939, 1940, 1941, 1948, 1955, 1956,
+                 1957, 1959, 1960, 1964),
+   N.Melb_Kangaroos = c(1975, 1977, 1996, 1999),
+   PortAdelaide = c(2004),
+   Richmond = c(1920, 1921, 1932, 1934, 1943, 1967, 1969, 1973,
+                1974, 1980),
+   StKilda = c(1966),
+   S.Melb_Sydney = c(1909, 1918, 1933, 2005),
+   WestCoast = c(1992, 1994, 2006)
+ )
```

　　我们使用命令 **str( )**来总结相应的列表结构。　　　　　　　　　　　　P.98

```
List of 16
 $ Adelaide        : num [1:2] 1997 1998
 $ Carlton         : num [1:16] 1906 1907 1908 1914 1915 ...
 $ Collingwood     : num [1:14] 1902 1903 1910 1917 1919 ...
 $ Essendon        : num [1:16] 1897 1901 1911 1912 1923 ...
 $ Fitzroy_Brisbane: num [1:11] 1898 1899 1904 1905 1913 ...
 $ Footscray_W.B.  : num 1954
 $ Fremantle       : NULL
 $ Geelong         : num [1:7] 1925 1931 1937 1951 1952 ...
 $ Hawthorn        : num [1:10] 1961 1971 1976 1978 1983 ...
 $ Melbourne       : num [1:12] 1900 1926 1939 1940 1941 ...
 $ N.Melb Kangaroos: num [1:4] 1975 1977 1996 1999
 $ PortAdelaide    : num 2004
 $ Richmond        : num [1:10] 1920 1921 1932 1934 1943 ...
 $ StKilda         : num 1966
 $ S.Melb_Sydney   : num [1:4] 1909 1918 1933 2005
 $ WestCoast       : num [1:3] 1992 1994 2006
```

　　为查找某一年获胜的球队名,我们可以使用

```
> year <- 1967
> for (i in 1:length(premierships)) {
+     if (year %in% premierships[[i]]) {
+         winner <- names(premierships)[i]
+     }
+ }
> winner

[1] "Richmond"
```

在下一节中,我们将继续向量化处理该例子。

6.4 apply 命令族

R 程序中提供了很多技术处理列表和数据框。特别地,R 语言提供了一些函数,对列表或数据框中所有的或选定的元素应用函数。

P.99 6.4.1 tapply 函数

tapply 函数允许利用函数处理一个数据子集,并向量化结果。与因子命令结合使用,tapply 命令可以给出一些高效的数据处理程序。其形式如下

```
tapply(X, INDEX, FUN, ...),
```

相关的参数如下:

X 表示函数将要处理的目标向量。

INDEX 表示因子,其长度与 **X** 相同,用来分类 **X** 的元素(注意,当因子不存在时,**INDEX** 将会强制创建)。

FUN 表示使用的函数。针对 **INDEX** 的一个单独水平,函数用来处理 **X** 的子向量。

tapply 函数返回一个与 levels(INDEX) 相同长度的一维数组,这里,第 i 个因素表示将应用函数 **FUN** 处理 X[INDEX = = levels(INDEX)[i]](加上任意额外的元素……)。

作为例子,考虑前面所述的上平溪森林实验数据。我们使用 tapply 函数获得不同树木种类的平均高度:

```
> tapply(ufc$height.m, ufc$species, mean)

      DF       GF       WC       WL
25.30000 24.34322 23.48777 25.47273
```

按照如下方法减小噪声：

```
> round(tapply(ufc$height.m, ufc$species, mean), digits = 1)

  DF   GF   WC   WL
25.3 24.3 23.5 25.5
```

为找出每个种类的样本数，我们可以使用 **table** 函数，即

```
> tapply(ufc$species, ufc$species, length)

 DF  GF  WC  WL
 57 118 139  22
```

参数 **INDEX** 也可以是因子列表，其输出结果为与因子长度相同维数的数组，且每个元素由函数 **FUN** 对 **X** 的子集作用得到。例如，我们可以通过树木的种类和数据图形获得平均高度：

P.100

```
> ht.ps <- tapply(ufc$height.m, ufc[c("plot", "species")], mean)
> round(ht.ps[1:5,], digits=1)

     species
plot  DF GF   WC WL
   2 20.5 NA   NA 33
   3   NA 30 21.6 NA
   4 17.0 NA 18.0 NA
   5 29.3 29   NA NA
   6 26.0 NA 28.2 NA
```

由缺失值可以看到，大多数的图形仅仅包含少量不同的种类。

6.4.2　在列表中使用 **lapply** 和 **sapply** 函数

我们曾经使用 **sapply** 和 **apply** 命令将一个函数应用于向量或数组，比如，计算一个矩阵每行与每列的和。为了在列表中使用函数，我们可以使用 **sapply** 或 **lapply** 函数。

函数 lapply(X, FUN, ...)将函数 **FUN** 作用于列表 **X** 的每个元素，并得到一个列表。命令 **sapply(X, FUN, ...)**也将函数 **FUN** 作用于列表 **X** 的每个元素，但是这里的元素可以为列表或向量，且在缺省的情况下以向量或矩阵的形式返回结果。**Extra** 参数可以在命令省略处……被传递给函数 **FUN**。

比如，为了获得上平溪森林数据中树木的平均直径、高度和体积，我们可以如下处理

```
> lapply(ufc[4:6], mean)

$dbh.cm
[1] 37.41369

$height.m
[1] 24.22560

$volume.m3
[1] 1.93294

> sapply(ufc[4:6], mean)

   dbh.cm   height.m  volume.m3
 37.41369   24.22560    1.93294
```

注意,这里输出命令 **sapply(ufc[4:6], mean)**是一个具有名称属性的向量。

P.101 使用 VFL/AFL 数据,我们采用向量化的方式找出 1967 年获胜的球队。

```
> in.1967 <- function(x) return(1967 %in% x)
> names(premierships)[sapply(premierships, in.1967)]

[1] "Richmond"
```

应用 **sapply**命令,我们还可以容易的计算出每个队获胜的次数

```
> sort(sapply(premierships, length))

      Fremantle    Footscray_W.B.       PortAdelaide          StKilda
              0                 1                  1                1
       Adelaide         WestCoast  N.Melb_Kangaroos    S.Melb_Sydney
              2                 3                  4                4
        Geelong          Hawthorn          Richmond  Fitzroy_Brisbane
              7                10                 10               11
      Melbourne       Collingwood            Carlton         Essendon
             12                14                 16               16
```

如果仅仅查找 1990 年前 AFL 联盟中各个队伍参赛时间,我们可以使用 **lapply**命令。

```
> AFL <- function(x) x[x >= 1990]
> premierships.AFL <- lapply(premierships, AFL)
> str(premierships.AFL)

List of 16
 $ Adelaide      : num [1:2] 1997 1998
 $ Carlton       : num 1995
 $ Collingwood   : num 1990
 $ Essendon      : num [1:2] 1993 2000
```

```
$ Fitzroy_Brisbane: num [1:3] 2001 2002 2003
$ Footscray_W.B.  : num(0)
$ Fremantle       : NULL
$ Geelong         : num 2007
$ Hawthorn        : num [1:2] 1991 2008
$ Melbourne       : num(0)
$ N.Melb_Kangaroos: num [1:2] 1996 1999
$ PortAdelaide    : num 2004
$ Richmond        : num(0)
$ StKilda         : num(0)
$ S.Melb_Sydney   : num 2005
$ WestCoast       : num [1:3] 1992 1994 2006
```

为查找 1970 至 1979 年的参赛队伍,可以采用如下形式:

```
> between.years <- function(x, a, b) x[a <= x & x <= b]
> premierships.1970s <- lapply(premierships, between.years,
+     1970, 1979)
```

6.4.3   示例:树木生长问题

这里给出一个来源于爱达荷州国家森林的树木样本数据,这些样本是通过随机的方式在各自的生存环境中选取采样的,每一个个体都没有明显的分叉、树冠破坏等特征。该数据来源于九个国家森林的六种树木品种,且每棵树的产地类型和所处的国家森林信息均被记录下来。[①]

对于每棵树,记录其高度、直径和年龄(以年轮形式),然后每棵树被纵向切开并记录每个年龄阶段其高度和直径。在这个例子中,树木的直径在其高度 1.37 米处测量,这个高度称为**树木胸高**,表示主要树干的长度。

上述树木数据在数据包 **treegrowth.csv** 中存储,每行数据分别是给定年龄树木的胸高处直径(以英寸记)和高度(以英尺记)。具体的数据集在随书的软件包中。

比如,下面给出其中两种树木的相关数据:

```
> treeg <- read.csv("../data/treegrowth.csv")
> treeg[1:15, ]

  tree.ID forest habitat dbh.in height.ft age
1       1      4       5   14.6      71.4  55
2       1      4       5   12.4      61.4  45
3       1      4       5    8.8      40.1  35
4       1      4       5    7.0      28.6  25
5       1      4       5    4.0      19.6  15
6       2      4       5   20.0     103.4 107
```

① A. R. Stage,1963. A mathematical approach to polymorphic site index curves for grand fir. *Forest Science* 9,167~180.

7	2	4	5	18.8	92.2	97
8	2	4	5	17.0	80.8	87
9	2	4	5	15.9	76.2	77
10	2	4	5	14.0	70.7	67
11	2	4	5	11.7	56.6	57
12	2	4	5	10.6	43.0	47
13	2	4	5	8.0	35.6	37
14	2	4	5	6.2	29.3	27
15	2	4	5	3.4	16.2	17

另外一种构造树木样本数据的方式是对一个单独变量给出各类树木的相关数据。我们将用一个列表来给出树木的身份信息，其元素包括树的 ID、森林编号、栖息地编号和一个给出年龄、胸高和高度的三维向量。每棵树的相关数据由一个大列表的单独元素构成，这里称为 **trees**。

```
> trees <- list() #list of trees
> n <- 0 #number of trees in the list of trees
> #start collecting information on current tree
> current.ID <- treeg$tree.ID[1]
> current.age <- treeg$age[1]
> current.dbh <- treeg$dbh.in[1]
> current.height <- treeg$height.ft[1]
> for (i in 2:dim(treeg)[1]) {
+   if (treeg$tree.ID[i] == current.ID) {
+     #continue collecting information on current tree
+     current.age <- c(treeg$age[i], current.age)
+     current.dbh <- c(treeg$dbh.in[i], current.dbh)
+     current.height <- c(treeg$height.ft[i], current.height)
+   } else {
+     #add previous tree to list of trees
+     n <- n + 1
+     trees[[n]] <- list(tree.ID = current.ID,
+                        forest = treeg$forest[i-1],
+                        habitat = treeg$habitat[i-1],
+                        age = current.age,
+                        dbh.in = current.dbh,
+                        height.ft = current.height)
+     #start collecting information on current tree
+     current.ID <- treeg$tree.ID[i]
+     current.age <- treeg$age[i]
+     current.dbh <- treeg$dbh.in[i]
+     current.height <- treeg$height.ft[i]
+   }
+ }
> #add final tree to list of trees
> n <- n + 1
> trees[[n]] <- list(tree.ID = current.ID,
```

```
+                    forest = treeg$forest[i],
+                    habitat = treeg$habitat[i],
+                    age = current.age,
+                    dbh.in = current.dbh,
+                    height.ft = current.height)
```

下面考察前两种树木的数据类型是如何构成的。 P.104

```
> str(trees[1:2])
List of 2
 $ :List of 6
  ..$ tree.ID  : int 1
  ..$ forest   : int 4
  ..$ habitat  : int 5
  ..$ age      : int [1:5] 15 25 35 45 55
  ..$ dbh.in   : num [1:5] 4 7 8.8 12.4 14.6
  ..$ height.ft: num [1:5] 19.6 28.6 40.1 61.4 71.4
 $ :List of 6
  ..$ tree.ID  : int 2
  ..$ forest   : int 4
  ..$ habitat  : int 5
  ..$ age      : int [1:10] 17 27 37 47 57 67 77 87 97 107
  ..$ dbh.in   : num [1:10] 3.4 6.2 8 10.6 11.7 14 15.9 17 18.8 20
  ..$ height.ft: num [1:10] 16.2 29.3 35.6 43 56.6 ...
```

这里,我们用循环结构分离数据。Phil Spector 建议使用一种更加紧凑的方式给出类似操作,其代码如下:

```
> getit <- function(name, x) {
+     if (all(x[[name]] == x[[name]][1])) {
+         x[[name]][1]
+     }
+     else {
+         x[[name]]
+     }
+ }
> repts <- function(x) {
+     res <- lapply(names(x), getit, x)
+     names(res) <- names(x)
+     res
+ }
> trees.ps <- lapply(split(treeg, treeg$tree.ID), repts)
> str(trees.ps[1:2])
List of 2
 $ 1:List of 6
  ..$ tree.ID  : int 1
  ..$ forest   : int 4
  ..$ habitat  : int 5
```

```
..$ dbh.in   : num [1:5] 14.6 12.4 8.8 7 4
..$ height.ft: num [1:5] 71.4 61.4 40.1 28.6 19.6
..$ age      : int [1:5] 55 45 35 25 15
$ 2:List of 6
..$ tree.ID  : int 2
..$ forest   : int 4
..$ habitat  : int 5
..$ dbh.in   : num [1:10] 20 18.8 17 15.9 14 11.7 10.6 8 6.2 3.4
..$ height.ft: num [1:10] 103.4 92.2 80.8 76.2 70.7 ...
..$ age      : int [1:10] 107 97 87 77 67 57 47 37 27 17
```

假设需要给出一个树木高度和年龄的图形,首先我们需要知道树木的最大年
P.105 龄和高度值,才能确定画图区域的大小。

```
> max.age <- 0
> max.height <- 0
> for (i in 1:length(trees)) {
+     if (max(trees[[i]]$age) > max.age)
+         max.age <- max(trees[[i]]$age)
+     if (max(trees[[i]]$height.ft) > max.height)
+         max.height <- max(trees[[i]]$height.ft)
+ }
```

这里可以利用 **sapply** 函数比较简洁地计算最大年龄 **max.age** 和最大高度 **max. height**。

```
> my.max <- function(x, i) max(x[[i]]) #max of element i of list x
> max.age <- max(sapply(trees, my.max, "age"))
> max.height <- max(sapply(trees, my.max, "height.ft"))
```

图 6.1 给出相关图形输出。

```
> plot(c(0, max.age), c(0, max.height), type = "n", xlab = "age (years)",
+     ylab = "height (feet)")
> for (i in 1:length(trees)) lines(trees[[i]]$age, trees[[i]]$height.ft)
```

下一章中,我们给出有关作图的方法。

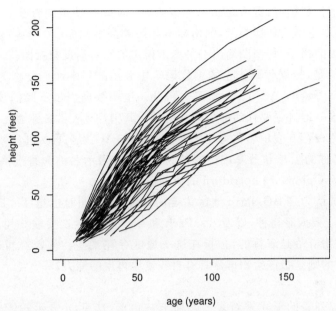

图 6.1 66 组树木生长数据中高度年龄比图,见例 6.4.3

6.5 习题

1. 使用 **spuRs** 软件包,我们可以获得 **ufc.csv** 数据,试利用该数据回答下面问题:

   (a)最高三种树木的种类？最粗的前五种树木的种类？（使用 **order** 命令。）

   (b)各树木种类的平均直径是多少？

   (c)哪两种树木具有最大的三分位数直径？

   (d)哪两种树木具有最大的中位比率（即高度/直径）？哪两种树木具有最小的中位比率？

   (e)每个树种中最高的树木中最粗的那个编号是多少？

2. 使用 R 程序创建一个列表,包含如下信息:

   (a)你的姓名;

   (b)你的性别;

   (c)你最喜欢的三个电影名称的列表;

   (d)你对问题"你是否支持联合国"的答案;

   (e)包括你在内,直系亲属的生日（用名字作为标识）。

   P.106

   对你三位最亲近的朋友做类似的数据,试写出程序查找是否四个数据中存在相同生日的人？

   给出一个以出生月份为元素的表格,一个以按照性别区分的关于直系亲属数目的表格。

3. 使用树木增长数据(读者可在 6.4.3 节或者 **spuRs** 程序包中查找),根据树木数据,按照树木生活的环境类型,画出树木年龄和高度数据图。也就是说,创建一个 5 幅图画的格子,每幅图给出一种产地树木的年龄高度数据图。

需要指出的是,数据代码 1 至数据代码 5 中表示的树木产地分别为:Ts/Pach,Ts/Op,Th/Pach,AG/Pach 和 PA/Pach。这些数据表示不同的顶级树种,它们大都是这一地区主要存活的耐阴性树种。其中,Ts 表示名称为北美乔柏和异叶铁杉的树种,Th 表示名称为北美乔柏的树种,AG 指名称为北美冷杉的树种,PA 表示名称为云杉和落基山冷杉的树种,Pach 表示名称为番樱桃的树种,Op 表示名称为 Oplopanaz horridurn 的树种。

北美冷杉被认为是 AG/Pach 地区主要的顶级树种,同时也是 Th/Pach 和 PA/Pach 地区主要演替树种,以及 Ts/Pach 和 Ts/Op 地区次要演替树种。简单的说,一个生物群落是演替的,是指在这一地区存在某些物种曾经暂时存活的迹象,而顶级的则是指该生物群落具有自我复原再生的能力。[1]

P.107

4. 帕斯卡三角形

假设需要以列表的形式重新表示帕斯卡三角形,这里,n 表示帕斯卡三角形的行。比如,其前四行可以表示为

list(c(1), c(1, 1), c(1, 2, 1), c(1, 3, 3, 1))

第 n 行的值可以利用第 $n-1$ 行邻近的数目相加得到。试写出一个函数,在得知第 n 行时,给出第 $n+1$ 行的结果,并检验第 11 行给出了二项分布系数 $\binom{10}{i}$,$i = 0, 1, \cdots, 10$。

5. 赛马比赛

下列数据是从文件 **racing.txt**(见程序包 **spuRs**)中摘录的,以下是 1998 年 7 月英国赛马比赛的 9 次成绩。

```
1 0 54044 4.5    53481 4       53526 4     53526 3.5   53635 3      53792
1 1 54044 1.375  53481 1.5     53635 1.5   53635 1.375 53928 1.25   54026
1 0 54044 1.75   53481 1.625   53792 1.625 53792 1.75  53936
1 0 54044 14     53481 20      53635 20    53635 16    53868 20     54026
1 0 54044 20     53481 25      53635 25    53635
1 0 54044 33     53481 50      53635 50    53635 66    53929
1 0 54044 20     53481 25      53635 25    53635 33    53792 50     54045
2 1 55854 6      55709 7       56157 7     56157
2 0 55854 6      55138 6.5     55397 6.5   55397 7     55825 7      56157
...
```

每行中,第一个数表示比赛次数。在每场比赛中,每匹马只有一次比赛。接下来的 0 或者 1 表示赢得或输掉比赛,紧接着的第三列数据表示比赛开始时间,从而我们获得数据对 (p_i, t_i),$i = 1, 2, \cdots, $,$t_i$ 表示时间,p_i 表示定价。即,在时刻 t_i 每匹马获胜的几率为 $p_i : 1$。

将这些数据输入具有如下结构的目标中:

- 列表中每个元素表示一场比赛;
- 每场比赛由一个列表组成,该列表每匹马对应一个元素;
- 一个列表代表一匹马,其由三个元素组成:逻辑变量表示输或赢,另外还有时间向量和价格向量。

试写出一个函数,对给定的一场比赛,在同一图形上依据时间变化画出每匹马的对数价格图。并用不同的颜色表示获胜马匹。 P.108

6. 下面给出一个循环程序打印出所有 x(单位:分)可由澳大利亚硬币(面值为 5 分,10 分,20 分,50 分,100 分和 200 分)组成的方式。为了避免重复,每种可能值按照次序分解。

```
# Program spuRs/resources/scripts/change.r

change <- function(x, y.vec = c()) {
  # finds possible ways of making up amount x using Australian coins
  # x is given in cents and we assume it is divisible by 5
  # y.vec are coins already used (so total amount is x + sum(y.vec))
  if (x == 0) {
    cat(y.vec, "\n")
  } else {
    coins <- c(200, 100, 50, 20, 10, 5)
    new.x <- x - coins
    new.x <- new.x[new.x >= 0]
    for (z in new.x) {
      y.tmp <- c(y.vec, x - z)
      if (identical(y.tmp, sort(y.tmp))) {
        change(z, y.tmp)
      }
    }
  }
  return(invisible(NULL))
}
```

试写出程序将所有结果返回到一个列表,这里每个元素是一个给出 x 的所有可能分解的向量。

第 7 章

绘图

7.1 引言

P.109　　R 语言的一项重要优势是其较其他同类软件有更为强大的作图功能。无论是利用绘图功能来理解数据结构,还是通过图画将作者的信息传递给读者,R 语言都具有很好的表现。读者可通过 **demo(graphics)** 来查询相关画图命令。

　　在第 4 章内容的基础上,本章将深入介绍有关 R 语言的作图功能。我们从构成整幅默认图片的各部分图片出发,讲述了简单绘图的结构。将讨论单个图形和多个图形中的图形控制参数。同时将为用户展现以不同的格式(如 pdf,postscript 等)存储图形对象。最后,我们还将介绍具体的 R 程序图形工具以绘制多元数据图形(格子图,即条件图形的一种简化结构)和一些 3D 作图工具。

　　本章将利用前面的森林调查数据集展示 R 语言的作图能力,这些数据来自美国爱达荷大学实验森林的上平溪(Upper Flat Creek)观测实验站。首先,读取数据集,然后利用 **str** 命令打印出其大致的结构:

```
> ufc <- read.csv("../data/ufc.csv")
> str(ufc)

'data.frame':      336 obs. of  5 variables:
 $ plot    : int  2 2 3 3 3 4 4 5 5 6 ...
 $ tree    : int  1 2 2 5 8 1 2 2 4 1 ...
 $ species : Factor w/ 4 levels "DF","GF","WC",..: 1 4 2 3 3 3 1 1 2 1 ...
 $ dbh.cm  : num  39 48 52 36 38 46 25 54.9 51.8 40.9 ...
 $ height.m: num  20.5 33 30 20.7 22.5 18 17 29.3 29 26 ...
```

　　变量 **height.m** 和 **dbh.cm** 分别表示树的高度(米)和树干距地面 1.37 米处的直径(厘米),后者在美国林业界被称为树木胸径(diameter at breast height),缩写为 dbh。①

P.110

为了绘制图形，可以使用如下简单的形式，比如

```
> plot(ufc$dbh.cm, ufc$height.m)
```

上述命令表示打开一个图形窗口，并画出树木胸径相对树木高度的散点图。下面的命令进一步给出了横纵坐标的名称（见图 7.1）。

```
> plot(ufc$dbh.cm, ufc$height.m, xlab = "Diameter (cm)",
+     ylab = "Height (m)")
```

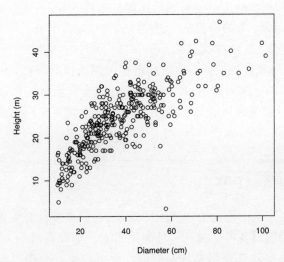

图 7.1　上平溪森林（Upper Flat Creek）数据所有树种胸径/高度图，其中每一个点表示一棵树木

plot 命令提供了丰富的图形命令选项。下面给出常见的图形选项命令，这些命令均可以单独或联合在 **plot** 命令中使用，并通过逗号将不同的选项隔开。

typo = "?" 表示画图类型选项，这项选项包括：

　　"**p**" 表示点图（默认值）；
　　"**l**" 表示直线；
　　"**b**" 表示用直线将点连接；
　　"**c**" 表示类似于选项"**b**"，该选项非常有用，如果读者想使用其他的符号将直线 P.111
连接起来；

---

① 树木的胸径在很多国家是在树木高度的 1.3 米处测量得到的。这里，假定美国的森林树木高一些。

　　"o"对直线和点均适用,直线之间没有间隔;

　　"h"表示垂直的直线,用于获得类似直方图;

　　"s"用于阶梯函数,图形先横穿再升高;

　　"S"用于阶梯函数,图形先升高再横穿;

　　"n"用于无图形的情形。

xlim = c(a,b)分别给出 x 轴的下限 a 和上限 b。这里,a,b 表示已知实数。

ylim = c(a,b) 分别给出 y 轴的下限 a 和上限 b。这里,a,b 表示已知实数。

xlab = "X axis label goes in here"表示横坐标标题;

ylab = "Y axis label goes in here"表示纵坐标标题;

main = "Plot title goes in here"表示图像标题;

pch = k表示点的形状,**k** 的取值从 1 至 25;

lwd = ? 表示直线宽度,缺省值为1;

col = "?"表示直线和点的颜色。R 拥有很多可供选择的颜色,例如**"tomato"**(番茄红),**"deepskyblue"**(深天蓝色)和**"slategray"**(青灰色)等,可以通过键入 **colours()** 或 **colors()** 来得到所有颜色的一个列表。当需要在同一图片中重叠不同的图像时,使用不同颜色(或者形状)将是非常有必要的。

7.2　图形参数:par

　　为了描述改变不同图像参数所产生的效果,我们需要区分作图设备和作图命令之间的差别。作图设备可看做是一种画图平台。如果做出一个图形,则在缺省情况下作图设备会自动打开用来显示图形。为了产生一个作图设备而不产生图形,我们则需要访问计算机系统的相关功能。

　　R 语言含有很多图形参数列表,来控制图形设备的显示方式。为了获取这些图形参数的当前值,使用命令 **par().pch**,比如 **lwd** 和 **col** 均表示相关的图形参数。为了获取一个具体参数的值,比如,对于 **pch**,可以使用 **par("pch")** 查询。对于图形参数而言,一些可以应用于一个或者多个作图命令,而有些仅能应用于作图设备。比如,为了改变一个图形的标志,我们可以在画图函数中包含参数 **pch = 2**。当然,我们也可以对画图装置做类似的调整。

　　为了改变作图设备的绘图参数,可以使用 **par** 命令。下面给出一些有用的例子。

P.112　　**par(mfrow = c(a,b))** 这里 **a** 和 **b** 为整数,该命令创建一个 **a** 行 **b** 列的图像矩阵。这个矩阵将按行排列进行输出,如果需要按列排列,可以使用 **mfcol** 语句。

　　par(mar = c(bottom, left, top, right))命令针对每个图形创建空间,用户可以在该空间内添加坐标信息和标题,所创建空间的距离单位为所添加单位字符宽度。

par(oma = c(bottom, left, top, right))围绕图形矩阵产生单位字符宽度的空间。

par(las = 1)将纵坐标标题由垂直位置旋转为平行位置。

par(pty = "s")在缺省情况下,图形窗口的形状是随着图形变化的,对应的命令为 pty = "m"。

par(new = TRUE)将新图形插入原有旧图的显示窗口中。有时会出现坐标不匹配的情况,这时可以通过参数 mar 将第二个图形强制插入第一个图形中。

par(cex = x)将所有图形放大 x 倍。为了匹配,还可以使用 cex.axis 参数调整坐标,cex.lab 参数调整横纵坐标标题,cex.main 和 cex.sub 调整标题和子标题。

par(bty = "?")决定图形框的类型。相关的选项有"o","l","7","c","u","]", 或 "n"表示无。

注意到函数 par 一次可以使用多个参数。比如,产生一个 $3*2$ 的格子,其左侧和底部边缘为 4 个字符宽度,顶部和右侧边缘为 1 个字符宽度,y 轴的标题平行显示,我们可以使用下面命令

```
> par(mfrow = c(3,2), mar = c(4,4,1,1), las = 1)
```

当改变图形参数的值,par 命令以列表形式返回原有的旧参数值,但是并不将这些值显示出来。这允许我们利用下面简单的命令定制图形参数,创建图形,存储原有图形状态:

```
> opar <- par( {comma separated par instructions go here} )
> plot( {plot instructions go here} )
> par(opar)
```

比如,

```
> opar <- par(mfrow = c(3,2), mar = c(4,4,1,1), las = 1)
> plot( {plot instructions go here} )
```

命令 **opar** 的内容如下: P.113

```
> opar

$mfrow
[1] 1 1

$mar
[1] 5.1 4.1 4.1 2.1

$las
[1] 0
```

我们还可以通过下面命令将图形参数返回到原有状态：

```
> par(opar)
```

7.3 图形扩展

一个传统的图形在其创建后可以使用不同的工具使其扩展。

图形的基本结构是可以被改变的。比如，可以使用变量 **axes = FALSE** 隐藏原始图形的坐标轴，并使用 **axis** 函数加上坐标轴，以便灵活地控制图形位置、格式以及坐标轴的名称等。我们还可以使用 **box** 函数加上图形框；使用 **text** 函数将文字加入到图形；使用 **mtext** 函数，可以在图形的边缘位置添加文字对图形区域或者参数进行说明。如同后文所示的标注参数那样，读者还可以使用 **legend** 命令对图标进行标注。另外，我们还可以使用 **points**，**lines** 和 **abline** 函数在图形内加入其他内容。下面给出具体的步骤，相关的图形见图 7.2。

1. 创建图形对象，建立空间尺寸，但暂时忽略图形对象。

```
> opar1 <- par(las = 1, mar = c(4, 4, 3, 2))
> plot(ufc$dbh.cm, ufc$height.m, axes = FALSE, xlab = "",
+     ylab = "", type = "n")
```

2. 其次，加入点。使用不同的颜色和符号表示不同的树木：有些是真实的，有些是非真实的，表示测量误差。我们采用向量化 **ifelse** 函数。

```
> points(ufc$dbh.cm, ufc$height.m,
+         col = ifelse(ufc$height.m > 4.9, "darkseagreen4", "red"),
+         pch = ifelse(ufc$height.m > 4.9, 1, 3))
```

P.114 3. 加入坐标轴。后文为读者展示的是最简单的命令实现方式，事实上用户可以以非常灵活的方式添加坐标轴，通过不同的命令控制坐标轴位置、标题，添加不同的坐标系，变换坐标颜色等。如往常一样，用户可以使用 **? axis** 命令查询详细信息。

```
> axis(1)
> axis(2)
```

4. 利用页标题对坐标轴加入标签（对于 y 轴标签在垂直方向加入）。

```
> opar2 <- par(las = 0)
> mtext("Diameter (cm)", side = 1, line = 3)
> mtext("Height (m)", side = 2, line = 3)
```

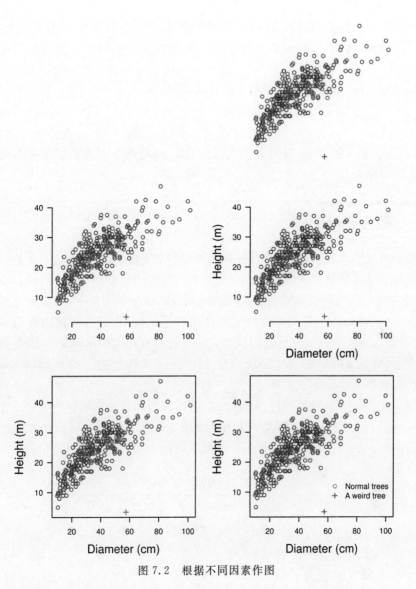

图 7.2　根据不同因素作图

5. 加入图形框，如同前面所示，读者可以选择不同的线条类型和颜色。

```
> box()
```

6. 最后，加入图形标注。

P.115

```
> legend(x = 60, y = 15,
+        c("Normal trees", "A weird tree"),
+        col=c("darkseagreen3", "red"),
+        pch=c(1, 3),
+        bty="n")
```

注意前两个参数:它们描述的是图例的位置,此位置还可以是图的某个方位,例如,"bottomright"。legend 语句还有一些其他的选项,详细信息可以参考帮助文件。

7. 如果需要,我们可以将图形环境返回到其前面的状态

```
> par(opar1)
```

最后,在基本的 R 语言中,我们要指出的是 playwith 包提供了很多与图形对象交互的命令。

7.4 数学排版

很多情况下,我们需要提供更加精确的坐标轴标题和图形标题。R 语言允许读者使用数学排版将相关内容加入到图形中。在画图过程中,main, sub, xlab 和 ylab 的变量可以为字符串或表达式(或者是名称,或是调用命令,为获取更多信息可以查询 ?title 命令)。当对这些变量使用表达式时,它们可以被理解为数学表达式,其输出格式按照一定的规则执行。读者可以通过 ?plotmath 查询有关数学标记语言(MML)的命令、规则和例子。同时还可以通过运行 demo(plotmath)来检测代码及图形输出。

P.116　　图 7.3 给出一些例子,包括希腊字体、数学排版和打印变量值的数据。在这个例子中,我们还是用 curve 函数绘制函数图形,并使用 par(usr)命令改变已存在图形的坐标。改变坐标的目的是为了在图形内使本文位置的调整简化。

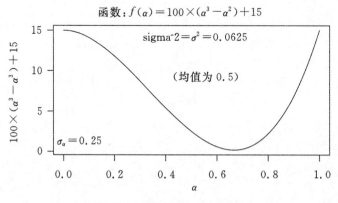

图 7.3　数学模型设置的例子

生成标题是比较复杂的工作,这是因为其包括三方面对象:需要 R 程序保持和打印的字符串、需要 R 程序解析数学标记语言(MML)的表达式以及需要 R 程

序执行并输出的表达式。这些不同对象的不同组合方式可通过 **paste** 命令构造。这里,我们还需要使用函数 **expression** 和 **bquote** 区别这三种不同的表达式类型。需要注意的是,函数 **expression** 命令在画图命令内部使用和在单独使用添加标题时的作用完全不同。因此,只有表达式 **expression** 函数在封闭文本内部使用时才被理解成数学标记语言(MML),进而在 R 语言中被改变为表达式符号。

```
> curve(100*(x^3-x^2)+15, from=0, to=1,
+        xlab = expression(alpha),
+        ylab = expression(100 %*% (alpha^3 - alpha^2) + 15),
+        main = expression(paste("Function : ",
+            f(alpha) == 100 %*% (alpha^3 - alpha^2) + 15)))
> myMu <- 0.5
> mySigma <- 0.25
> par(usr = c(0, 1, 0, 1)) # Change coordinates within plot
> text(0.1, 0.1, bquote(sigma[alpha] == .(mySigma)), cex=1.25)
> text(0.6, 0.6, paste("(The mean is ", myMu, ")", sep=""), cex=1.25)
> text(0.5, 0.9,
+        bquote(paste("sigma^2 = ", sigma^2 == .(format(mySigma^2, 2)))))
```

因此,

```
xlab = expression(alpha)
```

表示将 **alpha** 解释为数学标记语言,在 x 轴上生成字母 α。数学标记语言可以表达成更加复杂的字符串,比如:

```
ylab = expression(100 %*% (alpha^3 - alpha^2) + 15)
```

产生相应 y 轴上的标题。

必要的时候,我们可以使用 **paste** 函数从而在一个表达式中混合使用数学表达式和字符串。下面程序

```
main = expression(paste("Function : ",
        f(alpha) == 100 %*% (alpha^3 - alpha^2) + 15)))
```

使用 **paste** 组合了字符串"**Function : "** 和 **f(alpha) = = 100 % * %(alpha^3 - alpha^2) + 15**,其应被理解为一个整体的表达式。 P.117

有时,我们希望先仅仅分析表达式的一部分内容。比如,一个变量在执行时才产生数值,而我们需要使用包含这个变量值的表达式来绘制和分析一个图像。

为了分析表达式的一部分,用户可以将表达式与 **bquote** 函数一起使用。**bquote** 函数可以找到所有在圆括号 **.()** 内的变量,即圆括号之前有一个点的形式,分析并返回其内容,而非其输出结果。比如,在图 7.3 中,代码

```
bquote(sigma[alpha] == .(mySigma))
```

会执行如下步骤：

1. 搜索"sigma[alpha] = = .(mySigma)"中.()找出 **mySigma**。求出 **mySigma**，并用其输出替换；

2. 返回 **sigma[alpha] = = 0.25**，表示调用模式。函数 **text** 接受调用模式的所有对象。

call 是一种特殊的、未加计算执行的函数，读者可以通过? **call** 命令查询其细节。

P.118 　　虽然前面给出了一些简单的例子，但是 **bquote** 命令可分析任何表达式。我们给出一个混合三种元素稍微复杂点的例子，包含字符串、MML 表达式及需要被执行的表达式，这里同时使用 **bquote** 和 **paste** 命令如下：

```
bquote(paste("sigma^2 = ", sigma^2 == .(format(mySigma^2, 2))))
```

读者可通过? **bquote** 命令查询更多信息。我们将在 8.2 节中继续讲述如何在其他环境中使用该命令。

7.5　产生永久图形

　　产生一个永久保存的图形非常简单，我们只需要使用相关的画图命令打开和关闭相关的画图设备，指定图形文件名字及其存储地址即可。比如，要创建一个 pdf 格式的图片，该图片可以被存储在不同的文件当中，并且可以在网络上使用。我们只需采用如下代码即可：

```
> pdf(file = "graphic.pdf", width = 4, height = 3)
> plot(ufc$dbh.cm, ufc$height.m, main = "UFC trees",
+     xlab = "Dbh (cm)", ylab = "Height (m)")
> dev.off()
```

这里，我们使用 **dev.off** 命令关闭绘图设备。使用该命令操作是十分必要的，以便可以使用户在其他应用中使用该构造图形。如果遗漏了该命令，则操作系统将不允许对该 pdf 文件进行其他操作。

　　当前工作目录中位于 **pdf** 命令和 **dev.off** 命令之间的所有图形将显示在当前工作目录的文件 **graphic.pdf** 内。上例中，**height** 和 **width** 参数的单位为英寸。

在缺省的情况下,多个图形将以 **pdf** 格式在每个页面中单独显示。也就是说,如果在 **pdf** 命令和 **dev.off** 命令之间执行多个画图命令,生成的 pdf 文件每页中仅包含一个图形。这种输出设置简化了图形存储输出工作,如果读者需要对每个图形单独生成一个 pdf 文件,只需要使用命令 **onefile = FALSE** 即可。

使用命令 **postscript**,**jpeg**,**png** 或 **bmp**,我们可以产生相关输出格式的图形。其中,**jpeg**,**png** 和 **bmp** 格式产生扫描格式图形,在其他的文件中应用时效果相对较差。反之,**pdf**,**postscript** 和 windows metafile(在 Windows 中为 **win. metafile**)格式的图形为矢量图,在其他文件中使用时精度较高。

在 Windows 操作系统中,我们可以使用 **win.metafile** 函数创建 windows metafile 格式的图形。读者还可以直接用右键选择 **Copy as metafile** 或 **Copy as bitmap** 命令,将图形存储为 metafile 或 bmp 格式,该格式图形可直接粘贴到 word 文档中使用。

7.6 群组制图:格的使用

格子制图是首先在贝尔实验室发展起来的一种数据可视化技术。[1] R 语言中 P.119 **lattice** 包采用了类似的技术。[2] 具体地说,格子制图是一种显示多维数据技术,可以产生可调节图形,即它允许使用者在调节一个变量数值的基础上做出图形。

使用 **library** 函数载入 **lattice** 包,有关 **library** 函数的使用方法,将在 8.1 节中进行详细叙述。

```
> library(lattice)
```

在调节制图中,根据调节变量的取值范围,观察值被分割为若干小部分,并且每个小部分在各自面板中分别制图。下面的例子中,我们使用面板(*panel*)来展示部分作图过程,其中包括子图本身、坐标轴、由条件变量给出的观察值和可能的唯一值等。本质上,每个面板中产生的图形依赖于创建图形时所使用的格函数。

在图 7.4 中,我们利用前面的上平溪森林实验数据来介绍如何使用 **lattice** 包。我们阐述胸径 **dbh** 和高度 **height** 如何随树木种类变化。也就是说,我们所获得的图形依赖于树木种类的变化值。

---

[1] W. S. Cleveland,*Visualizing Data*. Hobart Press,1993.
[2] 主要由 Deepayan Sarkar 创建。

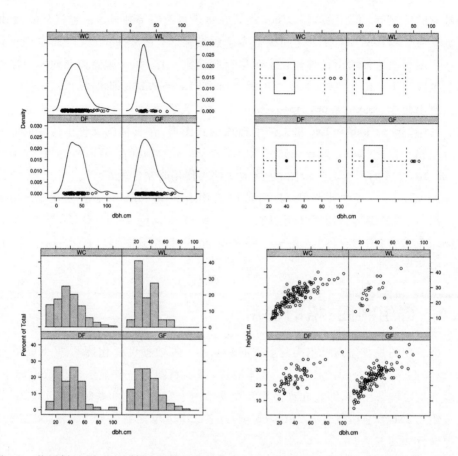

图 7.4　格图例子,给出不同树木种类的胸径信息。左上图给出经验密度函数曲线,右上图给出
　　　　盒子图,左下图给出直方图,右下图给出树木高度和胸径的散点图

左上图:密度函数

```
> densityplot(~ dbh.cm | species, data = ufc)
```

右上图:箱型图

```
> bwplot(~ dbh.cm | species, data = ufc)
```

左下图:直方图

```
> histogram(~ dbh.cm | species, data = ufc)
```

右下图:散点图

```
> xyplot(height.m ~ dbh.cm | species, data = ufc)
```

上述四种命令均需要在存在一种模型的前提下才能实现,相关的模型在命令~和 | 处给出。如果使用参数 **data** 将数据框传递给函数,则数据框的列名称可用来描述相应的模型。这里,我们 **y~x|a** 的意思是,对于不同的 a 的等级,认为 y 是 x 的函数。如果 a 不表示一个因子,则系统将会强制创建一个因子。如果仅关心 x,我们仍然可以使用~符号,则 R 程序认为操作者制定了一个模型。若需要给出第二个变量的面板内部调节情况,我们可以使用 **group** 参数。

在前三个制图过程中,分别使用了 **densityplot**, **bwplot** 和 **histogram** 命令,三个图形均传达了相同的命令,即针对不同的树木种类变量,变量 dbh 的分布情况。因此,这三个图形使用了相同的公式。在第四个图形中,我们给出了高度 height 以胸径 dbh 为变量时的函数散点图。更多有关 **lattice** 包的信息,可使用 **? lattice** 命令查询。 P.120

为了在同一制图设备中显示多个对象,可以使用包含 **split** 和 **more** 参数的 **print** 函数。

split 使用一个包含四个整数的向量:前两个指定格目标的位置,后两个提供制图设备的维度。该函数类似 **par** 函数中的 **mfrow** 命令,只是额外增加了命令的前两部分。 P.121

more 给出一个逻辑值,告诉制图设备是否需要多个格对象(**TRUE** 或 **FALSE**)。

为了在右上角一个 3 行 2 列的制图设备中放置一个格对象(这里假设称为 **my.lat**),可以使用如下命令

```
> print(my.lat, split = c(2,1,2,3), more = TRUE)
```

需要注意的是,这里对最后一个设备不能漏掉 **more = FALSE** 命令。

还可以使用 **position** 参数确定各个目标的相对位置。更多内容使用 **? print.trellis** 命令查询。

使用 **lattice** 命令产生的图形是可定制的。比如,假设我们需要画出树种 WC (Western Red Cedar) 和 GF (Grand Fir) 中的直径和高度图形,并对每个图形加入回归线,则我们可以使用 **panel** 函数,其结果由图 7.5 给出。

```
> xyplot(height.m ~ dbh.cm | species,
+       data = ufc,
+       subset = species %in% list("WC", "GF"),
+       panel = function(x, y, ...) {
+         panel.xyplot(x, y, ...)
+         panel.abline(lm(y~x), ...)
+       },
+       xlab = "Diameter (cm)",
+       ylab = "Height (m)"
+       )
```

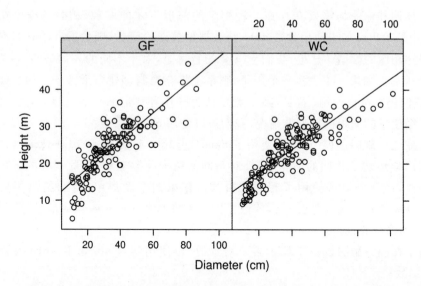

图 7.5　GF 树种和 WC 树种胸径与高度比散点图，每个图中给出了线性回归线

在 lattice 包中，我们所使用的 xyplot 函数有四个参数。其中，参数 xlab 和 ylab 的用途是明显的。subset 参数是一个逻辑表达式或整数向量，用来限制数据范围。参数 index.cond 用来改变面板的制图次序（利用? xyplot 查询更多信息）。在缺省情况下，面板会直接从左下角绘制到右上角，当使用命令 as.table = TRUE 时，绘图顺序为从左上角至右下角。

在 panel 参数中可以使用函数，其目的是控制每个面板中图形的显示。在模型中，对于每个变量其面板函数必须要有一个输入参数，并且该变量不能包含调节变量。也就是说，面板函数分别以 x 和 y 作为第一、第二参数。在我们的例子中包含两个变量：height.m 和 dbh.cm，从而面板函数具有两个输入。为了绘制一个图形，面板函数使用一类以 panel 为前缀的特殊函数。比如，这里的输入函数 panel.ftn 的功能与函数 ftn 完全相同。类似的表达有 panel.xyplot，panel.abline，panel.points，panel.lines 和 panel.text 等。特别地，lattice 包中提供的众多类型的函数均具有 panel.ftn 的形式。本书中读者会发现很多 panel 函数，并可以使用 panel.? 命令进行查询，与我们所使用的格函数相对应。在每个 panel 程序中调用 groups 参数时，相应地会产生一些比较复杂的情况，读者可以通过? xyplot 查询。

P.122

类似地，读者还可以通过? xyplot 查询 panel 函数中可以添加哪些类型的命令，同时读者还可以看到一些在实际中自己有可能借鉴的例子。

注意到 panel 函数包含的…参数以及 panel.xyplot 和 panel.abline 函数的调用，这种格式使得调用函数可以传递任何其他相关命令，但不需要特殊指定的参数值给被调用的函数。但是这种方式并不是必须的，它仅仅是用来保护程序不被错误执行。还需要指出的是,这种特殊的图形可以通过将 **type** 参数传递给 **xy-plot** 实现。这时,我们可以忽略所有的 **panel** 参数,只需要包含代表点和回归线的命令 **type = c("p","r")** 即可。其他传递给 **type** 比较有用的选项是对于直线传递 1,对于光滑曲线传递 smooth。

　　初学者经常会遇到的一个问题是如何利用上述绘图方式生成一个 pdf 文件, P.123 只需要使用 **print** 函数即可。需要注意到的是,格和传统的绘图对象使用不同方式控制绘图设备,且这两种方式是不能混合使用的。一般来说,对任何的绘图设备,我们推荐只使用一种绘图系统。

　　Lattice 包的发明者,Deepayan Sarkar 也写了一本关于如何使用 lattice 绘图的实用书籍(D. Sarkar, *Lattice:Multivariate Data Visualization with R.* Springer,2008)。

7.7　3D 制图

　　无论使用基本的绘图方式还是使用 **lattice** 包绘图,R 程序都提供了非常丰富的函数来创建 3D 图形。不同于基础的 3D 绘图方式,由于数据在 **lattice** 函数中具有用户以前熟悉的命令:即观察值位于行位置,变量位于列位置,因此这里我们推荐使用 **lattice** 包。基础的 3D 制图方式假设观察值位于网格上,需要变量 **x** 和 **y**,分别表示在 x 轴和 y 轴上的观察值,另外还有一个变量 **z**,这是一个矩阵,给出了需要绘图的数值。

　　我们使用上平溪森林数据演示一些 3D **lattice** 绘图的方法。该森林数据在一个网格化系统上测量而成。[①] 每个图形中,我们估计了树干的体积容量(单位:立方米每公顷)。我们安排这些体积容量分配至绘图位置,其输出结果存储在数据集 **ufc-plots.csv**。

```
> ufc.plots <- read.csv("../data/ufc-plots.csv")
> str(ufc.plots)

'data.frame':      144 obs. of  6 variables:
 $ plot    : int  1 2 3 4 5 6 7 8 9 10 ...
 $ north.n : int  12 11 10 9 8 7 6 5 4 3 ...
 $ east.n  : int  1 1 1 1 1 1 1 1 1 1 ...
 $ north   : num  1542 1408 1274 1140 1006 ...
 $ east    : num  83.8 83.8 83.8 83.8 83.8 ...
 $ vol.m3.ha: num  0 63.4 195.3 281.7 300.1 ...

> library(lattice)
```

[①]　对于感兴趣的测量对象,测量图是基于基础地区因子 $7m^2/ha$,针对不同的半径观察采样的。

该数据集中,在每个位置的容量为 **vol.m3.ha**,绘图位置在变量 **east** 和 **north** 中以米为单位存储。同时,网格中的图形位置通过 **east.n** 和 **north.n** 变量给出。P.124 我们使用绘图位置信息给出所感兴趣变量的空间分布结论,见图 7.6。

```
> contourplot(vol.m3.ha ~ east * north,
+    main = expression(paste("Volume (", m^3, ha^{-1}, ")", sep = "")),
+    xlab = "East (m)", ylab = "North (m)",
+    region = TRUE,
+    aspect = "iso",
+    col.regions = gray((11:1)/11),
+    data = ufc.plots)

> wireframe(vol.m3.ha ~ east * north,
+    main = expression(paste("Volume (", m^3, ha^{-1}, ")", sep = "")),
+    xlab = "East (m)", ylab = "North (m)",
+    data = ufc.plots)
```

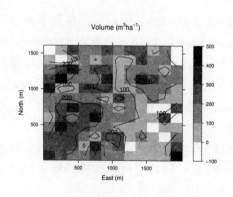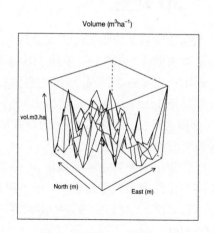

图 7.6　3D 作图例子,给出不同位置树木容量信息,左图表示等高线图,右图给出线框图

有关更多三维绘图的内容,读者可查看说明 **demo(persp)** 和 **demo(image)** 及其相关例子。

7.8　习题

1. 树木的细长程度可用其高度与直径的比来表示。该指标可用来描述树木的生长历史及其抵御大风的能力。假设 100 棵以上细长的树木构成一个高风险树木数据。试针对上平溪数据分别构造箱型图、直方图和密度图形表示不同树木物种的细长程度,并简要讨论每个图形的优缺点。

2. 在本书提供的数据中，还有一组来源于上平溪森林试验的库存数据，称为 **ehc.** P.125
   csv。这种库存数据也表示一种系统的网格图，试使用该森林数据重新产生和解
   释图 7.4。

3. 均值回归

   考虑下面简单的遗传模型。一个总体中包含相同数量的两种性别：男性和女性。
   在每一代中，假设男女随机凑对，并生育一男一女两个孩子。这里我们对前一代
   至后一代的身高高度分布感兴趣。假设两个孩子的身高为其父母高度的平均
   值，那么身高如何随上一代到下一代而变化。

   假设当前年代人的身高包含两个变量，**m** 和 **f**，分别表示两种性别。命令 **rnorm**
   (100, 160, 20) 产生 100 个以 160 为均值，20 为方差的正态随机变量样本（见
   16.5.1 节）。我们用该命令产生第一代总体身高如下：

   ```
   pop <- data.frame(m = rnorm(100, 160, 20), f = rnorm(100, 160, 20))
   ```

   命令 **sample(x, size = length(x))** 表示从向量 **x** 中无重复地获得一个随
   机样本量 **size**（当然这里也可以进行重复抽样，只要将参数 **replace** 改为
   TRUE）。下面函数使用数据框 **pop**，并随机对男性数据排序。我们将对应男性和
   女性行向量数据进行配对，进而通过求均值得到下一代的身高。该函数返回具
   有相同结构，表示下一代身高的数据框。

   ```
   next.gen <- function(pop) {
     pop$m <- sample(pop$m)
     pop$m <- apply(pop, 1, mean)
     pop$f <- pop$m
     return(pop)
   }
   ```

   试利用 **next.gen** 函数产生到第九代子女身高，使用 **histogram** 函数做出每
   一代男性身高直方图，见图 7.7。这种现象称为**均值回归**。

   提示：构造以高度和代数（generation）为变量的数据框，这里每个行向量表示一
   个单独的男性身高。

4. 使用 **lattice** 函数重复产生图 6.1。

P.126

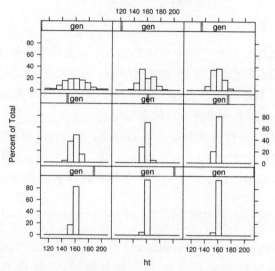

图 7.7 均值回归:前九代男性身高均值回归图,见习题 3

第 **8** 章
R 语言高级编程技术

本章简要介绍一些 R 语言高级编程知识,包括程序包的管理和相互调用功能,展 P.127
示 R 语言怎样管理在工作空间和在框架环境中运行的函数中创建对象。进一步,我们
提供了关于调试函数的建议,同时,展现 R 中提供的关于面向对象编程的基础功能。
最后,我们演示了如何在 R 中包含其他编程语言编译好的代码,如 C 语言。

8.1 程序包

程序包是一种符合特定形式和结构的文件存档,用来提供一些额外的功能,通
常这些功能是 R 程序某方向的扩展。R 程序包含许多用来完成特殊功能的高质
量程序包,通常是统计方面的。通过 **help.start()** 命令,读者可以调用 HTML 帮
助文件,查询计算机上安装的包的详细信息。

8.1.1 程序包管理

任何一个程序包处于三种状态:安装并加载,安装但未加载,或者未安装。已
装载的程序可直接在 R 运行时使用;已安装的程序包都能被加载,但是其内容只
有加载后才可使用;未安装的程序包不能够加载。

使用 **sessionInfo** 函数可用来查找已加载的程序包:

```
> sessionInfo()

R version 2.8.0 (2008-10-20)
i386-unknown-freebsd7.0

locale:
C


attached base packages:
[1] stats     graphics  grDevices utils     datasets  methods
[7] base
```

P.128

　　sessionInfo 函数是一个十分有用的命令,它提供了 R 的版本号及其所在操作系统的版本。

　　程序包可以被分成三组:基础类、推荐类和其他。基础类程序包在 R 初始安装时被安装,其内部命令随时可以调用。例如,我们可以调用 **stats** 程序包中的 **lm** 命令,而不用加载任何程序包。推荐类程序包也在 R 安装时被安装,但是使用其相关命令时需要提前加载。其他类程序包在缺省情况下未被安装,必须分别安装才可使用。

　　非基础类程序包可使用 **library** 函数加载安装:

```
> library(lattice)
```

sessionInfo 命令确认 **lattice** 程序包被加载:

```
> sessionInfo()

R version 2.8.0 (2008-10-20)
i386-unknown-freebsd7.0

locale:
C

attached base packages:
[1] stats      graphics  grDevices utils      datasets  methods
[7] base

other attached packages:
[1] lattice_0.17-15

loaded via a namespace (and not attached):
[1] grid_2.8.0
```

　　注意到,**library** 命令的参数为对象名,而非字符串。对于一个由程序包名称组成的向量,其内容代码书写时须为字符串,且该向量可当成参数进行传递,但为了实现传递功能,在编写程序时须加上 **character.only = TRUE** 命令,该命令告诉 R 程序,程序包名称可以用字符串表示。

　　当程序包未安装时,调用 **library** 函数会报错。在不确定程序包状态时(比如,在编写函数时需要调用程序包),我们可以通过 **require** 函数查询该程序包是否安装。如果 **require** 函数返回 **FALSE**,则表示该程序包未安装。

P.129　　因为很多专业的程序包很少被使用,所以如果要安装所有的程序包则会浪费大量内存和时间。同样地,在启动 R 时加载相应的程序包也会花费大量时间。因此,R 程序在默认状态下启动时只加载基础类程序包,用户若要使用其他程序包,则需自己去加载。

通常情况下,使用 **require** 和 **library** 函数只需程序包名称即可,而不需要给出其他参数。如果程序包未安装在默认位置,例如,一个没有权限的用户无法把程序包安装在默认路径位置,那么用户此时必须通过 **lib.loc** 参数在硬盘相应位置上调用该程序包函数。

installed.packages 命令可用来查找哪些程序可被加载。这个函数的输出十分繁琐,但用户只需查看其输出结果的第一列。例如,在编辑本书的计算机上,前五个安装的程序包为:

```
> installed.packages()[1:5, 1]

   Brobdingnag       CarbonEL          DAAG          Design          Ecdat
"Brobdingnag"     "CarbonEL"        "DAAG"        "Design"        "Ecdat"
```

在下面的讨论中,提到了资源库的概念,其内部包含若干可使用的程序包,这些程序包可能是本地的或者远程的。最常用的资源库是 CRAN(Comprehensive R Archive Network)镜像,可以从 R 网站上访问它。下面所涉及的命令对所有适合的资源库都适用。

所有在资源库中可使用,并与当前 R 版本匹配的程序包,都可以通过命令 **available.packages** 列出。

资源库中可使用但未被安装的程序包可通过 **install.packages** 函数安装。如果安装时使用参数命令 **dependencies = TRUE**,则安装时系统会自动安装运行此程序所需要的、称之为关联的程序包。

若用户需要更改安装路径,那么程序将被下载在由 **destdir** 参数指定的位置,并安装在由 **lib** 参数指定的安装路径。后者的函数命令须通过 **lib.loc** 参数传入 **require** 或者 **library** 函数。

例如,当使用 Windows 系统时,若希望将 **spuRs** 程序包下载到路径 **D:/tmp** 位置,安装在 **D:/lib** 位置,然后在运行 R 时调用。我们需按照如下几个步骤进行。假设上述安装路径已经存在,且可由用户改写。

P.130

```
> install.packages("spuRs", destdir="D:/tmp", lib="D:/lib")
> library(spuRs, lib.loc="D:/lib")
```

如果一个本地安装程序包依赖于已被安装在本地的相关程序包,此时调用 **library** 命令会失败。解决方法是,利用 **library** 函数加载这个相关程序包,或者使用 **.libPaths** 函数将该相关程序包的安装位置通知 R。

用户可以通过 **old.packages** 查询已安装程序包的版本信息,并使用 **update.packages** 命令对旧的程序包进行更新。

在支持 GUI 的 R 版本,如 Microsoft Windows 中的 **Rgui.exe**,读者可利用

GUI 安装和加载程序包。在许多操作系统中，用户还可以通过 DOS 下的 **shell** 命令安装程序包。相关问题可查阅 R 手册。

8.1.2　程序包的构建

一本值得阅读的参考文件是 *R Installation and Administration* 手册。

构建属于自己的程序包开始时有点繁琐，但是对后面的使用有很大好处。首先，R 提供了许多不同功能的函数，如果用户准备共享或存储代码，做一个程序包是一个不错的办法，它可确保用户包含了基本程序功能。程序包还提供了一个简单的平台，以便用户访问函数和数据。

如果仅仅使用 R 程序代码和对象，则构建程序包是简单的。如果需要编译源代码（见 8.6 节），则需要额外的软件来使编译正常进行。额外软件对构建程序包十分有用，但是这些软件的选取可能会根据操作系统和目标运行系统的不同而有所变化。这里，我们将详细介绍如何在 Windows 操作系统中建立一个程序包。

packages.skeleton 是构建程序包过程中非常有用的函数，它可以检查当前工作空间中的函数和数据，并创建一个合适的目录结构来存放所有已存在的对象，包括帮助文件和如何构建程序包的说明文件。如果仅仅需要使用当前存在对象的一部分内容，那么这些指定对象也可被选取并包含在程序包中。当然，对后加入程序包中的对象，我们也可以创建新的帮助文件。这时，**prompt** 函数是十分有用的，它便于针对任意对象生成后续帮助文件。这个函数在三大主要平台都是有效的。

本书中，我们通过 **package.skeleton** 函数给出一个构建程序包的示例，该程序包包含了一组数据和一个函数。

P.131
```
> rm(list=ls())
> ufc <- read.csv("../data/ufc.csv")
> vol.m3 <- function(dbh.cm, height.m, multiplier=0.5) {
+     vol.m3 <- pi * (dbh.cm/200)^2 * height.m * multiplier
+     }
> package.skeleton(name = "spuRs", path = "../package", force = TRUE)

package.skeleton(name = "spuRs", path = "../package", force = TRUE)
Creating directories ...
Creating DESCRIPTION ...
Creating Read-and-delete-me ...
Saving functions and data ...
Making help files ...
Done.
Further steps are described in '../package/spuRs/Read-and-delete-me'.
```

package.skeleton 命令在相应参数的指定路径创建了必须的目录和文件，这些资源构成了建立程序包的基础。下一步，用户必须以 **package.skeleton** 函数开

始,完成建立程序包所需的剩余工作。此时,首先要做的是完善在 **man** 目录下的
object.Rd 帮助文件。在帮助文件中,我们需要加上一些细节信息、关键字和使用
该函数的简单例子。**force** 参数通知 R,如果存在新的版本,那么旧版本则被替
换掉。

编写本书时,Windows 操作系统 R 程序版本(2.8.0 版)默认安装不支持程序
包的构建,还需要载入一些必要的工具,比如:

1. 5.8.0 版以后的 Perl 程序。
2. Unix 相关命令工具。
3. MinGW 编译器等。

如 **Rtools.exe**(读者可参见网址:http://www.murdoch-sutherland.com/
Rtools/.)程序一样,上述工具由 R 程序开发成员 Duncan Murdoch 提供,可以免
费下载。在安装过程中,程序会自动提供所需其他任何软件的最新信息,如 LA-
TEX 和 Microsoft HTML 帮助文件等。为了使这些程序能在系统中运行,PATH
一定需设定好。软件安装过程会有选择适当地改变 PATH,这种情况下,用户需
重新启动计算机。

通过打开命令提示符、更改路径等操作,可以使用户位于各类程序包路径的顶
层。在我们的例子里,作者希望在 **../package/** 路径中。当然,用户还可以通过下
面方法学习不同的命令:

P.132

```
> R CMD --help
```

然后输入

```
> R CMD build spuRs
```

为构建程序包,输入

```
> R CMD check spuRs
```

上面命令会报告执行程序过程中产生的所有问题。这里,每个命令都有若干
选项,读者可通过下面命令查询:

```
> R CMD build --help
> R CMD check --help
```

下面演示如何构建一个可用的 Windows 二进制文件。

```
> R CMD build --binary spuRs
```

该调用创建了一个正如我们需要的程序包,可以通过 **library** 函数安装和加

载。例如,在 R 中安装了新的 **spuRs** 程序包后,用户可以进行如下步骤。

```
> library(spuRs)
> data(ufc)
> str(ufc)

'data.frame':   336 obs. of  5 variables:
 $ plot    : int  2 2 3 3 3 4 4 5 5 6 ...
 $ tree    : int  1 2 2 5 8 1 2 2 4 1 ...
 $ species : Factor w/ 4 levels "DF","GF","WC",..: 1 4 2 3 3 3 1 1 2 1 ...
 $ dbh.cm  : num  39 48 52 36 38 46 25 54.9 51.8 40.9 ...
 $ height.m: num  20.5 33 30 20.7 22.5 18 17 29.3 29 26 ...
```

8.2 框架和环境

为了在更加复杂的设置下使用 R 程序,了解一些关于 R 如何组织已创建和包含对象的知识是十分重要的。下面章节中,在忽略一些细节的前提下,我们将给出相关的内容丰富的背景知识。

R 使用框架和环境来组织内部创建的对象。**框架**是一种把对象名称和其 R 表现形式联系起来的工具。环境是一种将其他环境、母环境等相结合的框架。环境是一种嵌套结构,母环境是指直接包含当前环境的环境。也就是说,与 2.2 节内容类似,如果将一个变量看做在其首页具有名称的文件夹,那么框架就是一个包含文件夹名称及其在内存中位置的分类目录,环境就是一个包含当前目录在内,且含有其他目录位置的目录。

P.133　　　　当 R 启动时,一个工作空间被自动创建。该工作空间被称作全局环境,随后创建的对象在缺省情况下均被放入该空间。当程序包被载入时,它们会产生与本身有关的子环境或子空间,该空间路径会加入 R 的搜索路径中。

搜索路径的内容可通过下面方式查询

```
> search()
 [1] ".GlobalEnv"        "package:lattice"    "package:stats"
 [4] "package:graphics"  "package:grDevices"  "package:utils"
 [7] "package:datasets"  "package:methods"    "Autoloads"
[10] "package:base"
```

当一个函数被调用时,R 会创建相对当前环境封闭的新环境。此时,函数参数中涉及的对象将被从当前环境传入新环境中。函数表达式在新环境中应用于对象上。而在新环境中创建的对象不能在母环境使用。同样地,如果从一个函数中调用另一函数,也会创建另一个独立于当前环境的新环境。当使用代码给出对象后,

R 会在当前环境中创建它们,除非特别说明进行其他处理。

当分析一个表达式时,R 在当前环境中分析表达式涉及的所有对象。如果某对象在当前环境中搜索不到,那么 R 会搜索其母环境。这种对对象的搜索会持续向上,直至搜索到全局环境中,如果有必要,R 会到搜索路径中查找。如果一个传入函数的对象在函数中被改变,程序会复制这个对象,而将该变量作用在复制后的对象上。否则(对象未发生改变时),该对象本身在函数中是有效的。当对象十分复杂时,上述过程会产生显著区别,下面给出一个示例。

```
# program spuRs/resources/scripts/scoping.r
# Script to demonstrate the difference between passing and copying
# arguments.
# We use an artificial example with no real-world utility.

require(nlme)

fm1 <- lme(distance ~ age, data = Orthodont)
fm1$numIter <- 1

fm2 <- fm1

nochange <- function(x) {
  2 * x$numIter

  return(x)
}

change <- function(x) {
  x$numIter <- integer(2)
  return(x)
}
```

```
> source("../scripts/scoping.r")
> system.time(for (i in 1:10000) change(fm1))

   user   system elapsed
  0.515   0.030   0.584

> system.time(for (i in 1:10000) nochange(fm1))

   user   system elapsed
  0.049   0.000   0.050
```

执行这段代码可以发现,当改变函数内部对象时,需要花费额外时间将对象复制到函数所在的环境中去。

在下一节中,我们将在任意的环境中分析评价表达式。

8.3 程序调试

某些情况下,在母环境中检查对象是十分有用的。我们可以使用 **eval** 和 **expression** 函数实现这一功能。比如

```
> eval(expression( {R expression here} ),
+      envir = sys.frame(n))
```

为了在相关环境 **n**,比如 **n = - 1** 中分析语句 {**R expression here**},我们把 R 表达式封装在 **expression** 函数中,确保其在未被计算前直接传入 **eval** 函数中。通过 **envir** 参数告诉 **eval** 函数所分析表达式所处的环境是哪个。

P.135　　例如,为列出同一层环境中定义的对象,读者可如下处理。

```
> rm(list = ls())
> ls()

character(0)

> x <- 2
> ls.up <- function() {
+      eval(expression(ls()), envir = sys.frame(-1))
+ }
> ls.up()

[1] "ls.up" "x"
```

这个例子本身不是特别有用,但它展示了如何构建一个可在不同环境中执行的命令,且在浏览器中调试程序时,这样的命令是十分有用的。有时函数出错的根源不是它本身,而问题是出在其被调用的环境上。为有效查找错误,快捷地显示或操作调用函数所处的环境是非常有必要的。

在母环境中调用 **ls** 函数也十分有用,它可以查看该环境中哪些对象有效,同时我们还可以通过 **print** 函数对这些对象进行检查。

recover 命令允许用户选取一个环境(这里不能是全局环境),然后使用 **browser** 函数对其进行浏览。当执行 **recover** 函数时,它会显示出一个有效环境的菜单。当设置选项 **options(error = recover)** 时,**recover** 函数会忽略程序错误自动被调用。类似 **browser** 函数,当这里存在一个限制,**recover** 函数不能直接通过代码调用。

下面给出一个非常简单的关于如何使用 **recover** 来查找错误的例子。我们从默认的错误响应出发,这个错误响应在 ? **stop** 中已阐述过。

```
> broken <- function(x) {
+    broken2 <- function(x) {
+    y <- x * z
+    return(y)
+    }
+  y <- broken2(x)
+  y2 <- y^2
+  return(y2)
+ }
> broken(0:2)

Error in broken2(x) : object "z" not found
```

　　现在我们改变错误响应选项如下

```
> options(error = recover)  # Change the response to an error.
> broken(0:2)

Error in broken2(x) : object "z" not found

Enter a frame number, or 0 to exit

1: broken(0:2)
2: broken2(x)

Selection:
```

　　这里提供给用户两个可以浏览的环境，我们选择第二个。

```
Selection: 2
Called from: eval(expr, envir, enclos)
Browse[1]>
```

　　进一步分析 R 表达式，有

```
Browse[1]> ls()
[1] "x"
Browse[1]> x
[1]  0 1 2
```

　　可以发现，**broken2(x)**框架缺少变量 **z**（这里以报告错误形式出现），跳出当前环境，继续分析其他环境。

```
Browse[1]> c

Enter a frame number, or 0 to exit

1: broken(0:2)
2: broken2(x)

Selection: 1
Called from: eval(expr, envir, enclos)
```

```
Browse[1]> ls()
```

```
[1] "broken2" "x"
```

```
Browse[1]> broken2
```

```
function(x) {
y <- x * z
return(y)
 }
<environment: 0x87c9c14>
```

```
Browse[1]> Q
```

```
>
```

显然,程序中函数在寻找一个并不存在的对象。注意到,由于用户可以跳入和跳出不同的环境,从而可以方便地找到程序出错位置所在。

8.4　面向对象程序设计:S3

P.137　　面向对象程序设计,简称 OOP,是一种可以大幅简化问题的程序设计形式。基于定义的类,用户可以创建、操作相关类对象。针对一个对象,即具有一个特殊结构的变量,如布尔变量、向量、数据框或者列。对象的 **Class** 类可以用来描述相关对象的类型。

R 语言通过旧类型(即 S3)和新类型(即 S4 类)支持面向程序设计。这使得用户可以定义新的对象类(即具有特定结构的变量)和可应用于这些类的函数。同时,已经存在的函数也可以用在新的对象类上。在书写 R 程序时,用户不需要刻意遵守 OPP 原则。但是当相关的程序被他人使用时,为了清晰起见,最好还是能够遵守面向对象程序设计的相关原则。

在本节中,我们将介绍 S3 类。其中最主要的内容包括:类、通用类函数和属性。

注意到一个对象的类不应与对象的模式相混淆,虽然两个概念很接近,但是前者更加基础,并涉及到 R 程序在内存中存储对象的方式。

接下来,我们将通过一个例子来讲述 S3 类(S3 classes)的应用。为了更好地理解这个例子,首先,我们将介绍一下类函数(generic functions)的定义及使用。

8.4.1　通用类函数

在 R 语言中,通用类函数是指一个功能函数,它可以用来检查其第一个参数使用的类,并针对该类选择另外一个合适的函数。例如,如果我们检查 **mean** 函数的内容结构,

```
> mean
function (x, ...)
UseMethod("mean")
<environment: namespace:base>
```

可以看到,上述命令仅仅将字符串'**mean**'传递给一个函数 UseMethod。**UseMethod**函数然后调用 **mean** 的版本,该版本号用来指定在第一个参数位置处类的对象。如果对象类比如是某个小部件 widget,则 **UseMethod** 函数调用具有同样参数的 **mean.widget** 命令。当然,这些命令需要用户提供给 **mean** 函数。

用户可以通过添加依赖所使用环境、不同功能函数的方式扩展任何通用类函数。但并不是所有的函数都是通用的。我们可以通过 **methods** 函数来检查一个函数是否是通用的。[①]

```
> methods(mean)

[1] mean.Date        mean.POSIXct    mean.POSIXlt    mean.data.frame
[5] mean.default     mean.difftime

> methods(var)

[1] var.test          var.test.default* var.test.formula*

   Non-visible functions are asterisked
Warning message:
In methods(var) : function 'var' appears not to be generic
```

简单地说,当函数被应用于 **bar** 类对象时,如果要编写一个可用来替换已存在通用类函数 **fu** 的函数,用户只需将函数名称命名为 **fu.bar** 即可。当然,针对指定类的对象,非通用类函数也可以类似地命名,但不需要跟类名称连在一起。

注意到,我们这里描述的 **function.class** 方法仅局限于 **S3** 类。在 **S4** 类中,我们有不同的表达。

[①]　注意到在命令 **methods(var)** 的结果中,R 中的一些函数是不可见的。即使函数在其搜索路径上是不存在的,R 仍然通过 **methods** 名称的方式查找。用户可以使用 **getAnywhere** 函数检查类似的对象。

8.4.2 示例:种子传播问题

我们将通过一个例子来介绍 R 中的 OPP。首先我们生成一个新的类,即一个新的对象类型,然后,编写一些针对于这个类的类函数,特别注意,我们重新书写了类函数 **print** 和 **mean**。

我们举个植物生物学中的例子。在研究植物物种扩散问题时,一个非常有用的问题是了解种子如何传播。这一节给出的例子来源于树木物种问题。种子检测器是一种在给定距离上收集种子数目的装置,可用来测量种子的传播。该装置可记录下给定距离和时间点落入种子检测器中种子的个数及分布在母体树木周围种子的个数。

在我们的模型中,假设种子检测器以直线距离排列。在一定的时间后,记录种子检测器中收集的种子数(见图 8.1)。

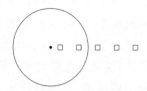

图 8.1 种子检测横截面示意图。方形表示种子检测器,
圆形表示种子传播平均距离,黑点表示母体位置

假设收集到的数据分别表示在如此的设置下每个种子检测装置离母体树木的距离、检测器的面积、其每个检测器装置内收集的种子数。显然,这里没有 **trapTransect** 类,因为没有一个特殊的方法使所处理对象包含 **trapTransect** 类:

```
> methods(class = "trapTransect")
```

```
no methods were found
```

P.139

为此,可以创建这样一个类。首先,需要确定新类对象需要具有什么样的性质。每个对象都将包含来自于单个检测横截面的数据,因此这里存储检测器离母体树木的距离数据和种子数目数据。种子检测装置的数目这里假设为常数。这样,**trapTransect** 类对象的基本结构可以以列表的形式给出,包括三个元素:检测器距离、种子数目和检测器数目。

在 R 中,通过创建适当结构对象、设置 **class** 性质和返回对象的方式,我们引入一类 S3 构造函数类,然后通过操纵类对象编写函数。首先我们对输入进行检查,在该类中引入构造函数,构造列表,设置类属性,最后返回列表。下面考虑 **trapTransect** 类的对象。

```
> trapTransect <- function(distances, seed.counts, trap.area = 0.0001) {
+   if (length(distances) != length(seed.counts))
+     stop("Lengths of distances and counts differ.")
+   if (length(trap.area) != 1) stop("Ambiguous trap area.")
+   trapTransect <- list(distances = distances,
+                        seed.counts = seed.counts,
+                        trap.area = trap.area)
+   class(trapTransect) <- "trapTransect"
+   return(trapTransect)
+ }
```

为了简单起见,这里忽略了缺失值的检验步骤,即输入数据非数字情形。虽然检测器面积很小,在进行函数运算时可被忽略不计,这里我们仍假设检测器面积为 0.0001。同时,省略数值单位。

现在,利用便捷的 **str** 函数,我们创建一个函数 **print.trapTransect**,并通过这个函数给出 **trapTransect** 数据信息。注意到我们的目标是提供一个严密的例子,这里使用 **str** 函数命令是出于简单性考虑。

P.140

```
> print.trapTransect <- function(x, ...) {

+     str(x)
+ }
```

还需要注意的是,我们这里使用参数 **x,…**;这些参数与类函数 **print** 函数的参数相同。

下面给出一个特殊函数,该函数利用 **trapTransect** 对象的结构计算种子离母体的平均传播距离。需要指出的是,这里的均值函数只能使用在 **trapTransect** 对象上,通过将'**.trapTransect**'对象传递到函数名上的方式实现其功能。

```
> mean.trapTransect <- function(x, ...) {
+   return(weighted.mean(x$distances, w = x$seed.counts))
+ }
```

这时,R 程序可以通过识别作用在 **trapTransect** 类上不同的方法来识别 **trapTransect** 类。

```
> methods(class = "trapTransect")

[1] mean.trapTransect   print.trapTransect
```

最后,我们演示类中方法的使用:**print.trapTransect** 和 **mean.trapTransect**:

```
> s1 <- trapTransect(distances = 1:4, seed.counts = c(4, 3, 2, 0))
> s1

List of 3
 $ distances  : int [1:4] 1 2 3 4
 $ seed.counts: num [1:4] 4 3 2 0
 $ trap.area  : num 1e-04
 - attr(*, "class")= chr "trapTransect"

> mean(s1)

[1] 1.777778
```

　　需要强调的是,虽然 **s1** 是 **trapTransect** 类的一个对象,但它仍然为一个列表。我们这时说,**trapTransect** 类目标继承了 **list** 类对象的特征。

```
> is.list(s1)

[1] TRUE
```

　　换句话说,这时用户可以通过列表结构操作对象。比如,如果想知道列表的第一个元素,可通过使用下列命令

```
> s1[[1]]

[1] 1 2 3 4
```

　　在后面的 21.4.2 节中,我们将继续深入研究这个例子。

　　产生所有的对象结构似乎需要做很多的工作。但是当需要创建、操作和分析一些复杂系统模型时,该方法的优点是十分明显的。OOP 可以实现简单快捷的模型原型设计,并根据需要改进模型的复杂性。比如,如果需要的话,用户在上述例子中可以直接加入新的 **mean.trapTransect** 函数。

　　最后需要指出的是,由于不同程序包提供的函数具有相同函数名和不同效果,在使用时有可能产生冲突。这一问题可以通过使用名称空间的办法解决(本书未作介绍,见 L. Tierney, 2003. 'Name Space Management for R', R-news 3/1 2—5)。使用名称空间对象需要调用程序包 **package::object**,读者可通过 **?::** 了解更多细节。

8.5　面向对象程序设计:S4

　　本小节简要介绍由 S4 类给出的基本程序结构。S4 类对 OOP 提供了一种正式的面向对象分析框架。这里,我们再次通过种子传播的例子,演示如何利用 S4 类处理问题。假设该例子中的对象和类结构与 8.4 节相同。

　　首先,使用 **setClass** 函数告诉 R 有关类的信息,包括类名称、对象结构和参数等。

P.141

```
> setClass("trapTransect",
+          representation(distances = "numeric",
+                         seed.counts = "numeric",
+                         trap.area = "numeric"))

[1] "trapTransect"
```

不同于 S3 类,在 S4 类中用户将更多地需要编写程序构造对象。这里的构造函数称为 **new**,如果读者进一步希望能够进行有效性检查等处理,还需要添加一个能被 **new** 函数调用的 **initialize** 函数。

P.142

```
> setMethod("initialize",
+           "trapTransect",
+           function(.Object,
+                    distances = numeric(0),
+                    seed.counts = numeric(0),
+                    trap.area = numeric(0)) {
+       if (length(distances) != length(seed.counts))
+         stop("Lengths of distances and counts differ.")
+       if (length(trap.area) != 1)
+         stop("Ambiguous trap area.")
+       .Object@distances <- distances
+       .Object@seed.counts <- seed.counts
+       .Object@trap.area <- trap.area
+       .Object
+           })

[1] "initialize"
```

new 产生一个空对象,并将该对象及其提供的参数传递给 **initialize**。当分析过程成功后,**initialize** 函数然后会返回更新后的对象。

```
> s1 <- new("trapTransect",
+           distances = 1:4,
+           seed.counts = c(4, 3, 2, 0),
+           trap.area = 0.0001)
```

来自 S4 的对象与来自 S3 的对象在一些方面不同。在 **setClass** 函数中,包含对象的元素称为**槽**(*slots*),其名称可通过下列方式找到

```
> slotNames(s1)

[1] "distances"   "seed.counts" "trap.area"
```

槽中的值使用 **slot** 函数或者"@"算子进行分析,替代了以前程序中所使用的 **$** 符号。

```
> s1@distances
```

```
[1] 1 2 3 4
```

　　下面，在类中加入两种方法：**show**——当输入对象名称时，用来输出类中的对象；**mean**——用来给出对象中种子的平均距离。在以上两种方法中，我们均需要使用 **setMethod** 函数，应用该函数时需要指定所使用的方法名称，正式参数的模式（这里称之为 *signature*）和函数本身。

```
> setMethod("mean",
+          signature(x = "trapTransect"),
+          function(x, ...) weighted.mean(x@distances,
+                                 w = x@seed.counts))
```

```
[1] "mean"
```

P.143
```
> setMethod("show",
+          signature(object = "trapTransect"),
+          function(object) str(object))
```

```
[1] "show"
```

　　下面给出新方法在对象中的应用。

```
> s1
```

```
Formal class 'trapTransect' [package ".GlobalEnv"] with 3 slots
  ..@ distances  : int [1:4] 1 2 3 4
  ..@ seed.counts: num [1:4] 4 3 2 0
  ..@ trap.area  : num 1e-04
```

```
> mean(s1)
```

```
[1] 1.777778
```

　　列出 **trapTransect** 类中所使用的 S4 方法

```
> showMethods(classes = "trapTransect")
```

```
Function: initialize (package methods)
.Object="trapTransect"

Function: mean (package base)
x="trapTransect"

Function: show (package methods)
object="trapTransect"
```

可以通过如下方式显示所使用 S4 方法的代码

```
> getMethod("mean", "trapTransect")

Method Definition:

function (x, ...)
weighted.mean(x@distances, w = x@seed.counts)

Signatures:
        x
target  "trapTransect"
defined "trapTransect"
```

读者可通过查询? **Classes** 和? **Methods** 获取更多信息。

8.6 编译代码

P. 144

通过适当的调整，R 可以直接使用编译好的 C 或 Fortran 代码。这种方式在分析中补偿了程序运行时间的耗时问题。一些 R 中的代码可以在 C 或 Fortran 语言中使用较短的时间执行完成，有时甚至会将运行时间缩短三个数量级。读者可在 W. N. Venables 和 B. D. Ripley 的著作 *S Programming*，R 默认安装的 *Writing R Extensions* 手册和 CRAN 中找到有关例子。

在 R 语言使用 C 程序需要以下四个步骤：

8.6.1 编写

这里忽略 C 语言的编写细节，仅给出一个简单的例子，并指出 C 代码在 R 中运行时的一些重要问题。我们编写一个将向量元素求和的 C 代码，并从 R 中调用该代码。需要注意的是，我们这里并不主张使用该程序去替代 **sum** 函数，而仅仅是为了说明。

C 语言程序如下：

```
void csum(double *data, int *ndata, double *sum)
{
  int i;
  sum[0] = 0;
  for (i = 0; i < *ndata; i++) {
      sum[0] += data[i];
  }
}
```

这里调用的程序是模块化编写的，通过指针传递对象参数。换句话说，在实践中,读者需要使用指针在函数中定义相应的参数,此时用户编写程序需要非常小心,以确保指针的正确使用。在 C 语言中,代码总是表现为函数形式,同时需要注意以下几点:

- C 语言中向量与 R 不同:其数组第一个元素下标为 0 而不是 1。
- 通过参数传递 **data** 对象及其对象长度,而不需要在 C 语言中计算对象长度。一般的,我们在 R 中使用 R 可以直接处理的问题。

8.6.2 编译

P.145 上述代码可利用 R 中调用的二进制对象进行编译。该二进制对象的性质依赖于所使用的操作系统,且在不同的操作系统之间这些代码不能共享。这里,将二进制对象称为 *shared library*。据作者所知,R 程序能够与二进制对象进行通信。因此,在以后的章节中,我们仅考虑计算机的使用环境为 Windows 环境。

当所使用软件合适时,代码可被直接编译执行。对于 Windows 系统,需要配置的软件同 8.1.2 节中程序包的要求一样:包括 Perl,命令行工具和 MinGW 编译器。将上述代码保存在 text 文档中,命名为 **sum.c**。然后使用命令行工具进入包含该文档的路径,并键入

```
> R CMD SHLIB csum.c
```

MinGW 编译器编译和链接代码,在同样的目录下创建一个称为 **sum.dll** 的对象。下一步是将产生的对象链接到 R 中。如果编译失效,编译器会给出程序调试帮助。

8.6.3 附注

在 R 中,使用 **dyn.load** 函数载入二进制对象,并使用如下的方式调用:

```
> mySum <- function(data) {
+   if (!(is.loaded("csum"))) dyn.load("../src/csum.dll")
+   .C("csum",
+     as.double(data),
+     as.integer(length(data)),
+     sum = double(1))$sum
+ }
```

代码告诉 R 何处找到 shared library 对象及其需要执行的操作。为清晰起见,我们使用了 C 子程序和参数。当执行 **mySum(data)** 时,**data** 会指向一个双精度数组,这时 R 计算 **data** 的长度和值,该长度为整数型。至于输出结果而言,该和值是一个空的双精度数组。程序最后的 **$ sum** 命令告诉 R 程序返回相应的数组结

P.146

果,而非返回空值。

8.6.4　执行调用

用户可以通过下述方式执行函数

```
> mySum(1)

[1] 1

> mySum(0.5^(1:1000))

[1] 1
```

在实践中,当程序存在很多循环时,将编译好的 C 程序通过 R 语言执行会节约时间。将 C 与 R 结合起来使用,其优点在于:通过 R 交互操作对象,利用 C 处理繁重的数值问题(特别地,如果处理对象是矢量化表示的,则该内容在 R 内不可处理)。作为例子,本书原著的第三位作者在这方面进行了相关测试(见 S. Wellek, Testing statistical hypotheses of equivalence, Chapman & Hall, 2003)。每次测试中程序都需要基于数据进行三次循环。本例中该测试包含上千个数据,需要大约 27 万亿次计算才能得到检验统计量。整个运行在 C 语言中花费了三个小时,但在 R 语言中估计需要一年的时间。

8.7　扩展阅读

更多 R 语言的程序设计信息,读者可参考《R 基础介绍》(*An Introduction to R*)、《R 扩展内容》(*Writing R Extensions*)、《R 数据处理》(*R Data Import/Export*)、《R 语言》(*The R Language Definition*)和《R 安装与管理》(*R Installation and Administration*)等方面的书籍。

除此之外,还有很多有关 R 语言(或 S 语言)的书籍。与本章内容相关的有 W. N. Venables 和 B. D. Ripley 的 *S Programming*(Springer, 2000)。有关使用方面的书籍,我们推荐 W. N. Venables 和 B. D. Ripley 的著作 *Modern Applied Statistics with S. Fourth Edition*(Springer, 2002),J. Chambers 和 T. Hastie 的著作 *Statistical Models in S*(Wadsworth & Brooks/Cole, 1992),以及 J. Maindonald 和 J. Braun 的著作 *Data Analysis and Graphics Using R: An Example-Based Approach. Second Edition*(Cambridge University Press, 2006)。

8.8　习题

1. 学生记录

P.147 试创建一个 S3 类 **studentRecord** 对象列表,包括姓名、课程、分数和学分等内容。

针对通用函数 **mean**,编写一个 S3 类 **studentRecord** 方法,利用成绩和学分得到学生的加权成绩。类似地,针对 **print** 函数给出 **studentRecord** 方法,使得输出结果以一定的形式给出,如按照年份排列对象。

最后,针对一队列学生进一步创建一个类,给出 **mean** 函数和 **print** 函数的使用方法。当用该方法处理该队列数据时,对队列中每个学生使用 **mean** 函数和 **print** 函数。

2. 令 **Omega** 表示一个有序数字向量,假设 **Omega** 的子向量也是有序的。对 **Omega** 的子向量定义一个 **set** 集,找出 **Omega** 子集的并集、交集和补集。注意,不能使用 R 中 **union**, **intersect**, **setdiff** 或 **setequal** 等现成函数。

3. 连分式。

考虑如下分数

$$a_0 + \cfrac{1}{a_1 + \cfrac{1}{a_2 + \cfrac{1}{a_3 + \cfrac{1}{\ddots}}}}$$

当所有的 $a_k(k \geqslant k_0)$ 为零时,表达式为无穷大。

试对上述连分式给出一个类(具有优先表达形式)。利用函数将一个十进制数字表示为连分式形式,或将连分式转化为十进制数字形式。

第 II 部分

数值技术

第 9 章

数值精度与程序的效率

当我们使用计算机来实现数值计算的时候,有两个重要的问题是我们必须注P.151
意的:精度和速度。

在这一章中我们将详细讨论计算机是如何执行 R 语言的,及实际编程中的一
些相关问题。我们首先考虑了计算机是如何表示数字的,以及这种表示方法对计
算结果精确度的影响。然后讨论了计算过程所需时间及编程方法对于时间的影响
问题。最后,我们分析了内存因素对于计算效率的影响问题。

9.1　数字的机器表示

计算机使用开、关来实现对信息的编码。一个单独的开/关指示器被称为一个
比特,8 个比特被称为一个字节。理论上可以用任意的数字来表示开或关,但我们
通常用 1 来表示开,用 0 来表示关。

9.1.1　整数

具有固定数值的若干字节通常被用来表示一个单独的整数,一般取 4 个或者
8 个字节。例如用 k 来表示一个我们所面对的比特数,通常取 32 或者 64 位。实
际上存在很多模式来对其进行编码,使其对应一个整数。这里我们主要介绍其中
的三种方法:**符号幅度编码、有偏编码和补码编码**。

在符号幅度编码的策略中,我们使用一个比特来表示正负(＋/－)号,剩下的
数字以二进制表示法给出数字的大小。即序列 $\pm b_{k-2}\cdots b_2 b_1 b_0$,其中每个 b_i 取 0 或
者 1,表示的十进制数为 $\pm(2^0 b_0 + 2^1 b_1 + 2^2 b_2 + \cdots + 2^{k-2} b_{k-2})$。例如,取 $k=8$,
-0100101 代表的十进制数为 $-(2^5 + 2^2 + 2^0) = -37$。在这种规定下,我们所能
描述的最小和最大整数分别是 $-(2^{k-1} - 1)$ 和 $(2^{k-1} - 1)$。

然而,这种编码策略有一个缺点,就是 0 有两种表达形式。P.152

在有偏编码策略中,我们使用序列 $b_{k-1}\cdots b_1 b_0$ 来表示十进制数 $2^0 b_0 + 2^1 b_1 +$

$\cdots 2^{k-1} b_{k-1} - (2^{k-1} - 1)$。例如，取 $k = 8$，序列 00100101 表示的十进制数为 $37 - 127 = -90$。这种规定下我们所能描述的最小和最大整数分别是 $-(2^{k-1} - 1)$ 和 2^{k-1}。

但是，这种编码策略也有一个缺点，就是数字的加法变得比较复杂。

最常用的一种在电脑上表示整数的编码策略是**补码编码**。给定 k 个比特数，数字 $0, 1, \cdots, 2^{k-1} - 1$ 使用正常的二进制数来表示，而数字 $-1, -2, \cdots, -2^{k-1}$ 分别由 $2^k - 1, 2^k - 2, \cdots, 2^k - 2^{k-1}$ 来表示。我们对这种编码策略不进行更深入地讨论，但是，我们需要知道的是在这种编码策略下加法很容易实现，并且其与对 2^k 取模之后的加法是等价的。

在个人计算机上对于整数的表示发生在最基础层面上，R 对它并不进行控制。一台计算机上所能表示最大的整数值（不管采取哪种编码策略）被称为**最大整数**；在个人计算机上 R 使用变量 **.Machine** 来记录最大整数的数值。

```
> .Machine$integer.max
[1] 2147483647
```

如果一个数字被赋予了整数值，则它将被按照上述的这些方法来存储。然而，实际上 R 存储整数与实数采取的是同样的方式，均使用的是**浮点型表示法**。

9.1.2　实数

浮点型表示法是一种基于二进制科学计数法的表示数字的方法。在十进制计数法中，我们可以将数 x 写为 $x = \pm d_0 . d_1 d_2 \cdots \times 10^m$，这里 $d_0, d_1, \cdots$ 均表示数字，除非 $x = 0$，否则 $d_0 \neq 0$。在二进制计数法中，我们可以将 x 写为 $x = \pm b_0 . b_1 b_2 \cdots \times 2^m$，这里 $b_0, b_1, \cdots$ 均表示 0 或者 1，除非 $x = 0$，否则 $b_0 = 1$。此处的序列 $d_0 . d_1 d_2 \cdots$ 和 $b_0 . b_1 b_2 \cdots$ 一般称为小数部分，m 称为指数部分。

R 一般使用 **e** 这个科学记号来协助描述数字，例如：

```
> 1.2e3
[1] 1200
```

e 在这里表示"十的多少次方"，不能把它和指数混淆了。

在实际应用中我们必须对数字的小数部分和指数部分的长度进行限制，也就是说，我们需要规定我们所面对的实数的精度和范围。在**双精度型**中使用 8 个字节来表示浮点型数字：其中 1 个比特表示符号，52 个比特表示小数部分，剩下的 11 个比特表示指数部分。对于指数部分我们采取有偏编码的方案来表示，故其取值范围将是 -1023 到 1024。对于小数部分，52 个比特用来表示 $b_1, \cdots, b_{52}$，b_0 的数值由指数 m 来确定：

- 当 $m = -1023$ 时，$b_0 = 0$，我们用 $b_1 = \cdots = b_{52} = 0$ 来表示 0 或者小于 2^{-1023} 的 P.153
  数字（通常称这些数字为非正常数）。
- 当 $-1023 < m < 1024$ 时，$b_0 = 1$。
- 当 $m = 1024$ 时，我们使用 $b_1 = \cdots = b_{52} = 0$ 来表示 $\pm\infty$，在 R 中其被写为 **- Inf**
  和 **+ Inf**。此时如果有一个 $b_i \neq 0$，我们在 R 中使用 **NaN** 来表示它，其意义为"不
  是一个数字"。

```
> 1/0
```

```
[1] Inf
```

```
> 0/0
```

```
[1] NaN
```

在双精度型数中，最小的非零正数是 2^{-1074}，最大的数是 $2^{1023}(2 - 2^{-53})$（有时
称其为最大浮点数）。需要注意的一点是，可以用来使 1 区别于 $1 + x$ 的最小数 x
是 $2^{-52} \approx 2.220446 \times 10^{-16}$，这个数被称为**机器误差**。因此，在以 10 为基数的时
候，双精度型大致约有 16 个有效数字，指数部分的取值范围可以达到 ± 308。

```
> 2^-1074 == 0
```

```
[1] FALSE
```

```
> 1/(2^-1074)
```

```
[1] Inf
```

```
> 2^1023 + 2^1022 + 2^1021
```

```
[1] 1.572981e+308
```

```
> 2^1023 + 2^1022 + 2^1022
```

```
[1] Inf
```

```
> x <- 1 + 2^-52
> x - 1
```

```
[1] 2.220446e-16
```

```
> y <- 1 + 2^-53
> y - 1
```

```
[1] 0
```

当对双精度浮点型数字进行算术运算时，如果得到的结果比 2^{-1074} 这个量级 P.154

要小,或者比最大浮点数的量级要大,我们就将结果分别记为 0 或者 ±∞,并分别称为**下溢**或**上溢**。

我们这里所介绍的双精度类型是 IEEE 二进制浮点算法标准 IEEE 754 - 1985 的一部分。这个标准被用于现实中全部的计算机,虽然其合格性有待于进一步验证。浮点数算法的实现具体发生在计算机的最基础层面上,这是 R 不能控制的。然而有些是 R 所能做的,例如 `.Machine` 语句可以告诉我们具体计算机数值环境的详细信息。

9.2　有效数字

双精度型数字在以 10 为基数的情况下大致有 16 个有效数字,对于整数的运算范围在 $-(2^{53} - 1)$ 与 $2^{53} - 1$ 之间(大概是 -10^{16} 到 10^{16}),一旦使用了超过这个范围的数字或者是分数,由于舍入误差的原因你将得到一个与原数有一些误差的数字。例如,1.1 没有一个有限的二进制数与其对应,所以在双精度型下其二进制数大致是 $1.00011001100\cdots001$,其误差大概是 2^{-53}。

当我们比较数值的时候,可以使用 `all.equal(x, y, tol)` 语句来控制舍入误差,如果 `x` 和 `y` 的误差在 `tol` 以内,则这个语句的返回值是 `TRUE`,`tol` 的默认值是机器误差的均方根(大约是 10^{-8})。

令 $\tilde{a}$ 表示 a 的近似值,则它们的**绝对误差**就是 $|\tilde{a} - a|$,**相对误差**为 $|\tilde{a} - a|/a$。此时,$\tilde{a}$ 具有 16 个有效数字和相对误差是 10^{-16} 是等价的。当进行两个近似值的加法的时候,我们将其绝对误差进行相加从而得到其结果的绝对误差(误差范围)。当进行两个近似值的乘法的时候,我们将其相对误差进行相加从而得到结果的相对误差(误差近似值):假设(较小的两个数)ε 和 δ 分别为 a 和 b 的相对误差,则

$$\tilde{a}\tilde{b} = a(1 + \varepsilon)b(1 + \delta) = ab(1 + \varepsilon + \delta + \varepsilon\delta) \approx ab(1 + \varepsilon + \delta)$$

若我们要进行 1000 个数的加法,其中每个数的数值都在 1 000 000 左右,且它们相对误差达到了 10^{-16},故其绝对误差为 10^{-10}。将它们加起来之后将得到一个大约是 1 000 000 000 左右的数值,其绝对误差大约是 10^{-7},因此,相对误差将仍保持在 10^{-16} 左右。然而,在我们进行数值大小相近数字的减法的时候,其特性将会和上述结论有很大不同。例如,考虑

1 234 567 812 345 678 - 1 234 567 800 000 000 = 12 345 678

P.155 如果等式左边的两个数字的相对误差均为 10^{-16},则等式右边的绝对误差将近似等于 1,从而相对误差大约为 10^{-8}:这将使精确度变得非常差,我们称之为**灾难性取消错误**。

当你处理具有有效数字的有限数值时，这种灾难性取消是一种内在固有的问题。但是，如果你注意随时留意这种情况，有时可以有效地避免出现此类问题。

9.2.1　示例：$\sin(x)-x$ 在 0 附近的值

由于 $\lim\limits_{x\to 0}\dfrac{\sin(x)}{x}=1$，所以在 0 附近有 $\sin(x)\approx x$。因此如果我们想要知道在 0 附近 $\sin(x)-x$ 的值，我们就需要避免灾难性取消对我们计算精度的影响。

在 0 附近 $\sin(x)$ 的泰勒展开式为 $\sum\limits_{n=0}^{\infty}(-1)^n\dfrac{x^{2n+1}}{(2n+1)!}$，因此，

$$\sin(x)-x=\sum_{n=1}^{\infty}(-1)^n\frac{x^{2n+1}}{(2n+1)!}$$

如果我们对这个展开式取 N 项，则其误差最多为 $|x^{2N+1}/(2N+1)!|$（由于被加数符号不断改变并且其大小越来越小，所以这一点可以很容易得证）。假设我们使用两项来近似表示 $\sin(x)-x$ 的值，也就是

$$\sin(x)-x\approx-\frac{x^3}{6}+\frac{x^5}{120}=-\frac{x^3}{6}\left(1-\frac{x^2}{20}\right)$$

如果 $|x|<0.001$，则这个近似值的误差将会小于 $0.001^5/120<10^{-17}$ 这个数量级。如果 $|x|<0.000001$，这个误差将会小于 10^{-302}。由于这个计算中并没有涉及到大小相近的数的减法运算，所以这里并没有出现灾难性取消的问题。

```
> x <- 2^-seq(from = 10, to = 40, by = 10)
> x

[1] 9.765625e-04 9.536743e-07 9.313226e-10 9.094947e-13

> sin(x) - x

[1] -1.552204e-10 -1.445250e-19  0.000000e+00  0.000000e+00

> -x^3/6 * (1 - x^2/20)

[1] -1.552204e-10 -1.445603e-19 -1.346323e-28 -1.253861e-37
```

我们发现对于 $x=2^{-20}\approx 10^{-6}$，在计算 $\sin(x)-x$ 的值的时候，灾难性取消导致绝对误差在 10^{-23} 左右，这个数字看起来还可以，但是其相对误差却是 10^{-4}。对于 $x=2^{-30}$，其相对误差为 1！

P.156

9.2.2　示例：范围缩小

当使用 $\sin(x)$ 的泰勒展开式在 0 附近来近似表示其值的时候，x 的值离 0 越远，我们需要越多的项数来保证近似值的精度。但是因为 $\sin(x)$ 是周期的，所以对于一个较大的 x 值我们可以选择一个合适的 k 值，使得 $|x-2k\pi|\leqslant\pi$，然后使

用公式 $\sin(x) = \sin(x - 2k\pi)$ 来处理此类问题。

然而这样的处理方法将会由于灾难性取消而导致一些问题的出现。

假设我们取 16 位有效数字,如果 x 是一个较大的数,比如在 10^8 左右,则 x 的绝对误差将大约是 10^{-8} ,从而 $x - 2k\pi$ 的绝对误差也将会是 10^{-8} 左右。这就意味着 $x - 2k\pi$ 的相对误差将至少达到 10^{-8} ($x - 2k\pi$ 越接近于 0 这个值将越大)。

9.3　时间

我们最终用来衡量一个程序的效率高低的指标通常是它需要运行的时间,这个运行时间一般由程序语言的写法和运行这个程序的计算机来决定。而计算机通常在某一个时间段需要执行一系列的任务,例如播放音乐、看电影或者收发邮件,所以程序的运行时间还决定于同一时间内计算机执行多少任务。我们可以使用 **system.time(expression)** 语句来检测有多少 CPU(中央处理器)时间是用来执行计算任务的,甚至,我们可以使用 **proc.time()** 语句来得到正在运行的某个 R 程序已经使用了多少 CPU 时间。

```
> system.time(source("primedensity.r"))
   user  system elapsed
   0.08    0.03    0.19
```

用户(user)时间和系统(system)时间的和表示用来执行计算任务所花费的 CPU 时间。运行(elapsed)时间包含执行与 R 当前任务无关的时间。

在大多数情况下,运行一个程序所需的时间取决于最初的输入信息。例如,对一个向量求和或者对其进行分类所需的时间很明显由这个向量的长度来决定,一般用 n 来表示。再比如,我们要得到方程 $f(x) = 0$ 一个误差在 ε 内的解,这种情况下,计算时间就由 ε 的值来决定。因为我们做不到使用所有可能的输入来检测一个程序,所以我们需要一个依赖于 n 和 ε 这些参数的评估计算效率的理论方法,这个方法可以给出我们一个程序可能需要的运行时间的估计值。一般情况下可以通过计算程序在运行时进行具体运算的次数来估计这个程序的效率,这些运算一般包括加法、乘法、逻辑比较、变量赋值和调用内部函数。

P.157　　　　例如,以下这个程序将计算出向量 **x** 元素的和:

```
S <- 0
for (a in x) S <- S + a
```

令 n 表示向量 **x** 的长度,则这个程序的运行需要执行 n 次加法运算和 $2n + 1$ 次变量赋值运算(每次执行 **for** 循环的时候先给 **a** 赋值,再给 S 赋值)。

再举一个例子，假设我们现在使用泰勒展开式 $\sum_{n=1}^{N} (-1)^{n+1} x^n/n$ 来近似表示 $\log(1+x)$，$0 \leqslant x \leqslant 1$，误差要求最大为 $\pm\varepsilon$。这就需要近似误差的量级不能大于和式的最后一项，具体代码如下：

```
eps <- 1e-12
x <- 0.5

n <- 0
log1x <- 0
while (n == 0 || abs(last.term) > eps) {
  n <- n + 1
  last.term <- (-1)^(n+1)*x^n/n
  log1x <- log1x + last.term
}
```

这个程序的运行总共需要执行多少算术运算呢？当我们运行第 n 次循环的时候，程序需要执行 3 次加法运算和 $2n+3$ 次乘/除法运算，需要注意 x^n 这一项需要执行 n 次乘法运算，直到 $x^n/n < \varepsilon$，这个循环才能结束。令 $x=1$，有 $n=\lceil 1/\varepsilon \rceil$，这个值是对所有 $x \in (0,1]$ n 的取值的上界（此处 $\lceil 1/\varepsilon \rceil$ 表示 $1/\varepsilon$ 向上取整）。因此，程序中总共需要进行的加法运算次数的上限应为 $3\lceil 1/\varepsilon \rceil$，需要进行的乘/除法运算次数的上限应该是

$$\sum_{n=1}^{\lceil 1/\varepsilon \rceil} (2n+3) = \lceil 1/\varepsilon \rceil (\lceil 1/\varepsilon \rceil + 1) + 3\lceil 1/\varepsilon \rceil = \lceil 1/\varepsilon \rceil^2 + 4\lceil 1/\varepsilon \rceil$$

在这个程序中，我们可以对其进行一个简单的改进，从而提高其效率。具体做法是，将 **last.term <- (-1)^(n+1)* x^n/n** 这一行改为

```
last.term <- -last.term*x*(1 - 1/n)
```

此时我们在每次循环中仅需要做 3 次乘/除法，因此其运算次数的上限将变为 $3\lceil 1/\varepsilon \rceil$（将乘以 -1 不看作一次乘法计算）。

实际上，如果我们知道运算增加的次数可由类似于 an^b 这种形式表示的时候，此处 n 为问题中的变量（如向量的长度或者是我们例子中的拟公差），则 b 的取值对结果的影响将比 a **重要得多**。正因为这个原因，我们一般并不精确计算某个程序的运算次数，只需考虑其作为 n 的函数的变化快慢就足够了。令 f 和 g 是关于 n 的两个函数，如果 $\lim_{n \to \infty} f(n)/g(n) < \infty$，我们就说当 $n \to \infty$ 时 $f(n) = O(g(n))$，如果 $\lim_{n \to \infty} f(n)/g(n) = 0$，我们就说 $n \to \infty$ 时 $f(n) = o(g(n))$。前面的第一个例 P.158 子在求长度为 n 的向量的和的时候，所需的操作是 $O(n)$。第二个例子中，计算 $\log(1+x)$ 在误差 ε 以内的近似值所需的操作是 $O(1/\varepsilon^2)$。

　　某些操作所需的时间会远远长于其他一些操作。变量赋值(对于已存在的变量),加减法比较快。乘除法所需的时间稍微要长一些,乘幂计算需要时间也比较长。一些超越函数,比如 sin 和 log 的计算时间则需要更长,但是这些比用户自定义函数需要的时间要短一些。

　　正如我们在例 3.3.4 中所看到的那样,生成或者改变一个向量的长度(也被称为重新定义数列)是相当慢的,正因为这个原因,一般在我们能知道一个向量的长度的时候,我们最好是一次性给其初始化(可以全部是零值),而不是逐步来完成这个过程。我们可以使用 **system.time** 语句来对比一下它们的相对速度:

```
> n <- 10000
> x <- rep(0, n)
> system.time(for (i in 1:n) x[i] <- i^2)

   user  system elapsed
  0.023   0.000   0.024

> x <- c()
> system.time(for (i in 1:n) x[i] <- i^2)

   user  system elapsed
  0.515   0.044   0.621①
```

　　实际中我们所需要做的就是确定程序中最长或者是最重要的操作是哪些,并且计算这些操作所需的时间。例如,对于数值积分、求根、最优化等问题,我们面临的通常是用户自定义的函数 f,我们需要做的就是计算对于不同的 x 值,调用函数 $f(x)$ 的次数。对于数值排序算法(见习题 7),我们需要做的就是计算进行了多少次 $x < y$ 这样的比较运算。对于高级用户而言,**Rprof** 语句可以帮助我们获得很多程序在运行时的详细信息。

9.4　循环和向量

　　在 R 中,对于向量的操作通常比与之等价的循环要快。但是,仅仅计算这些操作数是没有多少意义的。R 是一种非常高级的语言,它里面对于变量的生成和操作是非常容易的。而我们通常更关心的是速度,当你在 R 中执行一个表达式的时候,它将首先被转化成一个更快的低级语言,然后再将结果反传回 R。转化过程需要花费很多时间,而向量化却可以把转化花费的时间节约回来②。

　　例如,如下语句实现了对 **x** 的每个元素取平方的功能:

---

① 具体数值与计算机有关。——译者注
② 这里对具体细节进行了很大的简化。但是,它却给我们提供了一个表达问题切实可行的认知模式。

```
for (i in 1:length(x)) x[i] <- x[i]^2
```
P.159

每一次执行 **x[i] <- x[i]^2** 语句的时候,我们必须将 **x[i]**转化为低级语言,然后再将结果传回。另一方面,执行 **x <- x^2** 语句的时候,我们一次性将 **x** 全部转化为低级语言,然后在结果返回之前全部进行平方,所有这个过程发生在低级语言环境中。

R 中的很多函数都是向量化的,这就意味着如果函数的第一个参数是向量,则应用函数对输入向量进行处理之后,其输出也是一个相同长度的向量。对于代码的向量化是很容易读懂的。如果用户自定义的函数包含一些向量化的函数,则其也是可以被向量化的,或者可以使用 **apply** 语句来激活这种功能(见 5.4 和 6.4 节)。

当我们面对一个使用了很多循环,并且不能被向量化的数值算法的时候,R 允许我们使用 C 或者 Fortran 来编码算法(这些都是较快的低级语言),进而将其作为一个函数进行访问。8.6 节使用一些示例详细介绍了这些内容是如何实现的。

9.4.1 示例:矩阵的列求和

我们展示一些求解矩阵列求和的不同方法。这里仅使用 R 代码,并且将结论从效率最低到效率最高进行排序。

```
> big.matrix <- matrix(1:1e+06, nrow = 1000)
> colsums <- rep(NA, dim(big.matrix)[2])
```

我们比较

1.两个循环来求和,

```
> system.time({
+     for (i in 1:dim(big.matrix)[2]) {
+         s <- 0
+         for (j in 1:dim(big.matrix)[1]) {
+             s <- s + big.matrix[j, i]
+         }
+         colsums[i] <- s
+     }
+ })
```

```
      user   system elapsed
     1.727    0.000   1.903
```
P.160

2.使用 **apply** 语句,

```
> system.time(colsums <- apply(big.matrix, 2, sum))
   user  system elapsed
  0.035   0.008   0.044
```

3. 一个循环来求和,并且

```
> system.time(for (i in 1:dim(big.matrix)[2]) {
+     colsums[i] <- sum(big.matrix[, i])
+ })
   user  system elapsed
  0.029   0.001   0.030
```

4. 使用 R 专门的函数:

```
> system.time(colsums <- colSums(big.matrix))
   user  system elapsed
  0.004   0.000   0.003
```

我们注意到使用 **apply** 语句并不比使用一个 **for** 循环计算得快。这是因为, 在 R 中 **apply** 本身就是由循环生成的。

9.5 存储器

计算机存储器有各种各样的形式。大多数情况下可以认为其包括 RAM(随机存取存储器)和硬盘,前者速度较快,后者较慢。

变量需要存储器来存储。在默认情况下其存储在 RAM 中,但是如果其数量巨大的话它们会被存储在硬盘中,当需要的时候再调到 RAM 中,但是这个过程需要时间。以前,RAM 不仅昂贵,而且供不应求,如果你想让你的程序运行得快一点的话你就需要尽可能使存储器的使用降到最低。但是,现今市场上 RAM 非常便宜,程序员几乎不用担心他们使用了多少变量。并且,访问一个已存在的变量总是要比重新计算这个变量快得多,因此,我们经常将一些常用变量存储起来以备重复使用。

例如,考虑示例 5.4.1 中的 **prime** 函数:

```
# program spuRs/resources/scripts/prime.r

prime <- function(n) {
    # returns TRUE if n is prime
    # assumes n is a positive integer
    if (n == 1) {
        is.prime <- FALSE
    } else if (n == 2) {
        is.prime <- TRUE
    } else {
        is.prime <- TRUE
        m <- 2
        m.max <- sqrt(n)  # only want to calculate this once
```

P.161

```
    while (is.prime && m <= m.max) {
        if (n %% m == 0) is.prime <- FALSE
        m <- m + 1
    }
}
return(is.prime)
}
```

计算 $\sqrt{n}$ 是比较慢的，所以我们只进行一次这个运算，将其结果存储起来以备使用。另外一个可供选择的方法是使用 **while** 循环来开始主程序，具体如下：

```
while (is.prime && m <= sqrt(n))
```

这样编写代码的话我们在每一次验证循环条件是否成立的时候都需要重新计算 $\sqrt{n}$ 的值，这就导致编码效率的低下。

由于 R 对于向量的处理要远远快于循环，因此通常我们都要尽量使 R 程序向量化。这样做偶尔会导致非常大的向量出现。一旦一个向量（或者列表）太大以至于不能将其一次存储进 RAM 里，这就将导致所需使用这个向量的程序速度显著降低。如果一个向量大到根本无法将其存储起来，在这种情况下，你将被告知内存不足。

R 对于其向量长度是有限制的，这个限制值是 $2^{31} - 1 = 2\ 147\ 483\ 647$（使用比特数为 32 位带有符号的整数来表示向量的结果），然而，如果你的向量超出了内存存储的限制，这更可能是由于有关向量的运算达到了你计算机环境的极限范围而导致的。如果发生这种情况，你就需要将这个向量分割成若干个较小的子向量，进而依次来处理它们。在极端情况下我们可能需要使用 **save** 语句先存储变量，再使用 **rm** 语句在工作空间中删除它，来释放足够的存储空间使得程序能够保持正常的运行。

9.6　警告

在这一章节中我们仅从代码执行方面来考虑了程序的效率问题。一个更常用的方式是从代码的生成和执行两方面来考虑程序的效率问题；这就是说，考虑代码开发的花费。对于程序的不断精炼改善或许可以使得代码的执行时间缩小一个小时，但是，如果精炼过程需要花费两个小时的话，很显然这样做是没有任何意义的。

因此，程序员必须权衡这个问题：针对编程时间的短期花费，代码优化的短期利益和长期利益孰重孰轻。　　　　　　　　　　　　　　　　　　　　　P.162

对于涉及到多个程序员的大型项目，其他一些事项也是很重要的，例如，代码的可读性和稳健性。这就是说，其他人是否可以很容易地读懂你的代码，不管提供什么类型的输入(甚至于是一个错误的信息),代码是否能够给出较为合理的答案。
这种开发并维护大型复杂程序的系统化工作我们通常称为**软件工程**。

9.7 习题

1. 单精度四字节表示一个浮点数的规则是:1 个比特用来表示符号,8 个表示指数部分,23 个表示小数部分。

   在这种单精度规则下(包括非正常数),最大和最小的非零正数各是多少?

   在以 10 为基数的情况下,单精度型数具有多少个有效数字?

2. 使用 22/7 来近似 π 的时候其相对误差是多少? 使用 355/133 呢?

3. 假定 x 和 y 在双精度下可以被无误差地表示出来。那么 x^2 和 y^2 也能被无误差地表示出来吗?

   $x^2 - y^2$ 和 $(x - y)(x + y)$ 两个数字哪个更精确?

4. 计算 $\log(x)$ 的时候我们通常使用如下展开式

$$\log(1 + x) = x - \frac{x^2}{2} + \frac{x^3}{3} - \frac{x^4}{4} + \cdots$$

   截断取 n 项的话,其误差的数量级不会比展开式的最后一项大。若要计算 $\log 1.5$ 的值,并且使误差不大于 10^{-16},则需要取展开式中的多少项? 若需要计算 $\log 2$ 的值,并且误差也不超过 10^{-16},又需要取展开式中的多少项?

   已知 $\log 2 = 2\log\sqrt{2}$,给出一个计算 $\log 2$ 较好的方法。

5. 一组观察值 $x_1, \cdots, x_n$ 的样本方差由 $S^2 = \sum_{i=1}^{n} (x_i - \overline{x})^2/(n-1) = (\sum_{i=1}^{n} x_i^2 - n\overline{x}^2)/(n-1)$ 给出,这里 $\overline{x} = \sum_{i=1}^{n} x_i/n$ 表示样本均值。

   证明第二个式子具有更高的效率(需要更少的操作),但是有可能会导致**灾难性取消**。并且使用 $n = 2$ 时的样本来展示这种**灾难性取消**。

6. 霍纳算法对于计算多项式 $p(x) = a_0 + a_1 x + a_2 x^2 + \cdots + a_n x^n$ 的方法是将其重写表示为如下形式

$$a_0 + x(a_1 + x(a_2 + \cdots + x(a_{n-1} + x a_n) \cdots))$$

P.163
   那么,每次计算 $p(x)$ 的时候需要进行多少次操作?

7. 对一列数字进行排序是经典的计算问题之一,这个习题正源于此问题。R 有一个非常出色的排序函数,**sort(x)**,但是此处我们将不使用它。

   判断一个排序算法的效率,我们通常采取的做法是计算其对长度为 **n** 的向量 **x** 进行排序时所作比较的次数。换言之,也就是我们判定逻辑表达式 **x[i] < x[j]** 的次数。比较的次数越少,意味着算法的效率越高。

选择排序法。这是一种最简单,但是效率最低的排序算法。选择排序法需要两个向量,一个未排序向量和一个已排序向量,并且这里已排序向量的所有元素都不大于未排序向量的元素。算法的具体步骤如下:

1. 对于给定的一个向量 x ,令最初的未排序向量 u 等于 x ,并且最初的已排序向量 s 的长度为 0 。
2. 寻找 u 中的最小元素,然后把它从 u 中移出来,放在向量 s 的最末端。
3. 重复执行第 2 步,直至 u 中没有元素为止。

写出选择排序法的算法实现过程。显然,此时若给出一个可以返回一个向量最小元素的函数会使整个过程变得非常方便。

使用选择排序法来对一个长度为 n 的向量进行排序,总共需要执行多少次比较运算?

插入排序法。与选择排序法类似,插入排序法也需要使用一个未排序向量和一个已排序向量,每次将一个未排序向量的元素移动到已排序向量里。其具体算法为:

1. 对于给定的一个向量 x ,令最初的未排序向量 u 等于 x ,并且最初的已排序向量 s 的长度为 0 。
2. 将 u 中的最后一个元素插入到 s 中,并且保持 s 是有序的。
3. 重复执行第 2 步,直至 u 中没有元素为止。

写出插入排序法的算法实现过程。将一个元素 a 插入到一个有序向量 $s = (b_1, \cdots, b_k)$ 中(类似于上述第 2 步的过程),通常我们并不需要考虑向量中的每一个元素。实际上,如果我们从向量的尾部开始搜索,我们只需要找出第一个使得 $a \geqslant b_i$ 的 i 就可以了,然后就可以得到一个新的有序向量 $(b_1, \cdots, b_i, a, b_{i+1}, \cdots, b_k)$ 。由于把一个元素插入到一个有序向量中通常比找出这个向量的最小元素要快,所以插入排序法往往要比选择排序法快,但实际所需的比较次数和最初的向量 x 还是有关的。对于插入排序法来说,向量 x 的最差形式和最好形式各是什么? 这两种情况下各需要进行多少次比较运算?

冒泡排序法。冒泡排序法和选择排序法与插入排序法还是有很大区别的。P.164
它的执行方式是不断地对向量 $x = (a_1, \cdots, a_n)$ 相邻元素进行比较,具体步骤如下:

1. 对于 $i = 1, \cdots, n-1$,如果 $a_i > a_{i+1}$,则交换 a_i 和 a_{i+1} 的位置。
2. 重复执行第 1 步,直至没有需要交换的为止。

写出冒泡排序法的算法实现过程,并且计算对一个长度为 n 的向量进行排序时最少和最多各需要进行多少次比较运算。

在实际中冒泡排序法用的并不多。它的一个主要特点就是其执行过程不需要额外的向量来存储这些排序值。以前一段时间,存储器的大小是编程中需要重点考虑的一个问题,所以人们非常关心一个算法需要多少存储空间,而冒泡排序法在这一点上具有无可比拟的优势。然而现在,计算速度相对于存储器大小来说更成为了一个瓶颈,所以人们更加关心的是一个算法需要进行多少次操作。如果你对冒泡排序法有兴趣的话,你可以参考与其相关的另一个算法——**地精排序法**,这个方法的名字来源于荷兰的花园矮人及其对花盆的整理方法。

快速排序法。快速排序法可以说是目前(平均)排序最快的算法之一,也是被广为使用的一种排序方法。这个方法最初于 1960 年由 C. A. R. 霍尔提出。其采取的是"分治算法"策略:使用递归算法的思想将一个问题分解成两个小(容易)的问题来处理。给定一个向量 $x = (a_1, \cdots, a_n)$,算法的具体步骤如下:

1. 如果 $n = 0$ 或者 1,则对 x 的排序完成,计算结束。

2. 如果 $n > 1$,则将向量 $(a_2, \cdots, a_n)$ 分割成 l 和 g 两个子向量,其中 l 包含 x 中所有小于 a_1 的元素,g 包含 x 中所有大于 a_1 的元素(等于 a_1 的元素放在 l 或者 g 中均可)。

3. 对 l 和 g 进行排序。记这两个子向量排好序后的向量分别为 $(b_1, \cdots, b_i)$ 和 $(c_1, \cdots, c_j)$,则向量 x 排好序后的结果为 $(b_1, \cdots, b_i, a_1, c_1, \cdots, c_j)$。

使用递归函数来实现快速排序法的过程。

可以算出,使用快速排序法来对一个长度是 n 的向量进行排序所需的平均比较次数是 $O(n \log n)$,其最差情况是 $O(n^2)$。此外,快速排序法在保证速度的前提下还有效地利用了存储器。

另外两个同样平均需要 $O(n \log n)$ 次比较次数的排序方法是**堆积排序法**和**合并排序法**。

8. 使用 `system.time` 函数来比较第 5 章中的两个程序 `primedensity.r` 和 `primesieve.r`。

P.165 9. 对于向量 $x = (x_1, \cdots, x_n)^T$ 和 $y = (y_1, \cdots, y_n)^T$,设其**卷积**向量为 $z = (z_1, \cdots, z_{2n})^T$,则此卷积向量的元素可由下式给出

$$z_k = \sum_{i = \max\{1, k-n\}}^{\min\{k, n\}} x_i \cdot y_{k-i}$$

写出两个计算一对向量卷积的程序,一个使用循环,另一个使用对向量的操作,然后使用 `system.time` 函数来比较它们的速度。

10. 使用 `system.time` 函数来比较进行加法、乘法、乘幂和其他简单运算的相对时间。可以对每个运算进行多次实验来分析结果。

第 **10** 章

求根

10.1 引言

　　接下来几章将介绍一些解决一般应用数学问题的数值算法。针对每一种情　P.167
况,我们提出引例,给出基本的理论,然后介绍其在 R 中的应用。这一章主要介绍
求根算法,内容涉及不动点迭代法、牛顿-拉富生算法、割线法和二分法。

　　假设 $f:\mathbb{R}\to\mathbb{R}$ 是一个连续函数。f 的根定义为方程 $f(x)=0$ 的解(示例见图
10.1)。也就是说,根是一个满足条件 $f(a)=0$ 实数。如果我们画出函数 $y=f(x)$ 的图像,这个图像将是平面上的一条曲线,方程 $f(x)=0$ 的解就是这条曲
线与 x 轴交点的 x 坐标。

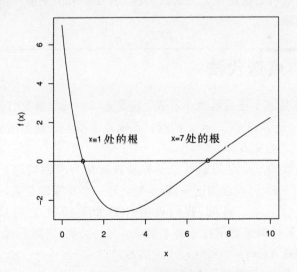

图 10.1　函数 f 的根

P.168　　　　一个函数的根在代数上是非常重要的,例如,我们可以使用多项式的根对其进行因式分解。此外,一个实际问题的解通常可以用一个合适的函数的根来表示。从而,求根算法成为了一个非常经典的数值计算问题,它也是进入数值数学学习的入门级内容。

10.1.1　示例:贷款还款问题

　　假设贷款的初始值是 P ,月利率是 r ,贷款时间持续了 N 个月,每个月偿还的钱数是 A 。则 n 个月后剩余的借款 P_n 可以表示为

$$P_0 = P ;$$
$$P_{n+1} = P_n(1+r) - A .$$

这就是说,每个月你需要在前面的余额基础上支付利息,而贷款的余额减少的数目是 A 。这是一个一阶递推方程,它的解可以由下式表示(其正确性可以被验证):

$$P_n = P(1+r)^n - A((1+r)^n - 1)/r$$

令 $P_N = 0$,可以得到

$$\frac{A}{P} = \frac{r(1+r)^N}{(1+r)^N - 1}$$

假设我们知道 P , N 和 A ,则我们可以通过寻找以下函数的根来得到 r 的取值:

$$f(x) = \frac{A}{P} - \frac{x(1+x)^N}{(1+x)^N - 1}$$

　　给 P , N 和 A 分别选定一些值,可以通过上述的解析方法来得到相应的 r 值。如果你认为上述解析方法难度太大的话,我们也可以采用下面所讲的若干数值方法来解决上述问题。

10.2　不动点迭代法

　　令 $g:\mathbb{R} \to \mathbb{R}$ 是一个连续函数。若数 a 满足 $g(a) = a$,则我们称 a 为 g 的**不动点**。也就是说, a 是方程 $g(x) = x$ 的解。不动点在图上表现为函数 $y = g(x)$ 的图像与直线 $y = x$ 的交点。

　　计算一个函数的不动点问题可以很容易被转化为求根问题。通过定义函数 $f(x) = c(g(x) - x)$ 可以看到这一点,这里 c 是一个非零的常数,显然,当且仅当 $g(a) = a$ 时 $f(a) = 0$ 。可见,我们仅需计算相关函数 f 的根,也就是方程

P.169　$f(x) = 0$ 的解,就可以得到函数 g 的不动点。另一方面,求解方程 $f(x) = 0$ 的解亦等价为计算函数 $g(x) = c \cdot f(x) + x$ 的不动点。

　　需要说明的是,这只是将一个问题从一种形式转化为另一种形式的一种方法而已,并不是唯一的方法,在实际中有很多这样的方法,它们各有优劣。

　　"不动点迭代法"是一种用来求解 $g(x) = x$ 的迭代法。它的思想是产生一系列的点 x_0，x_1，x_2，…，使得它们收敛于一点 a 且 a 满足 $g(a) = a$。以一个估计值 x_0 作为初始值开始计算，我们基于迭代公式 $x_1 = g(x_0)$ 产生下一个值 x_1，如此循环下去。这样，将得到如下这样的一个一阶递推关系（也称为差分方程）：

不动点迭代法

$$x_{n+1} = g(x_n)$$

　　如果 $x_n \to a$ 且给定的函数 g 是连续的，则有

$$a = \lim_{n \to \infty} x_{n+1} = \lim_{n \to \infty} g(x_n) = g(\lim_{n \to \infty} x_n) = g(a)$$

故 a 为函数 g 的不动点。但是，$\{x_n\}_{n=0}^{\infty}$ 这个序列一定收敛吗？很遗憾，答案是否定的。

　　在图 10.2 中我们分别展示了求解函数 $g_1(x) = x^{1.5}$ 和 $g_2(x) = x^{0.75}$ 的不动点迭代过程，初值均选在 1 的右侧。图中虚线表示一系列的 x_n 值，实线表示从 x_n 得到 x_{n+1} 的过程。两个函数的不动点均为 1，但是，这个算法对于函数 g_1 是发散的，而对于 g_2 是收敛的。这两者之间一个重要的不同在于 g' 在不动点处的取值上：如果在不动点 a 处 $|g'(a)| < 1$，则算法是收敛的，反之，算法发散，并且，对于初值的选取也要使其尽量地"接近"不动点，以保证算法能尽快收敛到不动点。我P.170们在此对于这个结论不做证明，习题 2 中就此结论给出了大致的介绍，我们在学习过程中认为这个结论正确就可以了。

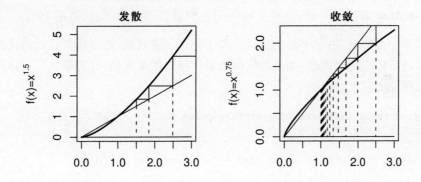

图 10.2　对于函数 $y = x^{1.5}$ 和函数 $y = x^{0.75}$ 的不动点迭代法的应用，初值分别
　　　　选为 $x_0 = 1.5$ 和 $x_0 = 2.5$

　　即使对于收敛的情况，我们还有一个小问题：序列 $\{x_n\}_{n=0}^{\infty}$ 也许确实收敛到 a，但是，却始终无法到达这一点，该如何处理。这个问题是无法回避的，所以我们必须设法解决它。一个很好的办法就是找出 x_n 与 a 之间的距离 δ，使得 δ 是一个足够小的正数。

实际运算中,为了避免这种死循环的发生,当 $|x_n - x_{n-1}| \leqslant \varepsilon$ 时我们停止计算,这里 ε 是一个(人为设定的)误差。由于 $g(a) = a$,并且当 x 与 a 比较接近时,$g(x) - g(a) \approx g'(a)(x - a)$,故我们有如下的推导:

$$
\begin{aligned}
|x_n - x_{n-1}| \leqslant \varepsilon &\Leftrightarrow |g(x_{n-1}) - x_{n-1}| \leqslant \varepsilon \\
&\Leftrightarrow |g(x_{n-1}) - g(a) - (x_{n-1} - a)| \leqslant \varepsilon \\
&\Rightarrow |x_{n-1} - a| \leqslant \varepsilon + |g(x_{n-1}) - g(a)| \approx \varepsilon + g'(a)|x_{n-1} - a| \\
&\Rightarrow |x_{n-1} - a| \leqslant \varepsilon/(1 - g'(a))。
\end{aligned}
$$

因此,为了保证 $|x_n - a| \leqslant \delta$,我们仅需(近似)选择 $\varepsilon \leqslant \delta(1 - g'(a))$ 即可。显然,在我们不知道 a 值的时候,$g'(a)$ 也是无法算出的,因此,实际操作中我们通常选取一个足够小的正数作为 ε 的取值。

此外,当 g' 不存在的时候不动点方法也是可以使用的,但是,g 必须满足连续的条件。这种情况下,此方法的收敛方面的特性就很难描述了。

如下代码以函数 `fixedpoint` 为基础给出了不动点算法的执行过程。使用时要首先生成函数 `ftn(x)`,其返回值为上述的 $g(x)$。`fixedpoint(ftn,x0,tol = 1e - 9,max.iter = 100)` 函数总共有四个输入:

`ftn` 用来表示一个函数,其输入是一个数字,输出结果也是一个数字。

`x0` 表示算法运行时的初始点。

`tol` 用来表示误差,当 $|x_n - x_{n-1}| \leqslant$ tol 时计算停止,其默认值是 10^{-9}。

`max.iter` 表示一个数,当 $n = $ max.iter 时计算停止,其默认值是 100。

需要注意的是,由于不动点迭代法并不保证一定收敛,所以我们设计的代码中计算了已完成的迭代次数,如果迭代次数超过指定的最大值,计算停止。这样可以避免死循环的发生。

```
# program spuRs/resources/scripts/fixedpoint.r
# loadable spuRs function

fixedpoint <- function(ftn, x0, tol = 1e-9, max.iter = 100) {

  # applies the fixed-point algorithm to find x such that ftn(x) == x
  # we assume that ftn is a function of a single variable
  #
  # x0 is the initial guess at the fixed point
  # the algorithm terminates when successive iterations are
  # within distance tol of each other,
  # or the number of iterations exceeds max.iter

  # do first iteration
  xold <- x0
```

```
xnew <- ftn(xold)
iter <- 1
cat("At iteration 1 value of x is:", xnew, "\n")

# continue iterating until stopping conditions are met
while ((abs(xnew-xold) > tol) && (iter < max.iter)) {
  xold <- xnew;
  xnew <- ftn(xold);
  iter <- iter + 1
  cat("At iteration", iter, "value of x is:", xnew, "\n")
}

# output depends on success of algorithm
if (abs(xnew-xold) > tol) {
  cat("Algorithm failed to converge\n")
  return(NULL)
} else {
  cat("Algorithm converged\n")
  return(xnew)
}
}
```

10.2.1　示例：求函数 $f(x) = \log(x) - \exp(-x)$ 的根

我们这里使用三种方式来求解方程 $f(x) = \log(x) - \exp(-x) = 0$。第一 P.171
种，我们将原方程移项后取指数，得

$$x = \exp(\exp(-x)) = g_1(x)$$

第二种，用 x 分别减去方程两端，得

$$x = x - \log(x) + \exp(-x) = g_2(x)$$

最后一种，方程两端分别加上 x，得

$$x = x + \log(x) - \exp(-x) = g_3(x)$$

1. 对 g_1 使用不动点迭代法，我们发现虽然这个迭代序列收敛，但是其需要迭代 14 P.172
次才能达到小数点后 6 位的精度。

```
> source("../scripts/fixedpoint.r")①
> ftn1 <- function(x) return(exp(exp(-x)))
> fixedpoint(ftn1, 2, tol = 1e-06)

At iteration 1 value of x is: 1.144921
At iteration 2 value of x is: 1.374719
At iteration 3 value of x is: 1.287768
At iteration 4 value of x is: 1.317697
At iteration 5 value of x is: 1.307022
At iteration 6 value of x is: 1.310783
At iteration 7 value of x is: 1.309452
```

———————————

① 具体路径与自己的存储路径要相同，下同。——译者注

```
At iteration 8 value of x is: 1.309922
At iteration 9 value of x is: 1.309756
At iteration 10 value of x is: 1.309815
At iteration 11 value of x is: 1.309794
At iteration 12 value of x is: 1.309802
At iteration 13 value of x is: 1.309799
At iteration 14 value of x is: 1.309800
Algorithm converged
[1] 1.309800
```

2. 对 g_2 进行迭代，我们发现这个序列也是收敛的，并且仅需迭代 6 次就能达到小数点后 6 位的精度。

```
> ftn2 <- function(x) return(x - log(x) + exp(-x))
> fixedpoint(ftn2, 2, tol = 1e-06)

At iteration 1 value of x is: 1.442188
At iteration 2 value of x is: 1.312437
At iteration 3 value of x is: 1.309715
At iteration 4 value of x is: 1.309802
At iteration 5 value of x is: 1.309799
At iteration 6 value of x is: 1.309800
Algorithm converged
[1] 1.309800
```

3. 对 g_3 进行迭代，所得到的序列是发散的。

```
> ftn3 <- function(x) return(x + log(x) - exp(-x))
> fixedpoint(ftn3, 2, tol = 1e-06, max.iter = 20)

At iteration 1 value of x is: 2.557812
At iteration 2 value of x is: 3.41949
At iteration 3 value of x is: 4.616252
At iteration 4 value of x is: 6.135946
At iteration 5 value of x is: 7.947946
At iteration 6 value of x is: 10.02051
At iteration 7 value of x is: 12.32510
At iteration 8 value of x is: 14.83673
At iteration 9 value of x is: 17.53383
At iteration 10 value of x is: 20.39797
At iteration 11 value of x is: 23.4134
At iteration 12 value of x is: 26.56671
At iteration 13 value of x is: 29.84637
At iteration 14 value of x is: 33.24243
At iteration 15 value of x is: 36.74626
At iteration 16 value of x is: 40.35030
At iteration 17 value of x is: 44.04789
At iteration 18 value of x is: 47.83317
At iteration 19 value of x is: 51.70089
```

```
At iteration 20 value of x is: 55.64637
Algorithm failed to converge
NULL
```

这个示例说明,作为一种求根的数值方法,不动点迭代法是有一些缺点的。此方法首先需要将问题转化为求不动点迭代的形式,而这个转化的方法有很多种,每一种都有不同的收敛速度,且有一些转化之后并不收敛。我们将在习题 7 中讨论将求根问题转化为不动点迭代问题时,哪种转化方式最好。

另外,不动点迭代法的收敛速度是比较慢的,这是因为在每次迭代过程中所产生的误差都要除以一个常数。接下来我们所讲的两种算法都比这种不动点迭代法收敛得要快,因为它们都预先估计出一个更接近根的值来进行计算。这两种算法分别是牛顿-拉富生算法和割线法。

10.3 牛顿-拉富生算法

假设函数 f 可微,并且具有连续的导数 f',其根为 a。令 $x_0 \in \mathbb{R}$,且以 x_0 作为此时 a 的估计值。此时,在点 x_0 处最接近函数 $f(x)$ 的直线是过点 $(x_0, f(x_0))$,以 $f'(x_0)$ 作为斜率的这条直线(这是导数的定义),其方程可以写为

$$f'(x_0) = \frac{f(x_0) - y}{x_0 - x}$$

假设这条直线与 x 轴交于 x_1 点,则 x_1 应该比 x_0 更接近 a。为了得到 x_1 的值,我们可做如下处理

$$f'(x_0) = \frac{f(x_0) - 0}{x_0 - x_1},\ 则\ x_1 = x_0 - \frac{f(x_0)}{f'(x_0)}$$

换句话说,下一个估计值 x_1 可以通过前一个估计值 x_0 减去一个修正项 $f(x_0)/f'(x_0)$ 来得到(见图 10.3)。

现在我们已经得到了 x_1,使用同样的方法,我们可以得到下一个估计值   P.174

$$x_2 = x_1 - \frac{f(x_1)}{f'(x_1)}$$

进一步,我们可以得到更一般的推导公式:

牛顿-拉富生算法

$$x_{n+1} = x_n - \frac{f(x_n)}{f'(x_n)}$$

与不动点迭代法类似,这也是一个一阶递推关系。如果 f 在 a 处具有比较好

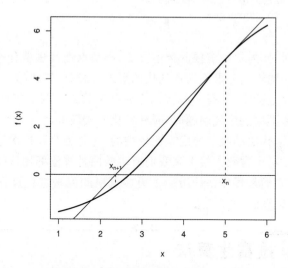

图 10.3　牛顿-拉富生算法中的一步迭代

的分析性质(即 $f'(a)\neq 0$，f'' 在 a 处有界并且连续)[1]，当从足够接近 a 的 x_0 出发进行计算，x_n 将会迅速收敛到 a。遗憾的是，与不动点迭代法类似，在我们知道 a 的取值之前，我们无法得知 f 在 a 处是否满足这样的条件，当然，我们也无法得知与 a 的距离多近才算足够接近。

因此，我们无法保证牛顿-拉富生算法的收敛性。然而，如果 $x_n \to a$，f 和 f' 连续，则有

P.175

$$a = \lim_{n\to\infty} x_{n+1} = \lim_{n\to\infty}\left(x_n - \frac{f(x_n)}{f'(x_n)}\right) = \lim_{n\to\infty} x_n - \frac{f(\lim_{n\to\infty} x_n)}{f'(\lim_{n\to\infty} x_n)} = a - \frac{f(a)}{f'(a)}$$

故，如果 $f'(a)\neq \pm\infty$，则一定有 $f(a) = 0$。

由于我们希望得到的是 $f(x_n) \to 0$，所以对于牛顿-拉富生算法来说一个比较好的计算终止条件可以是 $|f(x_n)| \leqslant \varepsilon$，这里 ε 表示给定的误差。如果序列 $\{x_n\}_{n=0}^{\infty}$ 收敛到根 a，则对于与 a 比较接近的 x 而言，我们有 $f(x) \approx f'(a)(x-a)$。此时若 $|f(x_n)| \leqslant \varepsilon$，则 $|x-a| \leqslant \varepsilon/|f'(a)|$ (近似)。

如下代码以函数 newtonraphson 为基础给出了牛顿-拉富生算法的执行过程。使用时要首先生成函数 ftn(x)，其返回值为向量 $(f(x), f'(x))$。newtonraphson (ftn, x0, tol = 1e − 9, max.iter = 100) 函数总共有四个输入：

ftn 用来表示一个函数，其输入是一个数字，输出结果是一个二维向量。

---

① 事实上，这个条件可以适当放宽为如下更专业的条件，$f'(a)\neq 0$，且 f' 在 a 的邻域内满足利普希茨连续，即对于给定的常数 c，$|f'(x) - f'(y)| \leqslant c|x-y|$。

x0 表示算法运行时的初始点。

tol 用来表示误差，当 $|f(x_n)| \leqslant$ **tol** 时计算停止，其默认值是 10^{-9}。

max.iter 表示一个数，当 $n =$ **max.iter** 时计算停止，其默认值是 100。

与不动点迭代法类似，由于我们并不能保证算法的收敛性，所以在算法中我们计算了迭代的次数，如果这个数字过大的话，计算停止，这样就可以避免死循环的发生。当然，我们不能太早地使计算停止，因为某些情况下算法的收敛速度可能比我们想象的要慢得多，如果过早停止计算的话，可能会得到错误的结果。需要注意的是，我们的计算终止条件仅仅依赖于 $|f(x_n)|$，而不是 $|x_n - x_{n-1}|$，所以我们不需要像 **fixedpoint** 函数那样记录前一步的迭代结果。

```
# program spuRs/resources/scripts/newtonraphson.r
# loadable spuRs function

newtonraphson <- function(ftn, x0, tol = 1e-9, max.iter = 100) {
  # Newton_Raphson algorithm for solving ftn(x)[1] == 0
  # we assume that ftn is a function of a single variable that returns
  # the function value and the first derivative as a vector of length 2
  #
  # x0 is the initial guess at the root
  # the algorithm terminates when the function value is within distance
  # tol of 0, or the number of iterations exceeds max.iter

  # initialise
  x <- x0
  fx <- ftn(x)
  iter <-  0

  # continue iterating until stopping conditions are met
  while ((abs(fx[1]) > tol) && (iter < max.iter)) {
    x <- x - fx[1]/fx[2]
    fx <- ftn(x)
    iter <-  iter + 1
    cat("At iteration", iter, "value of x is:", x, "\n")
  }

  # output depends on success of algorithm
  if (abs(fx[1]) > tol) {
    cat("Algorithm failed to converge\n")
    return(NULL)
  } else {
    cat("Algorithm converged\n")
    return(x)
  }
}
```

P.176

将上述代码用来处理函数 $\log(x) - \exp(-x)$，其导数为 $1/x + \exp(-x)$，它的收敛速度是非常快的。

```
> source("../scripts/newtonraphson.r")
> ftn4 <- function(x) {
+     fx <- log(x) - exp(-x)
+     dfx <- 1/x + exp(-x)
+     return(c(fx, dfx))
+ }
> newtonraphson(ftn4, 2, 1e-06)

At iteration 1 value of x is: 1.122020
At iteration 2 value of x is: 1.294997
At iteration 3 value of x is: 1.309709
At iteration 4 value of x is: 1.309800
Algorithm converged
[1] 1.309800
```

10.4　割线法

牛顿-拉富生算法过程中需要求 f 的导数 f'，如果这个导数很难求，或者根本不存在时，我们可以使用割线法来解决问题，此方法仅需要 f 是连续函数。

与牛顿-拉富生算法类似，割线法也是基于对函数 f 进行线性逼近来实现的。假设 f 的根为 a，此算法假定 a 有两个估计值：x_0 和 x_1。然后我们需要做的是使用一个新的估计值 x_2 来替换旧的估计值 x_0，从而得到一对新的估计值 x_1 和 x_2。

P.177 为了得到更好的估计值 x_2，我们首先经过点 $(x_0, f(x_0))$ 和点 $(x_1, f(x_1))$ 做曲线 $y = f(x)$ 的一条割线，与切线类似，这条割线可以认为是曲线 $y = f(x)$ 在点 x_0 和 x_1 处的线性逼近。然后，我们用这条割线与 x 轴交点坐标作为新的估计值 x_2（见图 10.4）。计算可知，割线的方程为

$$\frac{y - f(x_1)}{x - x_1} = \frac{f(x_0) - f(x_1)}{x_0 - x_1}$$

x_2 可以通过以下方程得到

$$\frac{0 - f(x_1)}{x_2 - x_1} = \frac{f(x_0) - f(x_1)}{x_0 - x_1}$$

进而，可得 x_2 的值为

$$x_2 = x_1 - f(x_1)\frac{x_0 - x_1}{f(x_0) - f(x_1)}$$

重复上述步骤，可以得到一个二阶递推关系（每一个新的值由前两个值来确定）：

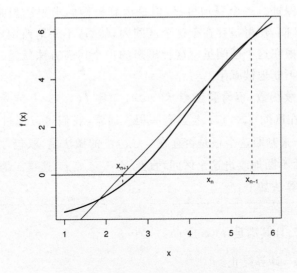

图 10.4　割线法求根中的一步迭代

割线法

$$x_{n+1} = x_n - f(x_n)\frac{x_n - x_{n-1}}{f(x_n) - f(x_{n-1})}$$

注意到如果 x_n 和 x_{n-1} 比较接近,则有

$$f'(x_n) \approx \frac{f(x_n) - f(x_{n-1})}{x_n - x_{n-1}}$$

因此,我们可以认为割线法是牛顿-拉富生算法的一种近似,只需在公式中把 P.178 $(f(x_n) - f(x_{n-1}))/(x_n - x_{n-1})$ 用 $f'(x_n)$ 替换就能看到这一点了。

割线法在收敛性方面与牛顿-拉富生算法是类似的。如果函数 f 在 a 处有较好的分析性质,并且从足够接近 a 的两点 x_0 和 x_1 开始计算,x_n 会很快收敛到 a,不过它的收敛速度可能没有牛顿-拉富生算法快。与牛顿-拉富生算法一样,我们不能保证这个算法的收敛性。通过比较割线法与牛顿-拉富生算法,我们发现它们有如下差异:割线法不需要知道 f',但是却牺牲了一些计算速度,并且必须使用两个初始值 x_0 和 x_1 来进行计算。

有关割线法的具体实现问题详见习题 6。

10.5　二分法

牛顿-拉富生算法和割线法的求根过程都是通过产生根的一个估计值序列,然后在一定条件下,使其从初始值迅速收敛到函数的根。但是,这两种方法的可行性并不能完全得到保证。一个更加可靠,但是运算较慢的求根思想是夹逼求根法。首先,确定一个区间,使得根存在于这个区间内,然后,不断地改变区间的边界,此过程中始终保证根在这个区间里。这种思想的一个代表方法就是二分法,在此方法中区间的长度不断地被减半。

假设 f 为连续函数,容易验证当 $f(x_l) < 0$ 且 $f(x_r) > 0$ 或者 $f(x_l) > 0$ 且 $f(x_r) < 0$ 时 f 在区间 (x_l, x_r) 上必有一根。通常,我们可以通过验证是否满足 $f(x_l)f(x_r) < 0$ 来判断这个根是否存在。二分法的做法是,取包含有一个根的区间 (x_l, x_r),然后不断地改进这个区间,直至 $x_r - x_l \leqslant \varepsilon$,这里 ε 是一个预先给定的误差限。具体算法如下:

二分法

　　假设 $x_l < x_r$,且其满足 $f(x_l)f(x_r) < 0$。

1. 若 $x_r - x_l \leqslant \varepsilon$,计算终止。
2. 令 $x_m = (x_l + x_r)/2$;若 $f(x_m) = 0$,计算终止。
3. 若 $f(x_l)f(x_m) < 0$,则令 $x_r = x_m$,否则,令 $x_l = x_m$。
4. 返回第 1 步。

注意到在算法的每次迭代中,区间 (x_l, x_r) 中必然有根。因此,只要我们从 $f(x_l)f(x_r) < 0$ 出发,这个算法一定是收敛的,且每进行一次迭代,其近似误差减少原来的 $\frac{1}{2}$ 倍。如果当 $x_r - x_l \leqslant \varepsilon$ 时我们停止计算,则可知 x_l 和 x_r 与根的距离都在 ε 以内。

P.179 　　需要说明的一点是,如果函数 f 仅仅与 x 轴在 a 点接触,也就是说,x 轴与函数 f 在 a 点相切,则二分法是找不到这个根的。然而,牛顿-拉富生算法是能处理这种情况的。目前最常用的求根方法是先使用夹逼思想找出根大致存在的范围,当确定可以使用牛顿-拉富生算法或者割线法时,使用这两种方法来确定具体的根。这种策略兼顾了二分法的稳定性和割线法的速度。

接下来,我们给出一个在 R 中二分法的具体实现过程。由于这个算法需要提前给定 x_l 和 x_r 的值,所以我们在算法运行之前首先确定了这些值是否满足条件。此外,由于这个算法一定是收敛的(只要初始条件正确),所以我们并不需要设定一个最大的迭代次数。这个代码中有很多 return 语句,调用函数时当执行到第一个 **return** 语句,计算结束。可以看到,此函数的执行过程中如果检测到一些输入的问题,我们将输出出错信息并立即 **return(NULL)**,从而使剩余的代码停止执行。

习题 12 中我们提出一个问题,如何推广 **bisection** 函数,使其能处理 $f(x_l)f(x_r) > 0$ 的情况。

```
# program spuRs/resources/scripts/bisection.r
# loadable spuRs function

bisection <- function(ftn, x.l, x.r, tol = 1e-9) {
  # applies the bisection algorithm to find x such that ftn(x) == 0
  # we assume that ftn is a function of a single variable
  #
  # x.l and x.r must bracket the fixed point, that is
  # x.l < x.r and ftn(x.l) * ftn(x.r) < 0
  #
  # the algorithm iteratively refines x.l and x.r and terminates when
  # x.r - x.l <= tol

  # check inputs
  if (x.l >= x.r) {
    cat("error: x.l >= x.r \n")
    return(NULL)
  }
  f.l <- ftn(x.l)
  f.r <- ftn(x.r)
  if (f.l == 0) {
    return(x.l)
  } else if (f.r == 0) {
    return(x.r)
  } else if (f.l * f.r > 0) {
    cat("error: ftn(x.l) * ftn(x.r) > 0 \n")
    return(NULL)
  }
  # successively refine x.l and x.r
  n <- 0
  while ((x.r - x.l) > tol) {
    x.m <- (x.l + x.r)/2
    f.m <- ftn(x.m)
    if (f.m == 0) {
      return(x.m)
    } else if (f.l * f.m < 0) {
      x.r <- x.m
      f.r <- f.m
    ] else {
      x.l <- x.m
      f.l <- f.m
    }
    n <- n + 1
    cat("at iteration", n, "the root lies between", x.l, "and", x.r, "\n")
  }

  # return (approximate) root
  return((x.l + x.r)/2)
}
```

P.180

　　如下给出一个具体的算例,可以看到,与牛顿–拉富生算法相比,这个方法是比较慢的。

```
> source("../scripts/bisection.r")
> ftn5 <- function(x) return(log(x) - exp(-x))
> bisection(ftn5, 1, 2, tol = 1e-06)

at iteration 1 the root lies between 1 and 1.5
at iteration 2 the root lies between 1.25 and 1.5
at iteration 3 the root lies between 1.25 and 1.375
at iteration 4 the root lies between 1.25 and 1.3125
at iteration 5 the root lies between 1.28125 and 1.3125
at iteration 6 the root lies between 1.296875 and 1.3125
at iteration 7 the root lies between 1.304688 and 1.3125
at iteration 8 the root lies between 1.308594 and 1.3125
at iteration 9 the root lies between 1.308594 and 1.310547
at iteration 10 the root lies between 1.309570 and 1.310547
at iteration 11 the root lies between 1.309570 and 1.310059
at iteration 12 the root lies between 1.309570 and 1.309814
at iteration 13 the root lies between 1.309692 and 1.309814
at iteration 14 the root lies between 1.309753 and 1.309814
at iteration 15 the root lies between 1.309784 and 1.309814
at iteration 16 the root lies between 1.309799 and 1.309814
at iteration 17 the root lies between 1.309799 and 1.309807
at iteration 18 the root lies between 1.309799 and 1.309803
at iteration 19 the root lies between 1.309799 and 1.309801
at iteration 20 the root lies between 1.309799 and 1.309800
[1] 1.309800
```

10.6　习题

P.181 1. 画出一个函数 $g(x)$,当用不动点迭代法对其处理时,若从初始值 $x_0 = 7$ 出发,将得到振荡的序列 $1, 7, 1, 7, \cdots$。

2. (a) 假设 $x_0 = 1$,对于所有的 $n \geqslant 0$,有

$$x_{n+1} = \alpha x_n$$

　　找出 x_n 的表达式,并计算当 α 取何值时 x_n 是收敛的,收敛到何值?

　　(b) 考虑使用不动点迭代算法求解使得 $g(x) = x$ 的 x 值:

$$x_{n+1} = g(x_n)$$

　　令 c 为不动点,即 $g(c) = c$。函数 g 在 c 点的一阶泰勒展开式为

$$g(x) \approx g(c) + (x - c)g'(c)$$

　　将此泰勒公式应用于不动点迭代算法中,给出 $x_n - c$ 的递推关系。

　　函数 g 在 c 点应具有什么条件才能保证 x_n 收敛到 c?

3. 使用 **fixedpoint** 函数找出函数 $\cos x$ 的不动点。初始值取为 $x_0 = 0$(答案是

0.73908513)。

使用 **newtonraphson** 函数找出函数 $\cos x - x$ 的根，初始值取为 $x_0 = 0$ 。此方法是否比不动点迭代法快？

4. 一幅图胜过千言万语。

如下所给出的函数 **fixedpoint_show.r** 是从 **fixedpoint** 函数修改而来的，它可以画出中间结果。这里没有使用变量 **tol** 和 **max.iter** 来确定是否终止计算，取而代之的是在每一步迭代后提示你是否需要继续计算，若需要，通过键盘输入"**y**"来实现。这里还有两个新的输入，**xmin** 和 **xmax**，它们的作用是确定绘图的范围，**xmin** 和 **xmax** 的默认值分别为 **x0 - 1** 和 **x0 + 1**。

```
# program spuRs/resources/scripts/fixedpoint_show.r
# loadable spuRs function

fixedpoint_show <- function(ftn, x0, xmin = x0-1, xmax = x0+1) {
  # applies fixed-point method to find x such that ftn(x) == x
  # x0 is the starting point
  # subsequent iterations are plotted in the range [xmin, xmax]

  # plot the function
  x <- seq(xmin, xmax, (xmax - xmin)/200)
  fx <- sapply(x, ftn)
  plot(x, fx, type = "l", xlab = "x", ylab = "f(x)",

    main = "fixed point f(x) = x", col = "blue", lwd = 2)
  lines(c(xmin, xmax), c(xmin, xmax), col = "blue")

  # do first iteration
  xold <- x0
  xnew <- ftn(xold)
  lines(c(xold, xold, xnew), c(xold, xnew, xnew), col = "red")
  lines(c(xnew, xnew), c(xnew, 0), lty = 2, col = "red")

  # continue iterating while user types "y"
  cat("last x value", xnew, " ")
  continue <- readline("continue (y or n)? ") == "y"
  while (continue) {
    xold <- xnew;
    xnew <- ftn(xold);
    lines(c(xold, xold, xnew), c(xold, xnew, xnew), col = "red")
    lines(c(xnew, xnew), c(xnew, 0), lty = 2, col = "red")
    cat("last x value", xnew, " ")
    continue <- readline("continue (y or n)? ") == "y"
  }

  return(xnew)
}
```

P.182

使用上述的 `fixedpoint _ show` 函数计算如下这些函数的不动点：

(a) $\cos(x)$,初值分别取 $x_0 = 1,3,6$

(b) $\exp(\exp(-x))$,初值取 $x_0 = 2$

(c) $x - \log(x) + \exp(-x)$,初值取 $x_0 = 2$

(d) $x + \log(x) - \exp(-x)$,初值取 $x_0 = 2$ 。

5. 类似于上述的 `fixedpoint _ show` 函数,如下是对 `newtonraphson` 函数进行了一些修改之后得到的代码,它可以画出中间结果。使用其计算下列函数的根：

(a) $\cos(x) - x$,初值分别取 $x_0 = 1,3,6$ 。

(b) $\log(x) - \exp(-x)$,初值取 $x_0 = 2$ 。

(c) $x^3 - x - 3$,初值取 $x_0 = 0$ 。

(d) $x^3 - 7x^2 + 14x - 8$,初值分别取 $x_0 = 1.1,1.2,\cdots,1.9$ 。

(e) $\log(x)\exp(-x)$,初值取 $x_0 = 2$ 。

```
# program spuRs/resources/scripts/newtonraphson_show.r
# loadable spuRs function

newtonraphson_show <- function(ftn, x0, xmin = x0-1, xmax = x0+1) {
  # applies Newton-Raphson to find x such that ftn(x)[1] == 0
  # x0 is the starting point
  # subsequent iterations are plotted in the range [xmin, xmax]

  # plot the function
  x <- seq(xmin, xmax, (xmax - xmin)/200)
  fx <- c()
  for (i in 1:length(x)) {
    fx[i] <- ftn(x[i])[1]
  }
  plot(x, fx, type = "l", xlab = "x", ylab = "f(x)",
    main = "zero f(x) = 0", col = "blue", lwd = 2)
  lines(c(xmin, xmax), c(0, 0), col = "blue")

  # do first iteration
  xold <- x0
  f.xold <- ftn(xold)
  xnew <- xold - f.xold[1]/f.xold[2]
  lines(c(xold, xold, xnew), c(0, f.xold[1], 0), col = "red")

  # continue iterating while user types "y"
  cat("last x value", xnew, " ")
  continue <- readline("continue (y or n)? ") == "y"
  while (continue) {
    xold <- xnew;
    f.xold <- ftn(xold)
    xnew <- xold - f.xold[1]/f.xold[2]
    lines(c(xold, xold, xnew), c(0, f.xold[1], 0), col = "red")
    cat("last x value", xnew, " ")
```

P.183

```
        continue <- readline("continue (y or n)? ") == "y"
    }

    return(xnew)
}
```

6. 在 `newtonraphson.r` 函数和 `fixedpoint.r` 函数的基础上,编写一个程序,实现如下的割线法求根:

$$x_{n+1} = x_n - f(x_n)\frac{x_n - x_{n-1}}{f(x_n) - f(x_{n-1})}$$

首先,通过求解 $\cos(x) - x$ 的根来检验你的程序。然后,观察割线法求解方程 $\log(x) - \exp(-x)$ 根的具体执行过程,初值取 $x_0 = 1$ 和 $x_1 = 2$,与其他两种方法比较求解具体过程的异同。

编写一个函数 `secant_show.r`,使其可以绘制出割线法求解过程中迭代产生的序列。

7. 自适应不动点迭代法。

求解函数 f 的根 a,我们可以对函数 $g(x) = x + cf(x)$ 使用不动点迭代法,这 P.184 里 c 是非零常数。也就是说,对于给定的 x_0,可以将其代入 $x_{n+1} = g(x_n) = x_n + cf(x_n)$ 来进行相应的计算。

根据泰勒公式,我们有

$$g(x) \approx g(a) + (x-a)g'(a)$$
$$= a + (x-a)(1+cf'(a))$$

因此,

$$g(x) - a \approx (x-a)(1+cf'(a))$$

基于上述近似,请说明为什么 c 的一个较好的取值是 $-1/f'(a)$。

在实际中,我们并不知道 a 的取值,所以也就无法算出 $-1/f'(a)$ 的值。在第 n 步迭代中, $-1/f'(a)$ 的最好估计值是什么?将这个值作为 c 的近似值进行计算,不动点迭代过程会产生什么变化?(允许此估计值根据迭代的步数变化。)

8. 根据迭代的方法来寻找某个函数的不动点在实际中具有广泛的应用。假设 $A \subset \mathbb{R}^d$,若对于任意向量 $x, y \in A$,总存在 $0 \leqslant c < 1$,使得函数 $f: A \to A$ 满足如下等式

$$\| f(x) - f(y) \|_d \leqslant c \| x - y \|_d$$

则可以证明,满足上述条件的函数 f,存在唯一一点 $x_* \in A$,使得 $f(x_*) = x_*$。此外,对于任意的 $x_0 \in A$,由 $x_{n+1} = f(x_n)$ 所定义的序列一定收敛到 x_*。这种函数我们称之为**压缩映射**,这个结论称为**压缩映射定理**,它是**泛函分析**领域的基本结论之一。

修改 10.2 节中所给出的函数 `fixedpoint(ftn,x0,tol,max.iter)`,使得对于维

数为 $d \geqslant 1$ 的任意输入函数 `ftn(x)`，它都可以得到一个维数为 d 的返回值。使用你改进后的代码在区域 $[0,2] \times [0,2]$ 上计算如下 f 函数的不动点，

$$f(x_1, x_2) = (\log(1 + x_1 + x_2), \log(5 - x_1 - x_2))$$

9. 对于函数 $f: \mathbb{R} \to \mathbb{R}$，牛顿-拉富生算法的思想是使用 f 的线性逼近来寻找此函数的根。如果我们使用二次函数逼近的话，会有什么结论？

假设当前关于 f 的近似值是 x_n，则可以使用二阶泰勒展开式来得到 f 在 x_n 处的二次逼近：

$$f(x) \approx g_n(x) = f(x_n) + (x - x_n) f'(x_n) + \frac{1}{2}(x - x_n)^2 f''(x_n)$$

假设方程 $g_n(x)$ 的解存在，令 x_{n+1} 表示距 x_n 最近的解。若 $g_n(x) = 0$ 无解，则令 x_{n+1} 表示 g_n 的最大值或者最小值。图 10.5 直观给出了这两种情况。

在 R 中实现这个算法，并使用它求解下列这些函数的不动点：

(a) $\cos(x) - x$，初始值分别取 $x_0 = 1, 3, 6$。

P.185

(b) $\log(x) - \exp(-x)$，初始值取 $x_0 = 2$。

(c) $x^3 - x - 3$，初始值取 $x_0 = 0$。

(d) $x^3 - 7x^2 + 14x - 8$，初始值分别取 $x_0 = 1.1, 1.2, \cdots, 1.9$。

(e) $\log(x)\exp(-x)$，初始值取 $x_0 = 2$。

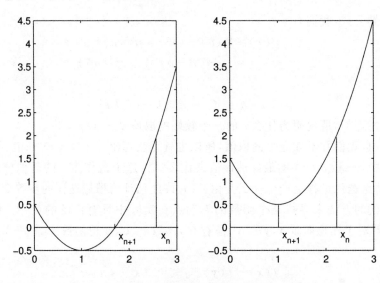

图 10.5 习题 9 的求根迭代策略

在这个算法的实现过程中，可以假设函数 `ftn(x)` 是给定的，其返回值是向量 $(f(x), f'(x), f''(x))$。给定 x_n，如果将 g_n 改写为 $g_n(x) = a_2 x^2 + a_1 x + a_0$ 的话，可以用公式 $(-a_1 \pm \sqrt{a_1^2 - 4a_2 a_0})/2a_2$ 来得到 g_n 的根，即 x_{n+1}。如果 g_n

无解的话,则其最大/最小值在 $g'_n(x) = 0$ 处取得。

这个算法与牛顿-拉富生算法相比效果如何?

10. $\pi = 3.1415926$(取 7 位有效数字)是如何算出来的? 计算 π 值的一种方法是求解方程 $\sin(x) = 0$。根据定义,方程 $\sin(x) = 0$ 的解应该是 $k\pi$,$k = 0$,± 1,± 2,$\cdots$,所以,与 3 最接近的一个根就是 π。

(a)使用一种求根算法,比如牛顿-拉富生算法,求解 $\sin(x)$ 在 3 附近的根。所得到的结果与 π 的接近程度如何?(可以使用 R 提供的 **sin(x)** 函数。)

$\sin(x)$ 是一个**超越函数**,这就意味着它不能被表示为 x 的有理函数形式。但是,我们可以将其写为如下无限和的形式:

$$\sin(x) = \sum_{k=0}^{\infty} (-1)^k \frac{x^{2k+1}}{(2k+1)!}$$

(这是 $\sin(x)$ 在 0 处的无穷阶泰勒展开式。)在实际中,我们需要对这个无穷和进行相应的截断才能使用数值方法计算 $\sin(x)$ 的值,所以,对于 $\sin(x)$ 的任何数值结果都只是近似值而已。当然,R 所提供的 $\sin(x)$ 函数也仅仅是 $\sin(x)$ 的一个近似值而已(近似效果较好)。 P.186

(b)令

$$f_n(x) = \sum_{k=0}^{n} (-1)^k \frac{x^{2k+1}}{(2k+1)!}$$

在 R 中编写一个计算 $f_n(x)$ 的函数。画出在 $[0,7]$ 范围内对于不同的 n 值 $f_n(x)$ 的图形,并验证 n 越大其图形越接近 $\sin(x)$。

(c)选择一个较大的 n 值,然后通过求解 $f_n(x) = 0$ 在 3 附近的根来得到一个 π 的近似值。能否得到一个具有 6 位有效数字的 π 值? 是否还有其他更好的方法来得到 π 的值?

11. 天文学家艾德蒙·哈雷(Edmund Halley)设计了一种比牛顿-拉富生算法更快的求根方法,但是求解时需要二次导数。若 x_n 是当前解的近似值,则

$$x_{n+1} = x_n - \frac{f(x_n)}{f'(x_n) - (f(x_n)f''(x_n)/2f'(x_n))}$$

令 m 为一个正整数。让明当使用哈雷方法求解函数 $f(x) = x^m - k$ 时,

$$x_{n+1} = \left(\frac{(m-1)x_n^m + (m+1)k}{(m+1)x_n^m + (m-1)k}\right)x_n$$

并用此方法证明,当取 9 位有效数字时,$59^{1/7} = 1.790518691$。

12. 二分法可以通过**拓展**区间长度将其推广到处理 $f(x_l)f(x_r) > 0$ 的情形。换言之,我们可以**减小** x_l 且/或**增大** x_r,再次计算。一个比较合理的拓展区间的方式是将区间 $[x_l, x_r]$ 的长度增加一倍,也就是(以下是伪代码)

$$m \leftarrow (x_l + x_r)/2$$

$$w \leftarrow x_r - x_l$$
$$x_l \leftarrow m - w$$
$$x_r \leftarrow m + w$$

10.5 节中给出了一般的二分算法函数 **bisection**,注意到此方法**并不保证**所找到的 x_l 和 x_r 满足 $f(x_l)f(x_r) \leqslant 0$,所以需要在原代码中加入一些限制来满足这个要求。

使用修改过的函数来求解如下函数的根

$$f(x) = (x-1)^3 - 2x^2 + 10 - \sin(x)$$

初始值选为 $x_l = 1$, $x_r = 2$ 。

第 **11** 章
数值积分

对于给定的函数 f，我们往往需要计算的一个量是这个函数的定积分 $\int_a^b f(x)\mathrm{d}x$ 。根据微积分的基本理论，如果我们能找到 f 的一个原函数或者是不定积分 F ，使得 $F'(x)=\dfrac{\mathrm{d}}{\mathrm{d}x}F(x)=f(x)$ ，则有 $\int_a^b f(x)\mathrm{d}x=F(b)-F(a)$ 。但是，对于很多函数而言，找出其解析形式的原函数是不可能的，也就是说，我们无法得到 F 的具体形式。在这种情况下，我们就需要使用数值积分来得到其定积分的近似值。

例如，在统计学中，我们经常需要使用标准正态分布密度函数的定积分，即，做如下形式的积分

$$\Phi(z)=\int_{-\infty}^z \frac{1}{\sqrt{2\pi}}\mathrm{e}^{-x^2/2}\mathrm{d}x$$

我们知道 $\Phi(0)=1/2$ ， $\Phi(\infty)=1$ ，但是，对于其他 z 值，这个积分就需要使用数值积分来计算了。

在这一章中我们主要介绍三种数值积分方法：梯形积分法、辛普森积分法和自适应积分法。对于每一种情况，我们都假定所给的函数 f 在给定区间 $[a,b]$ 上是可积的[①]，目标是求解如下定积分的近似值。

$$\int_a^b f(x)\mathrm{d}x$$

我们把区间 $[a,b]$ 等分割成 n 个子区间，每个小区间的长度为 $h=(b-a)/n$。这些子区间的端点可以表示为

$$a=x_0,x_1,x_2,\cdots,x_{n-1},x_n=b$$

我们在每个子区间上计算积分的近似值，然后把所有子区间上的近似值相加得到一个近似值的和，这个和就是原积分的近似值。

---

① 即我们所处理的所有函数都是可积函数，但是这里我们对其可积性并不做证明，我们所关心的也不在此。

11.1 梯形积分法

P.188 梯形近似法的思想是将 $y = f(x)$ 图形在子区间 $[x_i, x_{i+1}]$ 内的面积用梯形来近似表示。也就是说,用位于子区间 $[x_i, x_{i+1}]$ 上的直线来近似表示 $f(x)$(见图 11.1)。

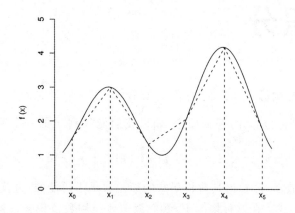

图 11.1 梯形积分法中函数 f 的近似表示

易知,此梯形的宽度为 h,梯形左边的高可以表示为 $f(x_i)$,右边的高可以表示为 $f(x_i)$。因此,该梯形的面积可以表示为

$$\frac{h}{2}(f(x_i) + f(x_{i+1}))$$

将所有子区间上的这些面积相加,我们将得到定积分 $\int_a^b f(x)\mathrm{d}x$ 的梯形近似值 T:

梯形积分法

$$T = \frac{h}{2}(f(x_0) + 2f(x_1) + 2f(x_2) + \cdots + 2f(x_{n-1}) + f(x_n))$$

注意到对于所有的 $i = 1, \cdots, n-1$,$f(x_i)$ 在 x_i 点的左边的梯形面积表达式中和 x_i 点右边的梯形面积表达式中均出现,所以上面公式中 $f(x_i)$ 前面有系数 2 的出现。而 $f(x_0)$ 和 $f(x_n)$ 仅仅分别出现在第一个和最后一个梯形的面积表达式中。

下面是梯形积分法在 R 中的一个实现过程,我们使用它估算了 $\int_0^1 4x^3\mathrm{d}x = 1$。

```
# program spuRs/resources/scripts/trapezoid.r

trapezoid <- function(ftn, a, b, n = 100) {
  # numerical integral of ftn from a to b
  # using the trapezoid rule with n subdivisions
  #
  # ftn is a function of a single variable
  # we assume a < b and n is a positive integer

  h <- (b-a)/n
  x.vec <- seq(a, b, by = h)
  f.vec <- sapply(x.vec, ftn)
  T <- h*(f.vec[1]/2 + sum(f.vec[2:n]) + f.vec[n+1]/2)
  return(T)
}
```

```
> source("../scripts/trapezoid.r")
> ftn6 <- function(x) return(4 * x^3)
> trapezoid(ftn6, 0, 1, n = 20)

[1] 1.0025

> trapezoid(ftn6, 0, 1, n = 40)

[1] 1.000625

> trapezoid(ftn6, 0, 1, n = 60)

[1] 1.000278
```

就像我们所定义的那样,函数 **ftn6** 被向量化了(给定一个向量作为输入,其输出也将是一个向量)。因此,在函数 **trapezoid** 中,**sapply(x.vec,ftn)** 命令可以用 **ftn(x.vec)** 来代替。而用 **sapply** 的好处是即使当 ftn 没有被向量化的时候,此程序仍然可以正常运行。

当被积函数 f 是常数或者线性函数的时候,梯形积分法得到的结果将是精确解,其他情况下,此方法得到的结果会有一定的误差,就像我们所得到的梯形近似表示中那样,近似线有时会高于真实的 f 的曲线,而有时又会比这个真实曲线低。

11.2　辛普森积分法

辛普森积分法将积分区间 $[a,b]$ 分为 n 个子区间,n 为偶数,然后在每一对相邻的子区间上使用抛物线(即 2 次曲线)来近似地表示 $f(x)$,而不是梯形积分法中的使用直线来近似表示。

令 $u < v < w$ 为任意相邻的三个分点,相距均为 h。对于 $x \in [u,w]$,我们想要做的是用一条经过点 $(u,f(u))$,点 $(v,f(v))$ 和点 $(w,f(w))$ 的抛物线来近似表示曲线 $f(x)$。而这样的抛物线恰好有一条,其方程可以写为

$$p(x) = f(u)\frac{(x-v)(x-w)}{(u-v)(u-w)} + f(v)\frac{(x-u)(x-w)}{(v-u)(v-w)} + f(w)\frac{(x-u)(x-v)}{(w-u)(w-v)}$$

从而,我们可以使用 $\int_u^w p(x)\mathrm{d}x$ 来近似表示曲线 $y = f(x)$ 下的面积。经过一些复杂但是基本的数学计算,我们可以得到

$$\int_u^w p(x)\mathrm{d}x = \frac{h}{3}(f(u) + 4f(v) + f(w))$$

P.190　　　此时,若假定 n 为偶数,我们将所有子区间 $[x_{2i}, x_{2i+2}]$ 上的近似值相加,就可以得到积分 $\int_a^b f(x)\mathrm{d}x$ 的辛普森近似值 S。

辛普森积分法

$$S = \frac{h}{3}(f(x_0) + 4f(x_1) + 2f(x_2) + 4f(x_3)\cdots + 4f(x_{n-1}) + f(x_n))$$

注意,对于所有的奇数 i, $f(x_i)$ 的系数是 4;对于所有的偶数 i(除了 0 和 n 外),因为他们每个均出现在两个子区间内,所以 $f(x_i)$ 的系数是 2。

显然,由于辛普森积分法是基于每段子区间内用抛物线来近似表示 $f(x)$ 的,所以当 $f(x)$ 是二次函数的时候,此方法得到的结果将是精确解。此外,令人意外的是,当 $f(x)$ 是三次函数时,此方法给出的结果同样也是精确解。一般来说,辛普森积分法的结果要比梯形积分法精确。

如下给出的是辛普森积分法在 R 中的实现过程:

```
#program spuRs/resources/scripts/simpson_n.r

simpson_n <- function(ftn, a, b, n = 100) {
  # numerical integral of ftn from a to b
  # using Simpson's rule with n subdivisions
  #
  # ftn is a function of a single variable
  # we assume a < b and n is a positive even integer

  n <- max(c(2*(n %/% 2), 4))
  h <- (b-a)/n
  x.vec1 <- seq(a+h, b-h, by = 2*h)
  x.vec2 <- seq(a+2*h, b-2*h, by = 2*h)
  f.vec1 <- sapply(x.vec1, ftn)
  f.vec2 <- sapply(x.vec2, ftn)
  S <- h/3*(ftn(a) + ftn(b) + 4*sum(f.vec1) + 2*sum(f.vec2))
  return(S)
}

> source("../scripts/simpson_n.r")
> ftn6 <- function(x) return(4 * x^3)
> simpson_n(ftn6, 0, 1, 20)
[1] 1
```

11.2.1　示例：$\Phi(z)$ **Phi.r**

高斯的众多惊人举动之一就是通过手算,取若干位有效数字,编制了 $\Phi(z) = \int_{-\infty}^{z} \frac{1}{\sqrt{2\pi}} e^{-x^2/2} \mathrm{d}x$ 的表格。(这个函数正是正态或者高斯随机变量的分布函数;见 16.5.1 节。)而现在,我们可以通过计算机来完成上述工作,具体如下:

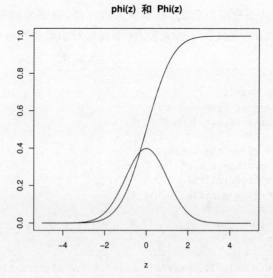

图11.2　$\phi(z) = \mathrm{e}^{-x^2/2} / \sqrt{2\pi}$ 及其积分 Φ;见 11.2.1 节

P.191

```
# program spuRs/resources/scripts/Phi.r
# estimate and plot the normal cdf Phi

rm(list = ls()) # clear the workspace
source("../scripts/simpson_n.r")
phi <- function(x) return(exp(-x^2/2)/sqrt(2*pi))
Phi <- function(z) {
  if (z < 0) {
    return(0.5 - simpson_n(phi, z, 0))
  } else {
    return(0.5 + simpson_n(phi, 0, z))
  }
}

z <- seq(-5, 5, by = 0.1)
phi.z <- sapply(z, phi)
Phi.z <- sapply(z, Phi)
plot(z, Phi.z, type = "l", ylab = "", main = "phi(z) and Phi(z)")
lines(z, phi.z)
```

运行命令 **source("../scripts/Phi.r")**，我们可以得到如图 11.2 的结果。在 16.1 节中，我们将了解到，实际上 R 中有嵌入式函数 **pnorm** 用来专门计算 $\Phi(z)$。

11.2.2　示例：辛普森积分法的收敛性 **simpson_test.r**

P.192

为了测试辛普森积分法的精度，我们这里计算了随着分割数 n 的增加，$\int_{0.01}^{1}(1/x)\mathrm{d}x = -\log(0.01)$ 的一系列值。做出以 $\log(n)$ 和 $\log(\text{error})$ 分别为横纵坐标的曲线图，从图中可以看出，对于较大的 n 值，曲线的斜率大约为 -4，这就表示其计算误差以 n^{-4} 衰减。一般来说，这个规律对于具有四阶连续导数的函数 f 都是成立的。

```
# program simpson_test.r
# test the accuracy of Simpson's rule
# using the integral of 1/x from 0.01 to 1

rm(list = ls()) # clear the workspace
source("../scripts/simpson_n.r")
ftn <- function(x) return(1/x)
S <- function(n) simpson_n(ftn, 0.01, 1, n)

n.vec <- seq(10, 1000, by = 10)
S.vec <- sapply(n.vec, S)

opar <- par(mfrow = c(1, 2), pty="s", mar=c(4,4,2,1), las=1)
plot(n.vec, S.vec + log(0.01), type = "l",
  xlab = "n", ylab = "error")
plot(log(n.vec), log(S.vec + log(0.01)), type = "l",
  xlab = "log(n)", ylab = "log(error)")
par(opar)
```

运行命令 **source("../scripts/simpson_test.r")**，我们可以得到如图 11.3 的结果。

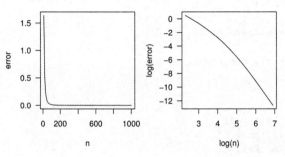

图 11.3　辛普森积分法的误差关于分割数 n 的曲线图；见 11.2.2 节

11.2.3 误差的设置选取

实际中,我们在使用 **simpson _ n** 的时候,需要设置一定的法则来选择 n 值,从而达到合理的近似精度。假设我们需要估算 $I = \int_a^b f(x)\,\mathrm{d}x$,这里要求 f 是连续函数。当我们把区间分割成 n 份的时候,令 $S(n)$ 表示其近似值,则当 $n \to \infty$ 时 $S(n) \to I$ 。因此我们有 $S(2n) - S(n) \to 0$,故可以通过令 $|S(2n) - S(n)| \leqslant \varepsilon$,来得到一个足够大的 n 值,从而停止计算,这里 ε 是一个很小的正数,表示误差。可惜的是,对于任一 $\delta > 0$,一般来说我们并不能根据 $|S(2n) - S(n)| \leqslant \varepsilon \Rightarrow |S(2n) - I| \leqslant \delta$ 来得到 ε 的值。(如果知道 f' 的一些性质,我们就有可能通过它来限制误差,但此处对其不做讨论。)根据经验,在选取 ε 的时候,从机器误差的均方根开始是一个不错的选择,这就是说,对于双精度数据类型可以选择在 10^{-8} 左右。

以下是修改后的 **simpson _ n** 程序段,这里没有指定计算的分割数 n ,取而代之的是指定了误差 ε 。就是说,我们会自动增加分割数 n 直至满足 $|S(2n) - S(n)| \leqslant \varepsilon$ 。可以看到,我们每次使得 n 增加两倍,所以计算中仍然可以使用前面计算所产生的一些值。在实际的数值积分中,最麻烦的操作是计算 f 的一些相关值,如果我们每次只给 n 增加 2(n 必须是偶数),则在下一步计算中用来计算 f 值的所有分点都会变化,除了 a 和 b ,因此我们就需要计算 f 在新的 $n-1$ 个分点处的值。如果给 n 增加两倍,则前一步计算所得到关于 f 的一些数值可以重复使用,我们只需要计算 f 在 n 个新加点处的值就可以了。如下脚本 **simpson.r** 给出的就是我们修改后的 **simpson** 程序: P.193

```
# program spuRs/resources/scripts/simpson.r

simpson <- function(ftn, a, b, tol = 1e-8, verbose = FALSE) {
  # numerical integral of ftn from a to b
  # using Simpson's rule with tolerance tol
  #
  # ftn is a function of a single variable and a < b
  # if verbose is TRUE then n is printed to the screen

  # initialise
  n <- 4
  h <- (b - a)/4
  fx <- sapply(seq(a, b, by = h), ftn)
  S <- sum(fx*c(1, 4, 2, 4, 1))*h/3
  S.diff <- tol + 1  # ensures we loop at least once

  # increase n until S changes by less than tol
  while (S.diff > tol) {
    # cat('n =', n, 'S =', S, '\n')  # diagnostic
    S.old <- S
```

P.194

```
  n <- 2*n
  h <- h/2
  fx[seq(1, n+1, by = 2)] <- fx  # reuse old ftn values
  fx[seq(2, n, by = 2)] <- sapply(seq(a+h, b-h, by = 2*h), ftn)
  S <- h/3*(fx[1] + fx[n+1] + 4*sum(fx[seq(2, n, by = 2)]) +
    2*sum(fx[seq(3, n-1, by = 2)]))
  S.diff <- abs(S - S.old)
}
if (verbose) cat('partition size', n, '\n')
return(S)
}
```

11.3 自适应积分法

这一节中，我们将基于辛普森方法给出**自适应积分法**的编程思想。在自适应积分法中，区间 $[a,b]$ 内子区间的长度 h 将不再是一个常数，它会随着函数的不同而变化。其核心思想是当被积函数较为陡峭的时候需要使用较小的 h 值。

为了验证为什么针对不同性质的函数，改变 h 的长度是一个比较好的思想，我们在这里考虑积分 $\int_0^1 (k+1)x^k \mathrm{d}x = 1$ 。若需要使积分 $\int_0^1 (k+1)x^k \mathrm{d}x = 1$ 近似值的误差在 10^{-9} ，需要对其积分区间做多少次分割？

```
> source("../scripts/simpson.r")
> options(digits = 16)
> f4 <- function(x) 5 * x^4
> simpson(f4, 0, 1, tol = 1e-09, verbose = TRUE)

partition size 512
[1] 1.000000000009701

> f8 <- function(x) 9 * x^8
> simpson(f8, 0, 1, tol = 1e-09, verbose = TRUE)

partition size 1024
[1] 1.000000000015280

> f12 <- function(x) 13 * x^12
> simpson(f12, 0, 1, tol = 1e-09, verbose = TRUE)

partition size 2048
[1] 1.000000000005419
```

显然，随着 k 的增加，函数 $(k+1)x^k$ 会越来越陡峭，从而我们需要更小的 h 值来满足误差的要求。但是，函数 $(k+1)x^k$ 在区间 $[0.5,1]$ 上要比在区间 $[0,0.5]$ 上陡峭得多，因此，如果我们将此积分分成两部分，我们会发现 h 在区间

[0.5,1] 上的取值要比在区间 [0,0.5] 上小得多：

P.195

```
> S1 <- simpson(f12, 0, 0.5, tol = 5e-10, verbose = TRUE)
```

partition size 256

```
> S2 <- simpson(f12, 0.5, 1, tol = 5e-10, verbose = TRUE)
```

partition size 1024

```
> S1 + S2
```

[1] 1.000000000008118

注意到当我们将所求积分分成两部分的时候，每一部分的误差也同样只取一半。这样做就可以保证它们重新组合之后的积分值 **S1 + S2** 的误差满足 10^{-9} 的要求。

自适应积分法采取递归算法的思想，允许其积分区间内子区间的长度 h 自动地变化。其基本思想是使用分割长度初值为 h 和 $h/2$ 的辛普森积分法，当两个近似值之差小于某给定误差 ε 的时候，运算结束。否则，将积分区间 $[a,b]$ 分成两部分（$[a,c]$ 和 $[c,b]$，这里 $c = (a+b)/2$），然后，针对每一部分使用分割长度为 $h/2$ 和 $h/4$ 的辛普森积分法，误差取 $\varepsilon/2$。（若每一部分的误差均小于 $\varepsilon/2$，则它们重新组合之后的误差将小于 ε。）通过减小 h 的值，我们可以提高计算的精度。若所需的误差在某给定子区间的分割上没有满足，则继续分割，但此时我们仅对没有满足误差的子区间进行分割，因此，仅仅在需要的区间上才会使用较小的 h 值。这种方法可以仅针对需要更大精度的区间（一般来说就是函数的尖点位置）进行分割，因此，可以节省大量的计算工作（需要做大量的计算来验证）。

在如下所示代码中，我们同样记录了再次分割区间（称为**递归的层**）的频率，这样做可以避免当函数有奇点（函数取值为趋向无穷的点）时，死循环现象的发生。

```
# program spuRs/resources/scripts/quadrature.r
# numerical integration using adaptive quadrature

quadrature <- function(ftn, a, b, tol = 1e-8, trace = FALSE) {
  # numerical integral of ftn from a to b
  # ftn is a function of one variable
  # the partition used is recursively refined until the
  # estimate on successive partitions differs by at most tol
  # if trace is TRUE then intermediate results are printed
  #
  # the main purpose of this function is to call function q.recursion
  #
  # the function returns a vector of length 2 whose first element
  # is the integral and whose second element is the number of
  # function evaluations required
```

```
    c = (a + b)/2
    fa <- ftn(a)
    fb <- ftn(b)
    fc <- ftn(c)
    h <- (b - a)/2
    I.start <- h*(fa + 4*fc + fb)/3 # Simpson's rule
    q.out <- q.recursion(ftn,a,b,c,fa,fb,fc,I.start,tol,1,trace)
    q.out[2] <- q.out[2] + 3
    if (trace) {
      cat("final value is", q.out[1], "in",
          q.out[2], "function evaluations\n")
    }
    return(q.out)
  }

  q.recursion <- function(ftn,a,b,c,fa,fb,fc,I.old,tol,level,trace) {
    # refinement of the numerical integral of ftn from a to b
    # ftn is a function of one variable
    # the current partition is [a, c, b]
    # fi == ftn(i)
    # I.old is the value of the integral I using the current partition
    # if trace is TRUE then intermediate results are printed
    # level is the current level of refinement/nesting
    #
    # the function returns a vector of length 2 whose first element
    # is the integral and whose second element is the number of
    # function evaluations required
    #
    # I.left and I.right are estimates of I over [a, c] and [c, b]
    # if |I.old - I.left - I.right| <= tol then we are done, otherwise
    # I.left and I.right are recursively refined

  level.max <- 64
  if (level > level.max) {
    cat("recursion limit reached: singularity likely\n")
    return(NULL)
  } else {
    h <- (b - a)/4
    f1 <- ftn(a + h)
    f2 <- ftn(b - h)
    I.left <- h*(fa + 4*f1 + fc)/3  # Simpson's rule for left half
    I.right <- h*(fc + 4*f2 + fb)/3 # Simpson's rule for right half
    I.new <- I.left + I.right       # new estimate for the integral
    f.count <- 2

    if (abs(I.new - I.old) > tol) { # I.new not accurate enough
      q.left <- q.recursion(ftn, a, c, a + h, fa, fc, f1, I.left,
                            tol/2, level + 1, trace)
```

```
      q.right <- q.recursion(ftn, c, b, b - h, fc, fb, f2, I.right,
                             tol/2, level + 1, trace)
      I.new <- q.left[1] + q.right[1]
      f.count <-  f.count + q.left[2] + q.right[2];
    } else { # we have achieved the desired tolerance
      if (trace) {
        cat("integral over [", a, ", ", b, "] is ", I.new,
            " (at level ", level, ")\n", sep = "")
      }
    }

    return(c(I.new, f.count))
  }
}
```

P.197

　　我们对函数 $f(x) = 1.5\sqrt{x}$ 在区间 $[0,1]$ 上使用上述 **quadrature** 函数,仅在 $x = 0$ 附近,函数较为陡峭,因此该方法仅对最左边的子区间进行不断地分割,使其达到要求的精度,而对其他区间,当其达到需要的精度后就不必再进行分割。

```
> rm(list = ls())
> source("../scripts/quadrature.r")
> ftn <- function(x) return(1.5 * sqrt(x))
> quadrature(ftn, 0, 1, tol = 0.001, trace = TRUE)

integral over [0, 0.0009765625] is 3.005339e-05 (at level 11)
integral over [0.0009765625, 0.001953125] is 5.579888e-05 (at level 11)
integral over [0.001953125, 0.00390625] is 0.0001578231 (at level 10)
integral over [0.00390625, 0.0078125] is 0.0004463910 (at level 9)
integral over [0.0078125, 0.015625] is 0.001262585 (at level 8)
integral over [0.015625, 0.03125] is 0.003571128 (at level 7)
integral over [0.03125, 0.0625] is 0.01010068 (at level 6)
integral over [0.0625, 0.125] is 0.02856903 (at level 5)
integral over [0.125, 0.25] is 0.08080541 (at level 4)
integral over [0.25, 0.5] is 0.2285522 (at level 3)
integral over [0.5, 1] is 0.6464433 (at level 2)
final value is 0.9999944 in 45 function evaluations
[1]  0.9999944 45.0000000
```

　　使用一个更符合实际的误差,我们比较一下自适应积分法和标准的辛普森积分法:

```
> quadrature(ftn, 0, 1, 1e-09, trace = FALSE)

[1]    1 1205

> source("../scripts/simpson.r")
> simpson(ftn, 0, 1, 1e-09, verbose = TRUE)

partition size 524288
[1] 1
```

P.198 在这个例子中,标准辛普森积分法调用函数的次数大概是自适应积分法的400多倍(具体是 524 288＋1 对 1205)。此外,我们还可以使用 **system.time** 函数来比较两种算法的效率,可以看到,自适应积分法要远快于标准辛普森积分法:

```
> rm(list = ls())
> ftn <- function(x) return(1.5 * sqrt(x))
> source("../scripts/quadrature.r")
> system.time(quadrature(ftn, 0, 1, 1e-09, trace = FALSE))

   user  system elapsed
  0.015   0.000   0.015

> source("../scripts/simpson.r")
> system.time(simpson(ftn, 0, 1, 1e-09, verbose = FALSE))

   user  system elapsed
  3.132   0.059   3.729
```

我们最后通过给出 R 中的内部函数 **integrate** 来结束这一节,其功能是实现自适应积分法,而对于多元积分,我们可以使用 **adapt** 程序包中的 **adapt** 函数来完成。

11.4 习题

1. 令 p 表示二次函数 $p(x) = c_0 + c_1 x + c_2 x^2$。辛普森积分法的思想是通过在两个相邻区间上使用一个二次函数来近似表示给定的函数 f,再使用这个二次函数的积分来近似表示原函数的积分。

   (a) 证明

   $$\int_{-h}^{h} p(x)\,\mathrm{d}x = 2hc_0 + \frac{2}{3}c_2 h^3 ;$$

   (b) 给出二次函数通过三个点 $(-h, f(-h))$,$(0, f(0))$ 和 $(h, f(h))$ 应满足的三个等式,然后求解其中的 c_0 和 c_2;

   (c) 证明

   $$\int_{-h}^{h} p(x)\,\mathrm{d}x = \frac{h}{3}(f(-h) + 4f(0) + f(h)) 。$$

2. 假设 $f:[0, 2\pi] \rightarrow [0, \infty)$ 是连续函数,且 $f(0) = f(2\pi)$。对于 $(x, y) \in \mathbb{R}^2$,令 (R, θ) 表示与其对应的极坐标,即 $x = R\cos\theta$,$y = R\sin\theta$。集合 $A \subset \mathbb{R}^2$ 由下式定义,

$$(x, y) \in A ,\text{当 } R \leqslant f(\theta) \text{ 时}$$

我们在此考虑如何计算 A 的面积问题。

我们使用三角形来近似表示 A 的面积。对于足够小的数字 ε，以 $(0,0)$，　P.199
$(f(\theta)\cos\theta, f(\theta)\sin\theta)$ 和 $(f(\theta+\varepsilon)\cos(\theta+\varepsilon), f(\theta+\varepsilon)\sin(\theta+\varepsilon))$ 为顶点的
三角形面积为 $\sin(\varepsilon)f(\theta)f(\theta+\varepsilon)/2 \approx \varepsilon f(\theta)f(\theta+\varepsilon)$（由于在 0 附近
$\sin(x)\approx x$）。因此，A 的面积近似可以表示为

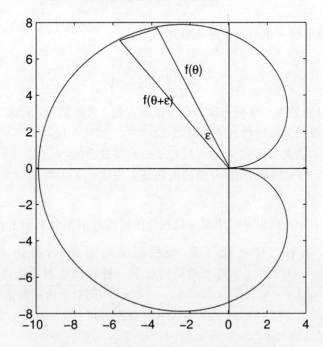

图 11.4　习题 2 中所述使用极坐标的积分

$$\sum_{k=0}^{n-1}\sin(2\pi/n)f(2k\pi/n)f(2\pi(k+1)/n)/2$$

$$\approx \sum_{k=0}^{n-1}\pi f(2k\pi/n)f(2\pi(k+1)/n)/n \qquad (11.1)$$

如图 11.4 所示。

使用 (11.1) 式给出的和式，编写一段应用数值计算这个极坐标积分的程序。

从数值角度验证（或举反例）当 $n \to \infty$ 时极坐标积分（11.1）式收敛到
$\dfrac{1}{2}\displaystyle\int_0^{2\pi}f^2(x)\mathrm{d}x$，使用 $f_1(x) = 2$ 和 $f_2(x) = 4\pi^2 - (x-2\pi)^2$ 作为验证的
例子[1]。

3. 标准正态分布函数可以表示为

---

① 原文可能有误，对于 f_2 不满足 $f(0)=f(2\pi)$。——译者注

$$\Phi(z) = \int_{-\infty}^{z} \frac{1}{\sqrt{2\pi}} e^{-x^2/2} \mathrm{d}x$$

对于 $p \in [0, 1]$,标准正态分布的分位数 z_p 可以定义为 $\Phi(z_p) = p$。

P.200　使用 11.2.1 节中的函数 **Phi(z)** 来分别计算当 $p = 0.5, 0.95, 0.975$ 以及 0.99 时的 z_p 值。

提示:将本题看做一个求根问题来处理。

4. 考虑下式

$$I = \int_0^1 5x^4 \mathrm{d}x = 1$$

令 T_n 表示分割数为 n 时根据梯形积分法所得到 I 的近似值,S_n 表示分割数为 n 时根据辛普森积分法所得到 I 的近似值。

令 $n_T(\varepsilon)$ 表示满足不等式 $|T_n - I| \leqslant \varepsilon$ 的 n 的最小值,$n_S(\varepsilon)$ 表示满足不等式 $|S_n - I| \leqslant \varepsilon$ 的 n 的最小值,分别画出随着 ε 变化 $n_T(\varepsilon)$ 和 $n_S(\varepsilon)$ 的图形,ε 取值为 2^{-k},$k = 2, \cdots, 16$。

5. 令 $T(n)$ 表示分割数为 n 时依据梯形积分法所得到的积分 $I = \int_a^b f(x) \mathrm{d}x$ 的估计值。若 f 具有二阶连续导数,则根据泰勒定理,可得误差为 $E(n) = |I - T(n)| = O(1/n^2)$。这个结论给出了一种对梯形积分法进行改进的思路:若 $T(n) \approx I + c/n^2$,$T(2n) \approx I + c/(2n)^2$,则对于给定的常数 c,有

$$R(2n) = (4T(2n) - T(n))/3 \approx (4I + c/n^2 - I - c/n^2)/3 = I$$

也就是说,误差消失了。

这被称为理查森延迟趋于平均,证明 $R(2n)$ 恰好是 $S(2n)$,换句话说,辛普森积分法使用的分割数为 $2n$。

第 **12** 章

最优化

这一章我们来研究最优化问题,也就是,寻找函数的最大值或者最小值。寻找 P.201 有效的最优化方法是现代数学研究的一个重要方面。我们这里将首先考虑一维的最优化问题,进而研究高维的最优化问题。我们将研究限制在研究最大值上,但是这里所给出的所有结论都可以同样地应用到最小值上,只需要给研究的函数乘以 -1 就可以了。对于一元函数,我们考虑牛顿法和黄金分割法,对于多元函数,我们考虑牛顿法(与一元类似)和最速上升法。另外,我们还将给出一些在 $\mathbb{R}$ 中可供使用的最优化工具的相关基本信息。

针对一维的情形,我们假定函数 $f:\mathbb{R}\to\mathbb{R}$ 具有连续的一阶和二阶导数。若对于所有的 x 均有 $f(x)\leqslant f(x^*)$,则我们称函数 f 在 x^* 处有一个**全局最大值**。若对于 x^* 某邻域(即,满足于不等式 $|x-x^*|<\varepsilon$ 的所有 x,$\varepsilon>0$ 为一常数)内的所有 x 均有 $f(x)\leqslant f(x^*)$,我们称函数 f 在 x^* 处有一个**局部最大值**。x^* 为局部最大值点的一个必要条件是 $f'(x^*)=0$ 且 $f''(x^*)\leqslant 0$,充分条件为 $f'(x^*)=0$ 且 $f''(x^*)<0$。

寻找一个局部最大值要远比寻找全局最大值简单得多。这里我们所考虑的所有算法都是局部寻找最大值方法,它们的工作原理为产生一个点列,$x(0)$,$x(1)$,$x(2)$,$\cdots$,(期望)使其收敛到 f 的局部最大值点。对于给定的预计值 $x(n)$,我们需要在 $x(n)$ 的某邻域内寻找下一个预计值 $x(n+1)$,由于这里所考虑的可能解并不是在全局上进行的,因此,根据局部寻找方法仅仅能保证找到的是局部最大值。

令 x^* 表示函数 f 的局部最大值点。假设当 $n\to\infty$ 时 $x(n)\to x^*$,我们就需要给出一个**停止准则**来确定何时停止计算。对于预先给定的误差 ε,我们希望当条件 $|x(n)-x^*|\leqslant\varepsilon$ 满足时,停止计算。可惜的是,一般来说这种思路不具有可操作性,因此,我们综合使用如下所列这些准则来代替上述条件:

- $|x(n)-x(n-1)|\leqslant\varepsilon$;
- $|f(x(n))-f(x(n-1))|\leqslant\varepsilon$;

- $|f'(x(n))| \leqslant \varepsilon$。

P.202 如果序列 $\{x(n)\}_{n=1}^{\infty}$ 收敛到局部最大值点,则上述三个准则应该全部满足,但是,其逆命题却不成立。因此,即使局部寻找最大值方法得到的序列收敛,我们仍然需要核实得到的最终解是否为真正的局部最大值。

另外一个关于局部寻找方法的问题是,也许得到的序列根本就不收敛。例如,若 f 无界时我们很可能得到的结论是 $x(n) \rightarrow \infty$。鉴于此,我们往往需要在程序中设定一个迭代次数的最大值 $n_{\max}$,当 $n = n_{\max}$ 时停止计算。

12.1 牛顿最优化方法

若函数 $f:[a,b] \rightarrow \mathbb{R}$ 具有连续的一阶导数 f',则寻找 f 的最大值问题就可以转化为寻找 $f(a)$,$f(b)$ 和 $f(x_1),\cdots,f(x_n)$ 的最大值问题,这里 $x_1,\cdots,x_n$ 为 f' 的根。如果采取牛顿-拉富生算法来寻找 f' 的根,那么我们就得到了函数 f 的牛顿最优化算法:

$$x(n+1) = x(n) - \frac{f'(x(n))}{f''(x(n))}$$

颇为奇怪的是,牛顿经常很乐意将这个算法应用到求根过程中,而却不愿意将其应用到最优化问题中。

在执行牛顿最优化方法时,我们假定我们已经有了一个以 x 为参数,返回值为向量 $(f(x),f'(x),f''(x))$ 的函数代码。这里所给的例子是伽玛概率密度函数族(见图 12.1)中的某一函数。由于我们寻找的是满足 $f'(x^*) = 0$ 的点 x^*,因此此处使用 $|f'(x(n))| \leqslant \varepsilon$ 作为我们计算停止的条件。

```
# Code spuRs/resources/scripts/newton_gamma.r

newton <- function(f3, x0, tol = 1e-9, n.max = 100) {
    # Newton's method for optimisation, starting at x0
    # f3 is a function that given x returns the vector
    # (f(x), f'(x), f''(x)), for some f

    x <- x0
    f3.x <- f3(x)
    n <- 0
    while ((abs(f3.x[2]) > tol) & (n < n.max)) {
        x <- x - f3.x[2]/f3.x[3]
        f3.x <- f3(x)
        n <- n + 1
    }
    if (n == n.max) {
        cat('newton failed to converge\n')
    } else {
```

P.203

```
        return(x)
    }
}

gamma.2.3 <- function(x) {
    # gamma(2,3) density
    if (x < 0) return(c(0, 0, 0))
    if (x == 0) return(c(0, 0, NaN))
    y <- exp(-2*x)
    return(c(4*x^2*y, 8*x*(1-x)*y, 8*(1-2*x^2)*y))
}
```

```
> source("../scripts/newton_gamma.r")
> newton(gamma.2.3, 0.25)

[1] 1.978656e-12

> newton(gamma.2.3, 0.5)

[1] 0

> newton(gamma.2.3, 0.75)

[1] 1
```

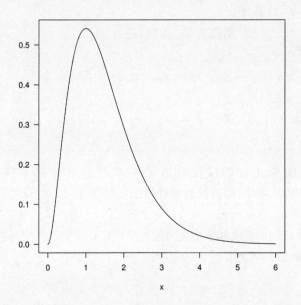

图 12.1　函数 $f(x) = 4x^2 e^{-2x}$（即某个 $\Gamma(2,3)$ 的概率密度函数），对其我们使用牛顿最优化方法

P.204 从这个例子中可以看到,当牛顿最优化算法收敛的时候,我们在程序结束时除了最大值之外,还可以很简单地得到最小值,或者是"平点",其原因是所有这些驻点均满足 $f'(x^*)=0$。使用相应的求根理论,可以发现当 x^* 为局部最大值点,$f'(x^*)=0$,$f''(x^*)<0$ 且 f'' 在 x^* 的某邻域内利普希茨连续[①]时,给定的 $x(0)$ 越靠近 x^*,当 $n\to\infty$ 时 $x(n)\to x^*$ 越快。

后面我们还会使用到牛顿最优化方法,但那时将是在更高的层次上(即,针对高维情形)。

12.2　黄金分割法

黄金分割法只能在一维情况下使用,但是,它不需要知道 f'。

黄金分割法类似于在求根中涉及到的夹逼求根策略。令 $f:\mathbb{R}\to\mathbb{R}$ 是一个连续函数(注意此时我们并没有假设已知其导数)。如果有两个点 $a<b$ 满足 $f(a)f(b)\leqslant 0$,则可知在区间 $[a,b]$ 内有一零点。若确定是否有局部最大值我们需要三个点:如果 $a<c<b$,且 $f(a)\leqslant f(c)$,$f(b)\leqslant f(c)$,则在区间 $[a,b]$ 内定有一个局部最大值点。基于上述理论我们可以得到如下算法:

黄金分割法 1　从满足于 $f(x_l)\leqslant f(x_m)$,$f(x_r)\leqslant f(x_m)$ 的三点 $x_l<x_m<x_r$ 开始计算

1. 若 $x_r-x_l\leqslant\varepsilon$,计算停止
2. 若 $x_r-x_m>x_m-x_l$,则进入 2a,否则,进入 2b
  2a. 选择一点 $y\in(x_m,x_r)$
     若 $f(y)\geqslant f(x_m)$,则令 $x_l=x_m$,$x_m=y$,否则,令 $x_r=y$
  2b. 选择一点 $y\in(x_l,x_m)$
     若 $f(y)\geqslant f(x_m)$,则令 $x_r=x_m$,$x_m=y$,否则,令 $x_l=y$
3. 返回第一步

注意,到目前为止我们仅仅给出了 y 应该存在于两个区间 (x_l,x_m) 和 (x_m,x_r) 之间的较大者中,而并没有明确指出如何选择 y。假设 (x_m,x_r) 为较大的区间,如图 12.2 所示,令 $a=x_m-x_l$,$b=x_r-x_m$,$c=y-x_m$,黄金分割法选取 y 的 P.205 原则是,使得较大区间的长度和较小区间的长度之比在每次迭代中保持恒等。也就是说,如果新得到的目标区间是 $[x_l,y]$,则

$$\frac{a}{c}=\frac{b}{a}$$

---

① 　即存在一个常数 k 使得对于任意的 x 和 y,有 $|f'(x)-f'(y)|\leqslant k|x-y|$。

如果新得到的目标区间是 $[x_m, x_r]$，则

$$\frac{b-c}{c} = \frac{b}{a}$$

设 $\rho = b/a$，根据上面的等式求解 c，可得

$$\rho^2 - \rho - 1 = 0，故 \rho = \frac{1+\sqrt{5}}{2}$$

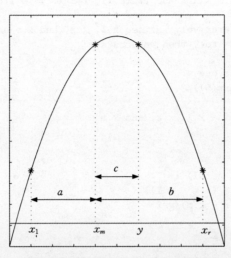

图 12.2　使用黄金分割法时最大值近似值位置的变化过程

这就是著名的黄金分割。又因为 $a = b - c$，进而可得，$c = b/(1+\rho)$（因为 $(\rho-1)/\rho = 1/(1+\rho) = 3 - \sqrt{5}$），因此可得 $y = x_m + c = x_m + (x_r - x_m)/(1+\rho)$。

新的目标区间与旧的目标区间长度之比是 $b/(a+b)$ 或者 $(a+c)/(a+b)$，这两个值经过计算都等于 $\rho/(1+\rho)$。

若 (x_l, x_m) 为区间长度较大者，利用上述推导可以得到类似的结论。根据这种选择 y 的方式，可以得到如下算法。

P.206

黄金分割法 2　从满足于 $f(x_l) \leqslant f(x_m)$，$f(x_r) \leqslant f(x_m)$ 的三点 $x_l < x_m < x_r$ 开始计算

1. 若 $x_r - x_l \leqslant \varepsilon$，计算停止
2. 若 $x_r - x_m > x_m - x_l$，则进入 2a，否则，进入 2b
   2a.　令 $y = x_m + (x_r - x_m)/(1+\rho)$
   　　若 $f(y) \geqslant f(x_m)$，则令 $x_l = x_m$，$x_m = y$，否则，令 $x_r = y$
   2b.　令 $y = x_m - (x_m - x_l)/(1+\rho)$
   　　若 $f(y) \geqslant f(x_m)$，则令 $x_r = x_m$，$x_m = y$，否则，令 $x_l = y$
3. 返回第一步

如下为此算法在 R 中的代码。

```r
# Program spuRs/resources/scripts/gsection.r

gsection <- function(ftn, x.l, x.r, x.m, tol = 1e-9) {
  # applies the golden-section algorithm to maximise ftn
  # we assume that ftn is a function of a single variable
  # and that x.l < x.m < x.r and ftn(x.l), ftn(x.r) <= ftn(x.m)
  #
  # the algorithm iteratively refines x.l, x.r, and x.m and terminates
  # when x.r - x.l <= tol, then returns x.m

  # golden ratio plus one
  gr1 <- 1 + (1 + sqrt(5))/2

  # successively refine x.l, x.r, and x.m
  f.l <- ftn(x.l)
  f.r <- ftn(x.r)
  f.m <- ftn(x.m)
  while ((x.r - x.l) > tol) {
    if ((x.r - x.m) > (x.m - x.l)) {
      y <- x.m + (x.r - x.m)/gr1
      f.y <- ftn(y)
      if (f.y >= f.m) {
        x.l <- x.m
        f.l <- f.m
        x.m <- y
        f.m <- f.y
      } else {
        x.r <- y
        f.r <- f.y
      }
    } else {
      y <- x.m - (x.m - x.l)/gr1
      f.y <- ftn(y)
      if (f.y >= f.m) {
        x.r <- x.m
        f.r <- f.m
        x.m <- y
        f.m <- f.y
      } else {
        x.l <- y
        f.l <- f.y
      }
    }
  }
  return(x.m)
}
```

上述代码说明,如果我们选择 x_m 使得 $(x_r - x_m)/(x_m - x_l) = \rho$ 或者 $1/\rho$ 开始计算,则每次迭代之后,新得到的区间长度和旧的区间长度都减少了 $\rho/(1+\rho)$ 倍,因而新的区间长度最终会趋于零。可以证明,在某种意义上来说,这种选取 y 的方式所得的收敛速度跟其他选取方式相比是最佳的,当然,在最坏的情况下,这种夹逼方法收敛得会更慢。当然,不从 $(x_r - x_m)/(x_m - x_l) = \rho$ 或者 $1/\rho$ 这个比率开始计算也不会产生什么问题,因为一旦进行了 $x_m = y$ 这一步迭代,以后的步骤就一样了。由于当 $n \to \infty$ 时 $x_r - x_m \to 0$[①],因此对于黄金分割法而言,可以通过指定一个误差 $\varepsilon > 0$,当满足不等式 $x_r - x_l \leqslant \varepsilon$ 时,停止计算。此外,只要我们所给的三个初始值满足 $f(x_l) \leqslant f(x_m)$ 和 $f(x_r) \leqslant f(x_m)$,这个算法一定保证是收敛的。

黄金分割值 $\rho = (1 + \sqrt{5})/2$ 通常用某个特定矩形长和宽的比值来定义,此矩形可以分割成一个正方形和一个与原矩形相似的小矩形(见图 12.3)。有了这一点我们就不难理解为什么上述叙述中这个比值要保持不变了。

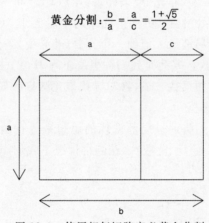

$$黄金分割:\frac{b}{a} = \frac{a}{c} = \frac{1+\sqrt{5}}{2}$$

图 12.3　使用相似矩阵定义黄金分割

12.3　多元最优化

现在,我们来考虑一种更实用,但是也更困难的问题,寻找多元函数的局部最小值或者局部最大值。这方面的内容是数学和统计领域研究的一个**核心问题**,并且将继续是该领域研究的一个重要课题。

令函数 $f: \mathbb{R}^d \to \mathbb{R}$,并假设 f 的所有一阶和二阶偏导数均存在且处处连续。$\mathbb{R}^d$ 中的元素可以写为 $\boldsymbol{x} = (x_1, \cdots, x_d)^{\mathrm{T}}$,若 $\boldsymbol{e}_i$ 表示第 i 个坐标的单位向量,则 $\boldsymbol{x} =$

---

① 应为 $x_r - x_l \to 0$。——译者注

$x_1 \mathbf{e}_1 + \cdots + x_d \mathbf{e}_d$。以 $\mathbf{x}$ 为自变量的函数其第 i 个偏导数可以记为 $f_i(\mathbf{x}) = \partial f(\mathbf{x}) / \partial x_i$,定义梯度为

$$\nabla f(\mathbf{x}) = (f_1(\mathbf{x}), \cdots, f_d(\mathbf{x}))^{\mathrm{T}}$$

P.208 黑塞($Hessian$)矩阵为

$$\mathbf{H}(\mathbf{x}) = \begin{pmatrix} \dfrac{\partial^2 f(\mathbf{x})}{\partial x_1 \partial x_1} & \cdots & \dfrac{\partial^2 f(\mathbf{x})}{\partial x_1 \partial x_d} \\ \vdots & \ddots & \vdots \\ \dfrac{\partial^2 f(\mathbf{x})}{\partial x_d \partial x_1} & \cdots & \dfrac{\partial^2 f(\mathbf{x})}{\partial x_d \partial x_d} \end{pmatrix}$$

对于任意向量 $\mathbf{v} \neq \mathbf{0}$,函数在 $\mathbf{x}$ 处沿着 $\mathbf{v}$ 方向的斜率定义为 $\mathbf{v}^{\mathrm{T}} \nabla f(\mathbf{x}) / \|\mathbf{v}\|$,这里 $\|\mathbf{v}\| = \sqrt{v_1^2 + \cdots + v_d^2}$ 表示欧几里德范数。函数在 $\mathbf{x}$ 处沿着 $\mathbf{v}$ 方向的曲率定义为 $\mathbf{v}^{\mathrm{T}} \mathbf{H}(\mathbf{x}) \mathbf{v} / \|\mathbf{v}\|^2$。若对于任意足够小的正数 $\varepsilon > 0$,$f(\mathbf{x} + \varepsilon \mathbf{e}_i) \leqslant f(\mathbf{x})$ 对所有 $i = 1, \cdots, d$ 均成立,则称函数 f 在 $\mathbf{x}$ 处具有局部最大值。函数在 $\mathbf{x}$ 处具有局部最大值的一个必要(非充分)条件是:$\nabla f(\mathbf{x}) = \mathbf{0} = (0, \cdots, 0)^{\mathrm{T}}$ 且对于任意向量 $\mathbf{v} \neq \mathbf{0}$,函数在 $\mathbf{x}$ 处沿着 $\mathbf{v}$ 方向的曲率均小于等于 0(此时黑塞矩阵是**半负定的**)。函数在 $\mathbf{x}$ 处具有局部最大值的一个充分(非必要)条件是:$\nabla f(\mathbf{x}) = \mathbf{0}$ 且 f 沿着任意方向的曲率都小于 0(此时我们称黑塞矩阵 $\mathbf{H}(\mathbf{x})$ 是**负定的**)。

显然,通过对函数取相反数 $-f$,易知寻找多元函数的局部最小值和寻找局部最大值可以认为是等价的。

与一维情况类似,我们将通过局部迭代的思想来寻找函数的局部最大值。定义 $\|\mathbf{x}\|_\infty = \max_i |x_i|$(即 L_∞ 范数)。在高维情况下我们综合使用如下准则作为计算停止的条件:

- $\| \mathbf{x}(n) - \mathbf{x}(n-1) \|_\infty \leqslant \varepsilon$;
- $| f(\mathbf{x}(n)) - f(\mathbf{x}(n-1)) | \leqslant \varepsilon$;
- $\| \nabla f(\mathbf{x}(n)) \|_\infty \leqslant \varepsilon$。

为了避免不收敛的发生,我们同样设定一个迭代次数的最大值 $n_{\max}$,当 $n = n_{\max}$ 时停止计算。

12.4 最速上升法

P.209 令 $f: \mathbb{R}^d \to \mathbb{R}$ 为偏导数处处连续的函数。我们需要做的是在 $\mathbb{R}^d$ 空间中某一点 $\mathbf{x}(0)$ 的邻域内寻找函数 f 的局部最大值。

最速上升法的思想是,取 $\mathbf{x}(n+1) = \mathbf{x}(n) + \alpha \mathbf{v}$,这里 α 是一个正数,取向量 $\mathbf{v}$ 的方向为使得函数斜率最大的方向,即向量 $\mathbf{v}$ 满足使 $\mathbf{v}^{\mathrm{T}} \nabla f(\mathbf{x}(n)) / \|\mathbf{v}\|$ 的值最大。考虑

$$\frac{\partial}{\partial v_i} \frac{\boldsymbol{v}^{\mathrm{T}} \nabla f(\boldsymbol{x})}{\|\boldsymbol{v}\|} = \frac{f_i(\boldsymbol{x})}{\|\boldsymbol{v}\|} - \frac{(\boldsymbol{v}^{\mathrm{T}} \nabla f(\boldsymbol{x})) v_i}{\|\boldsymbol{v}\|^3}$$

令上式等于 0,可得 $v_i \propto f_i(\boldsymbol{x})$,故可知在点 $\boldsymbol{x}$ 处使得斜率最大的方向为梯度 $\nabla f(\boldsymbol{x})$。(使斜率最小的方向为 $-\nabla f(\boldsymbol{x})$,此结论在求局部最小值时可以使用。)因此,最速上升法的计算公式为

$$\boldsymbol{x}(n+1) = \boldsymbol{x}(n) + \alpha \nabla f(\boldsymbol{x}(n))$$

其中 $\alpha \geqslant 0$。根据这个公式,我们选择 $\alpha \geqslant 0$ 使得函数

$$g(\alpha) = f(\boldsymbol{x}(n) + \alpha \nabla f(\boldsymbol{x}(n)))$$

取最大值。如果 $\alpha = 0$,则我们已取到了局部最大值,若 $\alpha > 0$,则 $f(\boldsymbol{x}(n+1)) > f(\boldsymbol{x}(n))$。

如果 f 为有界函数,又 $f(\boldsymbol{x}(n+1)) \geqslant f(\boldsymbol{x}(n))$,则序列 $\{f(\boldsymbol{x}(n))\}_{n=1}^{\infty}$ 必然收敛。这就意味着,我们可以通过设定计算停止条件为 $f(\boldsymbol{x}(n)) - f(\boldsymbol{x}(n-1)) \leqslant \varepsilon$,$\varepsilon$ 为足够小的误差。但是,需要注意的是,当序列 $\{f(\boldsymbol{x}(n))\}_{n=1}^{\infty}$ 收敛的时候,并不能保证序列 $\{\boldsymbol{x}(n)\}_{n=1}^{\infty}$ 一定收敛。实际上,可以证明,当函数 f 有界,且 ∇f 有较好的分析性质(具体为,在所讨论的区域内一致连续),则序列 $\{\boldsymbol{x}(n)\}_{n=1}^{\infty}$ 一定收敛到局部最大值点。[①]

我们现在来给出在 R 中执行最速上升法的基本代码。假设 f 和 ∇f 在 $\mathbb{R}$ 中的函数代码已知,我们再假设已知函数 `line.search`,此函数以 f,$\boldsymbol{x}(n)$ 和 $\nabla f(\boldsymbol{x}(n))$ 为参数,返回值为 $\boldsymbol{x}(n) + \alpha_m \nabla f(\boldsymbol{x}(n))$,此处 $\alpha_m = \operatorname{argmax} g(\alpha)$(即使得 $g(\alpha)$ 取得最大值的 α 值)。

```
# Program spuRs/resources/scripts/ascent.r

source("../scripts/linesearch.r")

ascent <- function(f, grad.f, x0, tol = 1e-9, n.max = 100) {
    # steepest ascent algorithm
    # find a local max of f starting at x0
    # function grad.f is the gradient of f
    x <- x0
    x.old <- x
    x <- line.search(f, x, grad.f(x))
    n <- 1
    while ((f(x) - f(x.old) > tol) & (n < n.max)) {
        x.old <- x
        x <- line.search(f, x, grad.f(x))
        n <- n + 1
    }
    return(x)
}
```

---

① P. Wolfe,Convergence condition for ascent methods. *SIAM Review*,Vol. 11,226~235,1969。

12.4.1 线性搜索

P.210 最速上升法的具体算法中,对于任意的第 n 步,我们都需要在所有的 $\alpha \geqslant 0$ 中取值,使得函数 $g(\alpha) = f(x(n) + \alpha \nabla f(x(n)))$ 取得最大值。而我们知道,寻找全局最大值非常困难,所以这里将采取黄金分割法来寻找局部最大值,进而以其来替代全局最大值。

黄金分割法需要三个初值点 $\alpha_l < \alpha_m < \alpha_r$,且满足 $g(\alpha_m) \geqslant g(\alpha_l)$ 和 $g(\alpha_m) \geqslant g(\alpha_r)$。令 $\alpha_l = 0$,理论上来说,如果 $\|\nabla f(x(n))\| > 0$ 且 $g'(0) > 0$,则必存在 $\varepsilon > 0$ 使得 $g(\varepsilon) > g(0)$,所以,我们可以取 $\alpha_m = \varepsilon$。实际中,如果 $g'(0)$ 非常小,则会导致 $g(\varepsilon) - g(0) \approx g'(0)\varepsilon$ 也非常小,因此,数值计算中 $g(0)$ 与 $g(\varepsilon)$ 将会非常接近,从而不易将它们区分开。

此外,可惜的是,我们并无法在理论上保证一定存在一个合适的 α_r 值,因为我们很可能遇到一个在整个区间 $[0, \infty)$ 上都是单调递增的函数 g。为了解决这个问题,我们指定一个**最大步长** $\alpha_{\max}$,若无法找到一个 $\alpha_r \leqslant \alpha_{\max}$ 满足 $g(\alpha_r) \leqslant g(\alpha_m)$,则取返回值为 $\alpha_{\max}$。至此,我们可以给出线性搜索的程序:

```
# Program spuRs/resources/scripts/linesearch.r

source("../scripts/gsection.r")

line.search <- function(f, x, y, tol = 1e-9, a.max = 2^5) {
    # f is a real function that takes a vector of length d
    # x and y are vectors of length d
    # line.search uses gsection to find a >= 0 such that
    #   g(a) = f(x + a*y) has a local maximum at a,
    #   within a tolerance of tol
    # if no local max is found then we use 0 or a.max for a
    # the value returned is x + a*y

    if (sum(abs(y)) == 0) return(x) # g(a) constant

    g <- function(a) return(f(x + a*y))

    # find a triple a.l < a.m < a.r such that
    # g(a.l) <= g(a.m) and g(a.m) >= g(a.r)
    # a.l
    a.l <- 0
    g.l <- g(a.l)
    # a.m
    a.m <- 1
    g.m <- g(a.m)
    while ((g.m < g.l) & (a.m > tol)) {
        a.m <- a.m/2
        g.m <- g(a.m)
    }
```

```
# if a suitable a.m was not found then use 0 for a
if ((a.m <= tol) & (g.m < g.l)) return(x)
# a.r
a.r <- 2*a.m
g.r <- g(a.r)
while ((g.m < g.r) & (a.r < a.max)) {
    a.m <- a.r
    g.m <- g.r
    a.r <- 2*a.m
    g.r <- g(a.r)
}
# if a suitable a.r was not found then use a.max for a
if ((a.r >= a.max) & (g.m < g.r)) return(x + a.max*y)

# apply golden-section algorithm to g to find a
a <- gsection(g, a.l, a.r, a.m)
return(x + a*y)
}
```

在函数 line.search 的代码中,一旦找到了满足不等式 $a.l < a.m < a.r$ 的三个点, P.211 则调用函数 gsection 来执行黄金分割法。函数 line.search 内部定义的函数 g 使用了 R 的参数范围规则。因为变量 x 和 y 并不是定义在 g 内部或者以输入参数传入的,当调用函数 g 的时候,R 将会在具体的环境中来寻找哪些值被调用作为 x 和 y 的具体值。也就是说,x 和 y 的值将会被使用传递到函数 line.search 中。

根据黄金分割法来寻找局部最大值的具体实现过程在 12.2 节中已给出。

12.4.2　示例: $\sin(x^2/2 - y^2/4)\cos(2x - \exp(y))$

这里,我们对函数
$$f(x,y) = \sin(x^2/2 - y^2/4)\cos(2x - \exp(y))$$
使用最速上升法。

图 12.4 给出了函数 $f(x,y) = \sin(x^2/2 - y^2/4)\cos(2x - \exp(y))$ 在 P.212 $(0,0)$ 邻域内的三维图。(此图是使用 7.7 节讲述的 wireframe 生成的。)在图 12.5 中我们给出了函数 f 的等高线图,并且由两个不同的初始点 $(0.1,0.3)$ 和 $(0,0.5)$ 出发,给出了根据最速上升法得到的与序列 $x(n)$ 相对应的点列。可以看到,虽然我们开始计算的初始点相差并不大,但是最终得到的点却相差巨大。从点 $(0.1,0.3)$ 开始计算,我们得到的局部最大值点为 $(2.0307,1.4015)$,而从 $(0,0.5)$ 开始计算,我们得到的局部最大值点为 $(0.3425,1.4272)$。

这两条搜索路径都很好诠释了最速上升法一个显而易见的特点:当从沿一条脊线上升的时候,所形成的路线是从脊线的一边到另外一边的折线。这是因为当从点 $x(n)$ 移动到点 $x(n+1)$ 的过程中,方向 v 仅仅是点 $x(n)$ 处变化最快的方向。换句话说,当点 $x(n)$ 沿着方向 v 移动之后,也许移动还在进行,但是 v 很可能已不再是最速上升法所需要的方向了。当沿着 v 方向移动时已没有进一步的增加时，我们需要停下来，重新计算梯度。

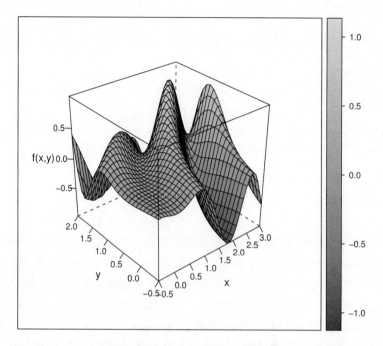

图 12.4　函数 $f(x,y) = \sin(x^2/2 - y^2/4)\cos(2x - \exp(y))$

P.213

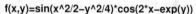

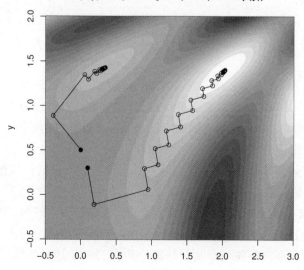

图 12.5　对于函数 $f(x,y) = \sin(x^2/2 - y^2/4)\cos(2x - \exp(y))$ 使用最速上升法时所得到的路径

12.5　多维情形下的牛顿法

最速上升法使用了梯度的一些有相关知识。当使用二阶导数时，也就是使用黑塞矩阵的时候，我们可以构造一个收敛得更快的方法。最简单的使用二阶导数的方法是牛顿法，其可以很容易地由一维情形推广到多维情形。

牛顿法需要寻找满足条件 $\nabla f(\boldsymbol{x}) = \boldsymbol{0}$ 的一点 $\boldsymbol{x}$，其基本理论是对函数 f 进行二阶泰勒展开。对于任意比较接近的两点 $\boldsymbol{x}$ 和 $\boldsymbol{y}$，我们有

$$f(\boldsymbol{y}) \approx f(\boldsymbol{x}) + (\boldsymbol{y}-\boldsymbol{x})^{\mathrm{T}}\,\nabla f(\boldsymbol{x}) + \frac{1}{2}\,(\boldsymbol{y}-\boldsymbol{x})^{\mathrm{T}}\boldsymbol{H}(\boldsymbol{x})(\boldsymbol{y}-\boldsymbol{x}) \qquad (12.1)$$

上述多维近似结论可以通过一维的泰勒公式来得到。令 $\boldsymbol{v} = \boldsymbol{y}-\boldsymbol{x}$，并定义 $g(\alpha) = f(\boldsymbol{x}+\alpha\boldsymbol{v})$，则可得

$$g'(0) = \lim_{\alpha \to 0} \frac{g(\alpha)-g(0)}{\alpha}$$

P.214

$$= \lim_{\alpha \to 0}\Big(\frac{f(\boldsymbol{x}+\alpha v_1\boldsymbol{e}_1+\cdots+\alpha v_d\boldsymbol{e}_d)-f(\boldsymbol{x}+\alpha v_2\boldsymbol{e}_2+\cdots+\alpha v_d\boldsymbol{e}_d)}{\alpha}$$

$$+\frac{f(\boldsymbol{x}+\alpha v_2\boldsymbol{e}_2+\cdots+\alpha v_d\boldsymbol{e}_d)-f(\boldsymbol{x}+\alpha v_3\boldsymbol{e}_3+\cdots+\alpha v_d\boldsymbol{e}_d)}{\alpha}$$

$$+\cdots$$

$$+\frac{f(\boldsymbol{x}+\alpha v_d\boldsymbol{e}_d)-f(\boldsymbol{x})}{\alpha}\Big)$$

$$= v_1 f_1(\boldsymbol{x}) + v_2 f_2(\boldsymbol{x}) + \cdots + v_d f_d(\boldsymbol{x}) = \boldsymbol{v}^{\mathrm{T}}\,\nabla f(\boldsymbol{x})$$

类似的，我们可以根据上述结论得到

$$g''(0) = \frac{1}{2}\boldsymbol{v}^{\mathrm{T}}\boldsymbol{H}(\boldsymbol{x})\boldsymbol{v}$$

因此，函数 g 在 0 处的二阶泰勒展开式可以写为 $g(\alpha) \approx g(0) + \alpha g'(0) + \frac{1}{2}\alpha^2 g''(0) = f(\boldsymbol{x}) + \alpha\boldsymbol{v}^{\mathrm{T}}\,\nabla f(\boldsymbol{x}) + \frac{1}{2}\alpha^2\boldsymbol{v}^{\mathrm{T}}\boldsymbol{H}(\boldsymbol{x})\boldsymbol{v}$。在此式中令 $\alpha = 1$，我们可以得到上文中给出的函数 f 的二阶泰勒展开式。

对 (12.1) 式两端关于 $\boldsymbol{y}$ 的分量分别取一阶偏导数，可得

$$\nabla f(\boldsymbol{y}) \approx \nabla f(\boldsymbol{x}) + \boldsymbol{H}(\boldsymbol{x})(\boldsymbol{y}-\boldsymbol{x})$$

若 $\boldsymbol{y}$ 为局部最大值，则 $\nabla f(\boldsymbol{y}) = \boldsymbol{0}$，据此，求解上式，我们可以得到 $\boldsymbol{y} = \boldsymbol{x} - \boldsymbol{H}(\boldsymbol{x})^{-1}\,\nabla f(\boldsymbol{x})$。这就是我们算法所需要的全部信息。令 $\boldsymbol{x}(n)$ 为我们此刻的估计值，则我们期望所得的下一步估计值 $\boldsymbol{x}(n+1)$ 为局部最大值（至少是局部最大值的近似值）。为此，我们可以令 $\boldsymbol{x} = \boldsymbol{x}(n)$，$\boldsymbol{y} = \boldsymbol{x}(n+1)$ 来实现这一点：

牛顿算法

$$\boldsymbol{x}(n+1) = \boldsymbol{x}(n) - \boldsymbol{H}(\boldsymbol{x}(n))^{-1}\,\nabla f(\boldsymbol{x}(n))$$

显然如果矩阵 $H(x(n))$ 是奇异的（即没有逆矩阵），则牛顿方法将失效。然而，和一维的情况类似，即使 $H(x(n))$ 在每一步中都是非奇异的，我们也无法保证牛顿方法的收敛性。尽管如此，假如函数 f 在点 x^* 处具有局部最大值，f 在点 x^* 附近有较好的分析性质且我们所选的初始值 $x(0)$ 足够接近 x^*，则牛顿法可以迅速地收敛到 x^*。对于我们研究的问题来说，f 在点 x^* 附近有较好的分析性质指的是 $H(x^*)$ 是正定矩阵，且 H 的所有元素满足利普希茨连续。[①]

对于一个可逆矩阵 $A \in \mathbb{R}^{d \times d}$ 和向量 $b \in \mathbb{R}^d$，方程 $Ax = b$ 的解可以表示为 $A^{-1}b$。从数值角度来看，一般直接求解方程要比计算出 A^{-1} 再给它乘以向量 b 要快捷并且可靠得多。在 R 中求解此线性方程组的命令是 **solve(A, b)**，但若 A 是奇异矩阵则会导致错误的发生。在我们面对的问题中，矩阵 $H(x(n))$ 每一步都会发生变化，因此计算 $H(x(n))^{-1}$ 的意义并不大。

P.215 在执行牛顿法的过程中，我们假定已知函数 **f3** 的代码，其输入为 x，返回值为包含 $f(x)$，$\nabla f(x)$ 和 $H(x)$ 的一个列表。我们使用 $\| \nabla f(x(n)) \|_\infty \leqslant \varepsilon$ 作为计算停止的条件。

```
# program spuRs/resources/scripts/newton.r

newton <- function(f3, x0, tol = 1e-9, n.max = 100) {
    # Newton's method for optimisation, starting at x0
    # f3 is a function that given x returns the list
    # {f(x), grad f(x), Hessian f(x)}, for some f

    x <- x0
    f3.x <- f3(x)
    n <- 0
    while ((max(abs(f3.x[[2]])) > tol) & (n < n.max)) {
        x <- x - solve(f3.x[[3]], f3.x[[2]])
        f3.x <- f3(x)
        n <- n + 1
    }
    if (n == n.max) {
        cat('newton failed to converge\n')
    } else {
        return(x)
    }
}
```

通过观察可以得到，这里给出的函数代码 **newton** 对于函数 f 是一维的情形也是适用的。

---

① 　矩阵 H 的所有元素满足利普希茨连续，指存在一个常数 k，使得对于所有 x 和 y，$| f_{i,j}(x) - f_{i,j}(y) | \leqslant k \| x - y \|$，这里 $f_{i,j} = \partial^2 f / \partial x_i \partial x_j$。

12.5.1　示例：$\sin(x^2/2 - y^2/4)\cos(2x - \exp(y))$

我们对 12.4.2 节中研究的函数使用牛顿法。图 12.6 给出的是从三个不同点出发得到的具体路径。注意以下几点：

1. 牛顿法不仅可以收敛到最大值点，同样可以收敛到最小值点和鞍点；
2. 牛顿法的速度要比最速上升法快得多；
3. 除非距离局部最小值或者局部最大值点比较近，否则可能导致移动到一些不可预测的方向上。

为了强调最后一点，我们在点 $(1.5, 0.5)$ 附近寻找了多组初始值，相应地运行了多次牛顿法的程序，此算法每次均收敛（收敛到某个驻点），但是收敛到的具体点却大相径庭。

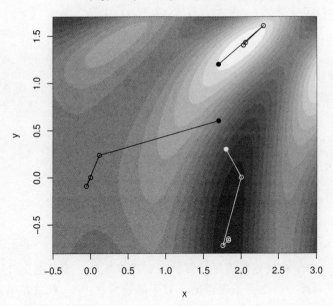

f(x,y)=sin(x^2/2−y^2/4)*cos(2*x−exp(y))

图 12.6　对于函数 $f(x, y) = \sin(x^2/2 - y^2/4)\cos(2x - \exp(y))$ 使用牛顿法的搜索路径。图中实心点表示初始点

```
# program spuRs/resources/scripts/f3.r

f3 <- function(x) {
  a <- x[1]^2/2 - x[2]^2/4
```

P.216

```
    b <- 2*x[1] - exp(x[2])
    f <- sin(a)*cos(b)
    f1 <- cos(a)*cos(b)*x[1] - sin(a)*sin(b)*2
    f2 <- -cos(a)*cos(b)*x[2]/2 + sin(a)*sin(b)*exp(x[2])
    f11 <- -sin(a)*cos(b)*(4 + x[1]^2) + cos(a)*cos(b) -
        cos(a)*sin(b)*4*x[1]
    f12 <- sin(a)*cos(b)*(x[1]*x[2]/2 + 2*exp(x[2])) +
        cos(a)*sin(b)*(x[1]*exp(x[2]) + x[2])
    f22 <- -sin(a)*cos(b)*(x[2]^2/4 + exp(2*x[2])) - cos(a)*cos(b)/2 -
        cos(a)*sin(b)*x[2]*exp(x[2]) + sin(a)*sin(b)*exp(x[2])
    return(list(f, c(f1, f2), matrix(c(f11, f12, f12, f22), 2, 2)))
}
```

```
> source("../scripts/newton.r")
> source("../scripts/f3.r")
> for (x0 in seq(1.4, 1.6, .1)) {
+   for (y0 in seq(0.4, 0.6, .1)) {
+     cat(c(x0,y0), '-->', newton(f3, c(x0,y0)), '\n')
```

P.217

```
+   }
+ }

1.4 0.4 --> 0.04074437 -2.507290
1.4 0.5 --> 0.1179734 3.344661
1.4 0.6 --> -1.553163 6.020013
1.5 0.4 --> 2.837142 5.353982
1.5 0.5 --> 0.04074437 -2.507290
1.5 0.6 --> 9.899083e-10 1.366392e-09
1.6 0.4 --> -0.5584103 -0.7897114
1.6 0.5 --> -0.2902213 -0.2304799
1.6 0.6 --> -1.552947 -3.332638
```

12.5.2　有关导数的问题

　　牛顿法的一个潜在缺点是需要计算梯度和黑塞矩阵。而最速上升法只需要计算梯度,而即便如此有时也是很困难的。对于函数而言,其一般由多项式或者是简单超越函数(sin 函数、exp 函数、sinh 函数,等等)构成,此时它的梯度和黑塞矩阵可以按部就班地求解,不会有什么困难。然而并非所有的情况都这么简单,很多时候函数 f 存在,而 ∇f 并不存在。例如,函数 f 可能是一些数值计算的结果(可能甚至是最优化问题的结果)或者是数值仿真的近似值。

　　在这种情况下我们可以采取两种方式来处理。第一种方式是即使我们不知道 H 和/或 ∇f 是什么,我们也不知道它们是否存在,但尽量估计出它们的值。在习题 5 中我们将探讨此类问题。

　　第二种方式是我们重新使用一种不需要梯度的优化方法。这样的优化方法可能比较慢,但是却相对可靠。对于一维的情况下,黄金分割法就是一种不需要进行求导的算法的例子。而对于高维情形,内尔德和米德也给出了一种算法,此算法同样不需要求导,并已被广泛认可。虽然内尔德-米德算法在 R 中经常使用(见 12.6 节),但是我们在此并不对此算法做详细的探讨。

我们需要提起注意的是,对于很多函数,梯度和黑塞矩阵的求解是相当机械式的。当然,计算机可以很好处理机械式的工作,R 提供了可以进行符号计算的函数 **deriv**,可用来计算某个函数梯度和黑塞矩阵。例如,我们这里重新给出 12.5.1 节中涉及到的函数 **f3**,如下所示:

```
Df <- deriv(z ~ sin(x^2/2 - y^2/4)*cos(2*x - exp(y)),
            c('x', 'y'), func=TRUE, hessian=TRUE)

f3 <- function(x) {

  Dfx <- Df(x[1], x[2])
  f <- Dfx[1]
  gradf <- attr(Dfx, 'gradient')[1,]
  hessf <- attr(Dfx, 'hessian')[1,,]
  return(list(f, gradf, hessf))
}
```

有关函数 **deriv** 的详细信息可以参见它的帮助页面。

12.6 R 中的最优化及其相关延伸问题

在一维情况中,R 提供了函数 **optimize**,此函数是黄金分割法与**抛物线插补法**的一个结合。

对于更加有意义的高维情况,目前存在着多种多样的最优化方法。R 中的函数 **optim** 提供了三种确定性方法的实现过程:**内尔德-米德算法**、**准牛顿算法**(又称为**变尺度算法**)和**共轭梯度**法。实际中,最速上升法和牛顿法用的并不多,不用前者的原因是因为其速度太慢,不用后者的原因是由于它的不稳定性。

除了确定性最优化方法之外,还存在着随机最优化方法,就像它的名字一样,在寻找最优点的时候,其使用了随机的思想。**optim** 只提供了一种方法,**模拟退火法**。通过引入随机思想,随机最优化方法增加了寻找**全局最优化**的机率,全局最优化不同于局部最优化,它和你选择的初始点是没有关系的。对于确定性的最优化方法,局部最小值或者局部最大值的寻找完全决定于你的初始点,当我们要对某目标函数求最小值而对此函数的性质已知甚少时,这就是一个严重的缺点。

我们之前考虑的所有最优化问题都是具有**连续**变量的**无约束最优化**问题。换句话说,我们所做的是的所有 $x \in \mathbb{R}^d$ 上来最优化函数 $f(x)$。当我们把 x 限制在 $\mathbb{R}^d$ 的某个连续子集上(**有约束最优化**),或者将 x 限制在某个离散子集上(**离散最优化**)时,例如 $\mathbb{Z}^d$,我们就需要采用不同的方法。另外一种需要采取不同方法来研究的复杂情况是,$f(x)$ 仅能通过不确定的观察来确定,尤其是 $f(x)$ 是由数值模拟来给定的情形。

有关数值最优化问题更深层次的书籍,我们推荐 *Numerical Mathematics and Computing*,第 6 版,W. 切尼和 D. 金凯德,Thomson Brooks/Cole Publishing Co.,2008,和 *Numerical Recipes 3rd Edition:The Art of Scientific Computing*,W. H. 普莱斯,S. A. 图科斯基,W. T. 威特灵,B. P. 弗兰诺雷,剑桥出版社,2007。

P.219

12.7 一个曲线拟合的例子

假设有如下观察值,(x_1, y_1),$\cdots$,(x_n, y_n),我们想要做的是寻找一个满足 $y_i \approx f(x_i)$ 的函数 f,$i = 1, \cdots, n$。进一步假设函数 f 可以由一些**参数组成**的向量 $\boldsymbol{\theta} = (\theta_1, \cdots, \theta_d)^{\mathrm{T}}$ 来表示。例如,若我们限制 f 为二次函数,则它可写为如下形式,$f(x) = ax^2 + bx + c$,此时 $\boldsymbol{\theta} = (a, b, c)^{\mathrm{T}}$。为了强调函数 $f(x)$ 与参数 $\boldsymbol{\theta}$ 有关,我们将其写为 $f(x; \boldsymbol{\theta})$。

寻找参数 $\boldsymbol{\theta}^*$ 使得拟合值 $\hat{y}_i = f(x_i; \boldsymbol{\theta})$ 最接近观察值 y_i 的问题称为**曲线拟合**。

为了衡量拟合值与观察值的接近程度,我们定义一个可以表示 $y = (y_1, \cdots, y_n)^{\mathrm{T}}$ 与 $\hat{y} = (\hat{y}_1, \cdots, \hat{y}_n)^{\mathrm{T}}$ 之间的距离的量,称为**损失函数**。通常损失函数有两种比较普遍的取法,平方和

$$L_2(\boldsymbol{\theta}) = \sum_{i=1}^{n} (y_i - \hat{y}_i)^2$$

和绝对偏差和

$$L_1(\boldsymbol{\theta}) = \sum_{i=1}^{n} |y_i - \hat{y}_i|$$

需要注意我们考虑的损失函数其自变量为 $\boldsymbol{\theta}$,而并不是 y,因为我们关心的是当参数 $\boldsymbol{\theta}$ 改变时损失函数如何变化。对于给定的损失函数 L,我们需要选择 $\boldsymbol{\theta}$ 的一个值 $\boldsymbol{\theta}^*$ 使得 $L(\boldsymbol{\theta})$ 的值最小。

我们在此选择树木生长的一些数据作为一个例子来考虑此问题。图 12.7 中我们给出了不同年龄段的杉树的体积数据[①],这里的体积指的是树干的体积,其单

①　数据来自 A·R·冯·古滕贝格,Growth and yield of spruce in Hochgebirge。弗朗茨出版社,维也纳,1915 (德语)。

位为 m³。年龄是通过数离地 1.3 米处树干的年轮得到的,因此年龄是从杉树生长到 1.3 米那一年才开始计算的。理查兹曲线是一个被广泛应用的用于描述植物尺寸(这里指体积)的生物模型,其自变量为年龄,表达式为:

$$f(x) = a\,(1 - e^{-bx})^c$$

这里参数为 $\boldsymbol{\theta} = (a,b,c)^{\mathrm{T}}$,其中 a 表示植物的最大尺寸,b 用来描述生长速度,c 代表生物原因参数,通常取接近 3 的一个值。

我们将使用 R 中的 **optim** 函数把理查兹曲线与图 12.7 中给出的观察值进行拟合。在计算中,平方和损失函数和绝对偏差和损失函数均将被采用,并对它们的结果进行比较。**optim** 函数的默认操作是求解最小值,这一点刚好满足我们的要求,其默认使用的方法是内尔德-米德算法,这对我们的问题也正好适用。之所以我们更倾向于内尔德-米德算法的原因是其不需要计算梯度,而我们的损失函数 L_1 并不满足处处可导。但损失函数 L_2 关于变量 $\boldsymbol{\theta}$ 的梯度是可以计算出来的,所以对于此情况我们还可以采取其他的最优化方法来处理。

P.220

我们的观察值是以表格的形式给出的,此表格有三列,分别表示:**ID**,**Age** 和 **Vol**(存储在一个逗号分隔文件中)。此表格包含了很多树木的信息,图 12.7 中给出的是 **ID** 为 **1.3.11** 的树木信息。如下的代码中我们首先定义了函数 f,称为 **richards**,和两个损失函数 **loss.L2** 和 **loss.L1**。然后我们将数据读入数据框中,并提取出与编号 1.3.11 相关的树木信息,对其使用 **optim** 函数。最后我们绘出拟合函数的图形与观察值,结果如图 12.7 所示。我们可以看到虽然所采取的两个损失函数结果略有不同,但最终拟合的效果都比较好。

```
> richards <- function(t, theta)
+   theta[1]*(1 - exp(-theta[2]*t))^theta[3]
> loss.L2 <- function(theta, age, vol)
+   sum((vol - richards(age, theta))^2)
> loss.L1 <- function(theta, age, vol)
+   sum(abs(vol - richards(age, theta)))
> trees <- read.csv("../data/trees.csv")
> tree <- trees[trees$ID=="1.3.11", 2:3]
> theta0 <- c(1000, 0.1, 3)
> theta.L2 <- optim(theta0, loss.L2, age=tree$Age, vol=tree$Vol)
> theta.L1 <- optim(theta0, loss.L1, age=tree$Age, vol=tree$Vol)
> par(las=1)
> plot(tree$Age, tree$Vol, type="p", xlab="Age", ylab="Volume",
+   main='Tree 1.3.11')
> lines(tree$Age, richards(tree$Age, theta.L2$par), col="blue")
> lines(tree$Age, richards(tree$Age, theta.L1$par), col="blue", lty=2)
```

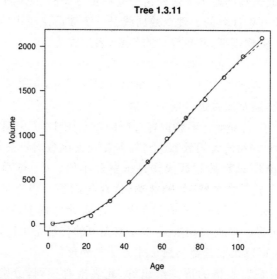

图 12.7　12.7 节中树木生长例子的图形。图中点表示观察值，实线表示使用平方和作为损失函数的理查兹拟合曲线，虚线表示使用绝对偏差和作为损失函数的理查兹拟合曲线

12.8　习题

1. 在黄金分割法中，假设从三点 $x_l = 0$，$x_m = 0.5$ 和 $x_r = 1$ 开始计算，并假设在每一步计算中若 $x_r - x_m > x_m - x_l$，则取 $y = (x_m + x_r)/2$，若 $x_r - x_m \leqslant x_m - x_l$，则取 $y = (x_l + x_m)/2$。

   若如此选择 y，在最糟的情况下，每次减少的区间宽度为原区间多少倍？在此情形下，这样选择 y 与一般的黄金分割法相比孰优孰略？

   对于最好的情况结果又如何？

2. 使用黄金分割法在区间 $[-10, 10]$ 上寻找如下函数的所有局部最大值。

$$f(x) = \begin{cases} 0, & x = 0 \\ |x| \log(|x|/2) e^{-|x|}, & \text{其他} \end{cases}$$

   提示：首先绘出此函数的图形，该图形可能会给你一些解题的好思路。

P.221 3. 编写函数 **gsection** 的另一个版本，用其画出中间结果。也就是说，画出函数优化的过程，然后在每一步中分别过点 x_l，x_r，x_m 和 y 画一条铅垂线（过点 y 处的线使用不同的颜色）。

4. Rosenbrock 函数是一种经常被用来做检验的函数，其表达是为

$$f(x, y) = (1 - x)^2 + 100 (y - x^2)^2$$

你可以使用下面给出的代码在区域 $[-2,2] \times [-2,5]$ 中画出此函数的图像（见图 12.8）。此函数只有一个全局最小值点 $(1,1)$。

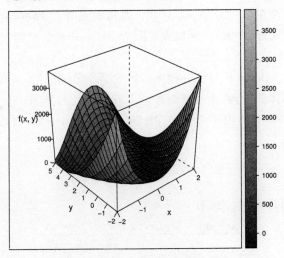

图 12.8 Rosenbrock 函数，见习题 4

```
# program spuRs/resources/scripts/Rosenbrock.r

Rosenbrock <- function(x) {
  g <- (1 - x[1])^2 + 100*(x[2] - x[1]^2)^2
  g1 <- -2*(1 - x[1]) - 400*(x[2] - x[1]^2)*x[1]
  g2 <- 200*(x[2] - x[1]^2)
  g11 <- 2 - 400*x[2] + 1200*x[1]^2
  g12 <- -400*x[1]
  g22 <- 200
  return(list(g, c(g1, g2), matrix(c(g11, g12, g12, g22), 2, 2)))
}

x <- seq(-2, 2, .1)
y <- seq(-2, 5, .1)

xyz <- data.frame(matrix(0, length(x)*length(y), 3))
names(xyz) <- c('x', 'y', 'z')
n <- 0
for (i in 1:length(x)) {
  for (j in 1:length(y)) {
    n <- n + 1
    xyz[n,] <- c(x[i], y[j], Rosenbrock(c(x[i], y[j]))[[1]])
  }
}
library(lattice)
print(wireframe(z ~ x*y, data = xyz, scales = list(arrows = FALSE),
  zlab = 'f(x, y)', drape = T))
```

P.222

使用 **lattice** 包中的 **contourplot** 函数在区域 $[-2,2] \times [-2,5]$ 中画出 Rosenbrock 函数的等高线图。然后修改 **ascent** 函数,用其在等高线图中画出计算的每一步结果,并使用它以 $(0,3)$ 为初始点寻找 Rosenbrock 函数的**最小值**(即函数 $-f$ 的最大值)。采取误差限为 10^{-9},并将最大迭代次数增加到至少 10000 次。

进而使用函数 **newton** 再寻找一次该函数的最小值(此时不需要使用 $-f$)。画出牛顿法的具体路径,并比较其与最速上升法路径的异同。

5. 假设函数 $f: \mathbb{R}^d \to \mathbb{R}$。由于 $\partial f(\boldsymbol{x}) / \partial x_i = \lim\limits_{\varepsilon \to 0} (f(\boldsymbol{x} + \varepsilon \boldsymbol{e}_i) - f(\boldsymbol{x})) / \varepsilon$,故当 ε 足够小时,我们有

$$\frac{\partial f(\boldsymbol{x})}{\partial x_i} \approx \frac{f(\boldsymbol{x} + \varepsilon \boldsymbol{e}_i) - f(\boldsymbol{x})}{\varepsilon}$$

P.223 同理,可以证明当 $i \neq j$ 时,有

$$\frac{\partial^2 f(\boldsymbol{x})}{\partial x_i \partial x_j} \approx \frac{f(\boldsymbol{x} + \varepsilon \boldsymbol{e}_i + \varepsilon \boldsymbol{e}_j) - f(\boldsymbol{x} + \varepsilon \boldsymbol{e}_i) - f(\boldsymbol{x} + \varepsilon \boldsymbol{e}_j) + f(\boldsymbol{x})}{\varepsilon^2}$$

和

$$\frac{\partial^2 f(\boldsymbol{x})}{\partial x_i^2} \approx \frac{f(\boldsymbol{x} + 2\varepsilon \boldsymbol{e}_i) - 2f(\boldsymbol{x} + \varepsilon \boldsymbol{e}_i) + f(\boldsymbol{x})}{\varepsilon^2}$$

(a) 使用函数 $f(x,y) = x^3 + xy^2$ 在 $(1,1)$ 处的值来检验这种近似方法的准确性。也就是,对一系列不同的 ε 值,计算近似值的梯度和黑塞矩阵,并比较其与真实值的梯度和黑塞矩阵的差别有多大。

在 $\mathbb{R}$ 中,实数的精度仅达到 10^{-16}(即 $1 + 10^{\wedge}\{-16\} == 1$)。因此估计值 $\partial f(\boldsymbol{x}) / \partial x_i$ 的误差具有的精度为 $10^{-16} / \varepsilon$。例如,若 $\varepsilon = 10^{-8}$,则误差的精度为 10^{-8}。但是,二阶导数的情况要糟糕的多:估计值 $\partial^2 f(\boldsymbol{x}) / \partial x_i \partial x_j$ 的误差具有的精度为 $10^{-16} / \varepsilon^2$,因此若 $\varepsilon = 10^{-8}$,此误差的精度将变为 1。我们在选择 ε 的时候要做一些权衡:太大的话会导致近似效果较差;太小了会导致舍入误差较大。

(b) 对最速上升法进行修改,用上述的近似值替代梯度。然后对函数 $f(x,y) = \sin(x^2/2 - y^2/4)\cos(2x - \exp(y))$ 使用修改后的算法进行处理,并使用与 12.4.2 节例子中相同的初始值。

此算法对 ε 的依赖程度如何?它对画出计算过程中的每一步结果可能是有所帮助的,类似习题 4。

6. 使用局部搜索技术来寻找全局最大值的一种简单方式是考虑若干个不同初始点,希望这些局部最大值中的一个来表示实际的全局最大值。如果对于初始点的选取没有其他线索的话,我们可以随机地选取这些初始点。

考虑函数

$$f(x,y) = - (x^2 + y^2 - 2)(x^2 + y^2 - 1)(x^2 + y^2)(x^2 + y^2 + 1)(x^2 + y^2 + 2)$$
$$\times (2 - \sin(x^2 - y^2)\cos(y - \exp(y)))$$

此函数在区域 $[-1.5, 1.5] \times [-1.5, 1.5]$ 内具有多个局部最大值。随机地选取一些点做为初始值,针对这些点使用最速上升法来寻找 f 的所有局部最大值,从而得到全局最大值。可以使用 `runif(2, -1.5, 1.5)` 命令来产生区域 $[-1.5, 1.5] \times [-1.5, 1.5]$ 中的随机点 (x,y)。

函数 f 的图像由图 12.9 给出,注意 f 在 -3 以下的部分已被截断。

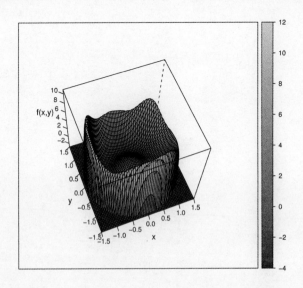

图 12.9　具有多个局部最大值的函数图像:见习题 6

7. 此题的问题是 12.7 节例子的一个延伸。

理查兹曲线的三个参数简单描述了一棵树的生长情况。在实际中,对木材种植 P.224的最优管理需要知道不同树木在不同环境下的生长有何异同,这样就可以正确选择在哪里种什么树,保持多大间距。

表格 `trees.csv` 内详细记录了在诸多不同地点杉树的生长信息。每棵树都有一个格式为 $x.y.z$ 的编号,这里 x 表示这棵树来自哪个地点,y 表示来自这个地点的哪个具体位置。给出表格中所有树木的的理查兹拟合曲线,然后针对每棵树画出点 (a,b) 在坐标系中的位置,这里 (a,b,c) 表示理查兹曲线的参数。标出每个点对应的树木来自哪个地点:试着找出树木的来源地点和其理查兹曲线参数的关系?

提示:可使用命令 `text(a, b,'1')` 在点 (a,b) 处标上字符 **1**。

第 Ⅲ 部分

概率与统计

第 13 章

概率

第 3 部分我们介绍数学中用精确方式描述和思考非确定性的概率。概率是解 释和发展随机模拟的一个重要工具。随机模拟对深入理解复杂的难以用理论分析
的情形很有用途。因此，本书的这一部分可以认为是第 4 部分模拟的开始。

本章我们主要介绍概率公理和条件概率。我们还介绍全概率公式，它可以用
来把复杂的概率分解成为若干个简单概率的计算，还有贝叶斯定理，它是处理条件
概率非常有用的方法。

13.1 概率公理

描述不确定性的第一步是考虑可能**结果**的集合。所有可能结果的集合称为**样
本空间**并且通常记为 Ω。**事件**定义为样本空间 Ω 的任意子集。

例如当我们抛掷一枚骰子时可以得到样本空间为 $\Omega = \{1,2,3,4,5,6\}$，事件
"得到一偶数"是子集 $\{2,4,6\}$。

这里是一些符号和处理集合时有用的结论。

$$
\begin{aligned}
\phi &= \text{空集}; \\
A \backslash B &= \{x : x \in A \text{ 并且 } x \notin B\}, A \text{ 与 } B \text{ 的差集}; \\
\bar{A} &= \Omega \backslash A, A \text{ 的补集}; \\
A \bigcup B &= \{x : x \in A \text{ 或者 } x \in B\}, A \text{ 与 } B \text{ 的并集}; \\
A \bigcap B &= \{x : x \in A \text{ 并且 } x \in B\}, A \text{ 与 } B \text{ 的交集} \\
\overline{A \bigcup B} &= \bar{A} \bigcap \bar{B} \\
\overline{A \bigcap B} &= \bar{A} \bigcup \bar{B} \\
|A| &= A \text{ 的大小（它包含的元素数目）}
\end{aligned}
$$

如果 $A \bigcap B = \phi$，则称 A 与 B **互斥**。Ω 的**划分**是一组互斥的集合，它们的并集

是 Ω 。

P.228　　　描述不确定性的第二步就是对事件也即 Ω 的子集给定一个概率。概率测度是定义在事件或者集合上的在区间 $[0,1]$ 上取值的一个函数,一般用符号 $\mathbb{P}$ 表示,它表示事件发生的"可能性"。该值的一个直观(频率)解释是在一系列同样重复实验中多次运行的频率(这里这种重复是有意义的)。

$$\frac{\text{事件 } A \text{ 发生的次数}}{\text{总的试验次数}} \rightarrow \mathbb{P}(A) \qquad\qquad (13.1)$$

另一个(主观贝叶斯)解释是可以把概率认为是个人的主观评价。对于主观贝叶斯来说,概率不必限制在一系列同样的重复试验。上述的两种情形下概率测度都满足下列性质:

$\mathbb{P}(\Omega) \;=\; 1;$

$\mathbb{P}(A) \;\geqslant\; 0;$

$\mathbb{P}(A \bigcup B) = \mathbb{P}(A) + \mathbb{P}(B),$ 如果 A 与 B 互斥。

上述三个条件在概率的数学理论里被正式地称为**概率公理**。我们定义概率测度是满足概率公理的定义在样本空间 Ω 上的子集的函数。概率理论建立在这些公理之上:我们所有的证明最终只依赖于这些公理而与其他的无关[①]。

对于任意的事件 A 和 B ,下列结论很容易从概率公理推出:

$\mathbb{P}(\phi) = 0;$

$\mathbb{P}(\overline{A}) = 1 - \mathbb{P}(A);$

$\mathbb{P}(A) \leqslant 1;$

$\mathbb{P}(A) \leqslant \mathbb{P}(B),$ 如果 $A \subset B;$

$\mathbb{P}(A \bigcup B) = \mathbb{P}(A) + \mathbb{P}(B) - \mathbb{P}(A \bigcap B)$(加法准则)

如果在一个集合与正整数集合之间存在一个一一对应关系,则该集合是**可数的**。直观地说该集合所有元素的总数可以通过列举的方法计算:1,2,3,等等。从加法准则我们可以看到如果我们知道所有单个元素的集合 $\{x\}$ 的概率 $\mathbb{P}(\{x\})$,那么我们可以计算出所有可数集合 A 的概率 $\mathbb{P}(A)$ 。

有限集合和整数集合都是可数的,但是可以证明实线上的任意区间都是不可
P.229　数的。如果 Ω 的元素是不可数无穷多的,那么可以证明这样的一个结果,采用我们的概率公理给 Ω 的所有子集赋予一个概率是不可能的。这会引出一些有意思的理论但是我们在这里不予讨论。如果 Ω 是**可数的**,那么我们通常可以对它的所有子集赋予一个概率,因此我们的证明将总是使用可数的 Ω 。

一个给定的样本空间可以有不止一个的定义在其上的概率测度。例如考虑抛

---

① 确切地说第三条公理应该适用于可数的无穷多个互斥的集合,然而这个有限的版本对我们来说就足够了。

掷一枚骰子的试验。如果该骰子是均匀的我们可以使用下面的概率：

x	1	2	3	4	5	6
$\mathbb{P}_{fair}(\{x\})$	1/6	1/6	1/6	1/6	1/6	1/6

然而,如果这个骰子是不均匀的使得数字 6 出现的可能性是其他数字的 2 倍,那么我们可以使用下面的概率：

x	1	2	3	4	5	6
$\mathbb{P}_{unfair}(\{x\})$	1/7	1/7	1/7	1/7	1/7	2/7

13.1.1　概率计算

如果 Ω 是有限的, $|\Omega| = n$,并且 Ω 每个元素的出现是等可能的,那么对于所有的结果 x 和事件 A 有

$$\mathbb{P}(\{x\}) = \frac{1}{n} \text{ 和 } \mathbb{P}(A) = \frac{|A|}{n}$$

在这种情形下我们给出计算 A 的大小的方法并寻找 A 的概率。

这里的计算包括排列和组合。当计算时我们需要清楚地知道我们面对的是**有序**还是**无序**集合。从包含 n 个元素的集合里选取 r 个元素的选取方法的个数是：当集合有序时是 $n!/(n-r)!$,是一个**排列**问题;当集合无序时是 $\binom{n}{r} = n!/(r!(n-r)!)$,是一个**组合**问题。

如果我们规定 $\clubsuit, \diamondsuit, \heartsuit, \spadesuit$ 的次序,我们可以给出一副扑克的适当顺序。假定我们从一副充分洗牌的扑克里抽取 5 张并希望知道 $\mathbb{P}$(恰好 2 张红心)和 $\mathbb{P}$(这些扑克是按照递增顺序抽取)。对于第一个的计算和顺序无关:结果是五张卡片的无序集合,所以我们的样本空间的大小为

$$|\Omega_1| = \binom{52}{5}$$

令 $A = \{$恰好 2 张红心$\}$,那么 $|A| = \binom{13}{2}\binom{39}{3}$ 。 Ω_1 中每个元素的出现是等可能的,因此 $\mathbb{P}$(恰好 2 张红心)$= \binom{13}{2}\binom{39}{3}/\binom{52}{5}$ 。

对于第二个的计算和顺序有关。我们现在假设结果是 5 张牌的有序集合,所以我们的样本空间的大小为

$$|\Omega_2| = \frac{52!}{47!}$$

令 $B = \{$这些扑克是按照递增顺序抽取$\}$,那么 $|B| = \binom{52}{5}$,由于对 5 张牌的每个

可能选择,只有一种情形是它们按照递增顺序抽取。Ω_2 中每个元素的出现是等可能的,因此 $\mathbb{P}($这些扑克是按照递增顺序抽取$) = \binom{52}{5} 47!/52!$。

13.2 条件概率

对于事件 A 和 B,给定 B 时 A 的条件概率是假定 B 发生的条件下 A 发生的概率。一个例子是假定一个人是吸烟者那么他得心脏病的概率。我们记为 $\mathbb{P}(A \mid B)$。

一般地,给定一系列独立的试验,为了得到给定 B 时 A 的条件概率,我们舍弃结果不在 B 里的所有试验,然后考虑 A 在剩余试验里发生的频率。也即是

$$\frac{A \text{ 和 } B \text{ 同时发生的次数}}{B \text{ 发生的次数}} \to \mathbb{P}(A \mid B)$$

分子分母同时除以试验总次数 n,我们得到

$$\frac{A \text{ 和 } B \text{ 同时发生的次数}}{B \text{ 发生的次数}} = \frac{A \text{ 和 } B \text{ 同时发生的次数}}{n} \frac{n}{B \text{ 发生的次数}}$$

$$\to \mathbb{P}(A \cap B) / \mathbb{P}(B)$$

例如一个均匀的骰子出现偶数(事件 A)的概率是 $1/2$,但是如果我们知道结果是小于 4(事件 B),那么在这样的条件下 A 发生的概率变为 $1/3$。我们定义条件概率如下:

$$\mathbb{P}(A \mid B) = \mathbb{P}(A \cap B) / \mathbb{P}(B)$$

有时称为在条件 B 上。显然这个定义只有在 $\mathbb{P}(B) > 0$ 时有意义。我们重新组织定义可以得到

$$\mathbb{P}(A \cap B) = \mathbb{P}(B) \, \mathbb{P}(A \mid B) = \mathbb{P}(A) \, \mathbb{P}(B \mid A)$$

这个计算两事件交集的概率的常用准则称为**乘法公式**。

条件概率等价于限制我们的样本空间是 B,然后对所有的概率用 $1/\mathbb{P}(B)$ 进行标度。容易核实 $\mathbb{P}(\cdot \mid B)$ 是 B 上的概率测度,我们只需要检验是否满足概率公理。对于互斥的事件 $A, C \subset B$ 我们有:

P.231

$$\mathbb{P}(B \mid B) = 1;$$
$$\mathbb{P}(A \mid B) \geqslant 0;$$
$$\mathbb{P}(A \cup C \mid B) = \mathbb{P}((A \cup C) \cap B) / \mathbb{P}(B)$$
$$= \mathbb{P}((A \cap B) \cup (C \cap B)) / \mathbb{P}(B)$$
$$= (\mathbb{P}(A \cap B) + \mathbb{P}(C \cap B)) / \mathbb{P}(B)$$
$$= \mathbb{P}(A \mid B) + \mathbb{P}(C \mid B)$$

这意味着我们从一般概率推导出的所有结论(比如加法准则)也适合于条件概率。

13.2.1　示例：寿命表

由寿命表可知，89.935% 的女人活到 60 岁，57.062% 的女人活到 80 岁。这里我们指出事件"活到 80"包含事件"活到 60"，那么有

$$\mathbb{P}(一个女人在活到 60 岁的条件下活到 80 岁)$$
$$= \frac{0.57062}{0.89935} = 0.63448（保留到 5 位小数）$$

13.2.2　示例：监狱里的土著死亡

下列数据摘自 1992 年至 1993 年澳大利亚犯罪研究所的报告。[①] 我们考虑监狱死亡。

	土著	非土著
监狱内死亡	4	38
15 岁以上的居民数	160 000	12 926 000
监狱内的人数	2 198	13 361

忽略了 15 岁以下的居民数是因为他们不会被判刑入狱，但是会去青少年拘留中心。

我们定义下列事件：I，土著；P，1992 年至 1993 年在监狱；D，1992 年至 1993 年死亡。令 N 表示 15 岁以上的总居民数（$= 13\ 086\ 000$）。

调查监狱里土著死亡的皇家委员会想评估对怀疑监狱里土著比非土著有更高死亡概率的证据。如果我们比较 $\mathbb{P}(D \cap P \mid I)$ 和 $\mathbb{P}(D \cap P \mid \bar{I})$，那么从表格我们可以得到：

$$\mathbb{P}(D \cap P \mid I) = \frac{\mathbb{P}(D \cap P \cap I)}{\mathbb{P}(I)} = \frac{4}{N} / \frac{160\ 000}{N} = 4/160\ 000 \approx 2.5 \times 10^{-5}$$

但

P.232

$$\mathbb{P}(D \cap P \mid \bar{I}) = \frac{\mathbb{P}(D \cap P \cap \bar{I})}{\mathbb{P}(\bar{I})} = \frac{38}{N} / \frac{12\ 926\ 000}{N} = 38/12\ 926\ 000 \approx 3.0 \times 10^{-6}$$

所以可以清楚地看到，事件 I 和 $D \cap P$ 之间有很大的依赖性。

然而，更仔细地观察这些数据，我们可以看到该概率有两部分：

$$\mathbb{P}(D \cap P \mid I) = \frac{\mathbb{P}(D \cap P \cap I)}{\mathbb{P}(I)} = \frac{\mathbb{P}(D \mid P \cap I)\mathbb{P}(P \cap I)}{\mathbb{P}(I)}$$
$$= \mathbb{P}(D \mid P \cap I)\mathbb{P}(P \mid I)$$

[①]　http://www.aic.gov.au/publications/dic/dic6.pdf

对 $\bar{I}$ 有类似的结论。

我们把概率写成这种方式的原因是 $\mathbb{P}(D \mid P \cap I)$ 很大程度上依赖于监狱条件/管理,而 $\mathbb{P}(P \mid I)$ 是监禁率,这取决于更广泛范围的政策问题。

使用上述的数据,我们得到不同的条件概率:

	$A = I$	$A = \bar{I}$
$\mathbb{P}(D \mid P \cap A)$	$\dfrac{4}{2198} \approx 1.8 \times 10^{-3}$	$\dfrac{38}{13\ 361} \approx 2.8 \times 10^{-3}$
$\mathbb{P}(P \mid A)$	$\dfrac{2198}{160\ 000} \approx 1.4 \times 10^{-2}$	$\dfrac{13\ 361}{12\ 926\ 000} \approx 1.0 \times 10^{-3}$
$\mathbb{P}(D \cap P \mid A)$	$\dfrac{4}{160\ 000} \approx 2.5 \times 10^{-5}$	$\dfrac{38}{12\ 926\ 000} \approx 3.0 \times 10^{-6}$

从这个表格我们可以看到土著的监禁死亡率稍微大于非土著;主要的差别是澳大利亚土著的监禁率。

13.3 独立性

我们说事件 A 和 B 是独立的如果 $\mathbb{P}(A \cap B) = \mathbb{P}(A)\,\mathbb{P}(B)$,或者等价地如果 $\mathbb{P}(A \mid B) = \mathbb{P}(A)$ 或者 $\mathbb{P}(B \mid A) = \mathbb{P}(B)$。我们解释独立性是事件 B 的发生与否对事件 A 的发生没有影响。

13.3.1 示例:互斥事件

如果 $\mathbb{P}(A), \mathbb{P}(B) > 0$ 并且 A 和 B 是互斥的,那么它们不独立。这是因为 $\mathbb{P}(A \cap B) = \mathbb{P}(\phi) = 0 \neq \mathbb{P}(A)\,\mathbb{P}(B)$。

你可以检验如果 $A = \phi$ 或者 $A = \Omega$,那么 A 与其他任意事件 B 相互独立。

13.3.2 示例:德梅尔骑士

P.233 德梅尔骑士是 17 世纪的一位法国贵族,他通过赌博来赚钱——等额赌注——他投掷 4 次骰子至少得到一次 6 点。最后他发现没有人能赌赢他,所以他改为同时投掷两个骰子 24 次至少同时出现一次双 6 点,然而这种方法下他开始输钱。

这里解释一下为什么。运用独立性我们有

$\mathbb{P}$(4 次投掷至少出现 1 次 6 点)

$= 1 - \mathbb{P}$(4 次投掷均没有 6 点)

$= 1 - \mathbb{P}(\text{第 1 次投掷没有 6 点}) \times \cdots \times \mathbb{P}(\text{第 4 次投掷没有 6 点})$

$= 1 - (5/6)^4$

$= 0.5177$（保留到 4 位小数）

和

$\mathbb{P}(\text{24 次投掷至少出现 1 次双 6 点})$

$= 1 - \mathbb{P}(\text{24 次投掷均没有双 6 点})$

$= 1 - \mathbb{P}(\text{第 1 次投掷没有双 6 点}) \times \cdots \times \mathbb{P}(\text{第 24 次投掷没有双 6 点})$

$= 1 - (35/36)^{24}$

$= 0.4914$（保留到 4 位小数）

因此修改后的赌博方案不等价于德梅尔所期望的原始方案，它把原来 1.77% 的优势转化为 0.86% 的劣势。

13.4　全概率公式

假设事件 $E_1, \cdots, E_k$ 是样本空间 Ω 的一个划分。也即是对于所有的 $i \neq j$ 有 $E_i \cap E_j = \phi$ 并且 $E_1 \cup \cdots \cup E_k = \Omega$。那么对于任意的事件 A 有

$$\mathbb{P}(A) = \mathbb{P}(A \cap \Omega)$$
$$= \mathbb{P}(A \cap (E_1 \cup \cdots \cup E_k))$$
$$= \mathbb{P}((A \cap E_1) \cup \cdots \cup (A \cap E_k))$$
$$= \mathbb{P}(A \cap E_1) + \cdots + \mathbb{P}(A \cap E_k) \ (\text{互斥事件})$$
$$= \mathbb{P}(A \mid E_1) \mathbb{P}(E_1) + \cdots + \mathbb{P}(A \mid E_k) \mathbb{P}(E_k)$$

这个结论称为**全概率公式**。它是把一个复杂的事件 A 分解成为一系列简单事件 $A \cap E_1, \cdots, A \cap E_k$ 的非常有用的方法。

例如，在 2003 年，攻读维多利亚教育证书（VCE）的学生[①] 53% 是女性，通过率是 96.5%。男学生的通过率是 95.5%。总的通过率是多少？令 M 表示事件"男性"，F 表示事件"女性"，P 表示事件"通过"，那么我们有

$$\mathbb{P}(P) = \mathbb{P}(P \mid M) \mathbb{P}(M) + \mathbb{P}(P \mid F) \mathbb{P}(F)$$
$$= 0.955 \times (1 - 0.53) + 0.965 \times 0.53$$
$$= 0.960（\text{保留到 3 位小数}）$$

P.234

13.5　贝叶斯定理

对于任意的事件 A 和 B 我们有

---

① 澳大利亚维多利亚州的中学生攻读维多利亚教育证书（VCE）。

$$\mathbb{P}(B \mid A) = \frac{\mathbb{P}(B \bigcap A)}{\mathbb{P}(A)}$$

$$= \frac{\mathbb{P}(A \mid B)\,\mathbb{P}(B)}{\mathbb{P}(A)}$$

这个结果称为**贝叶斯定理**。当已经知道 $\mathbb{P}(A \mid B)$ [①] 时,贝叶斯定理可以用来计算条件概率 $\mathbb{P}(B \mid A)$。

当事件 $E_1, \cdots, E_k$ 是样本空间 Ω 的一个划分时,如果我们选择事件 B 为 E_1,那么我们有

$$\mathbb{P}(E_1 \mid A) = \frac{\mathbb{P}(A \mid E_1)\,\mathbb{P}(E_1)}{\mathbb{P}(A)}$$

$$= \frac{\mathbb{P}(A \mid E_1)\,\mathbb{P}(E_1)}{\mathbb{P}(A \mid E_1)\,\mathbb{P}(E_1) + \cdots + \mathbb{P}(A \mid E_k)\,\mathbb{P}(E_k)}$$

最后一步使用全概率公式。这是贝叶斯定理常用的表述形式,但是需要注意的是原始的定理不要求引入一个划分。

13.5.1　示例:前列腺癌筛查

这里是关于筛查男性前列腺癌的数字直肠检验(DRE)的有效性的数据。[②]

令 P 表示事件"返回一个阳性测试结果",C 表示事件"患有前列腺癌",那么我们有

$$\mathbb{P}(P \mid C) = 0.57; \mathbb{P}(\overline{P} \mid C) = 0.43;$$

$$\mathbb{P}(P \mid \overline{C}) = 0.08; \mathbb{P}(\overline{P} \mid \overline{C}) = 0.92;$$

$$\mathbb{P}(C) = 0.037; \mathbb{P}(\overline{C}) = 0.963.$$

P.235　现在假设没有其它特殊的原因相信你有癌症,但是你有一个阳性测试结果。那你该怎么办? 因为前列腺癌手术有很大的并发症风险,你想确切地知道:当有一个阳性结果时患有癌症的可能性 $\mathbb{P}(C \mid P)$ 是多大?

根据全概率公式我们可以计算有一个阳性测试结果的概率为

$$\mathbb{P}(P) = \mathbb{P}(P \bigcap C) + \mathbb{P}(P \bigcap \overline{C}) = \mathbb{P}(P \mid C)\,\mathbb{P}(C) + \mathbb{P}(P \mid \overline{C})\,\mathbb{P}(\overline{C}) = 0.097$$

所以由贝叶斯定理得

$$\mathbb{P}(C \mid P) = \mathbb{P}(P \mid C)\,\mathbb{P}(C) / \mathbb{P}(P) = 0.57 \times 0.037 / 0.097 \approx 0.22$$

该值不是太大! 原因是相对高的假阳性率 8% 会造成比患病的人产生更多的阳性测试结果。而其中只有一小部分是患病者。希望尽快有更好的测试方法出现!

---

① 贝叶斯定理是概率中贝叶斯理论的基础部分,它描述事件概率的先验假设如何根据进一步可以利用的信息进行更新。

② http://www.jr2.ox.ac.uk/bandolier/band74/b74-7.html

13.6 习题

1. 列出下面随机试验的样本空间。首先投掷一枚硬币,如果得到正面,进而投掷一个骰子。

2. 不同类型或血型的血液有:O,A,B 和 AB。输血时并非所有的血型都是相容的。任意的受血者接受的血液可以是来自相同血型的捐血者或者是来自 O 型血的捐血者。AB 血型的受血者可以接受任意血型。其他类型的组合是不相容的。考虑一个试验,抽取某人的一升血液并根据随后两个进入血库的捐献者的血型,确定他的血型:

    (a) 列出本试验所有可能(考虑顺序)的结果。

    (b) 列出第二个捐血者可以接受第一个捐血者血型的结果。

    (c) 列出每一个捐血者可以接受另一个捐血者血型的结果。

3. (a) 放射性样品在一个固定时间区间发射的阿尔法粒子数是可数的。给出这个试验的样本空间。

    (b) 直到第一个阿尔法粒子发射所用的时间是可以测量的。给出这个试验的样本空间。

4. 一个试验是确定一块金属含有黄金的比例是多少。给出这个试验的样本空间。

5. 一个有 n 个部件的盒子其中有 $r(r<n)$ 个部件是有瑕疵的。逐个检验部件直到发现所有有瑕疵的部件并记录检验部件的数目。描述这个试验的样本空间。

6. 令 A,B,C 是三个任意的事件。用 A,B 和 C 写出下列事件的表达式。 P.236

    (a) 只有 B 发生。

    (b) B 和 C 均发生,但 A 不发生。

    (c) 三个事件均发生。

    (d) 至少有一个事件发生。

    (e) 所有事件均不发生。

7. 利用概率公理证明

$$\mathbb{P}(\overline{A} \cap \overline{B}) = 1 - \mathbb{P}(A \cup B)$$

画出 A 和 B 的文氏图可能会有帮助。

8. 如此分配概率 $\mathbb{P}(A) = 2/3$,$\mathbb{P}(B) = 1/5$ 和 $\mathbb{P}(A \cap B) = 1/4$ 是可能的吗?

9. 在一个试验中,事件 A,B 和 C 有且仅有一个发生。在下列的假设下分别计算 $\mathbb{P}(A)$,$\mathbb{P}(B)$ 和 $\mathbb{P}(C)$:

    (a) $\mathbb{P}(A) = \mathbb{P}(B) = \mathbb{P}(C)$。

    (b) $\mathbb{P}(A) = \mathbb{P}(B)$,$\mathbb{P}(C) = 1/4$。

    (c) $\mathbb{P}(A) = 2\,\mathbb{P}(B) = 3\,\mathbb{P}(C)$。

10. 考虑一个样本空间 $\Omega = \{a,b,c,d,e\}$,在该样本空间里定义下列事件 $A = \{a\}$, $B =$ $\{b\}$, $C = \{c\}$, $D = \{d\}$, $E = \{e\}$。在这个样本空间上我们给出一些可供选择的概率测度。其中的一些可能会使计算出现错误。找出有错误出现的情形,指出为什么出现错误。对于那些没有错误的情形,计算 $\mathbb{P}(E)$。

   (a) $\mathbb{P}(A \bigcup B \bigcup C \bigcup D) = 0.5, \mathbb{P}(B \bigcup C \bigcup D) = 0.6$。

   (b) $\mathbb{P}(A \bigcup B) = 0.3, \mathbb{P}(C \bigcup D) = 0.5$。

   (c) $\mathbb{P}(A \bigcup B) = 0.6, \mathbb{P}(C) = 0.4$。

   (d) $\mathbb{P}(A \bigcup B \bigcup C) = 0.7, \mathbb{P}(A \bigcup B) = \mathbb{P}(B \bigcup C) = 0.3$。

11. 令 A 和 B 是一样本空间中的事件,使得 $\mathbb{P}(A) = \alpha, \mathbb{P}(B) = \beta, \mathbb{P}(A \bigcap B) = \gamma$。用 α, β 和 γ 的表达式给出下列事件的概率。

   (a) $\overline{A} \bigcap B$。

   (b) $A \bigcap \overline{B}$。

   (c) $\overline{A} \bigcap \overline{B}$。

12. 如果 B 的出现会使 A 出现的可能性更大,那么 A 的出现能使 B 的出现可能性更大吗?

13. 假设 $\mathbb{P}(A) = 0.6$。当 A、B 满足下列条件时关于 $\mathbb{P}(A \mid B)$ 你能得到什么。

P.237

   (a) A 和 B 是互斥的?

   (b) A 是 B 的子集?

   (c) B 是 A 的子集?

14. 如果事件 A 和 B 使得 $\mathbb{P}(A) = 0.4, \mathbb{P}(A \bigcup B) = 0.7$,计算 $\mathbb{P}(B)$,如果 A 和 B 是

   (a)互斥的。

   (b)独立的。

15. 给出事件 A 与它的子集 B 独立的条件。

16. 投掷一枚均匀的硬币多少次可以使得至少出现一次正面的概率不小于 0.99?

17. 从容量为 N 的总体中抽取一个容量为 n 的随机样本。当进行如下抽样时写出不同的样本的个数:

   (a)有序且可重复。

   (b)有序且不可重复。

   (c)无序且不可重复。

   (d)无序且可重复。

   (注意(d)比较困难,先写出一些特殊情形可能会有帮助。)

18. 假定母亲和父亲都携带 A 型血和 B 型血基因。他们每人遗传一种基因给孩子,并且每种基因的遗传是等可能的。我们假设他们遗传基因是独立的。如果父母都遗传 A 基因孩子将有 A 型血,如果都遗传 B 基因孩子将有 B 型血,如果

一个遗传 A 基因一个遗传 B 基因将有 AB 型血。这样父母的孩子有 A 型血的概率是多少？B 型血呢？AB 型血呢？

19. 一个人使用下述系统玩轮盘赌。他下 1 美元赌注赌轮盘出现黑色。如果他赢了，他退出赌博。如果他输了，他第二次同样赌黑色但是赌注为 2 美元。无论结果是什么，他都将退出赌博。该试验的样本空间是什么？假设每次下赌注时他有 1/2 的概率赢得赌博，那么他退出时获胜的概率是多少？

20. 投掷两个骰子。至少有一个是 6 点的概率是多少？如果两个骰子的点数不一样，其中一个是 6 点的概率是多少？如果总点数是 7 其中一个骰子的点数是 6 的概率是多少？

21. 一个女人有两个孩子。假设生男孩和女孩的可能性是相同的。在下列条件下她有两个男孩的概率是多少？

    (a) 年龄大的是男孩。

    (b) 至少一个是男孩。

22. 两个弓箭手 A 和 B 射击同一个目标。假定 A 射中目标的概率是 0.65，B 射中　P.238
目标的概率是 0.5 并且相互独立。

    (a) 如果只有一个弓箭手射中目标，A 射中的概率是多少？

    (b) 如果至少有一个弓箭手射中目标，B 射中的概率是多少？

23. 一种诊断测试用来确定一个人是否患有某种疾病。如果测试是阳性，那么推断该人患有这种疾病，如果是隐性则推断没有这种疾病。然而这种测试不是 100% 准确。如果患有这种疾病的人做测试，仍有 5% 的可能性显示阴性（假阴性）结果，当一个没有患这种病的人测试时，显示假阳性的概率是 10%。假定我们从一群人中随机选择一人，该人群每 50 个人有 1 人患有这种疾病。

    (a) 计算测试结果是阳性的概率。

    (b) 计算测试结果不正确的概率。

    (c) 计算如果测试结果是阳性实际上确实患有该种疾病的概率。

24. 在城市之间有两条公交线 A 和 B。公交线 A 晚点的概率是 20%，公交线 B 晚点的概率是 50%。假设你乘坐公交线 A 的次数是公交线 B 的 3 倍。某一天你晚点了。那该天你乘坐公交线 B 的概率是多少？

25. 一个电子系统接收输入信号并输出相应的编码信息。

    该系统包括 3 个转换器（C_1，C_2 和 C_3），2 个监视器（M_1 和 M_2），在输入到转换器之间有 3 种完全可靠的三向开关。输入信号由一个或者多个转换器进行编码并且由监视器检测转换是否正确。

    开始信号传入 C_1，如果 M_1 通过转换，则输出编码信息。如果 M_1 拒绝转换，输入转到 C_2 并且由 M_2 检测。如果 M_2 通过转换，则输出编码信息。如果 M_2 拒绝转换，输入转到 C_3 并且编码信息不做进一步的检测而直接输出。

每个转换器有 0.9 的概率可以正确编码输入信息。每个监视器有 0.8 的概率拒绝错误的编码信息，同时也有 0.8 的概率通过正确的编码信息。证明该系统正确输出的概率是 0.968。

26. 双骰子赌博游戏玩法如下。玩家投掷两个骰子，如果点数和是 7 或者 11，那么该玩家胜。如果点数和是 2,3 或者 12，那么他输。如果点数和是其他的数字，那么他继续投掷直到再投掷出该数（这种情形下他胜）或者他投掷出 7（这种情形下他输）。计算玩家胜的概率。

27. 如果你投掷一枚硬币 4 次，得到 4 次正面的概率是 $(0.5)^4 = 0.0625$。假设我们投掷一枚硬币 20 次，那么得到连续 4 次正面的概率是多少？编写一个程序估计这个概率。你的答案必定大于 $5 \times 0.0625 = 0.3125$。[①]（为什么？）

你的程序应该有以下结构：

(a) 函数 **four.n.twenty()** 模拟投掷 20 次硬币，然后检查是否有连续 4 次正面。

(b) 函数 **four.n.twenty.prob(N)** 计算 **four.n.twenty()** **N** 次并且返回有连续 4 次正面次数的比例。

使用 **four.n.twenty.prob(N)**，你如何才能相信你的答案精确到两位小数？为了模拟抛掷 20 次硬币你可以使用命令 **round(runif(20))**，然后用 1 表示出现正面，0 表示出现反面。构造 **four.n.twenty()** 的一种方法是首先生成一个投掷 20 次硬币的序列，然后对于 $i = 1,\cdots,17$ 检查是否投掷 $(i,i+1,i+2,i+3)$ 都是正面。假设你使用 1 表示正面 0 表示反面，那么 **coins** 是由 0 和 1 组成的长度为 n 的向量，**coins** 是由 n 个正面组成的序列当且仅当 **prob(coins) = = 1**。

① 该表达式应该是 $1-(15/16)^5$，作者已在后来的勘误中指出。——译者注

第 **14** 章
随机变量

本章我们介绍随机变量的概念，它可以量化随机试验的结果。我们定义离散 P.241
型和连续型随机变量并考虑描述它们分布的各种方式，包括分布函数、概率累积函
数，概率密度函数。然后我们解释它们分布的一些重要特征（期望和方差）以及它
们和别的随机变量的联系（独立和协方差）。

我们也考虑随机变量的变换，这是为了后面模拟结果的需要，以及弱大数定
律，它描述了均值随着样本容量增加而改变的行为。弱大数定律也可以用来证明
用频率估计概率的可行性。

在接下来的两章我们更详细地讨论离散型和连续型随机变量的具体例子。

14.1 分布函数的定义

假设我们有一个样本空间 Ω 和把事件（Ω 的子集）映射到区间 $[0,1]$ 的概率测
度 $\mathbb{P}$。**随机变量**（或者简记为 rv）X 是从 Ω 到实线 $\mathbb{R}$ 上的函数。换言之，随机变
量是与 Ω 里每一个结果联系的一个值。

我们定义 $\mathbb{P}(X = x)$ 是事件 $\{\omega \in \Omega : X(\omega) = x\}$ 的概率。更一般地有 $\mathbb{P}(X \in A)$
$= \mathbb{P}\{\omega \in \Omega : X(\omega) \in A\}$。接下来我们将使用简写 $\{X \in A\}$ 代替 $\{\omega \in \Omega : X(\omega) \in A\}$。

例如，假设我们抛掷一枚均匀硬币 3 次并令 X 表示直到第一次反面出现前正
面出现的次数，Y 表示正面出现的总数。X 和 Y 均是随机变量。令 ω 是 Ω 的一个
元素，那么我们有

ω	HHH	HHT	HTH	HTT	THH	THT	TTH	TTT
$P(\{\omega\})$	1/8	1/8	1/8	1/8	1/8	1/8	1/8	1/8
$X(\omega)$	3	2	1	1	0	0	0	0
$Y(\omega)$	3	2	2	1	2	1	1	0

因此 $\mathbb{P}(X = 0) = \mathbb{P}(\{THH, THT, TTH, TTT\}) = 1/2$，$\mathbb{P}(Y = 0) = \mathbb{P}(\{TTT\}) = 1/8$。 P.242

关于记号的一个注释：我们经常用大写字母表示随机变量，小写字母表示它们

的可能取值。

一个重要的概念是我们可以描述随机变量 X 而不必描述 Ω。我们使用随机变量的**(累积)分布函数**(cdf 或者 df)：

$$F(x) = \mathbb{P}(X \leqslant x)$$

当我们处理的随机变量多于一个时我们把 X 的分布函数记为 F_X。分布函数也称为随机变量的律(law)或者只是"分布"。如果你知道 F 那么对于任意的区间 $(a,$ $b]$ 我们有 $\mathbb{P}(a < X \leqslant b) = F(b) - F(a)$，并且使用这种区间的组合，我们可以计算包含 X 的所有可能的概率。这个公式的一个结果是如果 $a < b$ 那么 $F(a) \leqslant F(b)$，因此 F 是一个非减函数。下面两个也是正确的，如果 $x \to -\infty$，则 $F(x) \to 0$，如果 $x \to \infty$，则 $F(x) \to 1$。

随机变量是一个有着广泛应用的基本概念；相同的分布函数可以出现在不同的背景中，使得我们可以从一个背景下得到的结果运用到另一个背景。

14.2　离散型和连续型随机变量

我们基于分布函数判别两种特定类型的随机变量。如果分布函数是阶梯函数那么该随机变量称为**离散型**，如果分布函数可以写为某个函数(称为密度)的积分那么该随机变量称为**连续型**。也可能有既是离散也是连续型的随机变量，但我们这里不考虑这种情形。图 14.1 和 14.2 给出了离散型和连续型随机变量的例子。

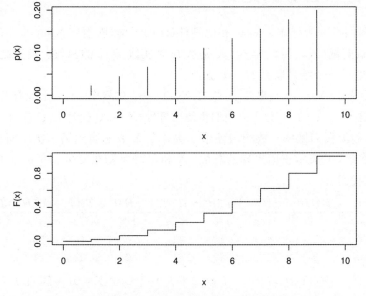

图 14.1　离散型概率质量函数和相应的累积分布函数

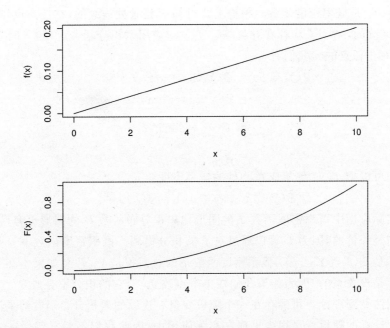

图 14.2 连续型概率密度函数和相应的累积分布函数

离散型随机变量 如果 X 的分布函数 F 在点 a 有一个大小为 p 的跳跃,那么

$$\mathbb{P}(X = a) = \mathbb{P}(X \leqslant a) - \mathbb{P}(X < a)$$
$$= \mathbb{P}(X \leqslant a) - \lim_{\varepsilon \to 0^+} \mathbb{P}(X \leqslant a - \varepsilon)$$
$$= F(a) - \lim_{\varepsilon \to 0^+} F(a - \varepsilon)$$
$$= p$$

我们用**概率质量函数**(pmf)描述离散型随机变量 X,通常记为 p 或者 p_X,这里对于所有的 x

$$p(x) = \mathbb{P}(X = x)$$

我们倾向于用 p 而不是 F 来描述随机变量,因为它可以很容易被解释为"概率质量"。给定 p 我们能容易地得到 F 和所关心的事件的概率:

$$\mathbb{P}(X \in (a, b]) = F(b) - F(a) = \sum_{x \in (a, b]} p(x)$$

P.243

当然如果我们对离散型随机变量的所有可能取值上的概率质量函数求和,我们得到 1。

连续型随机变量 对于连续型随机变量 Y,我们假设累积分布函数(cdf)可以写为

$$F(y) = \mathbb{P}(Y \leqslant y) = \int_{-\infty}^{y} f(u) \, \mathrm{d}u$$

这里 $f = f_Y$ 是概率密度函数。根据上式可知 F 是处处连续的,在任一点 y,如果 $f(y)$ 是连续的,则 $F'(y)$ 存在并且等于 $f(y)$(应用微积分基本定理)。因为 F 是连续的,对于任意的 a 我们有

P.244

$$\begin{aligned}
\mathbb{P}(Y = a) &= \mathbb{P}(Y \leqslant a) - \mathbb{P}(Y < a) \\
&= \mathbb{P}(Y \leqslant a) - \lim_{\varepsilon \to 0^+} \mathbb{P}(Y \leqslant a - \varepsilon) \\
&= F(a) - \lim_{\varepsilon \to 0^+} F(a - \varepsilon) \\
&= 0
\end{aligned}$$

我们可以把 $f(y)$ 想象成在 y 处的概率密度:

$$\mathbb{P}(y < Y < y + \mathrm{d}y) = f(y)\mathrm{d}y$$

在实际应用中概率密度函数 f 的图形比累积分布函数 F 的图形更容易解释,但是它们是等价的,因为 F 可以通过对 f 的积分得到。概率密度函数下 a 和 b 之间的面积是 $\mathbb{P}(a < Y < b)$,概率密度函数下的总面积是 1。注意如果 f 在一些点没有定义是没关系的,因为如果我们在单个点改变 f,它的积分不会改变。

我们注意到理论上可能存在一个随机变量有连续的累积分布函数但是没有密度。然而这样的随机变量很少出现在实际应用中,因此我们不对它们做进一步的描述。

14.3　经验分布函数和直方图

P.245

本节我们进一步发展把概率认为是长期频率近似的思想。为了这么做我们需要给出"独立试验序列"的精确概念。

我们从推广 13.3 节定义的事件的独立性概念开始到随机变量。随机变量 X 和 Y 是**独立**的,如果由 X 确定的任意事件和 Y 确定的任意事件是独立的。也就是说,对于任意的集合 A 和 B,事件 $\{X \in A\}$ 和 $\{Y \in B\}$ 是独立的。独立性经常是我们基于随机变量在问题中的物理意义所做的假设,而不需要我们去证明。例如,每次使用新的设备在相同的条件下做 100 次试验,我们可以假设试验误差是相互独立的。通俗地说,如果知道 X 的值不能给 Y 提供任何新的信息,则有 X 和 Y 是独立的。

在这本书里我们说来自分布 F 的一个**随机样本**是一列相互独立的随机变量 $X_1, X_2, \cdots, X_n$,并且具有相同的分布函数 F。这样的一个序列也称为一个独立同分布(iid)序列。给定一个随机样本,对于任意的 x,我们可以使用**经验分布函数**估计 $F(x)$

$$\hat{F}(x) = \frac{|\{X_i \leqslant x\}|}{n} \tag{14.1}$$

如果 F 是离散型分布,那么我们使用下式估计概率质量函数 p

$$\hat{p}(x) = \frac{|\{X_i = x\}|}{n} \tag{14.2}$$

$\hat{F}(x)$ 和 $\hat{p}(x)$ 是事件 $\{X \leqslant x\}$ 和 $\{X = x\}$ 的观测频率。因此我们把概率作为长期频率(方程 13.1)的想法等价于说当样本容量 $n \to \infty$ 时有 $\hat{F}(x) \to F(x)$ 以及 $\hat{p}(x) \to p(x)$。事实上,我们将在后面严格证明概率作为长期频率的近似思想与概率公理是一致的。帽子的记号用来表示 $\hat{F}$ 和 $\hat{p}$ 分别是 F 和 p 的估计。

对于连续型随机变量,我们用归一化的直方图估计密度。对于小的 δ 我们有 $F'(x) \approx (F(x+\delta) - F(x))/\delta$,因此我们令

$$\hat{f}_k = \frac{|\{i : k\delta < x_i \leqslant (k+1)\delta\}|}{n\delta} = \frac{\hat{F}((k+1)\delta) - \hat{F}(k\delta)}{\delta}$$

$$\approx \frac{F((k+1)\delta) - F(k\delta)}{\delta} \approx f(k\delta)$$

当 $x \in (k\delta, (k+1)\delta]$ 时,我们用 $\hat{f}_k$ 作为 $f(x)$ 的近似。

你可以考虑一下当样本容量 $n \to \infty$ 时 $\hat{f}$ 会发生什么,$\delta \to 0$ 呢?

在处理直方图时,通常称区间 $(k\delta, (k+1)\delta]$ 为**组距**。对于连续型随机变量 X,因 P.246 为 $\mathbb{P}(X \in (k\delta, (k+1)\delta]) = \mathbb{P}(X \in [k\delta, (k+1)\delta))$,所以理论上说组距是左开右闭或者左闭右开都没有影响。实际应用中我们不得不做出选择,但这是比较随意的,一般不同的作者会做出不同的选择。

这里也指出选择组距的宽度和起始点会影响数据的分布。因为这样的原因许多分析者更愿意使用光滑的密度估计,但是我们这里不涉及。

14.3.1　示例:卡文迪许试验

这里由亨利·卡文迪许在 1798 年测量的地球密度的 29 个数据,每个数据以水的密度的倍数形式给出。

```
> cavendish <- c(5.5, 5.57, 5.42, 5.61, 5.53, 5.47, 4.88,
+    5.62, 5.63, 4.07, 5.29, 5.34, 5.26, 5.44, 5.46, 5.55,
+    5.34, 5.3, 5.36, 5.79, 5.75, 5.29, 5.1, 5.86, 5.58,
+    5.27, 5.85, 5.65, 5.39)
```

很明显测量过程中有一些误差,我们把它认为是随机的。R 提供了绘制经验分布函数和归一化直方图的内置函数。

```
> opar <- par(mfrow = c(2, 1), las = 1, mar = c(4.2, 4, 1, 1))
> plot(ecdf(cavendish),
+     xlab="Density of the Earth", ylab="Cumulative Freq", main="")
> hist(cavendish, freq=TRUE, breaks=20,
+     xlab="Density of the Earth", ylab="Scaled Hist", main="")
> par(opar)
```

图 14.3 给出了结果的输出。请使用命令 **help** 查看 **ecdf** 和 **hist** 函数生成该图形的更详细的用法。

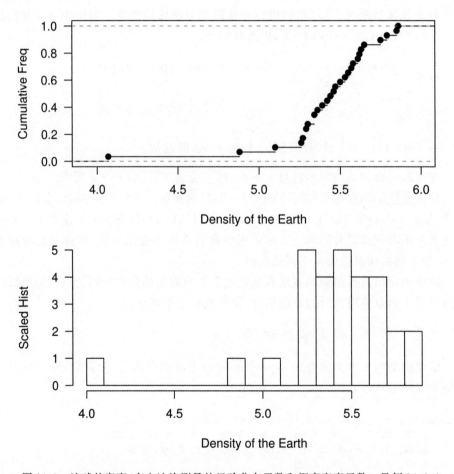

图 14.3 地球的密度:卡文迪许测量的经验分布函数和概率密度函数。见例 14.3.1

14.4 期望和有限近似

随机变量 X 的数学期望 $\mathbb{E}\,X$ 类似于它的质量中心或者它的"概率中心"。

$$\mathbb{E}\,X = \begin{cases} \sum\limits_x x p(x), X \text{ 是离散型;} \\[2mm] \int x f(x)\mathrm{d}x, X \text{ 是连续型。} \end{cases}$$

通常我们把 $\mathbb{E}\,X$ 记为 μ 或者 μ_X。期望有时也称为随机变量的期望值或者**均值**。

均值是平均数的理论形式。为了说明这点我们返回概率作为长期频率近似的概念(方程 13.1 和 14.1)。

假设 X 是概率质量函数为 p 的离散型随机变量,令 $X_1, \cdots, X_n$ 是独立同分布 P.247 的样本并且概率质量函数是 p。那么我们有

$$\mathbb{E}\,X = \sum_x x p(x) \approx \sum_x x \frac{|\{X_i = x\}|}{n} = \frac{1}{n}\sum_{i=1}^n X_i = \overline{X}$$

也就是说,期望是样本平均的近似。我们后面将证明当 $n \to \infty$ 时右端收敛于左端,然而在本教材中我们必须谨慎对待收敛的含义,因为右端是随机的。

14.4.1 示例:均值 **expex.r** 的数值计算

如果我们知道离散型随机变量 X 的概率质量函数,那么我们可以计算它的均 P.248 值。例如,假设对于 $x = 1, 1/2, 1/3, \cdots, 1/1000$。$p(x) \propto x^{3/2}$,也即是 $p(x) = cx^{3/2}$ 其中 c 使得 $\sum_x p(x) = c\sum_{k=1}^{1000}(1/k)^{3/2} = 1$。这里是计算 $\mathbb{E}\,X$ 的一些 R 代码。图形结果在图 14.4 给出。

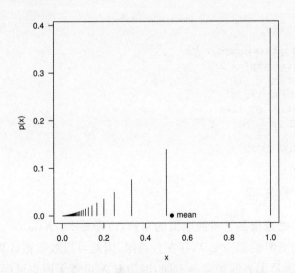

图 14.4 一个随机变量的概率质量函数和它的均值(例 14.4.1)

```
# program: spuRs/resources/scripts/expex.r
#
# calculating the mean of a discrete rv X

x <- 1/(1000:1)                 # possible values for X
pX <- x^1.5                     # probability mass ftn
pX <- pX/sum(pX)                # must have sum(pX) == 1
muX <- sum(x*pX)                # mean

# plot the pmf and mean
par(las=1)
plot(c(0, 1), c(0, max(pX)), type="n", xlab="x", ylab="p(x)")
lines(x, pX, type="h")
points(muX, 0, pch=19)
text(muX, 0, "mean", pos=4)
```

14.4.2 示例：截断正态分布

P.249   假设 X 在 $(0,1)$ 上具有截断的正态密度,也即是对于常数 c,

$$f(x) = \begin{cases} c\exp(-x^2/2), & x \in (0,1), \\ 0, & \text{其他}. \end{cases}$$

$\mathbb{E}\, X$ 是多少?

我们使用函数 **simpson**(见 11.3 节)数值求解。注意这里我们使用 $\int_0^1 f(x)\mathrm{d}x = 1$ 计算常数 c 。

```
> source('../scripts/simpson.r')
> f <- function(x) exp(-x^2/2)
> c <- 1/simpson(f, 0, 1)
> xf <- function(x) x*f(x)
> mu <- simpson(xf, 0, 1)*c
> cat('mean of X is ', mu, '\n')

mean of X is  0.4598622
```

14.4.3 无限范围

随机变量 X 的**范围**是它可能取值的集合,也即是 $\{x : X(\omega) = x$ 对于 $\omega \in \Omega\}$ 。如果 X 的范围是有界的那么 $\mathbb{E}\, X$ 存在且有限,因此可以数值地计算它的取值。然而,如果 X 的范围是无界的则完全不同,因为 $\mathbb{E}\, X$ 可能无限也可能不存在。

例如,假定 X 是离散型的并且具有概率质量函数

$$p_X(x) = \frac{6}{\pi^2 x^2}, x = 1, 2, \cdots,$$

那么

$$\mathbb{E}\,X = \sum_{x=1}^{\infty} x p_X(x) = \frac{6}{\pi^2} \sum_{x=1}^{\infty} \frac{1}{x^2} = \infty$$

对于连续型的例子,假设 Y 服从柯西分布

$$f_Y(y) = \frac{1}{\pi(1+y^2)}, y \in \mathbb{R},$$

那么 $\mathbb{E}\,Y$ 不存在,因为

$$\int_{-\infty}^{0} \frac{y}{\pi(1+y^2)}\mathrm{d}y = -\infty, \int_{0}^{\infty} \frac{y}{\pi(1+y^2)}\mathrm{d}y = \infty$$

并且 $-\infty + \infty$ 没有明确地定义。

现在我们考虑当 X 有无限范围时数值计算 $\mathbb{E}\,X$。问题是我们不能数值计算 P.250
无限求和或者积分,所以我们必须采取有限近似。

例如,令 X 是离散型随机变量,范围是 $\mathbb{N} = \{0, 1, \cdots\}$,概率质量函数是 p,那么我们使用近似

$$\mathbb{E}\,X = \sum_{x=0}^{\infty} x p(x) > \sum_{x=0}^{n-1} x p(x) + n\left(1 - \sum_{x=0}^{n-1} p(x)\right)$$

$$= n - \sum_{x=0}^{n-1} (n-x) p(x) = E_n$$

如果 $\mathbb{E}\,X$ 是有限的,那么当 $n \to \infty$ 时 $E_n \uparrow \mathbb{E}\,X$。给定 $\delta > 0$ 我们可以选择 n 使得误差 $\varepsilon_n = \mathbb{E}\,X - E_n \leqslant \delta$。但是对于所有的 $x \geqslant n$,ε_n 依赖于 $p(x)$,所以我们不能计算出 ε_n,因此我们不知道何时停止。

除非我们对于 ε_n 有一些理论界限,最好的停止方法是预先给定容忍限 $\varepsilon > 0$,

$$E_n - E_{n-1} = 1 - \sum_{x=0}^{n-1} p(x) \leqslant \varepsilon$$

我们必须注意的是 $E_n - E_{n-1} \leqslant \varepsilon \nRightarrow \mathbb{E}\,X - E_n \leqslant \varepsilon$。而且即使 $E_n - E_{n-1} \leqslant \varepsilon$ 也有可能 $\mathbb{E}\,X = \infty$。再次考虑离散型的例子,对于 $x = 1, 2, \cdots$,概率质量函数 $p_X(x) = 6/(\pi^2 x^2)$。当 $\sum_{x=1}^{n-1} p_X(x) \geqslant 1 - \varepsilon$ 时,我们有 $E_n - E_{n-1} \leqslant \varepsilon$ 这里可以很容易地使用增量检验:

```
> p_X <- function(x) 6/pi^2/x^2
> E_n <- function(n) n - sum( (n - 1:(n-1)) * p_X(1:(n-1)) )
> eps <- 1e-6
> n <- 2
> S <- p_X(1)
> while (S < 1 - eps) {
+   n <- n + 1
+   S <- S + 6/pi^2/(n-1)^2
+ }
> n
```

```
[1] 607928
> E_n(n)
[1] 9.05509
> E_n(2*n)
[1] 9.476474
```

最后需要指出的是，当使用截断估计无限范围的求和或者积分时，我们需要误差的理论界限，以确认我们的估计是可行的。

14.4.4 示例：伽玛函数

P.251 伽玛函数的定义是

$$\Gamma(z) = \int_0^\infty x^{z-1} e^{-x} dx, z > 0$$

（随后在 16.3.3 节和 16.4.3 节出现）对于整数 z 你可以通过分部积分得到 $\Gamma(z) = (z-1)!$，使用围道积分，你可以得到 $\Gamma(1/2) = \sqrt{\pi}$ 和对于 $z > 0$ 有 $\Gamma(z+1/2) = \sqrt{\pi} \prod_{n=1}^{z} (z-n+1/2)$，但对于其他的 n 需要使用数值积分的技巧。

令 $G_T(Z) = \int_0^T x^{z-1} e^{-x} dx$，那么当 $T \to \infty$ 时，$G_T(z) \uparrow \Gamma(z)$，但是需要 T 达到多大时才能得到好的近似？注意当 $x \to \infty$ 时 $x^{z-1} e^{-x} \to 0$，对于所有足够大的 x 我们有 $x^{z-1} e \leqslant e^{-x/2}$，因此对于足够大的 T

$$\Gamma(z) - G_T(z) = \int_T^\infty x^{z-1} e^{-x} dx \leqslant \int_T^\infty e^{-x/2} dx = 2e^{-T/2}$$

所以在这种情况下我们可以选择 T 使得截断误差小于任意给定的值 $\delta > 0$。

例如，如果 $z = 1.1$，那么对于所有的 x 有 $x^{0.1} \leqslant e^{x/2}$，所以任意的 T 都是足够大的。如果我们给定误差为 10^{-16}，那么我们可以取 T 使得 $2e^{T/2} \leqslant 10^{-16}$，也即是 $T \geqslant 75.07$（保留到两位小数）。

14.5 变换

随机变量 X 是从 Ω 到 $\mathbb{R}$ 的函数，所以如果 h 是从 $\mathbb{R}$ 到 $\mathbb{R}$ 的函数，那么 $Y = h(X)$ 必定也是一个随机变量。

对于任意的函数 $h: \mathbb{R} \to \mathbb{R}$ 和集合 $A \subset \mathbb{R}$，我们定义**集值逆**为

$$h^{-1}(A) = \{x : h(x) \in A\}$$

对于随机变量 X 和 $Y = h(X)$，Y 的分布函数经常用集值逆描述：

$$F_Y(y) = \mathbb{P}(Y \leqslant y)$$
$$= \mathbb{P}(h(X) \leqslant y)$$
$$= \mathbb{P}(h(X) \in (-\infty, y])$$
$$= \mathbb{P}(X \in h^{-1}((-\infty, y]))$$

如果 h 是严格递增的那么利用逆可以很好地求解,并且对于在 h 范围内的 y 我们有

$$F_Y(y) = \mathbb{P}(X \in h^{-1}((-\infty, y])) = \mathbb{P}(X \in (-\infty, h^{-1}(y)]) = F_X(h^{-1}(y))$$

我们将在第 18 章看到变量变换的一个重要应用是随机变量的模拟。

P.252

14.5.1 离散型随机变量的函数

如果 X 是离散型,那么 $Y = h(X)$ 也是离散型,我们可以从 X 的概率质量函数 p_X 得到它的概率质量函数 p_Y:

$$p_Y(y) = \mathbb{P}(Y = y) = \mathbb{P}(\{\omega \in \Omega : Y(\omega) = y\})$$
$$= \mathbb{P}(\{\omega \in \Omega : h(X(\omega)) = y\})$$
$$= \mathbb{P}(\{\omega \in \Omega : 存在 x 使得 X(\omega) = x 和 h(x) = y\})$$
$$= \sum_{x:h(x)=y} \mathbb{P}(\omega \in \Omega : X(\omega) = x) \quad (不相交集合)$$
$$= \sum_{x:h(x)=y} p_X(x)$$

例如假设 X 的概率质量函数为

x	-2	-1	0	1	2
$p_X(x)$	0.2	0.2	0.2	0.2	0.2

令 $Y = X^2$,那么 Y 的概率质量函数为

y	0	1	4
$p_Y(y)$	0.2	0.4	0.4

14.5.2 示例:连续型随机变量的函数

假设当 $-1 < x < 1$ 时 X 有密度 $f_X(x) = (x+1)/2$,并且 $Y = \exp(X)$,$Z = X^2$。Y 和 Z 的密度是什么?

当 $-1 < x < 1$ 时,X 的分布函数是

$$F_X(x) = \int_{-1}^{x} f_X(u)\,\mathrm{d}u = \frac{(u+1)^2}{4}\bigg|_{-1}^{x} = \frac{(x+1)^2}{4}$$

令 $h(x) = \exp(x)$,那么 h 是严格递增的并且 $h^{-1}y = \log(y)$,因此 Y 的分布函数为

$$F_Y(y) = \mathbb{P}(\exp(X) \leqslant y)$$
$$= \mathbb{P}(X \leqslant \log(y))$$

$$= \frac{(\log(y)+1)^2}{4}$$

注意因为 $-1 < X < 1$，所以有 $1/e < Y < e$，因此上述运算我们可以假设 $1/e < y < e$。微分可以得到，当 $1/e < y < e$ 时，

$$f_Y(y) = F'_Y(y) = \frac{\log(y)+1}{2y}$$

P.253　　　令 $g(x) = x^2$，那么 g 在 $x \in (-1,1)$ 时不是一一映射，所以当我们计算 Z 的分布函数时需要小心。当 $x \in (-1,1)$ 时，我们得到 $z \in [0,1)$，因此对于 $z \in [0,1)$ 我们有

$$\begin{aligned}
F_Z(z) &= \mathbb{P}(X^2 \leqslant z) \\
&= \mathbb{P}(-\sqrt{z} \leqslant X \leqslant \sqrt{z}) \\
&= F_X(\sqrt{z}) - F_X(-\sqrt{z}) \\
&= \frac{(\sqrt{z}+1)^2 - (1-\sqrt{z})^2}{4} \\
&= \sqrt{z}
\end{aligned}$$

微分我们可以得到，当 $z \in [0,1)$ 时，

$$f_Z(z) = F'_Z(z) = \frac{1}{2\sqrt{z}}$$

图 14.5 给出了变换密度的草图。

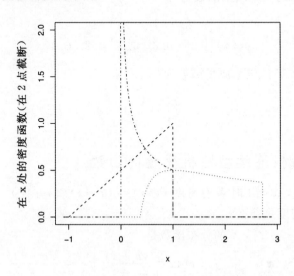

图 14.5　$X, Y = \exp(X)$ 和 $Z = X^2$ 的密度（例 14.5.2）

14.5.3　随机变量函数的期望

当计算随机变量函数的期望时,我们使用下面的规则:对于任意的函数 $h:\mathbb{R}\to\mathbb{R}$

$$\mathbb{E}\,h(X)=\begin{cases}\sum_{x}h(x)p(x),&X\text{ 离散型};\\[2mm]\int h(x)f(x)\mathrm{d}x,&X\text{ 连续型}.\end{cases}\qquad(14.3)$$

离散的情形下的证明是直观的。令 $Y=h(X)$ 由定义可得　　　　　　　　　　　P.254

$$\begin{aligned}\mathbb{E}\,Y&=\sum_{y}y\,\mathbb{P}(Y=y)\\&=\sum_{y}y\sum_{x:y=h(x)}p(x)\\&=\sum_{y}\sum_{x:y=h(x)}h(x)p(x)\\&=\sum_{x}h(x)p(x)\end{aligned}$$

例如假设 X 的概率质量函数为

x	-2	-1	0	1	2
$p_X(x)$	0.2	0.2	0.2	0.2	0.2

令 $Y=X^2$ 然后利用方程 14.3 我们得到

$$\begin{aligned}\mathbb{E}\,Y&=(-2)^2\times0.2+(-1)^2\times0.2+0^2\times0.2+1^2\times0.2+2^2\times0.2\\&=2\end{aligned}$$

我们也可以用 Z 的概率质量函数得到

$$\mathbb{E}\,Y=0\times0.2+1\times0.4+4\times0.4=2$$

方程 14.3 对于线性函数也即是具有 $h(x)=ax+b$ 形式的函数可以简化。对于离散的情形我们有

$$\mathbb{E}(ax+b)=\sum_{x}(ax+b)p(x)=a\sum_{x}xp(x)+b\sum_{x}p(x)=a\,\mathbb{E}\,X+b$$

不只是离散型,只要随机变量的期望存在,这个结果对于任意的随机变量都成立。

需要特别指出的是一般情况下 $\mathbb{E}\,h(X)\neq h(\mathbb{E}\,X)$。

14.5.4　随机变量的和

我们证明对于任意两个离散型随机变量 X 和 Y

$$\mathbb{E}(X+Y)=\mathbb{E}\,X+\mathbb{E}\,Y$$

联合概率质量函数 $p(x,y)$ 的定义是

$$p(x,y)=\mathbb{P}(X=x\text{ 且 }Y=y)$$

如果我们对所有 x 的可能取值求和,我们可以得到 y 的概率质量函数,相反地如果　P.255
我们对所有 y 的可能取值求和:

$$\sum_x p(x,y) = \mathbb{P}(Y = y) = p_Y(y)$$

$$\sum_y p(x,y) = \mathbb{P}(X = x) = p_X(x)$$

$$\sum_x \sum_y p(x,y) = 1$$

现在,对于任意函数 $h:\mathbb{R} \times \mathbb{R} \to \mathbb{R}$,我们有 $Z = h(X,Y)$

$$
\begin{aligned}
\mu_Z &= \mathbb{E}\,Z \\
&= \sum_z z\,\mathbb{P}(Z = z) \\
&= \sum_z z \sum_{(x,y):h(x,y)=z} p(x,y) \\
&= \sum_z \sum_{(x,y):h(x,y)=z} h(x,y)\,p(x,y) \\
&= \sum_x \sum_y h(x,y)\,p(x,y)
\end{aligned}
$$

特别地,令 $h(x,y) = x + y$ 我们得到

$$
\begin{aligned}
\mathbb{E}(X+Y) &= \sum_x \sum_y (x+y)\,p(x,y) \\
&= \sum_x \sum_y x\,p(x,y) + \sum_x \sum_y y\,p(x,y) \\
&= \sum_x x \sum_y p(x,y) + \sum_y y \sum_x p(x,y) \\
&= \sum_x x\,p_X(x) + \sum_y y\,p_Y(y) \\
&= \mathbb{E}(X) + \mathbb{E}(Y)
\end{aligned}
$$

这个结果,$\mathbb{E}(X+Y) = \mathbb{E}\,X + \mathbb{E}\,Y$,对**任意**期望存在的随机变量,离散型或者连续型都成立。因为我们已经知道 $\mathbb{E}(aX) = a\,\mathbb{E}(X)$,那么对于任意的随机变量 X_1,$\cdots$,X_n 以及标量(常数)$a_1,\cdots,a_n$,有

$$\mathbb{E}(a_1 X_1 + \cdots + a_n X_n) = a_1\,\mathbb{E}(X_1) + \cdots + a_n\,\mathbb{E}(X_n) \tag{14.4}$$

14.6　方差和标准差

P.256

我们定义随机变量 X 的**方差**是 $\mathbb{E}(X - \mathbb{E}\,X)^2$。我们记为 $\operatorname{Var} X$ 或者 σ_X^2。X 的**标准差**是方差的平方根。

方差和标准差都是测量离散程度的量(见图 14.6)。方差容易计算,但标准差容易从物理角度解释,因为它与随机变量有相同的度量单位。一个随机变量的均值和标准差给出了它分布的简单**概况**。

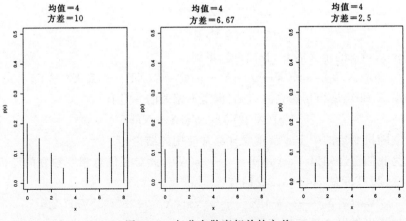

图 14.6　与分布散度相关的方差

　　这里给出一些有关方差的有用的结果。所有的结果对于离散型随机变量可以直接证明（对于所有的随机变量都成立）。

- $\mathrm{Var}X \geqslant 0$。
- $\mathrm{Var}X = \mathbb{E}\,X^2 - (\mathbb{E}\,X)^2$。
- $\mathrm{Var}X = 0$ 当且仅当 $X = \mu$（常数）。
- $\mathrm{Var}(aX + b) = a^2\,\mathrm{Var}X$ 对于任意的常数 a 和 b。

　　为了得到两个随机变量和的方差的一般表达式，我们从 $\mathrm{Var}(X+Y)$ 的基本定义开始：

$$
\begin{aligned}
\mathrm{Var}(X+Y) &= \mathbb{E}(X + Y - (\mu_X + \mu_Y))^2 \\
&= \mathbb{E}((X - \mu_X) + (Y - \mu_Y))^2 \\
&= \mathbb{E}(X - \mu_X)^2 + 2\,\mathbb{E}(X - \mu_X)(Y - \mu_Y) + \mathbb{E}(Y - \mu_Y)^2 \\
&= \mathrm{Var}(X) + 2\mathrm{Cov}(X, Y) + \mathrm{Var}(Y)
\end{aligned}
$$

这里我们定义 $\mathrm{Cov}(X, Y) = \mathbb{E}(X - \mu_X)(Y - \mu_Y)$。

　　称 $\mathrm{Cov}(X, Y)$ 为 X 和 Y 的**协方差**，它描述 X 和 Y 如何一起"共同变化"。例 P.257
如，如果 X 高于它的均值时 Y 倾向于高于自己的均值（反之亦然），那么 $\mathrm{Cov}(X, Y)$ 取正值并且和的方差将增加。在这种情形下我们称 X 和 Y **正相关**。类似地，对于**负相关**的随机变量，和的方差减少。如果 $\mathrm{Cov}(X, Y) = 0$ 我们说 X 和 Y **不相关**。

　　我们下面证明独立的随机变量不相关。为了证明这个命题我们首先证明如果 X 和 Y 是相互独立的随机变量，那么 $\mathbb{E}(XY) = (\mathbb{E}\,X)(\mathbb{E}\,Y)$。令 $p(x, y)$ 是 X 和 Y 的联合概率质量函数，因为它们相互独立，$p(x, y) = p_X(x)p_Y(y)$。所以

$$
\mathbb{E}(XY) = \sum_x \sum_y xy\,p(x, y)
$$

$$= \sum_x xp(x) \sum_y yp(y)$$
$$= (\mathbb{E}\,X)(\mathbb{E}\,Y)$$

根据 $\text{Cov}(X,Y)$ 的定义展开,我们可以得到:

$$\text{Cov}(X,Y) = \mathbb{E}(X - \mu_X)(Y - \mu_Y) = \mathbb{E}(XY) - (\mathbb{E}\,X)(\mathbb{E}\,Y)$$

因此如果 X 和 Y 是相互独立的,它们也是不相关的并且有

$$\text{Var}(X + Y) = \text{Var}X + \text{Var}Y$$

这是独立随机变量的一个非常重要且经常使用的结论。

因为我们已经知道 $\text{Var}(aX) = a^2\text{Var}(X)$,此对于任意相互**独立**的随机变量 $X_1, \cdots, X_n$ 以及标量 $a_1, \cdots, a_n$ 我们有,

$$\text{Var}(a_1 X_1 + \cdots + a_n X_n) = a_1^2 \text{Var}(X_1) + \cdots + a_n^2 \text{Var}(X_n) \qquad (14.5)$$

我们指出如果度量随机变量的量纲改变,那么 $\text{Cov}(X,Y)$ 将随之改变。通过适当的标准化协方差,我们可以得到描述 X 和 Y 如何共同变化的正则不变测度,称为**相关系数**:

$$\rho(X,Y) = \frac{\text{Cov}(X,Y)}{\sqrt{\text{Var}(X)\text{Var}(Y)}}$$

相关系数是统计特别是线性回归的一个重要的量。

14.7　弱大数定理

令 $X_1, \cdots, X_n$ 是独立同分布的均值为 μ 随机样本。本节我们给出前面关于 $\overline{X} \approx \mu$ 的精确描述。

P.258

在统计里 $\overline{X}$ 称为 μ 的一个**估计量**,并且因此有时记为 $\hat{\mu}$。如果 x_i 是 X_i 的**观测值**,那么 $\overline{X}$ 的观测值是 $\overline{x} = (\sum_{i=1}^n x_i)/n$ 称为 μ 的一个**点估计**。从统计的观点看,我们认为 $\overline{X}$ 是描述样本均值的潜在值,$\overline{x}$ 是一个具体实现。如果我们收集 X 的另外 n 个观测值,然后我们取它们的平均可以得到 $\overline{X}$ 的第二个观测值(或者我们可以结合这两个样本得到一个更为精确的估计)。

令 $\mu = \mathbb{E}\,X_i, \sigma^2 = \text{Var}X_i$,那么由 (14.4) 和 (14.5) 我们有

$$\mathbb{E}\,\overline{X} = \mathbb{E}(X_1/n + \cdots + X_n/n)$$
$$= (\mathbb{E}\,X_1)/n + \cdots + (\mathbb{E}\,X_n)/n$$
$$= \mu$$
$$\text{Var}\,\overline{X} = \text{Var}((X_1 + \cdots + X_n)/n)$$
$$= \text{Var}(X_1 + \cdots + X_n)/n^2$$
$$= (\text{Var}X_1 + \cdots + \text{Var}X_n)/n^2$$
$$= \sigma^2/n$$

因此当 $n \to \infty$ 时我们有 $\mathbb{E}\,\overline{X} = \mu$ 和 $\mathrm{Var}\,\overline{X} \to 0$。也即是说,当 $n \to \infty$ 时 $\overline{X}$ 开始看起来像常数 μ。

因为 $\mathbb{E}\,\overline{X} = \mu$ 我们说它是 μ 的一个**无偏估计量**。

马尔科夫不等式　如果 X 是仅取非负值的随机变量,那么对于任意的 $a > 0$

$$\mathbb{P}(X \geqslant a) \leqslant \frac{\mathbb{E}\,X}{a}$$

证明　假设 X 是离散型的随机变量,具有概率质量函数 $p_X(x)$,那么

$$\mathbb{E}\,X = \sum_x x p_X(x) \geqslant \sum_{x \geqslant a} x p_X(x) \geqslant \sum_{x \geqslant a} a p_X(x) = a\,\mathbb{P}(X \geqslant a)$$

连续型的情形可以类似证明。

切比雪夫不等式　如果随机变量 X 的均值为 μ,方差为 σ^2,那么对于任意的 $c > 0$

$$\mathbb{P}(|X - \mu| \geqslant c\sigma) \leqslant \frac{1}{c^2}$$

证明　非负随机变量 $(X - \mu)^2$ 的期望是 $\mathbb{E}(X - \mu)^2 = \sigma^2$,利用马尔科夫不等式设 $a = c^2\sigma^2$,我们有

$$\mathbb{P}((X - \mu)^2 \geqslant c^2\sigma^2) \leqslant \frac{\mathbb{E}(X - \mu)^2}{c^2\sigma^2} = \frac{1}{c^2}$$

因为 $(X - \mu)^2 \geqslant c^2\sigma^2$ 当且仅当 $|X - \mu| \geqslant c\sigma$,所以结论成立。

弱大数定理　令 $X_1, \cdots, X_n$ 是一个独立同分布的随机样本,均值是 μ 并具有有限 P.259的方差,那么对于任意的 $\varepsilon > 0$,

$$当 n \to \infty 时,有 \mathbb{P}(|\overline{X} - \mu| > \varepsilon) \to 0$$

也即是给定一个偏差 ε,随着样本容量的增加,$\overline{X}$ 落在 μ 的 ε 域内的概率可以无限地接近于 1。我们说当 $n \to \infty$ 时 $\overline{X}$ **依概率收敛**于 μ,并且记为

$$\overline{X} \xrightarrow{\;\mathbb{P}\;} \mu \quad 当 n \to \infty 时$$

证明　由切比雪夫不等式,对于任意有限均值和方差的随机变量,$\mathbb{P}(|X - \mu| \geqslant k\sigma_X) \leqslant 1/k^2$,所以

$$\mathbb{P}(|\overline{X} - \mu| \geqslant \varepsilon) \leqslant \frac{\sigma_{\overline{X}}^2}{\varepsilon^2} = \frac{\sigma_X^2}{n\varepsilon^2}$$

$$\mathbb{P}(|\overline{X} - \mu| \leqslant \varepsilon) \geqslant 1 - \frac{\sigma_X^2}{n\varepsilon^2} \to 1, 当 n \to \infty。$$

更一般的情形,一个参数 θ 的任意无偏估计量,当 $n \to \infty$ 时它的标准差趋于 0 将依概率收敛到 θ。

我们指出可以证明该定理的较强版本——称为强大数定理——在较弱的条件下。也即是假设只有独立同分布的具有有限均值的序列时,你可以证明几乎处处收敛。这个证明涉及更多的概率理论,我们这里就不再叙述。

14.7.1 样本比例

式(14.1)和(14.2)给出的估计量 $\hat{F}$ 实际上是 $\hat{p}$ 的特殊情形。令 $\hat{\mu}$ 是集合 $1_A(x)$ 的**示性函数**。也即是如果 $x \in A$，$1_A(x) = 1$；其他情形是 0。那么当 X 是离散型的情形，

$$\mathbb{E}\, 1_A(X) = \sum_x 1_A(x) p(x) = \sum_{x \in A} p(x) = \mathbb{P}(x \in A)$$

令 $A = (-\infty, x]$ 可以得到 $F(x)$ 或者 $A = \{x\}$ 可以得到 $p(x)$。

一般地，假设随机变量 X_i 是**示性变量**，

$$X_i = \begin{cases} 1, & \text{如果第 } i \text{ 项具有所关心的特征} \\ 0, & \text{其他} \end{cases}$$

这里 $p = \mathbb{P}(X_i = 1) = \mathbb{E}\, X_i$。那么样本均值只是样本比例

$$\overline{X} = \hat{p} = \frac{1}{n} \sum_{i=1}^n X_i$$

P.260 我们有

$$\mathbb{E}\, \hat{p} = \mathbb{E}\left(\frac{1}{n} \sum_{i=1}^n X_i \right) = \frac{1}{n} \sum_{i=1}^n \mathbb{E}\, X_i = p,$$

并且，注意 $\mathrm{Var} X_i = \mathbb{E}\, X_i^2 - (\mathbb{E}\, X_i)^2 = p - p^2 = p(1-p)$，

$$\mathrm{Var}\hat{p} = \mathrm{Var}\left(\frac{1}{n} \sum_{i=1}^n X_i \right) = \frac{1}{n^2} \sum_{i=1}^n \mathrm{Var} X_i = \frac{p(1-p)}{n}$$

14.7.2 样本方差

令 $X_1, \cdots, X_n$ 是一个独立同分布的样本并且与 X 具有相同的分布，$\mathbb{E}\, X = \mu$，$\mathrm{Var} X = \sigma^2$。因为 $\sigma^2 = \mathbb{E}(X - \mu)^2$，弱大数定理给出我们估计 σ^2 时可以用

$$\frac{1}{n} \sum_{i=1}^n (X_i - \mu)^2$$

当然，这里的问题是如果我们不知道 σ^2，或许我们也不知道 μ。那么这时我们需要用 μ 的估计，这时估计量为

$$S^2 = \frac{1}{n-1} \sum_{i=1}^n (X_i - \overline{X})^2 = \frac{1}{n-1} \Big[\sum_{i=1}^n X_i^2 - n\overline{X}^2 \Big]$$

S^2 称为**样本方差**。因为它是 σ^2 的一个估计量所以经常记为 $\hat{\sigma}^2$。如果 $x_1, \cdots, x_n$ 是样本的观测值，那么 S^2 的观测值是 $s^2 = \sum_{i=1}^n (x_i - \overline{x})^2 / (n-1)$，它是 σ^2 的点估计。

注意在 S^2 的表达式里我们除以 $n-1$ 而不是 n。这种选择使得 S^2 是**无偏的**，也即是 $\mathbb{E}\, S^2 = \sigma^2$。

$$\mathbb{E}\, S^2 = \mathbb{E}\frac{1}{n-1}\Big[\sum_{i=1}^{n} X_i^2 - n\overline{X}^2\Big]$$

$$= \frac{1}{n-1}\Big[\sum_{i=1}^{n} \mathbb{E}\, X_i^2 - n\,\mathbb{E}\,\overline{X}^2\Big]$$

$$= \frac{1}{n-1}\Big[\sum_{i=1}^{n} (\mathrm{Var} X_i + (\mathbb{E}\, X_i)^2) - n(\mathrm{Var}\overline{X} + (\mathbb{E}\,\overline{X})^2)\Big]$$

$$= \frac{1}{n-1}\Big[\sum_{i=1}^{n} (\sigma^2 + \mu^2) - n(\sigma^2/n + \mu^2)\Big]$$

$$= \sigma^2$$

样本标准差 $S = \sqrt{S^2}$ 是标准差 σ 的一个估计量。然而，S 不是无偏估计，因 P.261 为 $\mathbb{E}\, S = \mathbb{E}\sqrt{S^2} \neq \sqrt{\mathbb{E}\, S^2}$。但是偏度通常是比较小的。

如果 X_i 是示性变量，均值 $\mu = p$，那么 $\sigma^2 = p(1-p)$，并且通常用 $\hat{p}(1-\hat{p}) = \overline{X}(1-\overline{X})$ 估计 σ^2。事实上非常接近 S^2，但不是完全一样。因为 $X_i \in \{0,1\}$ 我们有 $X_i = X_i^2$，因此

$$\overline{X}(1-\overline{X}) = \overline{X} - \overline{X}^2$$

$$= \frac{1}{n}\sum_{i=1}^{n} X_i - \overline{X}^2$$

$$= \frac{1}{n}\Big[\sum_{i=1}^{n} X_i^2 - n\overline{X}^2\Big]$$

$$= \frac{n-1}{n}S^2$$

14.8　习题

1. 假设投掷两个骰子。下列随机变量取什么值？
   (a) 出现点数的最小值；
   (b) 两个点数差的绝对值；
   (c) 比值：最小值除以另外的一个值。

   假设样本空间里所有的结果出现是等可能的，这些随机变量的概率质量函数是什么？请以表格的形式给出并作一个粗略的草图。

   计算每个随机变量的均值。

2. 下面是离散型随机变量 X 的概率质量函数

x	1	2	3	4	5
$\mathbb{P}(X=x)$	$2c$	$3c$	c	$4c$	$5c$

   (a) c 的值是多少？
   (b) 计算 $\mathbb{P}(X \leqslant 4)$ 和 $\mathbb{P}(1 < X < 5)$。

(c)计算 $\mathbb{E}\,X$ 和 $\mathrm{Var}X$ 。

3. 一个游戏由首先投掷一枚均匀硬币然后投掷一个六面的骰子组成。令随机变量 X 表示得分值,它是由骰子出现的点数与正面出现的次数(0 或 1)求和得到的。列出 X 的可能取值并计算它的概率质量函数。

4. 这个问题关注的一个试验具有样本空间

$$\Omega = \{a, b, c, d\}$$

P.262

(a)列出该试验所有的可能事件。

(b)假设 $\mathbb{P}(\{a\}) = \mathbb{P}(\{b\}) = \mathbb{P}(\{c\}) = \mathbb{P}(\{d\}) = 1/4$ 。

给出两个独立的事件和两个不独立的事件。

(c)定义随机变量 X, Y 和 Z 如下

ω	a	b	c	d
$X(\omega)$	1	1	0	0
$Y(\omega)$	0	1	0	1
$Z(\omega)$	1	0	0	0

证明 X 和 Y 是独立的, X 和 Z 是不独立的。

(d)令 $W = X + Y + Z$ 。 W 的概率质量函数是什么?它的均值和方差是多少?

5. 离散型随机变量具有概率质量函数 $f(x)$:当 $x = 1, 2, 3$ 时, $f(x) = k(1/2)^x$;对于其他的 x 的值, $f(x) = 0$ 。计算 k 的值并给出该随机变量的均值和方差。

6. 离散型随机变量 X 取值为 $0, 1, 2, \cdots, 9$,取每个值的概率是 $1/10$ 。令 Y 是 X^2 除以 10 得到的余数(例如,如果 $X = 9$,那么 $Y = 1$)。 Y 是 X 的函数,因此也是一个随机变量。计算 Y 的概率质量函数。

7. 考虑离散型概率分布定义为

$$p(x) = \mathbb{P}(X = x) = \frac{1}{(x+1)}, x = 1, 2, 3, \cdots$$

(a)令 $S(n) = \mathbb{P}(X \leqslant n) = \sum_{x=1}^{n} p(x)$ 。利用 $\dfrac{1}{x(x+1)} = \dfrac{1}{x} - \dfrac{1}{x+1}$,计算 $S(n)$ 的表达式并证明 $p(x)$ 是概率质量函数。

(b)写出该分布的均值表达式,该求和的值是多少?

8. 对于固定的整数 k ,随机变量 Y 具有概率质量函数

$$p(y) = \mathbb{P}(Y = y) = \begin{cases} c(k-y)^2 & y = 0, 1, 2, \cdots, k-1 \\ 0 & \text{其他} \end{cases}$$

(a) c 的取值是多少?(你的答案会依赖于 k 。)

提示: $\sum_{i=1}^{n} i^2 = n(n+1)(2n+1)/6$ 。

(b)给出累积分布函数 $F(y) = \mathbb{P}(Y \leqslant y)$, $y = 0, 1, 2, \cdots, k-1$ 的表达式。

(c)用 R 编写一个函数计算 $F(y)$。你的函数必须以 y 和 k 作为输入并返回 $F(y)$。你可以假设 k 是一个大于 0 的整数同时 $y \in \{0, 1, 2, \cdots, k-1\}$。

9. 投掷一枚硬币 20 次并令 X 是连续出现正面的最长序列的长度。我们希望估计 P.263 X 的概率函数 p。也即是对于 $x = 1, 2, \cdots, 20$，我们希望估计

$$p(x) = \mathbb{P}(X = x)$$

这里有一个函数 **maxheads(n.toss)** 用来模拟 X（使用 **n.toss = 20**）。

```
maxheads <- function(n.toss) {
  # returns the length of the longest sequence of heads
  # in a sequence of n.toss coin tosses
  n_heads = 0  # length of current head sequence
  max_heads = 0 # length of longest head sequence so far
  for (i in 1:n.toss) {
    # toss a coin and work out length of current head sequence
    if (runif(1) < 0.5) { # a head, sequence of heads increases by 1
      n_heads <- n_heads + 1
    } else { # a tail, sequence of heads goes back to 0
      n_heads <- 0
    };
    # see if current sequence of heads is the longest
    if (n_heads > max_heads) {
      max_heads <- n_heads
    }
  }
  return(max_heads)
}
```

使用 **maxheads(20)** 生成独立同分布样本 $X_1, \cdots, X_N$，然后用下式估计 p

$$\hat{p}(x) = \frac{|\{X_i = x\}|}{N}$$

把你的估计按如下的表格形式输出

```
   x   p_hat(x)
---------------
   0    0.0010
   1    0.0500
   .      .
   .      .
  20    0.0000
```

作为一个补充的练习，尝试用 R 的函数 **rle** 重写函数 **maxheads**。

10. 假设随机变量 X 具有连续的概率密度函数 $f(x) = 2/x^2, 1 \leqslant x \leqslant 2$。确定 X 的均值和方差，并计算 X 超过 1.5 的概率。

11. 下列哪些函数是连续型随机变量 X 的概率密度函数?

P.264　　　(a)

$$f(x) = \begin{cases} 5x^4 & 0 \leqslant x \leqslant 1, \\ 0 & \text{其他} \end{cases}$$

(b)

$$f(x) = \begin{cases} 2x & -1 \leqslant x \leqslant 2, \\ 0 & \text{其他} \end{cases}$$

(c)

$$f(x) = \begin{cases} 1/2 & -1 \leqslant x \leqslant 1 \\ 0 & \text{其他} \end{cases}$$

(d)

$$f(x) = \begin{cases} 2x/9 & 0 \leqslant x \leqslant 3 \\ 0 & \text{其他} \end{cases}$$

对于那些是概率密度函数的,计算 $\mathbb{P}(X \leqslant 1/2)$。

12. 假设连续型随机变量 Y 具有概率密度函数

$$f(x) = \begin{cases} 3y^2 & 0 \leqslant y \leqslant 1 \\ 0 & \text{其他} \end{cases}$$

(a)画出该概率密度函数的草图并计算 $\mathbb{P}(0 \leqslant Y \leqslant 1/2)$ 和 $\mathbb{P}(1/2 \leqslant Y \leqslant 1)$。

(b)计算 Y 的分布函数 $F_Y(y)$。

13. 假设连续型随机变量 Z 具有概率密度函数

$$f_Z(z) = \begin{cases} z-1 & 1 \leqslant z \leqslant 2 \\ 3-z & 2 \leqslant z \leqslant 3 \\ 0 & \text{其他} \end{cases}$$

(a)画出该概率密度函数的草图并计算 $\mathbb{P}(Z \leqslant 3/2)$ 和 $\mathbb{P}(3/2 \leqslant Y \leqslant 5/2)$。

(b)计算 Z 的分布函数 $F_Z(z)$。

14. 随机变量 X 具有分布函数

$$F_X(x) = \begin{cases} 0 & x \leqslant 0 \\ 1 - \mathrm{e}^{-x} & 0 < x < \infty \end{cases}$$

(a)画出该分布函数的草图。

(b) X 是离散型还是连续型的? X 的可能取值是什么?

(c)计算 $\mathbb{P}(X \geqslant 2)$, $\mathbb{P}(X \leqslant 2)$ 和 $\mathbb{P}(X = 0)$。

15. 随机变量 X 具有分布函数

$$F_X(x) = \begin{cases} x/2 & 0 < x \leqslant 1 \\ x - 1/2 & 1 < x < 3/2 \end{cases}$$

(a)画出该分布函数的草图。

(b) X 是离散型还是连续型的呢? X 的可能取值是什么?

(c)计算 $\mathbb{P}(X \leqslant 1/2)$ 和 $\mathbb{P}(X \geqslant 1/2)$。　　　　　　　P.265

　(d)计算数 m 使得 $\mathbb{P}(x \leqslant m) = \mathbb{P}(X \geqslant m) = 1/2$（**中位数**）。

16. 对于上述的习题 12～15，尝试通过判断概率密度函数的"重心"猜测均值。然后利用计算出来的理论值检验你的猜测。

17. 考虑两个连续型的随机变量 X 和 Y 分别具有概率密度函数

$$f_X(x) = \begin{cases} 4x^3 & 0 \leqslant x \leqslant 1 \\ 0 & 其他 \end{cases}$$

$$f_Y(y) = \begin{cases} 1 & 0 \leqslant y \leqslant 1 \\ 0 & 其他 \end{cases}$$

(a)画出这些概率密度函数的草图并尝试猜测 X 和 Y 的均值，通过实际计算均值检验你的猜测。

(b)从草图观察，哪个变量有更大的方差，X 或者 Y？通过实际计算方差检验你的猜测。

18. 据了解，对于某种产品的质量，描述从一个产品到另一个产品的变化的好的模型是具有概率密度 $f(x) = 2x/\lambda^2$，$0 \leqslant x \leqslant \lambda$ 的随机变量。这里 λ 是依赖于生产过程的参数，是可以改变的。

在生产过程中，每个产品都被检验。$X > 1$ 的产品合格，其他的不合格。不合格产品的损失是 $c = a\lambda + b$，合格产品的利润是 $d - c$，这里 a, b 和 d 是常数。计算 λ 使得期望利润最大。

19. 变量 X 的概率密度函数是：当 $2 \leqslant x \leqslant 6$ 时，$f(x) = \frac{1}{8}(6-x)$。从 X 中抽取容量为 2 的样本。定义两者较小的是 Y，利用 X 的分布函数计算 Y 的分布函数。进一步给出 Y 的概率密度函数和均值。证明它的中位数近似等于 2.64。（中位数是满足 $\mathbb{P}(Y \leqslant m) = 0.5$ 的点 m。）

20. 随机变量的类型不仅仅有离散型和连续型。例如，在银行排队等待花费的时间服从什么类型的分布？如果我们假设根本不需要等待有一个严格的正概率，那么累积分布函数在 0 点有一个跳跃。然而，如果有人在你的前面，你等待的时间应该是 $(0, \infty)$ 内的任一值，因此这部分的累积分布是连续函数。所以这个分布是连续型和离散型的混合分布。

令 X 表示一个顾客在队列里的时间，并假设

$$F(x) = 1 - pe^{-\lambda x}, \ x \geqslant 0, \lambda > 0, 0 < p < 1$$

计算 $\mathbb{P}(X = 0)$ 和 $X \mid X > 0$ 的分布函数。并计算平均排队时间，注意（由全概　P.266
率公式）

$$\mathbb{E}X = \mathbb{E}(X \mid X = 0)\mathbb{P}(X = 0) + \mathbb{E}(X \mid X > 0)\mathbb{P}(X > 0)$$
$$= 0 + \mathbb{E}(X \mid X > 0)\mathbb{P}(X > 0)$$

21. 令 $X_1,\cdots,X_n$ 是均值为 μ、方差为 σ^2 的独立同分布样本。证明

$$(n-1)S^2 = \sum_{i=1}^{n}(X_i-\overline{X})^2 = \sum_{i=1}^{n}(X_i-\mu)^2 - n(\mu-\overline{X})^2$$

现在假设 $\mathbb{E}(X_i-\mu)^4 < \infty$，使用弱大数定理证明

$$S^2 \xrightarrow{\mathbb{P}} \sigma^2 \ \text{当} \ n \to \infty \text{时}。$$

第 **15** 章

离散型随机变量

本章建立在前面章节给出的随机变量的一般框架之上。我们研究一些最常用 P.267 和最重要的离散型随机变量,并总结相关的 R 函数。特别地我们涉及伯努利分布、二项分布、几何分布、负二项分布和泊松分布。

下一章我们介绍连续型随机变量。

15.1　R 里的离散型随机变量

R 有处理最常见的概率分布的内置函数。假设随机变量 X 是 **dist** 类型,参数为 **p1**, **p2**,$\cdots$,那么

ddist(x, p1, p2, ...) 对于 X 是离散型时等于 $\mathbb{P}(X = x)$,或者对于 X 是连续型时等于 X 在 x 点的密度值;

pdist(q, p1, p2, ...) 等于 $\mathbb{P}(X \leqslant q)$;

qdist(p, p1, p2, ...) 等于满足 $\mathbb{P}(X \leqslant q) \geqslant p$ 的最小的 q（$100p\%$ 分位点）;

rdist(n, p1, p2, ...) 是来自分布类型为 **dist** 的由 **n** 个伪随机数组成的向量。

输入 **x,q** 和 **p** 可以都是向量,在这种情况下输出也是向量。

这里给出一些由 R 提供的离散型分布以及它们的输入参数的名称。

分布	R 名称(**dist**)	参数名称
二项分布	**binom**	**size,prob**
几何分布	**geom**	**prob**
负二项分布	**nbinom**	**size,prob**
泊松分布	**pois**	**lambda**

15.2 伯努利分布

P.268 伯努利、二项、几何以及负二项分布的背景均是一列独立的随机试验。它们中的每一个随机变量从不同的角度描述这样的试验。

对于任意的随机试验,我们总可以根据任意的特性把样本空间分为"成功"的一些结果和互补的"失败"的一些结果。我们假设每次试验成功的概率是 p 失败的概率是 $1-p$。

伯努利随机变量 B 是基于单个随机试验的,并且如果试验成功取值是 1 反之取值为 0。我们使用记号 $B \sim \text{Bernoulli}(p)$ 表示 B 服从参数为 p 的伯努利分布。

$$\mathbb{P}(B=x) = \begin{cases} p & x=1; \\ 1-p & x=0; \end{cases}$$

$$\mathbb{E}\,B = 1 \cdot p + 0 \cdot (1-p) = p;$$

$$\text{Var}B = \mathbb{E}(B-p)^2 = (1-p)^2 \cdot p + (0-p)^2 \cdot (1-p) = p(1-p)$$

伯努利随机变量也称为**示性变量**,因为它表示或者显示事件成功出现。

15.3 二项分布

令 X 是 n 次独立试验中成功的次数,成功的概率为 p,那么 X 服从参数为 n 和 p 的二项分布。我们记为 $X \sim \text{binom}(n,p)$。

令 $B_1, \cdots, B_n$ 是相互独立的服从 $\text{Bernoulli}(p)$ 的随机变量,那么

$$X = B_1 + \cdots + B_n \sim \text{binom}(p)$$

对于 $x = 0, 1, \cdots, n$ 我们有

$$\mathbb{P}(X=x) = \begin{bmatrix} n \\ x \end{bmatrix} p^x (1-p)^{n-x};$$

$$\mathbb{E}\,X = \mathbb{E}(B_1 + \cdots + B_n) = \mathbb{E}\,B_1 + \cdots + \mathbb{E}\,B_n = np;$$

$$\text{Var}X = \text{Var}(B_1 + \cdots + B_n) = \text{Var}B_1 + \cdots + \text{Var}B_n = np(1-p)$$

方差的结果用到了 B_i 是相互独立的事实。为了证明 $\mathbb{P}(X=x)$ 的表达式,我们用到了从含有 n 个元素的集合里选择 x 个试验(成功的)的数目是 $\begin{bmatrix} n \\ x \end{bmatrix}$。

显然地,伯努利分布和 $\text{binom}(1,p)$ 是同一分布。你可以检验 $n=1$ 的情形,分布的表达式、均值和方差均与伯努利的相同。

二项随机变量的名称来自于**二项展开式**：对于任意的 a 和 b 我们有　　　　　P.269

$$(a+b)^n = \sum_{x=0}^{n} \binom{n}{x} a^x b^{n-x}$$

你可以使用这个等式证明 $\sum_{x=0}^{n} \mathbb{P}(X=x)=1$。注意 $0!$ 是 1。

图 15.1 给出了几个二项分布的概率质量函数。

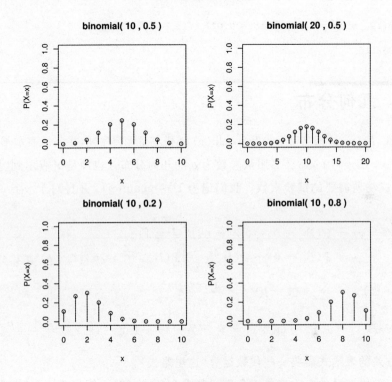

图 15.1　二项分布概率质量函数

15.3.1　示例：生产线上的抽样

假设生产线上的每个产品是次品的概率是 0.01。如果你随机选择 n 个产品进行检验，n 至少应该多大才能保证该样本里有一个次品的概率至少是 95%？

令 X 表示该样本里的次品数目，那么我们想知道 n 多大时能保证 $\mathbb{P}(X \geqslant 1) \geqslant$　P.270
0.95。假设样本中产品是次品的事件是相互独立的，我们有 $X \sim \text{binom}(n, 0.01)$，因此

$$\mathbb{P}(X \geqslant 1) = 1 - \mathbb{P}(X=0)$$

$$= 1 - \begin{pmatrix} n \\ 0 \end{pmatrix} 0.01^0 \, 0.99^n = 1 - 0.99^n$$

$$\geqslant 0.95$$

解这个关于 n 的不等式我们得到 $n \geqslant 299$（近似到最近的整数）。

相应地,我们可能想知道随机选取 1000 个产品次品数小于 20 的概率是多少。我们可以在 R 里使用二项分布的分布函数解决。

```
> pbinom(19, size = 1000, prob = 0.01)
```

```
[1] 0.9967116
```

15.4　几何分布

令 $B_1, B_2, \cdots$ 是相互独立的 Bernoulli(p) 随机变量无穷序列,并令 Y 表示 $B_1 = \cdots = B_Y = 0$, $B_{Y+1} = 1$,那么 Y 服从参数为 p 的几何分布。也即是 Y 表示到（但不包括）首次成功所需要的试验次数。我们记为 $Y \sim \text{geom}(p)$,并且对于 $y = 0, 1, \cdots$ 我们有

$$\mathbb{P}(Y = y) = \mathbb{P}(B_1 = 0, \cdots, B_y = 0, B_{y+1} = 1)$$
$$= \mathbb{P}(B_1 = 0) \cdots \mathbb{P}(B_y = 0) \, \mathbb{P}(B_{y+1} = 1) = (1-p)^y p \, ;$$

$$\mathbb{E} \, Y = \sum_{y=0}^{\infty} y \, (1-p)^y p = \frac{1-p}{p} \, ;$$

$$\text{Var} Y = \mathbb{E} \, Y^2 - (\mathbb{E} \, Y)^2 = \mathbb{E} \, Y(Y-1) + \mathbb{E} \, Y - (\mathbb{E} \, Y)^2 = \frac{1-p}{p^2}$$

均值和方差的表达式需要一些代数运算（这里略去）。

几何随机变量的名称来自于**几何级数**求和公式。对于任意的 $\alpha \in (-1, 1)$ 我们有

$$\sum_{n=0}^{\infty} \alpha^n = \frac{1}{1-\alpha}$$

使用这个公式可以证明 $\sum_{y=0}^{\infty} \mathbb{P}(Y = y) = 1$。类似地我们可以使用等式 $\sum_{n=0}^{\infty} n\alpha^n = \alpha / (1-\alpha)^2$ 计算 $\mathbb{E} \, Y$。

图 15.2 给出了几个几何分布的概率质量函数。

警告:一些作者定义几何随机变量是到达**并包括**首次成功的试验次数。那是 $Y+1$ 而不是 Y。

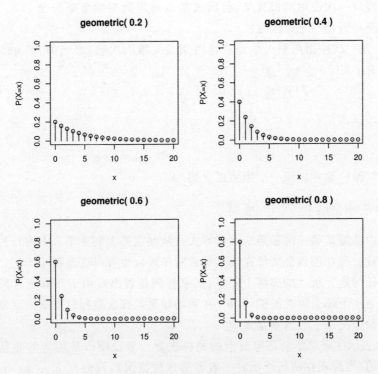

图 15.2　几何概率质量函数

15.4.1　示例:烤肉架点火

你试图在一个有风的天气里用火柴给烤肉架点火。假设你只有 4 根火柴,每根火柴有 $p = 0.1$ 的机会点着烤肉架。在你用完火柴前点着烤肉架的概率是多少?

我们可以想象开始时有无穷多根火柴,并令 Y 是你点着烤肉架前失败的次数。那么 $Y \sim \text{geom}(0.1)$ 并且所求的概率是

$$\mathbb{P}(Y \leqslant 3) = \sum_{y=0}^{3} p\,(1-p)^y$$
$$= 1 - (1-p)^4\,(\text{几何级数求和})$$
$$= 0.3439\,(\text{保留到 4 位小数})$$

在 R 里,

P.272

```
> pgeom(3, 0.1)
[1] 0.3439
```

现在假设一次使用两根火柴,每次成功点着烤肉架的概率升至 0.3。一次使用两根火柴是否是一个好注意?

令 W 是一次使用两根火柴点着烤肉架前失败的次数,那么 $W \sim \text{geom}(0.3)$ 并且我们有

$$\mathbb{P}(W \leqslant 1) = 0.3 + 0.7 \times 0.3 = 0.51$$

```
> pgeom(1, 0.3)
```

```
[1] 0.51
```

我们的结论是你应该一次用两根火柴。

15.4.2 示例:抛双币赌博

抛双币赌博是第一次和第二次世界大战期间在澳大利亚军人中流行的一种简单赌博游戏。现在可以合法地在澳大利亚赌场里玩也可以在澳新军团纪念日时在澳大利亚任何地方玩。抛掷两个硬币,玩家打赌是否出现两个正面或者反面。如果是其中的一个那么再次抛掷硬币。在赌场如果抛掷次数超过 5 次庄家拿走全部赌资。这种情况发生的概率是多少?

令 X 表示庄家拿走全部赌资前的抛掷次数。假设硬币是均匀的并且抛掷是相互独立的(当游戏在赌场外玩时一般不是这种情况),我们有 $X \sim \text{geom}(0.5)$。所求的概率是

$$
\begin{aligned}
P(X \geqslant 5) &= \sum_{x=5}^{\infty} p\,(1-p)^x \\
&= (1-p)^5 \text{ (几何级数求和)} \\
&= (0.5)^5 = 1/32
\end{aligned}
$$

在 R 里,

```
> 1 - pgeom(4, 0.5)
```

```
[1] 0.03125
```

15.5 负二项分布

P.273

令 Z 表示在一列独立同分布的 Bernoulli(p) 试验中第 r 次成功前失败的次数,那么 Z 服从**负二项分布**。我们记为 $Z \sim \text{nbinom}(r, p)$。令 $Y_1, \cdots, Y_r$ 是独立同分布的服从 geom(p) 的随机变量,那么

$$Z = Y_1 + \cdots + Y_r \sim \text{nbinom}(r, p)$$

立即可得

$$\mathbb{E}\,Z = r(1-p)/p\,;$$
$$\mathrm{Var}Z = r(1-p)/p^2$$

如果第 r 次成功是第 x 次试验,那么前 $r-1$ 次成功可以发生在前 $x-1$ 次试验的任何地方。因此有 $\binom{x-1}{r-1}$ 种方式我们可以在 x 次试验中得到 r 次成功。每种方式的概率是 $p^r\,(1-p)^{x-r}$,因此令 $z=x-r$,对 $z=0,1,\cdots$ 我们有

$$\mathbb{P}(Z=z) = \binom{r+z-1}{r-1} p^r\,(1-p)^z$$

你应该能看出这个公式当 $r=1$ 时和几何分布一致。

P.274

图 15.3 给出了几个负二项分布的概率质量函数。

类似几何分布,一些作者定义负二项分布是到达并包括第 r 次成功的试验次数(成功和失败的),而不是只是考虑失败的。

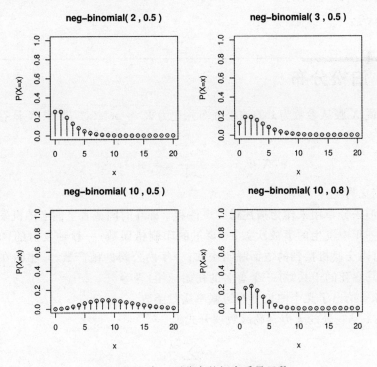

图 15.3　负二项分布的概率质量函数

15.5.1　示例:质量控制

制造商从每批产品中随机选择 100 件检查它们的产品质量。如果有超过 2 个的次品,那么他们停止生产并尝试确定问题所在。

假设每个产品的次品率是 p 并与其它产品相互独立。令 X 表示一个容量为 100 的样本中次品的数目,那么 $X \sim \mathrm{binom}(100, p)$ 并且

$$\mathbb{P}(\text{停止生产}) = \mathbb{P}(X \geqslant 3)$$

如果 $p = 0.01$ 那么停止生产的概率是

```
> 1 - pbinom(2, 100, 0.01)
```

```
[1] 0.0793732
```

在实践中,我们不是检验每一个样品,而是按照次序检验当得到三个次品时停止。令 Z 表示我们检测并发现 3 个次品前的产品数目,那么 $Z \sim \mathrm{nbinom}(3, p)$ 并

$$\mathbb{P}(\text{停止生产}) = \mathbb{P}(Z + 3 \leqslant 100)$$

注意 $Z + 3$ 是检查到的产品总数包括发现的第 3 个次品。在 R 里我们有

```
> pnbinom(97, 3, 0.01)
```

```
[1] 0.0793732
```

15.6 泊松分布

我们说 X 服从参数为 λ 的泊松分布并记为 $X \sim \mathrm{pois}(\lambda)$,如果 X 具有概率质量函数

$$\mathbb{P}(X = x) = \frac{\mathrm{e}^{-\lambda}\lambda^x}{x!} \quad x = 0, 1, \cdots$$

注意 0! 定义为 1。

P.275　　　　泊松分布用来作为描述稀有事件和事件在时间或者空间上随机发生的模型。比如一年中发生的事故次数;一页里的印刷错误数;一秒钟发射的伽玛粒子数;一小时内交换机接到的电话呼叫次数;一年内公司的破产数;一年内在普鲁士军队里被马踢死的士兵数(一个著名的初始应用)等等。

图 15.4 给出了几个泊松分布的概率质量函数。

e^{λ} 在 $\lambda = 0$ 处的无穷泰勒级数展开式为

$$\mathrm{e}^{\lambda} = \sum_{n=0}^{\infty} \frac{\lambda^n}{n!}$$

从这个式子我们可以看到 $\sum_{x=0}^{\infty} \mathbb{P}(X = x) = 1$,满足概率质量函数的要求。我们也可以用这个事实计算均值和方差

$$\mathbb{E}\,X = \sum_{x=0}^{\infty} x\,\mathbb{P}(X = x)$$

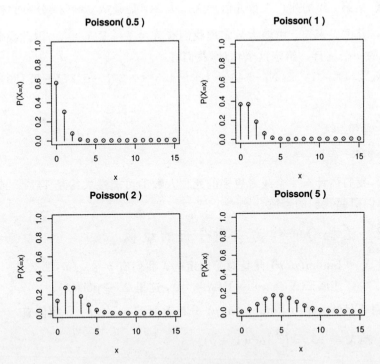

图 15.4　泊松分布的概率质量函数

P.276

$$= \sum_{x=0}^{\infty} x \frac{e^{-\lambda} \lambda^{x}}{x!}$$

$$= \sum_{x=1}^{\infty} \frac{e^{-\lambda} \lambda^{x}}{(x-1)!}$$

$$= \lambda \sum_{x=1}^{\infty} \frac{e^{-\lambda} \lambda^{(x-1)}}{(x-1)!}$$

$$= \lambda \sum_{y=0}^{\infty} \frac{e^{-\lambda} \lambda^{y}}{y!} \quad (y = x-1)$$

$$= \lambda$$

对于方差我们用 $\mathrm{Var}X = \mathbb{E}\,X^{2} - (\mathbb{E}\,X)^{2} = \mathbb{E}(X(X-1)) + \mathbb{E}\,X - (\mathbb{E}\,X)^{2} = \mathbb{E}(X(X-1)) + \lambda - \lambda^{2}$。使用与计算 $\mathbb{E}\,X$ 相同的方法,我们可以得到 $\mathbb{E}(X(X-1)) = \lambda^{2}$,因此 $\mathrm{Var}X = \lambda$。

15.6.1　示例:可怕的疾病

人类受到了一种可怕疾病的威胁,假设过去 7 年由于可怕的疾病而死亡的人数是 2,3,3,2,2,1,1。现在假设今年由于该可怕的疾病而死亡 4 人。死亡人数增加了 4 倍,该引起我们的恐慌了吗?

令 X_i 是第 i 年的死亡人数并假设 $X_1, \cdots, X_7$ 是服从 pois(λ) 分布的独立同分布的样本,其中 λ 未知。由弱大数定理我们有 $\overline{X} = 2 \approx \mathbb{E}\, X_i = \lambda$,因此我们以 $\hat{\lambda} = 2$ 作为 λ 的一个估计。给定这个估计,我们有

$$\mathbb{P}(X_8 \geqslant 4) = 1 - \mathbb{P}(X_8 < 4) = 1 - 0.135 - 0.271 - 0.271 - 0.180 = 0.143$$

在 R 里,

```
> 1 - ppois(3, 2)
```

```
[1] 0.1428765
```

也即是说,我们估计有 4 个或者更多的死亡人数的可能性大约是 14%。或许没有足够的原因引起我们的恐慌。

15.6.2　泊松分布作为二项分布的近似

假设 $X \sim \text{binom}(n, p)$ 并且对于固定的 λ 我们有 $p = \lambda/n$,那么

$$\lim_{n \to \infty} \mathbb{P}(X = x) \to \mathbb{P}(\Lambda = x),\ 这里\ \Lambda \sim \text{pois}(\lambda)。$$

P.277 也即是,对于足够大的 n , binom(n, p) 分布近似于 pois(np) 。我们有

$$\mathbb{P}(X = x) = \binom{n}{x} p^x (1-p)^{n-x}$$

$$= n \cdot (n-1) \cdots (n-x+1) \frac{1}{x!} \left(\frac{\lambda}{n}\right)^x \left(1 - \frac{\lambda}{n}\right)^{n-x}$$

$$= 1 \cdot \frac{n-1}{n} \cdots \frac{n-x+1}{n} \frac{\lambda^x}{x!} \left(1 - \frac{\lambda}{n}\right)^n \left(1 - \frac{\lambda}{n}\right)^{-x}$$

$$= 1 \cdot 1 \cdots 1 \frac{\lambda^x}{x!} e^{-\lambda} 1\ \text{当}\ n \to \infty\ \text{时}$$

$$= \mathbb{P}(\Lambda = x)$$

这里我们使用了有关指数的基本结论:

$$\lim_{n \to \infty} \left(1 + \frac{x}{n}\right)^n = e^x$$

这个结果告诉我们为什么泊松分布是事件以一定比率随机发生的一个好的模型。假设某个事件在单位时间内平均发生 λ 次。把区间 $(0, 1]$ 分解成为 n 个区间,$(0, 1/n], (1/n, 2/n], \cdots, ((n-1)/n, 1]$,然后假设在每个区间至多有一个事件发生。这个假设对于较大的 n 是合理的。如果一个事件在任意给定的区间发生的概率是 p,那么记 X_n 是事件发生的总数,我们有 $X_n \sim \text{binom}(n, p)$ 和 $\mathbb{E}\, X_n = np$。因为我们假设 $\mathbb{E}\, X_n = \lambda$ 我们必有 $p = \lambda/n$,因此令 $n \to \infty$ 我们发现事件发生的数目的极限服从 pois(λ) 分布。

该结果的另外一个结论是,如果 X 和 Y 是独立的参数为 λ 和 μ 的泊松随机变量,那么 $X + Y \sim \text{pois}(\lambda + \mu)$ 。

15.7　习题

1. 某种疾病康复的概率是 0.15。9 个人患有这种疾病。他们中至多两个人恢复的概率是多少？康复的期望人数是多少？

2. 一考试中有 10 个选择题，每个有 5 个备选答案，一个学生如果仅凭猜测（随机选择一个答案）得到 3 个或者更多正确答案的概率是多少？如果仅凭猜测学生得到正确答案的期望个数是多少？

3. 已知一条航线平均有 10% 的人预约某个航班而不到港。因此一次航班他们卖出 20 张票而只有 18 个乘客。

   (a) 假设每个预约是独立的，对每位到港的乘客都有座位的概率是多少？ P.278

   (b) 现在假设一晚上有这种类型的 15 次航班。令 N_0 表示每个到港的人都有座位的航班数目，N_1 表示只有一个人落下的航班数目。N_0 和 N_1 的分布是什么？它们的均值和方差是什么？

   (c) 在 (a) 中关于独立性的假设不是太现实。为什么？尝试对这种情况给出一种更现实的描述。

4. 在桌上游戏 Monopoly 中，你如果投掷一个双（每次投掷 2 个骰子）就可以逃出监禁。令 N 表示逃出监禁需要的投掷次数。N 的分布是什么，$\mathbb{E}(N)$ 和 $\mathrm{Var}(N)$ 的值分别是多少？

5. 一对夫妻决定生育小孩直到有一个女孩。也即是说，他们将停止生育当他们有一个女孩即使第一个孩子是女孩。令 N 表示他们的小孩数量。假设生男孩和女孩是等可能的并他们的小孩性别是独立的。

   (a) N 的分布是什么？$\mathbb{E}(N)$？$\mathrm{Var}(N)$？

   (b) 计算 N 是 1，2 或 3 的概率。

   另一对夫妻想做同样的事情但是他们不想只要一个孩子。也即是他们要两个小孩如果他们没有女孩则继续生育。令 M 表示他们的小孩数量。

   (c) 计算 $\mathbb{P}(M=1)$，$\mathbb{P}(M=2)$ 和 $\mathbb{P}(M=3)$。

   (d) 解释为什么我们有 $\mathbb{P}(N=i)=\mathbb{P}(M=i)$ 对于任意的 $i\geqslant 3$。

   (e) 使用上述信息计算 $\mathbb{E}(M)$。

   提示：使用已知的 $\mathbb{E}(N)$ 的值并考虑 $\mathbb{E}(N)-\mathbb{E}(M)$ 的差别。

6. 随机变量 $Y\sim pois(\lambda)$ 并且 λ 是一个整数。

   (a) 当 $y=0,1,\cdots$ 时，计算 $\mathbb{P}(Y=y)/\mathbb{P}(Y=y+1)$

   (b) Y 最可能取的值是多少？

   提示：如果 (a) 中比值小于 1 意味着什么？

7. 如果 X 服从泊松分布并有 $\mathbb{P}(X=0)=0.2$，计算 $\mathbb{P}(X\geqslant 2)$。

8. 假设 $X\sim pois(\lambda)$。

(a)计算 $\mathbb{E}\,X(X-1)$ 并证明 $\mathrm{Var}X=\lambda$ 。

(b)使用当 $n\to\infty$ 时，$\mathrm{binom}(n,\lambda/n)$ 的概率趋于 $\mathrm{pois}(\lambda)$ 的概率的事实，再次证明 $\mathrm{Var}X=\lambda$ 。

P.279　9.有一大批元件交付给两个工厂 A 和 B 。每批元件采取的接收抽样方案如下：

工厂 A :如果随机抽取 10 个元件包含少于两个次品则接受这批元件。反之拒绝接受。

工厂 B :选取 5 个元件作为一个随机样本。如果该样本没有次品则接受这批元件。如果该样本含有两个或者更多次品则拒绝接受。如果该样本包含一个次品,进一步抽取容量为 5 的样本,并且如果该样本不包含次品则接受该批元件。如果这批产品的次品率是 p ,计算每个方案下接受这批产品的概率。

给出工厂 B 的平均抽样数目的表达式并寻找它的最大值。

10.假设某型号的新车有 X 个小缺陷,其中 X 服从均值为 μ 的泊松分布。一份记录每辆车至少有一个缺陷的报告被送至生产商。给出随机选取的报告卡片上的缺陷数目 Y 的概率函数并计算 $\mathbb{E}(Y)$ 。给定 $\mathbb{E}(Y)=2.5$,计算 μ 并保留至两位小数。

11.承包人出租一个重型设备 t 小时,每小时租金是 \$50。该设备会出现过热现象,如果在租赁期间出现 x 次过热,承包人不得不支付 \$ x^2 的修理费用。设备在 t 小时出现过热的次数可以假设为服从均值为 $2t$ 的泊松分布。t 取什么值时可以使承包人的期望利润最大?

12.使用递归函数计算二项概率。

令 $X\sim\mathrm{binom}(k,p)$, $f(x,k,p)=\mathbb{P}(X=x)=\dbinom{k}{x}p^x(1-p)^{k-x}$ 这里 $0\leqslant x$

$\leqslant k$ 并且 $0\leqslant p\leqslant 1$ 。容易证明

$$f(0,k,p)=(1-p)^k;$$

$$f(x,k,p)=\frac{(k-x+1)p}{x(1-p)}f(x-1,k,p), \text{当}\ x\geqslant 1\ \text{时}。$$

使用上述公式编写一个递归函数 `binom.pmf(x, k, p)` 返回 $f(x,k,p)$ 。

你可以与内置函数 `dbinom(x, k, p)` 作比较检验你的函数。

13.航空公司对某一航班售票时,一般有 50 个座位可售,但是他们经常售出 $50+k$ 个,因为经常有人取消订票。假设顾客取消的概率是 $p=0.1$ 并假设每个人订票是相互独立的。又假设对每一位旅行的乘客(不取消并且有座位)航空公司获利 \$500,但当飞机上有一个空位时损失 \$100,如果因为超定而使得乘客没有座位则损失 \$500。

P.280　空位损失是由于一架飞机飞行的固定花费,而不考虑有多少乘客。如果一个乘客没有座位则代表两个直接损失——例如他们可能要求以头等舱代替——同时损失将来的生意。

k 值是多少可以使航空公司的期望利润最大?

14.编写一个程序对任意离散型非负随机变量 X,Y 和 Z 计算 $\mathbb{P}(X+Y+Z=k)$ 。

第 16 章

连续型随机变量

本章通过介绍一些重要的连续型随机变量进一步丰富我们的随机变量知识。这 P.281 些模型是第 14 章介绍的一般理论和上一章介绍的离散型随机变量的补充。我们考虑均匀、指数、威布尔、伽玛、正态、χ^2 和 t 分布的理论、应用以及在 R 里的调用。

16.1 R 里的连续型随机变量

R 有处理最常见的概率分布的内置函数。假设随机变量 X 是 dist 类型,参数为 p1, p2, ...,那么

ddist(x, p1, p2, ⋯) 对于 X 是离散型时等于 $\mathbb{P}(X = x)$,或者对于 X 是连续型时等于 X 在 x 点的密度值;

pdist(q, p1, p2, ⋯) 等于 $\mathbb{P}(X \leqslant q)$;

qdist(p, p1, p2, ⋯) 等于满足 $\mathbb{P}(X \leqslant q) \geqslant p$ ($100p\%$ 分位点)的最小的 q;

rdist(n, p1, p2, ⋯) 是来自分布类型为 dist 的由 n 个伪随机数组成的向量。

输入 x,q 和 p 可以都是向量,在这种情况下输出也是向量。

这里给出一些由 R 提供的连续型分布以及它们的输入参数的名称。默认值用 = 表示。

分布	R 名称(dist)	参数名称
均匀分布	unif	min = 0, max = 1
指数分布	exp	rate = 1
卡方分布	chisq	df
伽玛分布	gamma	shape, rate = 1
正态分布	norm	mean = 0, sd = 1
t 分布	t	df
威布尔分布	weibull	shape, scale = 1

指数分布和伽玛分布中出现的参数 rate 下面被称为 λ;伽玛分布中出现的参 P.282

数 shape 下面被称为 m 。对于正态分布,R 用均值 μ 和标准差 σ 而不是我们将要用的方差 σ^2 作为参数。威布尔分布的参数在 16.3.3 节解释。

16.2 均匀分布

如果 X 落在一个给定区间 $[a,b]$ 的概率只依赖于区间的长度而与它的位置无关,那么称 X 服从 $[a,b]$ 上的均匀(或者矩形)分布。记为 $X \sim U(a,b)$ 。概率密度函数、均值和方差是

$$f(x) = \frac{1}{b-a} \text{ 当 } a \leqslant x \leqslant b \text{ 时}$$

$$\mu = \frac{a+b}{2}$$

$$\sigma^2 = \frac{(b-a)^2}{12}$$

更一般地,如果 S 是 $\mathbb{R}^d$ 里的有界子集,那么如果对于任意的 $A \subset S$,有 $\mathbb{P}(X \in A) = |A| / |S|$,我们说 X 在 S 上服从均匀分布。这里 $|A|$ 指 A 的大小,可以是长度、面积、体积等,与 d 有关。

R 中的一个普通例子是:

```
> punif(0.5, 0, 1)
[1] 0.5
```

16.3 寿命模型:指数和威布尔

令 $X \geqslant 0$ 是直到某个事件发生的时间,比如某个机械部件的损坏,在这种情况下 X 称为那个部件的**寿命**。令 f 和 F 分别表示 X 的概率密度函数和累积分布函数,那么我们定义**生存函数**是 $G(x) = \mathbb{P}(X > x) = 1 - F(x)$ 。也即是 $G(x)$ 是部件直到时间 x 生存的概率。

失效(特定年限)率称为**风险函数** $\lambda(x)$ 。 $\lambda(x)$ 是在时间 x 失效的比率,也即是

$$\lambda(x)\mathrm{d}x = \mathbb{P}(X \text{ 在时间 } x \text{ 和 } x + \mathrm{d}x \text{ 之间的寿命} \mid \text{寿命 } X > x)$$

$$= \mathbb{P}(\text{部件在时间 } x \text{ 和 } x + \mathrm{d}x \text{ 之间失效} \mid \text{在时间 } x \text{ 仍然工作})$$

$$= \frac{f(x)\mathrm{d}x}{G(x)}$$

$$\lambda(x) = \frac{f(x)}{G(x)}$$

我们可以由 λ 计算密度 f 如下:

$$f(x) = \frac{\mathrm{d}F(x)}{\mathrm{d}x} = \frac{\mathrm{d}}{\mathrm{d}x}(1 - G(x)) = -\frac{\mathrm{d}G(x)}{\mathrm{d}x}$$

$$\lambda(x) = \frac{f(x)}{G(x)} = \frac{-G'(x)}{G(x)} = -\frac{\mathrm{d}}{\mathrm{d}x}\log G(x)$$

$$G(x) = \exp\left(-\int_0^x \lambda(u)\,\mathrm{d}u\right)$$

$$f(x) = \lambda(x)\exp\left(-\int_0^x \lambda(u)\,\mathrm{d}u\right)$$

16.3.1　指数分布

如果 $\lambda(x) = \lambda$ ，即失效率是常数，那么我们说 X 服从**指数**分布并记为 $X \sim \exp(\lambda)$ 。这种情形下

$$f(x) = \lambda\mathrm{e}^{-\lambda x}$$
$$\mu = 1/\lambda$$
$$\sigma^2 = 1/\lambda^2$$

$\lambda(x)$ 是常数意味着部件不受新旧程度的影响，也即是说，部件失效是随机的。指数分布的这个性质称为**无记忆性**。它经常表示为如下形式，对于 $s,t \geqslant 0$ ，

$$\mathbb{P}(X > s+t \mid X > s) = \mathbb{P}(X > s+t \text{ 并且 } X > s)/\mathbb{P}(X > s)$$
$$= \mathbb{P}(X > s+t)/\mathbb{P}(X > s)$$
$$= \mathrm{e}^{-\lambda(s+t)}/\mathrm{e}^{-\lambda s}$$
$$= \mathrm{e}^{-\lambda t} = \mathbb{P}(X > t)$$

换句话说，假设你已经活了 s 年，你再活时间 t 的概率与你刚出生时是一样的。

图 16.1 给出了指数分布的概率密度函数。

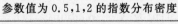

参数值为 0.5, 1, 2 的指数分布密度

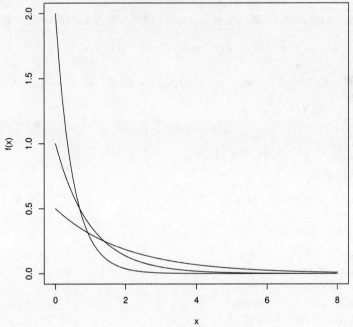

图 16.1　一些指数分布密度

16.3.2 示例:放射性衰变

铀-238 每年以一定的与时间无关的常数速率 λ 衰变成钍-234(在这个过程放射阿尔法粒子)。铀-238 的半衰期是 4.47×10^9 年,定义为一块铀-238 从一半衰变为钍-234 所需要的(期望)时间。也即是如果 X 是单个原子衰变的时间,那么 $X \sim \exp(\lambda)$ 并且

$$\mathbb{P}(X > 4.47 \times 10^9) = 0.5$$

但 $\mathbb{P}(X > x) = \mathrm{e}^{-\lambda x}$,因此我们有 $\lambda = \log 2/(4.47 \times 10^9) = 1.55 \times 10^{-8}$ [1]。

P.284   一克铀-238 包含大约 2.53×10^{21} 个原子。直到第一个阿尔法粒子释放的期望时间是多少?到第一次衰变发生时我们有 2.53×10^{21} 个原子,每个衰变的速率是每年 1.55×10^{-8} [2],因此衰变的总速率每年大约是 3.9×10^{13} [3]。即第一次释放阿尔法粒子的时间服从均值为 2.6×10^{-14} [4]年(小于每秒百万分之一[5])的 $\exp(3.9 \times 10^{13})$ [6]分布。

这里我们隐含地用到 n 个独立的指数随机变量的极小值也是指数分布的事实,速率是 n 个原始速率的和(见习题2)。

16.3.3 威布尔分布

如果 X 的风险函数是 $\lambda(x) = m\lambda x^{m-1}$,则 X 服从参数为 λ 和 m 的威布尔分布,这里 m 和 $\lambda > 0$。我们记为 $X \sim \mathrm{Weibull}(\lambda, m)$。

显然一个 $\mathrm{Weibull}(\lambda, 1)$ 随机变量与 $\exp(\lambda)$ 随机变量是相同的。更一般地我们有

$$G(x) = \exp\left(-\int_0^x \lambda(u)\mathrm{d}u\right) = \exp(-\lambda x^m) ,$$

$$f(x) = \lambda(x)\exp\left(-\int_0^x \lambda(u)\mathrm{d}u\right) = m\lambda x^{m-1}\mathrm{e}^{-\lambda x^m} , \text{当 } x \geqslant 0 \text{ 时}.$$

P.285 使用这些表达式我们可以证明

$$\mu = \lambda^{-1/m}\Gamma(1 + 1/m)$$
$$\sigma^2 = \lambda^{-2/m}(\Gamma(1 + 2/m) - \Gamma(1 + 1/m)^2)$$

这里 Γ 是伽玛函数:

$$\Gamma(p) = \int_0^\infty x^{p-1}\mathrm{e}^{-x}\mathrm{d}x , \text{对于 } p > 0 ;$$

---

[1] 结果应该是 1.55×10^{-10}。——译者注

[2] 结果应该是 1.55×10^{-10}。——译者注

[3] 结果应该是 3.9×10^{11}。——译者注

[4] 结果应该是 2.6×10^{-12}。——译者注

[5] 结果应该是万分之一。——译者注

[6] 结果应该是 $\exp(3.9 \times 10^{11})$。——译者注

$\Gamma(p) = (p-1)\Gamma(p-1)$，对于所有的 $p > 1$；$\Gamma(1) = 1$；$\Gamma(1/2) = \sqrt{\pi}$；

$\Gamma(n) = (n-1)!$，对于整数 n。

对于 p 不等于一个整数或者一个整数加上 $1/2$，我们需要使用数值积分计算 $\Gamma(p)$。

图 16.2 给出了几个威布尔分布的风险函数和概率密度函数。

P.286

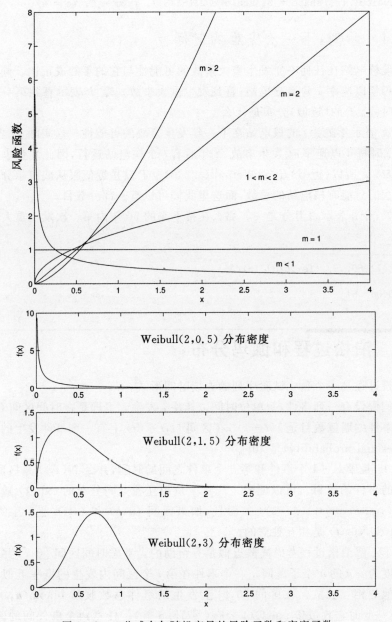

图 16.2 一些威布尔随机变量的风险函数和密度函数

注意 R 中的威布尔分布的参数与这里给出的不同。为了在 R 里计算威布尔分布的概率,使用 m 作为 **shape** 的参数,$\lambda^{-1/m}$ 作为 **scale** 的参数。因此为了再次生成图 16.2 的下面的 3 个面板,使用如下函数。

```
curve(dweibull(x, shape = 0.5, scale = 2^(-1/0.5)), from = 0, to = 4)
curve(dweibull(x, shape = 1.5, scale = 2^(-1/1.5)), from = 0, to = 4)
curve(dweibull(x, shape = 3, scale = 2^(-1/3)), from = 0, to = 4)
```

16.3.4 示例:下一次灾难的时间

假设核电站在任何一年发生重大事故的可能性与它的年龄成正比。同时也假定我们每年以速率 1 建造核电站;直到发生重大事故。令 T 表示直到第一次重大事故的时间。T 的(近似)分布是什么?

令 αt 表示年龄为 t 的核电站在下一年发生事故的可能性。这实际上是等于说在年龄 t 时每年以速率 αt 发生事故。t 年后有 t 个核电站运行,因此发生事故的总速率为 αt^2。所以(近似)$T \sim \text{Weibull}(\alpha/3, 3)$。$T$ 只是近似服从威布尔分布因为实际中我们只能有核电站的总数,而这里我们可以有一部分数目。

例如,令 α 表示百万分之一。那么在接下来的 50 年内第一次发生重大事故的概率是

```
> pweibull(50, 3, (1e-06/3)^(-1/3))
```

```
[1] 0.04081054
```

16.4 泊松过程和伽玛分布

P.287 泊松过程是一个独立试验序列的连续时间形式。

我们假设有一列事件,每单位时间以速率 λ 发生。也即是在时间区间 (s,t) 内发生的事件的**期望**数目是 $\lambda(t-s)$,在区间 $(t, t+dt)$ 上有一个事件发生的**概率元** (infinitesimal probability) 是 λdt。

令 T_k 是第 $k-1$ 个事件和第 k 个事件之间的时间,并令 $N(s,t)$ 是区间 (s,t) 内发生的事件的数目。可以证明 $\{T_k\}_{k=1}^{\infty}$ 是相互独立同分布的 $\exp(\lambda)$ 随机变量并且 $N(s,t) \sim \text{pois}(\lambda(t-s))$。而且,如果区间 (a,b) 和 (s,t) 是互斥的,那么 $N(a,b)$ 和 $N(s,t)$ 是相互独立的。

为了了解泊松过程考虑离散近似是有帮助的。考虑时间区间 $[0,t]$ 并把它划分为长度为 t/n 的 n 个子区间。一个事件在第 i 个区间内发生的概率近似为 $\lambda t/n$ 并与其他的相互独立。在区间 $[0,t]$ 上发生的事件总数服从 $\text{binom}(n, \lambda t/n)$ 分布,当 $n \to \infty$ 时它收敛于 $\text{pois}(\lambda t)$ 分布(见 15.6 节)。任意两个事件间的区间数,

假设为 X 服从 $\mathrm{geom}(\lambda t/n)$ 分布。因此任意两个事件之间的时间由 $Y = (t/n)X$ 给出并且我们有

$$\mathbb{P}(Y > y) = \mathbb{P}(X > ny/t)$$

$$= \sum_{x = \lceil ny/t \rceil}^{\infty} (\lambda t/n)(1 - \lambda t/n)^x$$

$$= \left(1 - \frac{\lambda t}{n}\right)^{\lceil ny/t \rceil}$$

$$\rightarrow (\mathrm{e}^{-\lambda t})^{y/t} = \mathrm{e}^{-\lambda y}，当 n \rightarrow \infty 时。$$

这是一个 $\exp(\lambda)$ 随机变量大于 y 的概率，即为所求。

图 16.3 给出了泊松过程的一个实现。

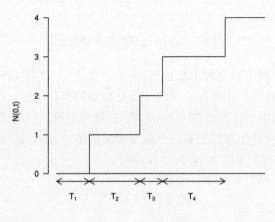

图 16.3　泊松过程

16.4.1　一个悖论?

假设我们有一个速率为 λ 的泊松过程，我们在一个随机的时间 t 观察它。平均而言，我们将会选择在两个到达的中点时间。因此下一个到达的期望时间将是任何两次到达之间的期望时间的一半，也即是 $1/(2\lambda)$。但是指数分布的无记忆性告诉我们从开始观察到下一个到达仍然服从参数为 λ 的指数分布，均值是 $1/\lambda$，将产生矛盾!

这个看上去像是一个悖论而实际并非如此，因为上面的叙述中有缺陷。如果我们随机选择一个时间，我们更可能是在两个相距较远的到达之间而不是在很近的到达之间选择。因此我们选择的到达区间要比通常的标准大，所以它的期望长度也会比标准长度长(实际上，正好是标准长度的两倍)。

16.4.2 合并和细化

泊松过程有很多有用的性质。其中的两个是合并和细化,如图 16.4 所示。

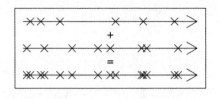

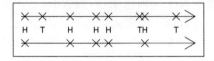

图 16.4 泊松过程的合并和细化

如果我们合并两个独立的泊松过程,速率分别为 λ_1 和 λ_2,那么结果是一个速率为 $\lambda_1 + \lambda_2$ 泊松过程。这里合并我们是指把所有的事件加在一起。

我们通过对每一个事件投掷一枚(非均匀)硬币细化一个过程:正面时我们保持不变;反面时舍弃。如果我们有一个速率为 λ 的泊松过程,选取一个事件的概率是 p,那么结果是一个速率为 $p\lambda$ 的泊松过程。

这两个结果都可以从离散近似直观地推出。

16.4.3 伽玛分布

指数分布是几何分布的连续形式。如果我们对独立的几何分布求和可以得到**负二项**分布。负二项分布的连续形式是**伽玛**分布(见表 16.1)。

令 X 表示 m 个独立的 $\exp(\lambda)$ 随机变量的和,那么可以证明 X 具有以下的概率密度函数、均值和方差

$$f(x) = \frac{1}{\Gamma(m)}\lambda^m x^{m-1} e^{-\lambda x}, x \geqslant 0 \text{ 并且 } m, \lambda > 0$$

$$\mu = m/\lambda$$

$$\sigma^2 = m/\lambda^2$$

我们记为 $X \sim \Gamma(\lambda, m)$。注意这个定义实际上对于所有的 $m > 0$ 均成立,并不仅限于整数值。当 m 是整数值的特殊情形,伽玛分布更精确地可以称为**爱尔朗**分布。当 m 不是整数时 $F(x) = \int_0^x f(u)\,\mathrm{d}u$ 必须通过数值积分求出。

伽玛分布的密度函数例子在图 16.5 给出。为了生成这些密度图形可以使用

```
> curve(dgamma(x, shape = 0.5, rate = 2), from = 0, to = 4)
> curve(dgamma(x, shape = 1.5, rate = 2), from = 0, to = 4)
> curve(dgamma(x, shape = 3, rate = 2), from = 0, to = 4)
```

注意在 R 里，伽玛分布默认的参数顺序是 (m,λ) 而不是 (λ,m)。

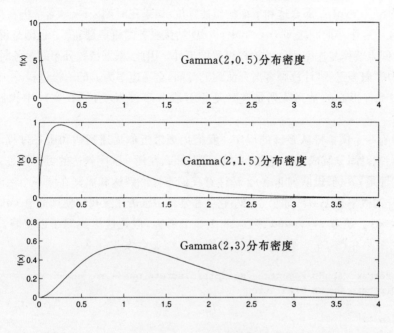

图 16.5　一些伽玛密度

16.4.4　示例：一个队列的离散模拟

考虑顾客在一个商店收银台前排队等待付款的情形。 P.290

表 16.1　离散型和连续型分布之间的一些相似性

背景	离散情形	连续情形
随机过程	独立试验序列	泊松过程
一个区间内发生的事件个数	二项	泊松
两个事件之间的时间	几何	指数
多个事件之间的时间	负二项	伽玛

我们使用泊松过程模拟顾客到达收银台的情况。也即是顾客以一定的速率 λ 随机到达。这种假设在现实中是合理的。

我们也假设对于一个顾客的服务时间服从参数为 μ 的指数分布。这个假设在现实中没有到达事件的假设合理,但是我们做这样的假设是因为它可以大大简化我们的分析。这样简化的原因是因为指数分布具有无记忆特性。

P.291 当顾客 i 到达队列的最前端,我们分配给他一个随机变量 S_i 表示他将接受多长时间的服务。如果他在时刻 t 到达那么他将在时刻 $t + S_i$ 结束服务时离开。

如果 $S_i \sim \exp(\mu)$ 那么这和下面的叙述等价:如果在时刻 $t+s$ 顾客 i 仍在接受服务,那么在下一个小时间区间 $(t+s, t+s+dt)$ 结束服务的概率是 μdt。也即是说,结束服务的时间点就像是速率为 μ 的泊松过程的事件。因此,根据指数分布的服务时间,我们可以使用"服务过程"计算顾客离开队列的时间,它是速率为 μ 的泊松过程。

我们唯一担心的是当队列是空时是否有服务事件发生,但在实际中我们可以把它舍弃。

这里有一个模拟排队系统的程序。我们用离散近似描述到达和服务过程。也即是说,我们把时间分解成为长度为 δ 的小区间,那么在任一区间到达的可能性是 $\lambda\delta$,离开的可能性是 $\mu\delta$(假设队列非空)。请注意我们不允许到达和离开在同一个区间内发生。(这样的概率是 $\lambda\mu\delta^2$,如果 δ 较小它会非常小。)也请注意我们使用命令 **set.seed (rand.seed)**。函数 **set.seed** 将在 18.1.2 节解释,但是这里我们予以忽略。

输出结果在图 16.6 给出。试试看如果 $\mu < \lambda$ 会发生什么?

```
# program: spuRs/resources/scripts/discrete_queue.r
# Discrete Queue Simulation

# inputs
lambda <- 1     # arrival rate
mu <- 1.1       # service rate
t.end <- 100    # duration of simulation
t.step <- 0.05  # time step
rand.seed <- 99 # seed for random number generator

# simulation
set.seed(rand.seed)
queue <- rep(0, t.end/t.step + 1)
for (i in 2:length(queue)) {
  if (runif(1) < lambda*t.step) { # arrival
    queue[i] <- queue[i-1] + 1
  } else if (runif(1) < mu*t.step) { # potential departure
    queue[i] <- max(0, queue[i-1] - 1)
  } else { # nothing happens
    queue[i] <- queue[i-1]
  }
}

# output
```

P.292

```
plot(seq(from=0, to=t.end, by=t.step), queue, type='l',
    xlab='time', ylab='queue size')
title(paste('Queuing Simulation. Arrival rate:', lambda,
    'Service rate:', mu))
```

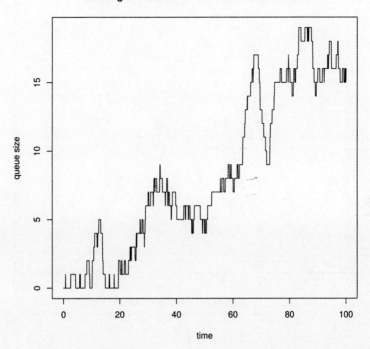

图 16.6　**discrete_queue.r** 的输出结果：单个服务队列的模拟

16.5　抽样分布：正态、χ^2 和 t

下列分布的类型在统计里很重要，因为处理随机样本时它们会自然地出现。

16.5.1　正态或者高斯分布

正态（或者高斯）分布的重要性来自于中心极限定理（见第 17 章），它告诉我们当你对足够大的独立同分布样本取平均时，样本均值的分布与正态随机变量的分布类似。正态分布也经常被用来作为描述测量误差以及许多自然现象的模型。我们记为 $X \sim N(\mu, \sigma^2)$，这里 $\mu = \mathbb{E}\, X$，$\sigma^2 = \mathrm{Var}\, X$。正态分布密度是

$$f(x) = \frac{1}{\sqrt{2\pi\sigma^2}} \mathrm{e}^{-(x-\mu)^2/(2\sigma^2)} \,,\ -\infty < x < \infty$$

当 $\mu = 0, \sigma^2 = 1$ 时称为标准正态分布。如果 $Z \sim N(0,1)$ 那么 $\sigma Z + \mu \sim N(\mu, \sigma^2)$。

P.293

由于 X 的分布函数 F 的理论表达式不能得到,所以我们必须使用数值积分。标准正态分布的密度函数记为 φ,分布函数记为 Φ,F 可以由 Φ 通过 $F(x) = \Phi((x-\mu)/\sigma)$ 求得。

图 16.7 给出了几个正态密度函数。

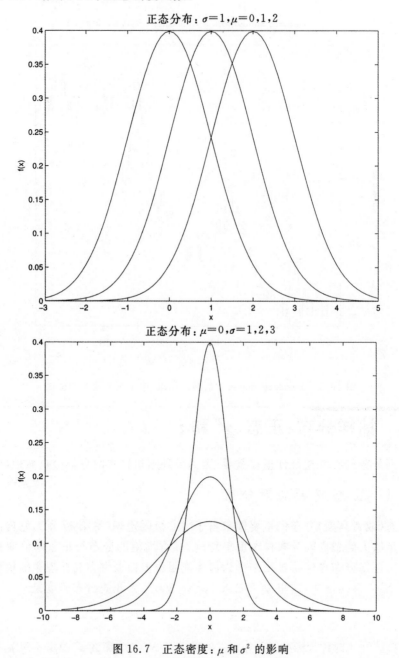

图 16.7　正态密度:μ 和 σ^2 的影响

16.5.2　示例：正态分布百分位点

在统计学里很多地方会用到 Φ^{-1}，并且在教材上经常会给出 Φ^{-1} 的表格，称为百分位点或者分位数。分位数的一个重要应用是计算置信区间：见 17.3 节。例如，如果 $Z \sim N(0,1)$，那么 $\mathbb{P}(Z > 1.6449) = 5\%$，$\mathbb{P}(Z > 1.9600) = 2.5\%$。也即是说，$\Phi^{-1}(0.95) = 1.6449$，$\Phi^{-1}(0.975) = 1.9600$。所以 1.6449 是 $N(0,1)$ 的第 95 百分位点或者 0.95 分位数。

令 $z_a = \Phi^{-1}(\alpha)$，那么 z_a 是方程 $\Phi(z) - \alpha$ 的唯一解。因此，如果我们可以计算 Φ，那么我们可以使用求根算法求解 z_a，将在下述代码中实现。

```
# program: spuRs/resources/scripts/ppoint.r

phi <- function(x) return(exp(-x^2/2)/sqrt(2*pi))

ppoint <- function(p, pdf = phi, z.min = -10, tol = 1e-9) {
  # calculate a percentage point
  #
  # p is assumed to be between 0 and 1
  # pdf is assumed to be a probability density function
  #
  # let F(x) be the integral of pdf from -infinity to x
  # we apply the Newton-Raphson algorithm to find z_p such that F(z_p) = p
  # that is, to find z_p such that F(z_p) - p = 0
  # note that the derivative of F(z) - p is just pdf(z)
  #
  # we approximate -infinity by z.min (that is we assume that the integral
  # of pdf from -infinity to z.min is negligible)

  # do first iteration
  x <- 0
  f.x <- simpson_n(pdf, z.min, x) - p
  # continue iterating until stopping conditions met
  while (abs(f.x) > tol) {
    x <- x - f.x/pdf(x)
    f.x <- simpson_n(pdf, z.min, x) - p
  }
  return(x)
}

> source("../scripts/simpson_n.r")
> source("../scripts/ppoint.r")
> ppoint(0.95)

[1] 1.644853

> ppoint(0.975)

[1] 1.959966
```

P. 294
~295

请注意对于各种分布函数 R 提供了方便的内置函数以便确定百分位点:见 16.1 节。

16.5.3 独立的正态变量的和

一个我们略去证明的著名的结果是,如果 $X \sim N(\mu_1, \sigma_1^2)$,$Y \sim N(\mu_2, \sigma_2^2)$ 并且 X 与 Y 相互独立,那么 $X + Y \sim N(\mu_1 + \mu_2, \sigma_1^2 + \sigma_2^2)$。

即使我们不从理论上证明两个独立的正态变量的和服从正态分布,我们也可以从试验核实该定理。R 提供了函数 **rnorm** 来模拟正态随机变量。我们可以通过模拟来自于 $N(0,1)$ 的独立同分布的一个样本来检验 **rnorm** 的执行情况,并检验它们的直方图看起来像一个正态密度。

```
> z <- rnorm(10000)
> par(las = 1)
> hist(z, breaks = seq(-5, 5, 0.2), freq = F)
> phi <- function(x) exp(-x^2/2)/sqrt(2 * pi)
> x <- seq(-5, 5, 0.1)
> lines(x, phi(x))
```

结果在图 16.8 里给出。可以欣喜地看到 **rnorm** 的执行正如所料,我们现在可以检验独立的正态变量的和的定理。

```
> z1 <- rnorm(10000, mean=1, sd=1)
> z2 <- rnorm(10000, mean=1, sd=2)
> z <- z1 + z2  # mean = 2, var = 1^2 + 2^2 = 5
> par(las=1)
> hist(z, breaks=seq(-10, 14, .2), freq=F)
> f <- function(x) exp(-(x-2)^2/10)/sqrt(10*pi)  # N(2, 5) density
> x <- seq(-10, 14, .1)
> lines(x, f(x))
```

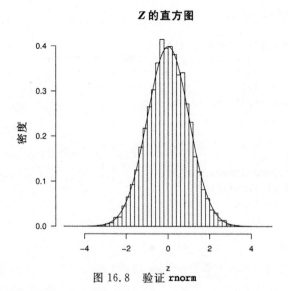

图 16.8 验证 **rnorm**

结果在图 16.9 给出。我们可以看到归一化的直方图很接近理论密度,该图支 P.297
持了上述理论。

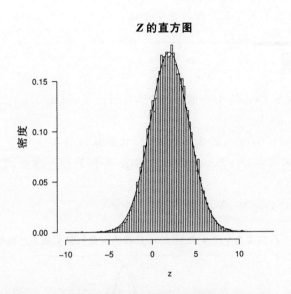

图 16.9　检验两个独立的正态变量的和服从正态分布

16.5.4　χ^2 分布

假设 $Z_1, \cdots, Z_v$ 相互独立同服从于 $N(0,1)$ 分布,那么 $X = Z_1^2 + \cdots + Z_v^2$ 服从 χ_v^2
分布。我们说 X 服从自由度为 v 的卡方分布,并记为 $X \sim \chi_v^2$。可以证明 χ_v^2 与
$\Gamma(1/2, v/2)$ 具有相同的分布。因此 $\mathbb{E}\, X = v$,$\mathrm{Var} X = 2v$。

16.5.5　学生氏 t 分布

如果 $X \sim N(0,1)$,$Y \sim \chi_v^2$ 并且 X 与 Y 相互独立,那么

$$T - \frac{X}{\sqrt{Y/v}}$$

服从自由度为 v 的 t 分布,并记为 $T \sim t_v$。T 的密度函数为

$$f(x) = \frac{\Gamma((v+1)/2)}{\sqrt{v\pi}\,\Gamma(v/2)} \left(1 + \frac{x^2}{v}\right)^{-(v+1)/2}, \quad -\infty < x < \infty$$

与 $N(0,1)$ 分布的形状类似,t_v 分布是对称的但是具有厚尾。当 $v \to \infty$ 时,t_v 的密
度收敛于标准正态分布的密度。

t 分布也称为学生氏 t 分布,来自于 William Sealy Gosset 第一次使用"学生"
为笔名描述它。Gosset 使用笔名是因为他的雇主,都柏林的吉尼斯啤酒厂禁止它

的雇员发表任何论文。t 分布用来构造当总体方差未知时均值的置信区间：见 17.3.3 节。

图 16.10 给出了几个 t 分布的密度函数。

16.6 习题

1. 随机变量 U 服从 $U(a,b)$ 分布如果对于所有的 $a \leqslant u \leqslant v \leqslant b$ 有 $\mathbb{P}(U \in (u,v)) = (u-v)/(b-a)$。

   证明如果 $U \sim U(a,b)$，那么 $a+b-U$ 也服从该分布。

2. 证明如果 $X \sim \exp(\lambda)$，$Y \sim \exp(\mu)$，并且 X 和 Y 相互独立，那么 $Z = \min\{X, Y\} \sim \exp(\lambda + \mu)$。

   提示：$\min\{X,Y\} > z \Leftrightarrow X > z$ 并且 $Y > z$。

P.298

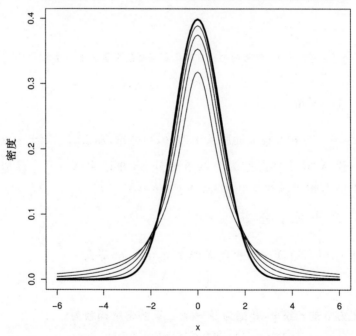

自由度为 1, 2, 4 和 10 的 t 分布的密度和粗体的正态极限分布

图 16.10 当 $v = 1, 2, 4, 10$ 和 ∞ 时 t 的密度函数

3. 假设一个新型电灯泡的失效时间服从指数分布。

   可靠性定义为一个元件在指定时间正常工作的概率。如果这种类型的电灯泡在 10.5 周的可靠性是 0.9，计算在 10 周的可靠性。

一个新的商店进了 100 个这种类型的电灯泡。所有的灯泡如果在 20 周内失效则可以退货,其他的情形不允许退货。如果 R 是 20 周结束时退货的灯泡的数目,计算 R 的均值和方差。

解释这个结果为什么对于**任意**的 20 周的时间区间内均成立而不只是仅在第一个 20 周的时间区间成立。

4. 某种电池的长度服从均值为 5.0cm 标准差为 0.05cm 的正态分布。计算这样的一个电池长度在 4.92 到 5.08cm 之间的概率。

一个管子包含 4 个这样的电池。95％的管子长度大于 20.9,10％的管子长度大于 21.6cm。假设长度也服从正态分布,计算均值和标准差,精确到两位小数。

如果管子和电池相互独立地选取,计算一个管子包含 4 个电池还至少有 0.75cm 的空间的概率。 P.299

5. 一个人乘火车和汽车去上班。他乘坐的火车计划的到达时间是 08:45,他想赶上的汽车计划的离开时间是 08:48。火车到达的时间服从均值为 08:44 标准差为 3 分钟的正态分布;汽车离开的时间服从均值为 08:50 标准差为 1 分钟的正态分布并与火车到达时间独立。计算下述概率:

- 火车晚点;
- 汽车在火车到达前离开;
- 在一个 5 天的周期内至少有 3 天是汽车在火车到达前离开。

6. 假设 $X \sim U(0,1)$,$Y = X^2$。

利用 X 的累积分布函数证明当 $0 < y < 1$ 时有 $\mathbb{P}(Y \leqslant y) = \sqrt{y}$,并计算 Y 的概率密度函数。同时或者用其他方法给出 $\mathbb{E}(Y)$ 和 $\mathrm{Var}(Y)$。

7. 如果机械元件的长度介于 3.8cm 和 4.2cm 之间那它是可用的。据观察,平均有 7％因为尺寸小而被拒绝,并有 7％因为尺寸大而被拒绝。假设长度服从正态分布,计算该分布的均值和标准差。

8. 一个总机接到的电话呼叫次数服从每小时速率为 $\lambda = 5$ 的泊松分布。

(a) N_1 = 在任意的 1 小时区间内接到的电话呼叫次数的分布是什么?

(b) N_2 = 在任意的半小时区间内接到的电话呼叫次数的分布是什么?

(c) 计算总机在下一个半小时闲置的概率。

9. 玻璃板上的缺陷被称为"污点",它的出现服从每平方米速率为 0.4 的泊松分布。

计算长为 2.5m 宽为 1m 的玻璃板上的概率:

(a) 没有污点;

(b) 多于 1 个污点。

如果该板子上超过 1 个污点被拒绝,计算 1 批总共 10 个板子至多有一个板子被拒绝的概率。

10. 通过路口的汽车服从每分钟速率为 $\lambda = 3$ 的泊松分布。一个行人需 s 秒通过该路口并且选择开始通过该路口时不考虑当时的交通状况。假设当一辆汽车经过时他在路口,之后将他撞伤。计算当 $s = 5,10$ 和 20 时行人安全通过路口的概率。

P.300 11. 我们使用一个小的固定的容器在显微镜下检查红细胞缺乏症,对于一个正常人来说该容器平均包含 5 个红细胞。来自一个正常人的标本包含 2 个或者更少的红细胞的概率是多少(假设细胞相互独立并且均匀地分布在容器内)?

12. 光纤的缺陷服从每千米速率为 $\lambda = 4.2$ 的泊松过程。令 N_1 表示第一个千米光纤的缺陷数,令 N_2 表示第 2 个和第 3 个千米光纤的缺陷数。

　　(a) N_1 和 N_2 的分布是什么?

　　(b) N_1 和 N_2 是否相互独立?

　　(c) 令 $N = N_1 + N_2$。N 的分布是什么?

13. 晶体管失效前的时间(小时)是一个随机变量 $T \sim \exp(1/100)$。

　　(a) 计算 $\mathbb{P}(T > 10)$。

　　(b) 计算 $\mathbb{P}(T > 100)$。

　　(c) 观察到 90 小时后晶体管仍然在工作。计算 $T > 100$ 的条件概率,也即是,$\mathbb{P}(T > 100 \mid T > 90)$。与(a)相比较如何? 请解释这个结果。

14. 提交到计算机系统的任务需要 CPU 运行时间 T,它服从均值为 150 毫秒的指数分布。如果该任务在 90 毫秒内没有完成将被挂起并排在队列的末尾。计算一个到达的任务被迫等待 1 秒的概率。

15. 保险公司接到 5 个未决索赔的通知。解决索赔的完成至少需要 1 年的时间。该公司的保险精算师需要决定储备金的额度以便能保证解决这些索赔。索赔是相互独立的并且服从均值为 \$2 000 的指数分布。保险精算师建议设立索赔储备金为 \$12 000。总索赔超过储备金的概率是多少?

16. 假设 $X \sim U(0,1)$

　　(a) 令 $Y = h(X)$ 其中 $h(x) = 1 + x^2$。计算 Y 的累积分布函数 F_Y 和概率密度函数 f_Y。

　　(b) 使用 $\int y f_Y(y) \mathrm{d}y$ 和 $\int h(x) f_X(x) \mathrm{d}x$ 计算 $\mathbb{E}\, Y$。

　　(c) 函数 runif(n) 模拟生成 n 个独立同分布的 $U(0,1)$ 随机变量,因此 1 + runif(n)^2 模拟 n 个独立同分布的来自 Y 的随机变量。

　　利用模拟生成的随机样本估计并画出 Y 的概率密度函数。尝试不同的组距以得到比较好看的图形:它不但应该适度地精细也应该适度地光滑。你的样本容量需要多大才能得到足够好的近似?

P.301 17. 令 $N(t)$ 表示到时刻 t(包括时刻 t)速率为 λ 的泊松过程的到达次数,并且 $N(0) = 0$。本习题我们将证明 $N(t)$ 服从 $\mathrm{pois}(\lambda t)$ 分布。

我们定义两次到达间的时间为一泊松过程，它们相互独立服从 $\exp(\lambda)$ 分布。该任务的第一部分是通过模拟直到 t 时刻所有的到达时刻给出 $N(t)$。令 $T(k)$ 表示首次到达的时刻[①]，那么

$$T(1) \sim \exp(\lambda)，\text{以及 } T(k) - T(k-1) \sim \exp(\lambda)$$

给定到达时间我们可以得到 $N(t) = k$，这里 k 满足

$$T(k) \leqslant t < T(k+1)$$

因此为了模拟 $N(t)$ 我们模拟 $T(1), T(2), \cdots$，直到 $T(n) > t$，随后令 $N(t) = n - 1$。

只要你可以编程模拟 $N(t)$，使用该程序生成一个 $\lambda = 0.5$ 和 $t = 10$ 的样本。现在通过使用样本估计 $N(t)$ 的概率函数检查 $N(t)$ 的分布。也即是对于 $x \in \{0, 1, 2, \cdots\}$（在大约 20 处停止），我们计算 $\hat{p}(x) =$ 样本取值 x 的比例，并比较估计值与泊松概率的理论值

$$p(x) = e^{-\lambda t} \frac{(\lambda t)^x}{x!}$$

比较这两个值的一个简易方法是对于每一个 x 的值画出 $\hat{p}(x)$，然后在同一个图形上利用 $p(x)$ 的高度的垂直线画出真实的概率函数。

你可能也想尝试画出泊松过程的**样本路径**。也即是，绘制 $N(t)$ 作为 t 的函数的图形。

---

① 首次改为第 k 次，作者已在后面勘误里给出。——译者注

第 **17** 章

参数估计

P.303 　　在拟合模型时一个重要的应用挑战如下。假设我们有一批数据并且我们相信它们来自于某种分布。我们如何才能得到相应的参数使得该分布能代表这些数据?

　　在参数模型的拟合中(也称为参数推断),我们预先给定一类我们将要拟合的分布,比如正态分布,然后选择能最好拟合这些数据的参数(正态分布的情形下是 μ 和 σ^2)。

　　本章我们涉及的内容有:对于给定的数据和模型,寻找单个参数最好估计的一系列方法,以及确定一个参数的一系列可能取值的方法。

　　另一个在实际中重要的任务是选择一个分布能最好地拟合样本观测值;不过我们本章不涉及该内容。

17.1　点估计

　　我们从选择一个参数值能最好地拟合模型和数据的问题开始,该过程称为**点估计**。首先我们需要定义"最好地拟合"的含义是什么。这里有两种常用的准则:

　　矩方法　选择参数使得样本矩(例如样本均值和方差)匹配我们所选分布的理论矩。

　　最大似然法　选择参数使得称为似然函数的数据的函数达到最大,似然函数表示有多大的可能性观察到我们给定的样本。

　　我们将通过两个例子说明这两种方法。

17.1.1　示例:英国皇家植物园降雨量

　　伦敦的英国皇家植物园降雨量自从 1697 年开始被系统地测量。图 17.1 给出

了从 1697 年到 1999 年[①]以 mm 为单位的 7 月份降雨总量的直方图。伽玛分布通 P.304
常可以很好地模拟降雨总量数据,也将是我们这个例子中所选的分布。

　　矩方法　我们从文件 **kew.txt** 里读取英国皇家植物园降雨量数据并计算样本
的均值和方差。数据以 0.1mm 为单位,因此我们首先除以 10 得到以 mm 为
单位。

```
> kew <- read.table("../data/kew.txt", col.names = c("year",
+     "jan", "feb", "mar", "apr", "may", "jun", "jul", "aug",
+     "sep", "oct", "nov", "dec"))
> kew[, 2:13] <- kew[, 2:13]/10
> kew.mean <- apply(kew[-1], 2, mean)
> kew.var <- apply(kew[-1], 2, var)
```

这里命令 **apply(kew[-1], 2, mean)** 对 **kew[-1]** 的列应用 **mean** 函数,也即是对于
除了第一列的所有列。如果 $X \sim \Gamma(\lambda, m)$ 那么它有均值 m/λ 和方差 m/λ^2。令
$X_1, \cdots, X_n$ 是来自于 X 的独立同分布的样本。使用矩方法,我们选择 m 和 λ 使得
样本和理论的均值与方差相匹配,那么我们有关于 m 和 λ 的一个方程组(非线性):

$$\hat{\mu} = \overline{X} = m/\lambda$$

$$\hat{\sigma}^2 = S^2 = m/\lambda^2$$

这种情形下容易给出方程组的解:$\lambda = \overline{X}/S^2$ 和 $m = \overline{X}^2/S^2$。使用这些方程我们
可以估计出每个月的 λ 和 m。为了判断我们选定的分布拟合这些数据的程度,我
们绘制了 7 月份的直方图(进行了归一化)并在该图上叠加了我们所拟合的分布的
密度(见图 17.1)。

```
> lambda.mm <- kew.mean/kew.var
> m.mm <- kew.mean^2/kew.var
> hist(kew$jul, breaks = 20, freq = FALSE, xlab = "rainfall (mm)",
+     ylab = "density", main = "July rainfall at Kew, 1697 to 1999")
> t <- seq(0, 200, 0.5)
> lines(t, dgamma(t, m.mm[7], lambda.mm[7]), lty = 2)
```

由该图可以看出使用该分布是合理的。

　　最大似然法　最大似然拟合通常比矩方法需要更多的工作量,但是作为一种
估计方法它具有更好的理论性质,因此人们更愿意选取极大似然法。我们仅限于
讨论最大似然拟合的构造,对于理论性质请参阅统计推断。

[①] 数据来自于美国国家气候数据中心,全球历史气候网络数据库(GHCN -月报 第 2 版)http://www.nc-
dc.noaa.gov/oa/climate/ghcn-monthly/.

假设 $X_1, \cdots, X_n$ 是具有概率密度函数 f 的一列独立同分布的连续随机变量，那么对于标量 $x_1, \cdots, x_n$，我们有

$$\mathbb{P}(x_1 < X_1 \leqslant x_1 + \mathrm{d}x, \cdots, x_n < X_n \leqslant x_n + \mathrm{d}x)$$

$$= \prod_{i=1}^{n} \mathbb{P}(x_i < X_i \leqslant x_i + dx) = \prod_{i=1}^{n} f(x_i) dx$$

那么 $\prod_{i=1}^{n} f(x_i)$ 给出了度量观测值为 $x_1, \cdots, x_n$ 的可能性的大小。对于给定的一组观测值，最大似然拟合需要选择 f 使得 $\prod_{i=1}^{n} f(x_i)$ 达到最大。在实际应用中，求解等价问题即最大化**对数似然函数** $\log(\prod_{i=1}^{n} f(x_i)) = \sum_{i=1}^{n} \log(f(x_i))$ 更容易。

令 x_i 表示第 i 年 7 月份降雨量的观测值。我们假设 x_i 是来自 $\Gamma(\lambda, m)$ 的独立同分布的观测值，因此对数似然函数为

$$l(\lambda, m) = \sum_{i=1697}^{1999} \log(\lambda^m x_i^{m-1} \mathrm{e}^{-\lambda x_i} / \Gamma(m))$$

$$= n(m\log\lambda + (m-1)\overline{\log x} - \lambda\overline{x} - \log\Gamma(m))$$

这里 $n = 1999 - 1696 = 303$，横线表示对所有的 i 取平均。我们选择 λ 和 m 使得 $l(\lambda, m)$ 达到最大。

注意如果存在 $x_i = 0$，那么 l 是无穷大。如果我们的模型选择正确，这在理论上是不可能的，但是在实际中可能发生，使得该方法失效。为了避免该问题我们把任意为 0 的观测值增加为 0.1。

```
> x <- kew$jul
> x[x == 0] <- 0.1
```

关于 λ 的偏导是

$$\frac{\partial l(\lambda, m)}{\partial \lambda} = n\left(\frac{m}{\lambda} - \overline{x}\right)$$

令上式等于零我们得到 $\lambda = m/\overline{x}$。把它带入 l，我们可以看到需要选择 m 以最大化

$$l(m) = n(m\log(m/\overline{x}) + (m-1)\overline{\log x} - m - \log\Gamma(m))$$

因此，微分并令导数等于零，m 必须满足

$$l'(m) = \log m - \log\overline{x} + \overline{\log x} - \frac{\Gamma'(m)}{\Gamma(m)} = 0$$

我们不能精确地给出理论解，因此可以借助于牛顿-拉富生求根算法。

我们把 l 看做是 m（和 λ）的函数，但是它也依赖于样本 $x_1, \cdots, x_n$。当我们最优化 l 时保持样本固定，但把它作为一个传递参数是有用的。于是我们使用下面修改的函数 `newtonraphson`（见 10.3 节）。

```
> newtonraphson <- function(ftn, x0, tol = 1e-9, max.iter = 100, ...) {
+    # find a root of ftn(x, ...) near x0 using Newton-Raphson
+    # initialise
+    x <- x0
+    fx <- ftn(x, ...)
+    iter <-  0
+    # continue iterating until stopping conditions are met
+    while ((abs(fx[1]) > tol) && (iter < max.iter)) {
+      x <- x - fx[1]/fx[2]
+      fx <- ftn(x, ...)
+      iter <-  iter + 1
+    }
+    # output depends on success of algorithm
+    if (abs(fx[1]) > tol) {
+      stop("Algorithm failed to converge\n")
+    } else {
+      return(x)
+    }
+ }
```

P.306

为了使用 **newtonraphson** 我们需要一个函数返回向量 $(l'(m), l'(m))$。令 $a = \log\overline{x} - \overline{\log x}$，那么我们有

```
> dl <- function(m, a) {
+    return(c(log(m) - digamma(m) - a, 1/m - trigamma(m)))
+ }
```

这里我们使用了两个内置函数:**digamma(x)** 返回 $\Gamma'(x)/\Gamma(x)$ 以及 **trigamma(x)** 返回 $(\Gamma(x)\Gamma''(x) - \Gamma'(x)^2)/\Gamma(x)^2$。(如果我们希望用我们自己编写的函数代替，可以使用我们的数值积分程序。)

现在我们可以计算 m 然后得到 λ。我们使用 7 月份的数据进行计算然后在归一化的直方图上画出相应的密度函数(见图 17.1)。我们使用通过矩方法得到的 m 的估计作为牛顿–拉富生算法的初始值。

```
> m.ml <- newtonraphson(dl, m.mm[7], a = log(mean(x)) -
+     mean(log(x)))
> lambda.ml <- m.ml/mean(x)
> lines(t, dgamma(t, m.ml, lambda.ml))
```

可以看出最大似然拟合给出的曲线也可以很好地匹配观测数据。

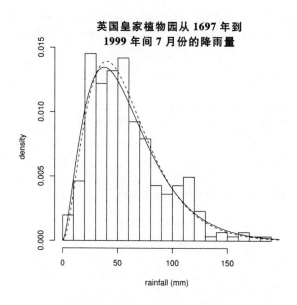

图 17.1　英国皇家植物园 7 月份的降雨量直方图以及两个
拟合的伽玛密度：虚线来自于矩方法，实线来自于
最大似然方法。见例 17.1.1

17.1.2　示例：截尾正态分布

　　截尾正态分布出现在各种场合，经常作为测量问题或者有限制的抽样问题的结果。

P.307　　例如，人口统计学家利用过去的军人记录来了解身高的分布是如何随时间变化的。大多数部队都很好地保存着他们士兵的记录，包括身高数据，但是一般情况下他们只接收身高在某个最小高度比如 150cm 之上的新兵。假设成年人的身高服从正态分布，那么军人的身高就服从**截尾正态分布**。

　　另一个考虑微量元素的例子。在许多生物医学样本中，某种给定的微量元素的浓度的对数变换一般服从正态分布。然而即便是最好的测量仪器也不能精确地测量非常低的浓度，因此我们不得不舍弃在某个水平下的测量值，因此我们的观测值是截尾的。

　　当观测值以某种方式截断时，截尾正态分布也经常出现在卫生和经济文献中。

　　我们前两个例子里有一些微小的区别。在第一个例子里我们不知道有多少潜在的新兵身高太矮，但是在第二个例子里我们知道舍弃了多少观测值。这个例子里我们假设是第一种情形。假设我们观测 Y 在 a 以下截断（这里 a 是已知的）。更具体地，我们只观测大于 a 的 Y，也即是说我们在大于 a 的条件下观测 Y。这样

如果 X 是我们观测值的分布,那么

$$\mathbb{P}(X \leqslant x) = \mathbb{P}(Y \leqslant x \mid Y > a) = \mathbb{P}(a < Y \leqslant x)/\mathbb{P}(Y > a)$$

令 f_Y 和 F_Y 分别表示 Y 的概率密度和累积分布函数,那么 X 具有概率密度 P.308

$$f_X(x) = \frac{f_Y(x)}{1 - F_Y(a)}, \quad x > a$$

假设 $Y \sim N(\mu, \sigma^2)$, $x_1, \cdots, x_n$ 是来自于 X 的独立的观测值。我们可以使用最大似然法计算 μ 和 σ。也即是我们选择 μ 和 σ 使对数似然函数 l 达到最大,给定

$$l(\mu, \sigma) = \sum_{i=1}^{n} \log f_X(x_i)$$

使用 R 里关于密度和分布函数的内置函数,我们可以容易地给出对数似然函数的代码。

```
> ell <- function(theta, a, x) {
+     mu <- theta[1]
+     si <- theta[2]
+     sum(log(dnorm(x, mu, si)) - log(1 - pnorm(a, mu, si)))
+ }
```

为了测试这种情况下最大似然函数执行的好坏,我们在大于 $a = -1$ 的条件下模拟 10 000 个服从 $N(0,1)$ 分布的随机数,然后估计 μ 和 σ。为了最大化似然函数我们使用 **optim**(使用默认的 Nelder-Mead 算法), $\hat{\mu}$ 和 $\hat{\sigma}$ 的初始值选为 0 和 1。请注意 **optim** 是最小化而不是最大化,然而 **optim** 里的参数 **control = list(fn-scale = -1)** 可以使 **ell** 首先乘以-1。

```
> # inputs
> mu <- 0
> si <- 1
> a <- -1
> # generate sample
> set.seed(890)
> x <- rnorm(10000, mu, si)
> x.small <- (x <= a)
> while (sum(x.small) > 0) {
+     x[x.small] <- rnorm(sum(x.small), mu, si)
+     x.small <- (x <= a)
+ }
> # maximise the likelihood
> ell.optim <- optim(c(mu, si), ell, a = a, x = x,
+                     control = list(fnscale = -1))
> cat("ML estimate of mu", ell.optim$par[1], "and sigma",
+     ell.optim$par[2], "\n")

ML estimate of mu 0.03018642 and sigma 0.9819888
```

在这种情况下我们的估计是精确到小数点后一位。

17.2　中心极限定理

P.309 中心极限定理(CLT)是概率论里最重要的结果之一,很大程度上是因为它对于许多统计过程提供了理论解释。我们将主要使用它告诉大家用 $\overline{X}$ 估计 $\mathbb{E}\,X$ 的精确程度,我们用置信区间来估计 $\overline{X}$ 。

假设 $X_1,X_2,\cdots,X_n$ 独立同分布具有均值 μ 和有限的方差 σ^2 。令 $\overline{X}=(X_1+X_2+\cdots+X_n)/n$,那么对于所有 $x\in(-\infty,\infty)$,

$$\mathbb{P}\left(\frac{\overline{X}-\mathbb{E}\,\overline{X}}{\sqrt{\mathrm{Var}\overline{X}}}\leqslant x\right)=\mathbb{P}\left(\frac{\overline{X}-\mu}{\sigma/\sqrt{n}}\leqslant x\right)\to\Phi(x)\text{,当 }n\to\infty\text{时,}$$

这里 Φ 是标准正态随机变量的累积分布函数。

我们说 $\sqrt{n}(\overline{X}-\mu)/\sigma$ **依分布收敛**于 Z ,其中 $Z\sim N(0,1)$,并记为

$$\frac{\overline{X}-\mu}{\sigma/\sqrt{n}}\xrightarrow{\mathrm{d}}Z\text{,当 }n\to\infty\text{时。}$$

随机变量减去均值除以标准差的过程称为**标准化**。一个标准化的随机变量通常均值为 0 方差为 1.

中心极限定理可以在不太严格的情形下应用如下

$$\overline{X}\approx N(\mu,\sigma^2/n)\text{,当 }n\text{ 较大时,}$$

$$\sum_i X_i\approx N(n\mu,n\sigma^2)\text{,当 }n\text{ 较大时。}$$

这里符号 $\approx$ 表示左侧的累积分布函数近似等于右侧的分布函数。

17.2.1　中心极限定理的证明

中心极限定理的严格和全面的证明需要傅里叶变换的知识,它是特征函数的复共轭。这个完全超越了介绍编程课程的范围,但是,虽然如此,因为中心极限定理非常重要,这里我们给出一个简短的证明概要。

对于任意的随机变量 X 我们可以定义特征函数

$$\psi_X(t)=\mathbb{E}\,e^{itX}$$

这里 $i=\sqrt{-1}$ 。令 $\{Y_n\}_{n=1}^{\infty}$ 是一个随机变量序列,那么可以证明 $Y_n\xrightarrow{\mathrm{d}}Z$ 当且
P.310 仅当对于所有的实数 t , $\psi_{Y_n}(t)\to\psi_Z(t)$ 。也可以证明如果随机变量 U 和 V 是相互独立的,那么对于所有的实数 t 有 $\psi_{U+V}(t)=\psi_U(t)\psi_V(t)$ 。

ψ_X 在 0 点的二阶泰勒级数展开式是

$$\psi_X(t)=\psi_X(0)+t\psi'_X(0)+t^2\psi''_X(0)/2+o(t^2)$$

这里 $o(t^2)$ 比 t^2 更快地趋于零。为了计算 ψ'_X 和 ψ''_X 我们可以在期望符号里做微

分（这一步需要一些数学变换）得到 $\psi'_X(0) = i\,\mathbb{E}\,X$ 和 $\psi''_X(0) = -\,\mathbb{E}\,X^2$，因此

$$\psi_X(t) = 1 + it\mu_X - t^2(\sigma_X^2 + \mu_X^2)/2 + o(t^2)$$

现在令 $U_i = (X_i - \mu)/\sigma$ 以及 $Y_n = \sum_{i=1}^{n} U_i/\sqrt{n} = \sqrt{n}(\overline{X} - \mu)/\sigma$。因为 $\mu_{U_i} = 0$ 和 $\sigma_{U_i}^2 = 1$，我们有

$$\begin{aligned}
\psi_{Y_n}(t) &= \psi_{\sum_i U_i}(t/\sqrt{n}) \\
&= \prod_i \psi_{U_i}(t/\sqrt{n}) \\
&= \left(1 - \frac{t^2}{2n} + o\left(\frac{t^2}{n}\right)\right)^n \\
&\to \mathrm{e}^{-t^2/2}，当\ n \to \infty 时。
\end{aligned}$$

因此 $Y_n \xrightarrow{\mathrm{d}} Z$，这里 Z 是一个特征函数为 $\psi_Z(t) = \mathrm{e}^{-t^2/2}$ 的随机变量。可以证明具有这样的特征函数的随机变量服从标准正态分布。

17.2.2　二项分布的正态近似

假设 $X_1, \cdots, X_n$ 是独立同分布 Bernoulli(p) 的随机变量。那么 $Y = \sum_{i=1}^{n} X_i \sim \mathrm{binom}(n, p)$，对于较大的 n 应用中心极限定理有，

$$Y \approx N(\mu_Y, \sigma_Y^2) = N(np, np(1-p))$$

也即是，当 n 足够大时，正态分布可以作为二项分布的近似。作为一个经验法则，当 $np > 5$ 并且 $n(1-p) > 5$ 时这种近似是合理的；见图 17.2。

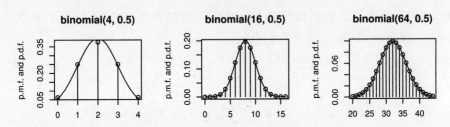

图 17.2　二项分布的正态近似。每个图形里垂直线表示二项分布的概率质量函数，连续曲线是相应的正态近似的概率密度函数

17.2.3　连续性修正

如果我们用连续型随机变量 Y 近似离散型随机变量 X（例如，服从二项分布的随机变量），我们如何理解概率比如 $\mathbb{P}(X = 28)$ 或者 $\mathbb{P}(X > 32)$ 与 $\mathbb{P}(X \geqslant 32)$ 之间的区别？在 X 是整数值的情形下我们使用下面的**连续性修正**：

$$\mathbb{P}(X = x) \approx \mathbb{P}\left(x - \frac{1}{2} < Y < x + \frac{1}{2}\right)$$

P.311　因此我们用 $\mathbb{P}(Y > 32.5)$ 近似 $\mathbb{P}(X > 32)$，用 $\mathbb{P}(Y > 31.5)$ 近似 $\mathbb{P}(X \geqslant 32)$。形式上我们通过把区间 $\left(x - \frac{1}{2}, x + \frac{1}{2}\right)$ 的所有质量集中在点 x 上，转换连续型随机变量 Y 的概率密度函数到离散型概率质量函数。

从上面的讨论可以清楚地看出图 17.2 最左边的例子所给的正态近似是不好的。

17.2.4　示例:保险风险

汽车保险公司估计 250 份一年期保险单的风险。假设由历史数据可知有 10% 的保险客户一年内至少有一次索赔，那么在这些保单里超过 12% 的客户至少有一次索赔的概率是多少？

令 X 表示在这些保单里至少有一次索赔的客户的数量。我们想知道 $\mathbb{P}(X > 30)$。假设保险客户的行为是相互独立的并且与历史记录相吻合，那么 X 可以作为服从二项分布的随机变量：

$$X \sim \text{binom}(250, 0.1)$$

我们可以计算 $\mathbb{P}(X > 30)$ 因为 $1 - \mathbb{P}(X \leqslant 30) = 1 - \sum_{k=0}^{30} \mathbb{P}(X = k) = 1 - \sum_{k=0}^{30} \binom{250}{k} 0.1^k 0.9^{250-k}$。然而可以方便地对二项分布使用正态近似，因为这里 n 较大并且 $np > 5$。我们利用 $\mathbb{P}(Y > 30.5)$ 近似 $\mathbb{P}(X > 30)$，这里 $Y \sim N(25, 22.5)$。令 $Z \sim N(0,1)$ 那么我们有

$$\mathbb{P}(X > 30) \approx \mathbb{P}(Y > 30.5)$$
$$= \mathbb{P}\left(\frac{Y - 25}{\sqrt{22.5}} > \frac{30.5 - 25}{\sqrt{22.5}}\right)$$
$$= \mathbb{P}(Z > 1.1595) = 1 - \Phi(1.1595)。$$

P.312　我们可以使用函数 **pnorm(1.1595)** 计算 $\Phi(1.1595)$，或者使用我们自己的数值积分函数：

```
> source("../scripts/simpson_n.r")
> phi <- function(x) return(exp(-x^2/2)/sqrt(2*pi))
> Phi <- function(z) return(simpson_n(phi, -10, z))
> Phi(1.1595)

[1] 0.8768741
```

因此 $\mathbb{P}(X > 30)$ 近似等于 0.123. 我们可以使用内置函数证实这样的计算：

```
> 1 - pbinom(30, 250, 0.1)
```

```
[1] 0.1246714
```

17.2.5　泊松分布的正态近似

固定 λ 并选择 n 和 p 使得 $\lambda = np$。由 15.6.2 节我们可以知道对于足够大的 n（等价地是足够小的 p）

$$\text{pois}(\lambda) \approx \text{binom}(n, p)$$

并且，根据我们的经验法则，如果 $\lambda = np > 5$ 那么

$$\text{binom}(n, p) \approx N(np, np(1-p))$$

令 $p \to 0$ 我们可得 $np(1-p) = \lambda(1-p) \to \lambda$。因此对于 $\lambda > 5$ 我们有

$$\text{pois}(\lambda) \approx N(\lambda, \lambda)$$

当 $\lambda \to \infty$ 时近似会更好；见图 17.3。

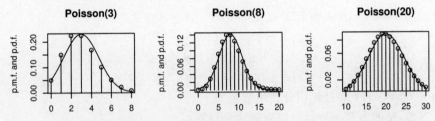

图 17.3　泊松分布的正态近似。每个图形里垂直线表示泊松分布的概率质量函数，连续曲线是相应的正态近似的概率密度函数

当"精确"方法不能计算时可以使用正态估计近似计算泊松分布的概率。假设 P.313 $X \sim \text{pois}(150)$，并且我们想知道

$$\mathbb{P}(X \leqslant 180) = \sum_{k=0}^{180} \mathbb{P}(X = k) = \sum_{k=0}^{180} \frac{150^k e^{-150}}{k!}$$

我们尝试数值计算如下：

```
> poispmf <- function(k, lambda) {
+    # returns P(X = k) where X ~ pois(lambda)
+    return(lambda^k*exp(-lambda)/prod(1:k))
+ }
> poiscdf <- function(k, lambda) {
+    # returns P(X <= k) where X ~ pois(lambda)
+    return(sum(sapply(0:k, poispmf, lambda=lambda)))
+ }
> poiscdf(180, 150)
```

```
[1] NaN
```

因为对于大的 k，$\mathbb{P}(X = k)$ 无法计算，所以计算失败了。

```
> sapply(141:180, poispmf, lambda = 150)
```

```
 [1] 0.02548978        Inf        Inf        Inf        Inf        Inf
 [7]        Inf        Inf        Inf        Inf        Inf        Inf
[13]        Inf        Inf        Inf        Inf        Inf        Inf
[19]        Inf        Inf        Inf        Inf        Inf        Inf
[25]        Inf        Inf        Inf        Inf        Inf        Inf
[31]        NaN        NaN        NaN        NaN        NaN        NaN
[37]        NaN        NaN        NaN        NaN
```

你可以对于 $k \geqslant 142$ 做检验，150^k 的结果是 ∞，对于 $k \geqslant 171$，$k!$ 的结果是 ∞（∞/∞ 没有定义）。在某种程度上，对于带有这些计算的问题，我们可以通过使用 $\mathbb{P}(X = k-1)$ 递归计算 $\mathbb{P}(X = k)$ 避免出现这种情况。然而对于较大的 λ 计算 e^{λ} 时仍然会不精确。

使用正态近似我们可以容易地估计概率。$X \approx Y \sim N(150, 150)$，因此使用连续性修正，

$$\mathbb{P}(X \leqslant 180) \approx P(Y < 180.5)$$

$$= \mathbb{P}\left(\frac{Y - 150}{\sqrt{150}} < \frac{180.5 - 150}{\sqrt{150}}\right)$$

$$= \mathbb{P}(Z \leqslant 2.4903) = \Phi(2.4903) = 0.9936$$

这里 $Z \sim N(0,1)$ 并且累积分布函数是 Φ。

P.314 当然，R 的内置函数也可以处理这个计算：

```
> ppois(180, 150)
```

```
[1] 0.9923574
```

17.2.6　负二项分布和伽玛分布的正态近似

令 $X = \sum_{i=1}^{r} Y_i$ 这里 $Y_i \sim \text{geom}(p)$，那么 $X \sim \text{nbinom}(r, p)$。因此对于较大的 r

$$X \approx N(r(1-p)/p, r(1-p)/p^2)$$

令 $X = \sum_{i=1}^{n} Y_i$ 这里 $Y_i \sim \exp(\lambda)$，那么 $X \sim \text{gamma}(n, \lambda)$。因此对于较大的 n

$$X \approx N(n/\lambda, n/\lambda^2)$$

17.3　置信区间

由弱大数定理可知 $\overline{X} \xrightarrow{\mathbb{P}} \mathbb{E}X$，但是它的收敛速度如何？对于一个真正有用

的估计，我们需要知道它的精度如何。

　　判断一个估计 $\overline{X}$ 的精确程度的一种方法是绘制随着样本容量的增加它如何变化的曲线。例如，假设我们有一个容量为 n 的独立同服从 poisson(λ) 分布的随机变量，我们希望用 $\overline{X}$ 估计均值 λ。令 $\overline{X}(k) = \sum_{i=1}^{k} X_i / k$ 表示前 k 个样本点的样本均值。通过绘制 $\overline{X}(k)$ 对 k 的曲线我们可以知道当 k 达到 n 时 $\overline{X}(k)$ 是否收敛。我们可以通过下面的代码实现，使用内置函数 **rpois** 模拟泊松随机变量。输出结果在图 17.4 里给出。

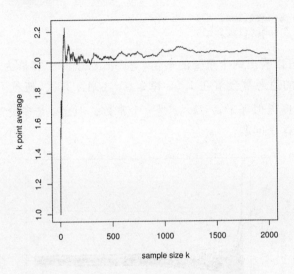

图 17.4　随着样本容量的增加 $\bar{x}$ 收敛到 μ

```
set.seed(100)
n <- 2000
la <- 2
x <- rpois(n, la)
xbar <- cumsum(x)/1:n
plot(1:n, xbar, type = "l",
    xlab="sample size k", ylab="k point average", col='blue')
abline(la, 0)
```

　　不幸的是这种方法经常会产生误导。在上面的例子中，我们看到 $\overline{X}(k)$ 好像是趋近于 2.05，我们知道那是不正确的。如果我们能持续增大样本容量至无穷，那么我们会最终看到 $\overline{X}(k)$ 收敛于 $\lambda = 2$，但是如果我们不知道 λ 的真实值，那么是没有办法通过观察图形得到正确的估计。

　　判断 $\overline{X}$ 的精确程度的一个好的方法是估计变量如何变化，可以通过多次重复整个试验来完成。我们使用下面的代码来实现，输出结果在图 17.5 里给出。

P.315
```
set.seed(100)
n <- 2000
la <- 2
plot(c(1, n), c(la-sqrt(la), la+sqrt(la)), type = "n",
    xlab = "sample size k", ylab = "k point average")
for (i in 1:20) {
  x <- rpois(n, la)
  xbar <- cumsum(x)/1:n
  lines(1:n, xbar, type = "l", col='blue')
}
abline(la, 0)
lines(1:n, la + 2*sqrt(la/1:n))
lines(1:n, la - 2*sqrt(la/1:n))
```

从图 17.5 可以看出两个重要的事情。首先,对于一个容量为 $n = 2000$ 的样本,可以发现 $\overline{X}$ 的值通常会落在 1.95 和 2.05 之间。其次,随着 k 的增加,$\overline{X}(k)$ 的取值范围的宽度近似等于 $c/\sqrt{k}$,c 是一个常数。但是 c 是多少?我们将应用中心极限定理回答这个问题。

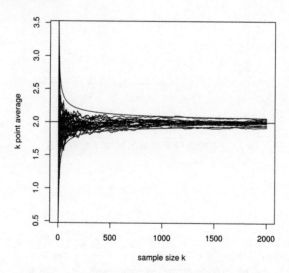

图 17.5 20 个样本均值作为样本容量函数的图形,显示了 $\overline{x}$ 作为 μ 的估计如何随样本容量的增加而变化

直到现在,我们仍是满足于使用一个数去估计均值(**点估计**)。如果我们有一个区间告诉我们均值的可能取值也许能提供更多的信息。也即是说,区间的宽度给出了点估计误差的度量。这样的区间称为**置信区间**(CIs),估计它们的过程称为**区间估计**。

P.316
假设 $X_1, \cdots, X_n$ 独立同分布,均值为 μ ,方差为 σ^2 ,根据中心极限定理我们有

$\sqrt{n}(\overline{X}-\mu)/\sigma \xrightarrow{\mathrm{d}} N(0,1)$，根据弱大数定理有 $S^2 \xrightarrow{\mathbb{P}} \sigma^2$。令 $Z \sim N(0,1)$，那么对于较大的 n 我们有

$$0.95 = \mathbb{P}(-1.96 < Z < 1.96)$$

$$\approx \mathbb{P}\left(-1.96 < \frac{\overline{X}-\mu}{\sigma/\sqrt{n}} < 1.96\right)$$

$$\approx \mathbb{P}\left(-1.96 < \frac{\overline{X}-\mu}{S/\sqrt{n}} < 1.96\right)$$

$$= \mathbb{P}\left(-1.96\,\frac{S}{\sqrt{n}} < \overline{X}-\mu < 1.96\,\frac{S}{\sqrt{n}}\right)$$

$$= \mathbb{P}\left(\overline{X} - 1.96\,\frac{S}{\sqrt{n}} < \mu < \overline{X} + 1.96\,\frac{S}{\sqrt{n}}\right)$$

> 如果 $X_1,\cdots,X_n$ 是独立同分布的样本具有均值 μ 和有限的方差，那么我们说 $\left(\overline{X} - 1.96\,\dfrac{S}{\sqrt{n}}, \overline{X} + 1.96\,\dfrac{S}{\sqrt{n}}\right)$ 是 μ 的 95％ 的置信区间。

我们可以用**重复抽样**的方法解释，抽样次数的 95％ 个区间覆盖参数 μ 的真值。我们对于 μ 的最好的猜测是点估计 $\overline{X}$；$\overline{X}$ 的置信区间的大小告诉了我们估计的可靠度如何。请注意有时人们用 2 代替 1.96，给出了稍微更保守的区间估计。 P.317

对于上面的例子我们计算 95％ 的置信区间如下。我们使用内置函数 **sd** 计算样本标准差。

```
> set.seed(100)
> n <- 2000
> la <- 2
> x <- rpois(n, la)
> xbar <- mean(x)
> S <- sd(x)
> L <- xbar - 1.96 * S/sqrt(n)
> U <- xbar + 1.96 * S/sqrt(n)
> cat("estimate is", xbar, "\n")

estimate is 2.05

> cat("95% CI is (", L, ", ", U, ")\n", sep = "")

95% CI is (1.986073, 2.113927)
```

不同大小的置信区间——90％，98％，99％——可以类似地构造。令 z_α 满足 $\mathbb{P}(Z < z_\alpha) = \alpha$，也即是 $z_\alpha = \Phi^{-1}(\alpha)$。$z_\alpha$ 称为标准正态分布的 $100\alpha\%$ 分位点。那么 $\mathbb{P}(z_{\alpha/2} < Z < z_{1-\alpha/2}) = 1 - \alpha$，因此 μ 的一个 $100(1-\alpha)\%$ 置信区间是

$$\left(\overline{X} - z_{1-\alpha/2}\,\frac{S}{\sqrt{n}}, \overline{X} + z_{1-\alpha/2}\,\frac{S}{\sqrt{n}}\right)$$

请注意因为标准正态分布的密度函数是关于 0 点对称的,所以 $z_{\alpha/2} = -z_{1-\alpha/2}$(见图 17.6)。

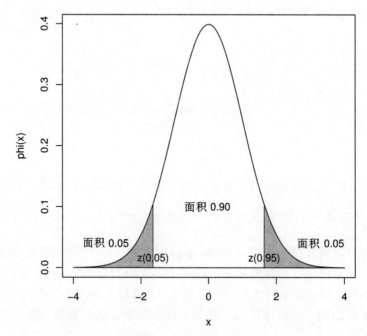

图 17.6 标准正态分布的 5% 和 95% 分位点

CI	:	90%	95%	98%	99%
α	:	0.1	0.05	0.02	0.01
$z_{1-\alpha/2}$	:	1.6449	1.9600	2.3263	2.5758

我们可以看到区间包含 μ 的置信度越大,区间越宽。到目前为止最常用的置信区间是 95%,但是这只是一种惯例。

17.3.1 比例的置信区间

如果 $X \sim \mathrm{binom}(n,p)$,那么使用 $n\hat{p}(1-\hat{p}) = n(X/n)(1-X/n)$ 作为 $\mathrm{Var}X = np(1-p)$ 的估计,p 的一个近似的 95% 的置信区间是

$$\left(\frac{X}{n} - 1.96\sqrt{\frac{(X/n)(1-X/n)}{n}}, \frac{X}{n} + 1.96\sqrt{\frac{(X/n)(1-X/n)}{n}} \right)$$

P.318 观察 $p \in [0,1]$,当 $p = 1/2$ 时 $p(1-p)$ 的最大值是 $1/4$。因此 $\mathrm{Var}X \leqslant n/4$。使

用这个边界,对于较大的 n 我们可以得到一个置信区间

$$\mathbb{P}\left(p \in \left(\frac{X}{n} - \frac{1.96}{2\sqrt{n}}, \frac{X}{n} + \frac{1.96}{2\sqrt{n}}\right)\right) \geqslant 0.95$$

这是一个**保守**的置信区间,因为在某种意义上它至少有 95％ 次包含 p,但是也有可能更多,因为它比实际的置信区间更宽。特别地,当 p 接近于 0 或者 1 时,该置信区间可能显著地高估了 $\hat{p}$ 的变化。它的优点是你不必知道 $\hat{p}$ 就可以估计出多大的样本容量能达到某种指定的精度。

我们指出关于比例的精确的置信区间,称为 Clopper-Pearson 区间,可以在 CRAN 上的 **binom** 包里调用。

P.319

17.3.2 示例:一项民意调查的精度

在一项包含 1000 人参加投票的民意调查中,443 人说他们投给了 ALP(澳大利亚劳动党)。投给 ALP 的实际比例 p 的一个 95％ 的置信区间是

$$0.443 \pm 1.96\sqrt{\frac{0.443 \times 0.557}{1000}} = 0.443 \pm 0.031 = (0.412, 0.474)$$

请注意该置信区间的宽度大约是 ±3％,在这种情形下称为"抽样误差",这在民意调查里很常见,因为在民意调查里 p 经常在 0.5 附近,n 经常大约是 1000。

多大的 n 可以使抽样误差减少到 ±1％？考虑最差的情形,$p = 0.5$,抽样误差是 $\pm 1.96/(2\sqrt{n})$,因此我们需要 $1.96/(2\sqrt{n}) \leqslant 0.01$。所以 $n \geqslant 9604$。

17.3.3 小样本置信区间

在利用中心极限定理得到 μ 的一个置信区间时,我们不得不假定样本容量 n 是较大的。在实际应用中,通常 $n \geqslant 100$ 是足够的,但是 n 越大越好。

假设样本来自于正态分布,对于小的样本容量也有可能得到一个置信区间。假设 $X_1, \cdots, X_n$ 独立同服从 $N(\mu, \sigma^2)$,那么对于所有的 n 可以证明

$$T = \frac{\overline{X} - \mu}{S/\sqrt{n}} \sim t_{n-1}$$

这里 t_v 是自由度为 v 的学生 t 分布。结果的证明是不简单的并且需要用到二次型。根据中心极限定理,当 $n \to \infty$ 时,t_{n-1} 分布收敛于 $N(0, 1)$ 分布。

尽管我们不能证明这个结论,然而可以从数值的角度检验。我们将使用函数 **rnorm** 模拟正态随机变量并给出 t 分布的概率密度函数 **dt**。为了检验 $T \sim t_{n-1}$,我们使用归一化的直方图估计 T 的概率密度函数。这意味着我们需要产生 T 的一个大样本。不失一般性,我们考虑 $X_i \sim N(0, 1)$ 的情形。下面给出了适宜的代码,输出结果如图 17.7 所示。

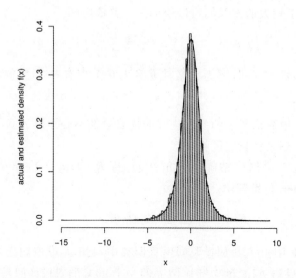

图 17.7　通过标准化一个独立同分布的正态样本的样本均值得到 t 分布

```
set.seed(99)
n <- 5        # size of X sample
nT <- 10000   # size of T sample
# simulate T sample
Tsample <- rep(0, nT)
for (i in 1:nT) {
 Xsample <- rnorm(n)
 Tsample[i] <- sqrt(n)*mean(Xsample)/sd(Xsample)
}
# plot scaled histogram of T sample
hist(Tsample, breaks=sqrt(nT), freq=F,
    xlab='x', ylab='actual and estimated density f(x)', main='')
# plot target density on top
x <- seq(min(Tsample), max(Tsample), 0.01)
lines(x, sapply(x, dt, df=n-1))
```

令 $t_{\eta,v}$ 表示 t_v 分布的 $100\eta\%$ 分位点。也即是

$$\mathbb{P}(T < t_{\eta,v}) = \eta\,,当 T \sim t_v 时。$$

因为 t_v 分布是关于 0 点对称的，所以 $t_{\eta,v} = -t_{1-\eta,v}$。

我们构建关于 μ 的 $100(1-\alpha)\%$ 的置信区间如下：

$$1-\alpha = \mathbb{P}\left(t_{\alpha/2,n-1} < \frac{\overline{X}-\mu}{S/\sqrt{n}} < t_{1-\alpha/2,n-1}\right)$$

$$= \mathbb{P}\left(\mu - t_{1-\alpha/2,n-1}\,\frac{S}{\sqrt{n}} < \overline{X} < \mu - t_{\alpha/2,n-1}\,\frac{S}{\sqrt{n}}\right)$$

$$= \mathbb{P}\Big(\mu \in \Big(\overline{X} - t_{1-\alpha/2,n-1}\,\frac{S}{\sqrt{n}},\ \overline{X} + t_{1-\alpha/2,n-1}\,\frac{S}{\sqrt{n}}\Big)\Big)$$

随着 n 的增加 $t_{\eta,v}$ 减小，极限值是标准正态分布的 $100\eta\%$ 分位点 z_η。因此，我们 P.321
看到对于小样本，置信区间比使用中心极限定理期望得到的宽。这是因为由样本
来估计 σ 时带来了额外的不确定性。例如，对于 95% 置信区间我们有

v	:	2	5	20	50	100	∞
$t_{0.975,v}$	:	4.3027	2.5706	2.0860	2.0086	1.9840	1.9600

17.4　蒙特卡洛置信区间

在 17.3 节，我们给出了考察一个估计量精确程度的定性的方法，是生成估计
量的几个独立的实现并观察它们的变化。我们可以给出该过程的一些量化说明。

假设 $E_1,\cdots,E_k$ 是相互独立、连续的并且是 μ 的无偏估计量。也即是，对于每
个 i，$\mathbb{E}\,E_i = \mu$。我们也假设 μ 是每个 E_i 的**中位数**，因此 $\mathbb{P}(E_i < \mu) = 0.5$。

例如，假设 $E_i = (X_1^i,\cdots,X_{n(i)}^i)/n(i)$，这里 $\{X_j^i\}_{j=1}^{n(i)}$ 是具有均值 μ 和有限方差
的一个独立同分布的样本。每个 E_i 是 μ 的无偏估计，并且由中心极限定理知 E_i
近似服从正态分布，所以 μ 也是（近似）中位数。注意我们没有假设 $n(i)$ 均相等。

令 $E_{(1)},E_{(2)},\cdots,E_{(k)}$ 是**有序样本**，因此 $E_{(1)} < E_{(2)} < \cdots < E_{(k)}$（因为它们是连
续型随机变量，所以有结的概率是 0）。那么我们有

$$\mathbb{P}(E_{(1)} \leqslant \mu \leqslant E_{(k)}) = 1 - \mathbb{P}(E_{(1)} > \mu) - \mathbb{P}(E_{(k)} < \mu)$$
$$= 1 - \mathbb{P}(\text{所有的 } E_{(i)} > \mu) - \mathbb{P}(\text{所有的 } E_{(i)} < \mu)$$
$$= 1 - 0.5^k - 0.5^k = 1 - 0.5^{k-1}$$

令 $k = 6$，那么我们得到 $1 - 0.5^5 = 0.96875 \approx 0.97$。

> 如果 $E_1,\cdots,E_6$ 是相互独立、连续的并且是 μ 的无偏估计量，使得 μ 也是每个
> E_i 的中位数，那么
>
> $$\mu \text{ 的一个 } 97\% \text{ 的置信区间是 } (E_{(1)},E_{(n)}) = (\min_i E_i, \max_i E_i)。$$

当构建一个置信区间时，我们没有必要限制 E_i 的最小值和最大值。假设 $1 \leqslant$
$a < b \leqslant k$，那么

$$\mathbb{P} \leqslant (E_{(a)} \leqslant \mu \leqslant E_{(b)})$$
$$= \mathbb{P}(\text{至少有 } a \text{ 个 } E_i < \mu \text{ 同时至多有 } b-1 \text{ 个 } E_i < \mu)$$

令 $N = |\{E_i : E_i < \mu\}|$，那么 $N \sim \text{binom}(k,0.5)$，并且

$$\mathbb{P}(E_{(a)} \leqslant \mu \leqslant E_{(b)}) = \mathbb{P}(a \leqslant N < b) = \sum_{i=a}^{b-1} \binom{k}{i} 0.5^k$$

这个技巧给出了一个快速并且简单的方法来估计估计量精度。当然有更好的 P.322

方法存在,比如自助法或者刀切法,我们把这些方法推荐给感兴趣的读者。

17.4.1 示例:民意调查的荟萃分析

假设有 8 份独立的关于澳大利亚的民意调查报告,给出了下届联邦选举计划投票给绿党的比例,结果如下

$$9.7\%, 8.6\%, 11.5\%, 10.5\%, 10.4\%, 10.8\%, 9.1\%, 12.5\%。$$

我们将使用有序样本里的第 2 个和第 7 个点构建一个置信区间。我们有

$$\sum_{i=2}^{6} \binom{8}{i} 0.5^8 = 1 - \left(\binom{8}{0} + \binom{8}{1} + \binom{8}{7} + \binom{8}{8} \right) 0.5^8$$

$$= 1 - 18 \times 0.5^8 = 0.930 \text{ 精确到 3 位小数}$$

因此该比例的一个 93% 的置信区间是 $(0.091, 0.115)$。

假设现在我们也知道每个民意调查的人数,分别为:

$$1000, 1000, 600, 800, 1000, 500, 1000, 400。$$

调查人数的总数是 6300,因此准备支持绿党的总数是:

$$1000 \times 0.097 + 1000 \times 0.086 + 600 \times 0.115 + 800 \times 0.105$$

$$+ 1000 \times 0.104 + 500 \times 0.108 + 1000 \times 0.091 + 400 \times 0.125 = 635$$

真实的比例 p 的一个 93% 的置信区间是 $\hat{p} \pm z_{0.965} \sqrt{\hat{p}(1-\hat{p})/n}$。这里 $\hat{p} = 635/6300 = 0.1008$(精确到 4 位小数),$n = 6300$,因此我们得到 93% 的置信区间是 $(0.0970, 0.1046)$[①]。

因为第二个置信区间比第一个使用了更多的信息——关于样本容量的信息——我们觉得它是 p 的一个更好的区间估计。也即是它给出了关于 $\hat{p}$ 的变化的更好的估计。

17.5 习题

1. 使用正态近似,计算一个均值为 20 的泊松变量取值为 20 的概率。和真实值作比较,它们能符合到几位小数。

2. 在迁徙季节,迁徙鹅到达某个沼泽地的速率是每天 220 只。给出每小时到达的鹅的数量 X 的一个模型(假设全天的到达速率是一个常数)。

P.323 $\mathbb{P}(X > 10)$ 的值是多少?基于你的模型给出这个答案的精确值(把概率表示成有限和的形式就足够了),并使用中心极限定理给出近似值。

3. 测量了 20 个人的体重,样本均值和样本标准差结果是

---

① 该区间原书有误,应改为 $(0.0939, 0.1077)$。——译者注

$$\bar{x} = 71.2\text{kg} \ , \ s = 4.9\text{kg}$$

计算该总体均值 μ 的一个 95% 的置信区间。假设体重相互独立同服从正态分布。

4. 从数量非常大的元件中无放回地抽取一个容量为 n 的随机样本,里面有 r 个次品。写出次品所占比例的一个近似的 99% 的置信区间,并明确地给出三个原因解释为什么你的区间是近似的。

   如果 $n = 400$,证明最长的置信区间大约是 0.13。

5. 假设一个经理使用样本比例 $\hat{p}$ 估计一批电脑芯片的次品比例 p。他不知道这批芯片的次品比例 p,但是以前的次品比例接近于 0.01,也即是 1% 的芯片是次品。

   (a) 如果经理想使 $\hat{p}$ 的标准差是 0.02,那么基于次品率没有显著变化的情形下他应该抽取多大的样本?

   (b) 现在假设生产线出现了问题,这批芯片的实际次品率是 0.3,也即是 30% 是次品。现在对于在 (a) 里选择的样本容量 $\hat{p}$ 的实际标准差是多少?

6. 一个公司向塑料瓶里灌装橘子汁。假定瓶子容量是 250ml。实际上,容量的变化服从均值 $\mu = 242$ ml 标准差 $\sigma = 12$ ml 的正态分布。

   (a) 一个瓶子的容量小于 250ml 的概率是多少?

   (b) 一箱 12 瓶的平均容量小于 250ml 的概率是多少?

7. 在一个危险的十字路口每周发生事故的数量服从均值为 2.2 的泊松分布。在该十字路口我们观测了一整年(52 周)并计算每周发生事故的平均数 $\bar{X}$。

   (a) 由中心极限定理可得 $\bar{X}$ 的近似分布是什么?

   (b) $\bar{X}$ 小于 2 的概率近似是多少?

   (c) 一年发生事故的总数 T 的近似分布是什么?

   (d) 一年在该十字路口发生的事故小于 90 次的概率是多少?

P.324

8. 一个科学家观察某种物质的放射性衰变。连续衰变间的等待时间服从均值为 10 分钟的指数分布。

   (a) 首次等待时间超过 12 分钟的概率是多少?

   (b) 该科学家观察了 50 个连续的等待时间并计算均值。该均值超过 12 分钟的概率是多少?

   (c) 在另一次试验中该科学家等待到了第 80 次衰变,他等待的时间超过 14 小时的概率是多少?

9. 一个保险精算师收到一个正在结算的账户,该账户上有 100 个已经备案但仍在解决的索赔通知单。精算师需要对 100 个索赔决定一个适当的储备基金的数量。索赔金额的大小是相互独立同服从均值为 $300 的指数分布。精算师推荐

设立 $\$31\,000$ 赔款准备金。总的索赔金额超过储备基金的概率是多少？

提示：使用适当的近似。

10. 假设 55% 的选民是民主党选民。如果从该选民内随机选取 200 个人，那么有超过一半的人是民主党选民的概率是多少？

11. 投掷一枚均匀硬币，使投掷下列各次数时出现正面的比例落在 0.50 到 0.52 之间的概率近似是多少？

   (a)50 次。

   (b)500 次。

12. 一个课程可以接受 200 名新生。不是所有的学生都接受该录取，因此基于以往的拒绝率提供了 250 份录取书。假设目前的录取实际拒绝率是 35% 并且学生是独立地做决定。

   (a)给出接受的学生数量 N 的分布，并计算它的均值和标准差。

   (b)计算少于 180 个学生接受录取的近似概率。

   (c)计算超过 200 个学生接受录取的近似概率。

13. 一个包含 900 个人的调查涉及到询问他们是否参与竞技运动。实际上只有 5% 的被调查者参与了竞技运动。

   (a)计算参与竞技运动的人的比例的均值和标准差。

   (b)如果减少样本标准差为你在(a)里计算的值的一半，那么需要多大的样本容量？

P.325　14. 卡片上印有不同的形状用来测试某个人是否具有超感知（ESP）。该人在不观察实验者出示的卡片的情形下猜测卡片的形状。假设我们使用一大盒包含四种不同形状的的卡片，卡片是等比例的。也即是，我们假设每次抽取每种形状的卡片出现是等可能的，并且与下次抽取是独立的。我们对每个被测试人（他们都是随机地猜测）分别测试 800 张卡片。

   (a)任意的被测试人每次测试都正确的概率是多少？

   (b)在这 800 次测试里，成功的比例的均值和标准差是多少？

   (c)800 次试验中，每个人以至少 26% 的比例成功的概率是多少？

   (d)假设你决定进一步测试那些成功比例相当大的人，他们仅通过猜测只有 0.02 的概率做的大致相当或更好，一个人成功的比例是多少才能满足该标准。

   (e)研究者需要评估多少人使得他们中至少有一个人被测试的概率大于 0.75？

15. 从在区间 $(0,\theta)$ 上服从均匀分布的总体里随机抽取一个容量为 n 的样本，其中 θ 是一个未知参数。

   (a)使用中心极限定理，你认为随着样本容量的增加样本均值的分布将集中在哪一点？相应地，你建议使用样本均值的什么函数去估计 θ？

(b)直观地讲,随着样本容量的增加,你认为样本最大值的分布将会发生什么
变化?

(c)假设 $X \sim U(0,\theta)$;写出 X 的概率密度函数和累积分布函数。计算样本最
大值的累积分布函数和概率密度函数。

(d)计算样本最大值的期望值。使用这个结果给出一个样本最大值的函数的
建议,这个函数可以给出未知参数 θ 的一个无偏估计。

16.计算置信区间。

编写一个函数,以一个向量 **x** 作为输入,然后返回输出结果向量(**m,lb,ub**),其
中 **m** 是均值,(**lb,ub**)是 **m** 的一个 95% 的置信区间。也即是

$$m = \overline{x}$$
$$lb = \overline{x} - 1.96\sqrt{s^2/n}$$
$$ub = \overline{x} + 1.96\sqrt{s^2/n}$$

其中

P.326

$$s^2 = \frac{1}{n-1}\sum_{i=1}^{n}(x_i - \overline{x})^2 = \frac{1}{n-1}\left(\sum_{i=1}^{n}x_i^2 - n\overline{x}^2\right)$$

应用你的子程序,对下列样本编写一个程序

11　52　87　45　39　95　42　38　10　03　48　56

精确到 4 位小数你应该得到(43.8333,27.9526,59.7140)。

17.通过置信区间获得信任。

我们知道 $U(-1,1)$ 随机变量的均值为 0,使用一个容量为 100 的样本估计均
值并给出一个 95% 的置信区间。这个置信区间是否包含 0?

重复上述过程很多次。置信区间包含 0 的次数的百分比是多少?编写你的代
码使得输出结果与下面的类似

```
Number of trials: 10

Sample mean  lower bound  upper bound  contains mean?

   -0.0733     -0.1888      0.0422           1
   -0.0267     -0.1335      0.0801           1
   -0.0063     -0.1143      0.1017           1
   -0.0820     -0.1869      0.0230           1
   -0.0354     -0.1478      0.0771           1
   -0.0751     -0.1863      0.0362           1
   -0.0742     -0.1923      0.0440           1
    0.0071     -0.1011      0.1153           1
    0.0772     -0.0322      0.1867           1
   -0.0243     -0.1370      0.0885           1

100 percent of CI's contained the mean
```

18. 使用 `rnorm(10, 1, 1)` 生成一个容量为 10 的独立的 $N(1,1)$ 随机变量的样本。构建这个样本均值的一个 95％的置信区间(使用 t 分布)。这个置信区间是否包含 1?

    重复上述过程 20 次。该置信区间包含 1 的次数是多少次?你期望该置信区间包含 1 的次数是多少次?

19. 一个洗瓶厂因为瓶子破损不得不丢弃一些瓶子。瓶子成批清洗,每批 144 个。令 X_i 是第 i 批里破损的瓶子的数目,p 是瓶子破损的概率。

    (a)假设每个瓶子破损与否是相互独立的,X_1 的分布是什么?$Y = X_1 + X_2 + \cdots + X_{100}$ 的分布是什么?

    (b)从 100 批瓶子里收集的数据;破损的瓶子的数量是 220;使用这个数据给出 p 的估计以及 95％的置信区间。

P.327

    (c)正态近似与泊松近似哪一个更适合做 X_1 的近似?

20. 考虑一个均值为 μ,方差为 σ^2 的正态分布 Y,分布 Y 被截断以至于在大于某个极限点 a 时才能观察到。在例 17.1.2 我们使用极大似然法估计 μ 和 σ;在本习题中,我们使用矩方法。

    令 $\mu_X = g_1(\mu, \sigma)$ 和 $\sigma_X^2 = g_2(\mu, \sigma)$ 分别为截断随机变量 X 的均值和方差。也即是

$$\mu_X = \int_a^\infty \frac{x f_Y(x)}{1 - F_Y(a)} \mathrm{d}x$$

$$\sigma_X^2 = \int_a^\infty \frac{(x - \mu_X)^2 f_Y(x)}{1 - F_Y(a)} \mathrm{d}x$$

这里 Y 的概率密度函数和分布函数(分别为 f_Y 和 F_Y)依赖于 μ 和 σ^2。给定 μ 和 σ^2,μ_X 和 σ_X^2 可以数值求解。

如果 $X_1, \cdots, X_n$ 是来自于 X 的一个样本,那么你可以通过求解下述方程估计 μ 和 σ^2

$$\hat{\mu}_X = \overline{X} = g_1(\mu, \sigma)$$

$$\hat{\sigma}_X^2 = S^2 = g_2(\mu, \sigma)$$

令 $\theta = (\mu, \sigma^2)^\mathrm{T}$,那么等价于求解 $g(\theta) = \theta$,这里

$$g(\theta) = \theta + A \begin{bmatrix} \overline{X} - g_1(\mu, \sigma) \\ S^2 - g_2(\mu, \sigma) \end{bmatrix}$$

A 是任意的非奇异 2×2 矩阵。

求解 $g(\theta) = \theta$ 的一种方法是寻找一个 A 使得 g 是一个收缩映射(通过试错法),然后使用不动点方法(见第 10 章,习题 8)。使用例 17.1.2 的样本测试你的方法。

第 IV 部分

模　拟

第 **18** 章

模拟

大多数的随机模拟有相同的基本结构：

1. 确定一个感兴趣的随机变量 X 并编写一个程序模拟它。
2. 生成一个独立同分布的样本 $X_1,\cdots,X_n$ 并且与 X 具有相同的分布。
3. 估计 $\mathbb{E}\,X$（使用 $\overline{X}$）并评价估计的精度（使用置信区间）。

步骤 1 是一个建模的例子。通常我们使用简单的成分建立复杂的模型，在这里是具有已知分布的独立的随机变量。换句话说，随机变量是随机模拟的基石。正如我们所见，R 有内置函数可以模拟所有我们在第 15 章和第 16 章遇到的常见的随机变量。本章的目的是我们自己如何实现这种模拟，使得我们可以模拟 R 里没有提供的情形。我们考虑离散型随机变量，使用逆变换方法和拒绝法模拟连续型随机变量，然后考虑模拟正态变量的特殊技巧。

可以证明所有的随机变量可以通过处理 $U(0,1)$ 随机变量生成，所以我们从均匀分布随机数开始。

18.1 模拟独立同分布的均匀分布随机样本

我们在计算机上不能生成真正的随机数。作为替代我们生成**伪随机数**，它们看起来像是随机数，但是实际上是完全确定的。伪随机数可以从混沌动力系统里产生，而混沌动力系统很难在给定当前状态的条件下预测未来状态的特征。

因为伪随机数是确定的，所以使用伪随机数的一个非常重要的优点是使用伪随机数的任何试验都可以精确地重复。

18.1.1 同余发生器

同余发生器是第一类合理的伪随机数发生器。在编写 R 时使用的一个伪随机数发生器称为 *Mersenne-Twister*，它与同余发生器具有相似的性质但是有更长的周期。

给定一个初始值 $X_0 \in \{0,1,\cdots,m-1\}$ 以及两个很大的数 A 和 B，我们定义一个数列 $X_n \in \{0,1,\cdots,m-1\}$，$n=0,1,\cdots$，通过

$$X_{n+1} = (AX_n + B) \bmod m$$

由 $U_n = X_n/m$，我们得到一个数列 $U_n \in [0,1)$，$n=0,1,\cdots$。如果选择的 m,A 和 B 较好，那么序列 $U_0,U_1,\cdots$，与来自于 $U(0,1)$ 的独立同分布随机变量序列几乎是不可区分的。

因为我们经常除以 U_n，所以在应用中当 0 出现时舍弃它是合理的。另外对于一个真实的均匀分布，取 0 值的概率是 0。值 1 也是一个问题，但是正如定义指出，对于所有的 n，$U_n < 1$。

例如，如果我们取 $m=10,A=103$ 以及 $B=17$，那么对于 $X_0=2$，我们有

$$X_1 = 223 \bmod 10 = 3$$
$$X_2 = 326 \bmod 10 = 6$$
$$X_3 = 635 \bmod 10 = 5$$
$$\vdots$$

显然地因为最多有 m 个可能取值，所以由同余发生器生成的序列最终会产生循环，最大周期长度是 m。因为计算机使用二进制算法，如果对于某个 k，我们有 $m = 2^k$，那么计算 $x \bmod m$ 非常快。一个好的同余发生器的例子是 $m = 2^{32}$，$A = 1\,664\,525$ 以及 $B = 1\,013\,904\,223$。一个不好的例子是 RANDU，它是在 1970 年封装在 IBM 计算机上。RANDU 使用 $m = 2^{31}$，$A = 65\,539$ 以及 $B = 0$。

18.1.2 种子

数 X_0 被称为种子。如果你知道种子(以及 m，A 和 B)，那么你可以精确地复制整个序列。从科学的角度来看，这是一个很好的观点；可以重复一个实验意味着你的结果是可以验证的。

使用 `runif(n)` 可以在 R 里生成 n 个伪随机数。R 不使用同余发生器，但是仍需要种子来产生伪随机数。对于一个给定的值 seed(假设是整数)，命令 `set.seed`(seed)通常会在伪随机数周期里的同一个点开始。随机数发生器当前的状态保存在向量 `.Random.seed` 里。你可以保存 `.Random.seed` 的值并使用它返回伪随机数序列的点。如果随机数发生器在生成伪随机数时没有初始化，那么 R 将根据系统时间的值进行初始化。

P.333

```
> set.seed(42)
> runif(2)
```

```
[1] 0.9148060 0.9370754
```

```
> RNG.state <- .Random.seed
> runif(2)
```

```
[1] 0.2861395 0.8304476
```

```
> set.seed(42)
> runif(4)
```

```
[1] 0.9148060 0.9370754 0.2861395 0.8304476
```

```
> .Random.seed <- RNG.state
> runif(2)
```

```
[1] 0.2861395 0.8304476
```

为了能重现一个伪随机序列,需要知道种子和算法。为了找出(或改变)R 使用的是什么算法,可以使用函数 **RNGkind**。R 允许使用旧版本的伪随机数发生器,因此使用旧版本的 R 得到的模拟结果也可以验证。

18.2　离散型随机变量的模拟

假设 X 是在集合 $\{0,1,\cdots\}$ 取值的离散型随机变量,累积分布函数是 F ,概率质量函数是 p 。下面一段代码给定一个均匀随机变量 U 并返回一个累积分布函数是 F 的离散型随机变量 X 。

```
# given U ~ U(0,1)
X <- 0
while (F(X) < U) {
    X <- X + 1
}
```

当这个算法结束时,我们有 $F(X) \geqslant U$ 和 $F(X-1) < U$,也即是 $U \in (F(X-1), F(x)]$ 。因此

$$\mathbb{P}(X = x) = \mathbb{P}(U \in (F(x-1), F(x)]) = F(x) - F(x-1) = p(x)$$

正是所需要的。

图 18.1 显示了在 $X \sim \text{binom}(3, 0.5)$ 的情形下该算法是如何工作的。我们看到 F 用来映射 U 到 X 。该算法可以容易地推广到任意的离散型分布;参见习题 8。

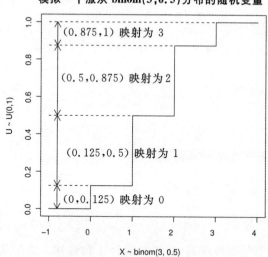

图 18.1 通过转换一个服从 $U(0,1)$ 分布的随机变量模拟

一个服从 binom(3,0.5) 分布的随机变量

P.334 为了模拟一个有限的随机变量 R 提供了

```
sample(x, size, replace = FALSE, prob = NULL)
```

输入有

x 给出了随机变量可能取值的一个向量;

size 模拟多少个随机变量;

replace 把它设置为 **TRUE** 生成一个独立同分布的样本,反之随机变量将受到制约会彼此不同;

prob 给出了在 **x** 中取值概率的一个向量。如果省略那么表示在 **x** 中等可能取值。

18.2.1 示例:二项分布

我们给出模拟二项分布随机变量的代码作为例子。这里我们强调一下,相比我们下面提供的代码,R 里有更优秀的二项概率和模拟函数,更多的信息见? **rbi-**

P.335 **nom**。如果 $X \sim \text{binom}(n,p)$,那么它有概率质量函数 $p_X(x) = \binom{n}{x} p^x (1-p)^{n-x}$。

下面的函数 **binom.cdf** 计算 X 的累积分布函数 F_X。函数 **cdf.sim** 的第一个参数为函数 F,它计算一个非负整数值的随机变量的累积分布函数。**cdf.sim** 也是用选项...传递参数给函数 **F**。

为了模拟单个 $binom(n, p)$ 分布的随机变量使用 **cdf.sim(binom.cdf, n, p)**。

```
binom.cdf <- function(x, n, p) {
  Fx <- 0
  for (i in 0:x) {
    Fx <- Fx + choose(n, i)*p^i*(1-p)^(n-i)
  }
  return(Fx)
}

cdf.sim <- function(F, ...) {
  X <- 0
  U <- runif(1)
  while (F(X, ...) < U) {
    X <- X + 1
  }
  return(X)
}
```

在上述的程序中,假设 U 趋近于 1。在这种情形下对于不同的 x 值我们需要计算多个 $F_X(x)$。但是如果我们观察 **binom.cdf** 是如何定义的,每次我们计算 $F_X(x)$ 需要重新计算 $p_X(0), p_X(1), \cdots$,这样效率比较低。我们可以通过合并 **cdf.sim** 里检验 **F(X, ...) < U** 的循环与 **binom.cdf** 里计算 F_X 的循环来避免低效。为了进一步提高效率我们使用递归公式计算 $p_X(x)$,也即是

$$p_X(x) = \frac{(n-x+1)p}{x(1-p)} p_X(x-1)$$

```
# program spuRs/resources/scripts/binom.sim.r

binom.sim <- function(n, p) {
  X <- 0
  px <- (1-p)^n
  Fx <- px
  U <- runif(1)
  while (Fx < U) {
    X <- X + 1
    px <- px*p/(1-p)*(n-X+1)/X
    Fx <- Fx + px
  }
  return(X)
}
```

为了观察 **binom.sim** 是如何工作的,观察每次 **while** 的开始我们经常有 **px** 等 P.336
于概率质量函数在 **X** 的值以及 **Fx** 等于累积分布函数在 **X** 的值。为了数值地验证 **binom.sim** 的运行,我们使用 **binom.sim** 生成一个大样本,用它去估计 p_X,然后把

该估计与已知的概率质量函数作比较。我们用 **dbinom** 计算 p_X（相应地根据第 15 章习题 12 你也可以编写自己的函数），并画出结果如图 18.2 所示。真值用实心点表示，估计值用加号表示同时给出了 95% 置信区间。

```
# inputs
N <- 10000      # sample size
n <- 10         # rv parameters
p <- 0.7
set.seed(100)   # seed for RNG

# generate sample and estimate p
X <- rep(0, N)
for (i in 1:N) X[i] <- binom.sim(n, p)
phat <- rep(0, n+1)
for (i in 0:n) phat[i+1] <- sum(X == i)/N
phat.CI <- 1.96*sqrt(phat*(1-phat)/N)

# plot output
plot(0:n, dbinom(0:n, n, p), type="h", xlab="x", ylab="p(x)")
points(0:n, dbinom(0:n, n, p), pch=19)
points(0:n, phat, pch=3)
points(0:n, phat+phat.CI, pch=3)
points(0:n, phat-phat.CI, pch=3)
```

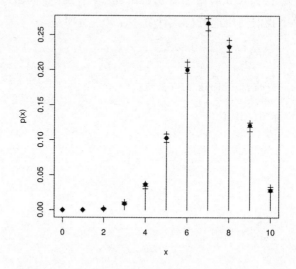

图18.2　一个服从 binom(10,0.7) 分布的随机变量的估计与真实的概率质量函数

18.2.2　独立试验序列

对于使用独立试验序列(二项、几何、负二项)定义的随机变量,我们有另外可供选择的方法。给定一个服从 $U(0,1)$ 分布的随机变量 U 我们可以用如下程序生成参数为 p 的伯努利随机变量 B

```
# given U ~ U(0,1)
if (U < p) {B <- 1} else {B <- 0}
```

因此,给定 **n** 和 **p**,为了生成一个服从 $\mathrm{binom}(n,p)$ 分布的随机变量 **X**,我们可以使用

```
X <- 0
for (i in 1:n) {
    U <- runif(1)
    if (U < p) X <- X + 1
}
```

另一种方法是我们可以使用 R 能把 **TRUE** 强制转换成 1 和把 **FALSE** 转换成 0 P.337 的事实重新写成一行

```
X <- sum(runif(n) < p)
```

很明显,这种方法远比例 18.2.1 的方法简单和快速。它唯一的缺点是需要使用更多的均匀分布(n 相对于 1),以至于如果你使用该算法生成大量的二项随机变量,那么你得到的"随机"数将会很快重复。然而这个通常不是问题,**Mersenne-Twister** 方法(在编写 R 时使用的随机数发生器)的周期长度是 $2^{19937}-1$,所以即使我们同时使用几百个,还需要很长一段时间我们的二项随机变量才会开始循环。

给定 **p**,为了生成服从 $\mathrm{gemo}(p)$ 的随机变量 **Y**,我们可以使用

```
Y <- 0
success <- FALSE
while (!success) {
    U <- runif(1)
    if (U < p) {
        success <- TRUE
    } else {
        Y <- Y + 1
    }
}
```

负二项分布可以类似地处理:见习题 5。

18.3 连续型随机变量的逆变换法

P.338 在接下来的章节我们讨论模拟连续型随机变量的两种常用方法并讨论模拟非常重要的正态变量的一些技巧。

假设给定 $U \sim U(0,1)$ 并且我们准备模拟具有累积分布函数为 F_X 的连续型随机变量 X 。令 $Y = F_X^{-1}(U)$ 那么我们有

$$F_Y(y) = \mathbb{P}(Y \leqslant y) = \mathbb{P}(F_X^{-1}(U) \leqslant y) = \mathbb{P}(U \leqslant F_X(y)) = F_X(y)$$

也即是，Y 与 X 具有相同的分布。因此，如果我们能模拟服从 $U(0,1)$ 分布的随机变量，那么我们就能模拟任意已知 F_X^{-1} 的随机变量 X 。这被称为**逆变换方法**或简称**逆方法**。它是 18.2 节里模拟离散型随机变量的连续形式。

可以从另外的角度阐述这个重要的结论，对于连续型随机变量 $X, F_X(X) \sim U(0,1)$ 。

18.3.1 示例：均匀分布

考虑 $X \sim U(1,3)$ 。可以验证当 $x \in (1,3)$ 时 X 的累积分布函数为 $F_X(x) = (x-1)/2$ ，因此对于 $y \in (0,1)$ 有 $F_X^{-1}(y) = 2y+1$ 。所以逆变换方法告诉我们可以使用 $2U+1$ 生成 X ，其中 $U \sim U(0,1)$ 。从几何角度来看这个结果是很清楚的：因子 2 把 $U(0,1)$ 分布从 $(0,1)$ 拉长到 $(0,2)$ ，然后右移 1 个单位。图 18.3 使用 F_X 的图形显示了该变换。想象 U 的观察值的"均匀雨点"落在垂直轴的 $(0,1)$ 区间内。逆累积分布函数把该区间转化到水平轴区间 $(1,3)$ 上的均匀雨点，即为 $X \sim U(1,3)$ 的观察值。

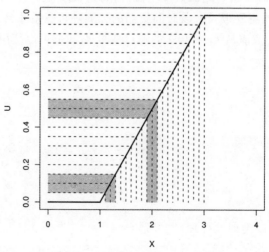

均匀分布 $U(1,3)$ 的逆变换方法

图 18.3 逆变换方法的示例。垂直轴区间 $(0,1)$ 上的"均匀雨点"转化为水平轴区间 $(1,3)$ 上的均匀雨点

18.3.2 示例:指数分布

如果 $X \sim \exp(\lambda)$,那么当 $x > 0$ 时概率密度函数是 $f_X(x) = \lambda e^{-\lambda x}$,通过积分我们可以得到

$$F_X(x) = \begin{cases} 0 & x < 0; \\ 1 - e^{-\lambda x} & x \geqslant 0。 \end{cases}$$

令 $y = F_X(x)$ 我们可以推出反函数如下:

$$y = 1 - e^{-\lambda x}$$

$$1 - y = e^{-\lambda x}$$

$$\log(1 - y) = -\lambda x$$

$$x = -\frac{1}{\lambda} \log(1 - y) = F_X^{-1}(y)$$

因此利用 $-\lambda^{-1} \log(1 - U)$ 根据逆变换方法可以生成 $X \sim \exp(\lambda)$,这里 $U \sim$ P.339 $U(0,1)$。容易证明如果 $U \sim U(0,1)$ 那么 $1 - U \sim U(0,1)$,因此 $-\lambda^{-1} \log(1 - U)$ $\sim \exp(\lambda)$。

图 18.4 展示了通过逆变换方法把垂直轴区间 $(0,1)$ 上的均匀雨点转化为水平轴上的"指数分布雨点"。请注意在区间 0.15 到 0.2 的 U 值转换到 x 轴上比在区间 0.85 到 0.9 的 U 值转换到 x 轴上得到的区间更小(图中的阴影部分)。

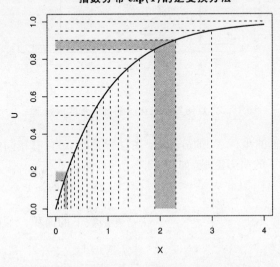

图 18.4 逆变换方法示例。垂直轴区间 $(0,1)$ 上的"均匀雨点"变换为水平轴上"指数分布雨点"

18.4 连续型随机变量的拒绝法

如果我们能给出 F^{-1} 的理论表达式,那么逆变换方法的效果很好。如果不能,我们可以使用求根法数值地对 F 求逆(见习题16),但是这是比较耗时的。在这种情形下一种可供选择的方法,通常也是更快的方法便是拒绝法。

为了了解拒绝法我们考虑一个简单的例子。假设我们有一个在区间 $(0,4)$ 上取值的连续型随机变量 X,它的概率密度函数为 f_X,如图18.5所示。我们想象在密度函数下随机均匀地"撒"点 $P_1,P_2,\cdots$。通过均匀地撒点,这意味着点落在概率密度函数下的任意小方块内的可能性是相同的。我们的随机点 P_i 实际上是二维随机变量 (X_i,Y_i),这里 X_i 和 Y_i 是第 i 点的随机坐标。

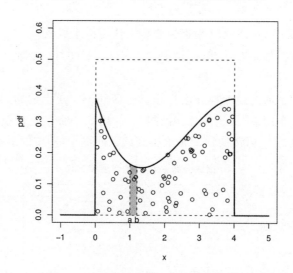

图 18.5 点均匀分布在一个概率密度函数下

P.340 考虑 P_1 的 x 轴的坐标 X_1 的分布。(注意所有的 X_i 具有相同的分布。)令 R 表示 a 到 b 之间 f_X 下的阴影区域,如图18.5所示,那么

$$\mathbb{P}(a < X_1 < b) = \mathbb{P}(P_1 \text{ 落在 } R \text{ 内})$$
$$= \frac{R \text{ 的面积}}{\text{密度函数下的面积}}$$
$$= \frac{\int_a^b f_X(x)\,\mathrm{d}x}{1}$$
$$= \int_a^b f_X(x)\,\mathrm{d}x$$

因此,根据概率密度函数的定义,X_1 和 X 具有相同的分布。因此我们可以通

过撒在 X 的概率密度函数下的随机点的 x 坐标给出 X 的观察值。但是我们如何使点 P_i 均匀分布在 f_X 下？答案是在矩形区域 $[0,4] \times [0,0.5]$ 内生成随机点（图 18.5 内的点），然后**拒绝**落在概率密度函数上的点，因此命名为**拒绝法**。

该方法可以推广到定义域有限的有上界的任意密度函数。也即是，对于所有 P.341
的 x 以及某个常数 k 有 $f_X(x) \leqslant k$。

拒绝法（均匀包络） 假设 f_X 只在 $[a,b]$ 上非零并且 $f_X \leqslant k$。

1. 生成 $X \sim U(a,b)$ 以及与 X 独立的 $Y \sim U(0,k)$（因此 $P = (X,Y)$ 在矩形区域 $[a,b] \times [0,k]$ 上均匀分布）。
2. 如果 $Y < f_X(X)$ 那么返回 X，否则返回步骤 1。

18.4.1　示例：三角密度函数

考虑三角概率密度函数定义如下

$$f_X(x) = \begin{cases} x & 0 < x < 1; \\ (2-x) & 1 \leqslant x < 2; \\ 0 & \text{其他。} \end{cases}$$

我们应用拒绝法如下：

P.342

```
# program spuRs/resources/scripts/rejecttriangle.r

rejectionK <- function(fx, a, b, K) {
  # simulates from the pdf fx using the rejection algorithm
  # assumes fx is 0 outside [a, b] and bounded by K
  # note that we exit the infinite loop using the return statement
  while (TRUE) {
    x <- runif(1, a, b)
    y <- runif(1, 0, K)
    if (y < fx(x)) return(x)
  }
}

fx<-function(x){
  # triangular density
  if ((0<x) && (x<1)) {
    return(x)
  } else if ((1<x) && (x<2)) {
    return(2-x)
  } else {
    return(0)
  }
}
```

```
# generate a sample
set.seed(21)
nreps <- 3000
Observations <- rep(0, nreps)
for(i in 1:nreps)   {
  Observations[i] <- rejectionK(fx, 0, 2, 1)
}

# plot a scaled histogram of the sample and the density on top
hist(Observations, breaks = seq(0, 2, by=0.1), freq = FALSE,
     ylim=c(0, 1.05), main="")
lines(c(0, 1, 2), c(0, 1, 0))
```

输出结果如图 18.6 所示。

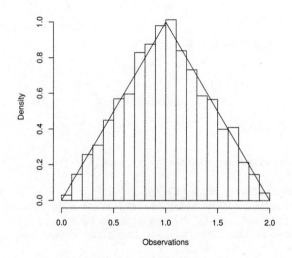

图 18.6　使用拒绝法模拟的三角分布的经验概率密度函数

18.4.2　广义拒绝法

上面我们的拒绝法是用矩形包络覆盖目标密度 f_X ，然后在矩形区域内产生均匀的备选点。然而如果这个矩形是无限的，那么我们不能在它里面生成均匀分布的点，因为它的面积是无限的。作为代替我们需要一个有限面积的形状，在它里面我们可以模拟出均匀分布的点。

令 X 的概率密度函数是 h ，并且给定 X ，令 $Y \sim U(0, kh(X))$ （因此 Y 的范围依赖于 X ），那么 (X, Y) 均匀分布在曲线 kh 和 0 之间的区域 A 。为了说明这点我们使用条件概率：

$$\mathbb{P}((X, Y) \in (x, x + \mathrm{d}x) \times (y, y + \mathrm{d}y))$$

$$= \mathbb{P}(Y \in (y, y+\mathrm{d}y) \mid X \in (x, x+\mathrm{d}x)) \, \mathbb{P}(X \in (x, x+\mathrm{d}x))$$

$$= \frac{\mathrm{d}y}{kh(x)} h(x)\mathrm{d}x$$

$$= \frac{1}{k}\mathrm{d}x\mathrm{d}y$$

P.343

也即是,落在 A 内大小为 $\mathrm{d}x \times \mathrm{d}y$ 的任意小矩形区域内可能性是相同的。(我们说 (X, Y) 具有联合概率密度为 $\frac{1}{k}1_{\{(X,Y) \in A\}}$,这里 k 是 A 的面积。)

假设我们希望模拟密度 f_X 。令 h 表示我们可以模拟的密度,选择 k 使得

$$k \geqslant k^* = \sup_x \frac{f_X(x)}{h(x)}$$

注意 $k^* \geqslant 1$,当且仅当 f_X 和 h 相同时取等号。那么 kh 组成了 f_X 的一个包络,我们可以在这个包络里生成均匀分布的点。通过接受曲线 f_X 下的点,我们得到广义拒绝法:

P.344

广义拒绝法

　　为了模拟密度函数 f_X ,我们假设有可以模拟的包络密度 h 以及 $k < \infty$ 使得 $\sup_x f_X(x)/h(x) \leqslant k$ 。

1. 由 h 模拟 X 。
2. 生成 $Y \sim U(0, kh(X))$ 。
3. 如果 $Y < f_X(X)$ 那么返回 X ,否则返回步骤 1。

18.4.3　效率

　　拒绝法的效率的度量是生成备选点 (X, Y) 的期望次数。曲线 kh 下的面积是 k ,曲线 f_X 下的面积是 1,因此接受一个备选点的概率是 $1/k$ 。这样生成备选点的次数 N 的分布是 $1 + \mathrm{geom}(1/k)$,均值是 $\mathbb{E}\,N = 1 + (1-1/k)/(1/k) = k$ 。因此, h 越接近于 f_X ,我们可以选择越小的 k ,从而算法越有效。

18.4.4　示例:伽玛分布

　　对于 $m, \lambda > 0$,当 $x > 0$ 时 $\Gamma(\lambda, m)$ 密度函数是 $f(x) = \lambda^m x^{m-1} \mathrm{e}^{-\lambda x}/\Gamma(m)$ 。累积分布函数 F 或者它的逆累积分布函数均没有显式的表达式,所以我们使用拒绝法模拟 f 。

　　当 $x > 0$ 时,我们使用指数包络 $h(x) = \mu \mathrm{e}^{-\mu x}$ 。使用逆变换方法我们可以容易地通过 $-\log(U)/\mu$ 模拟 h ,这里 $U \sim U(0, 1)$ 。为了包络 f 我们需要计算

$$k^* = \sup_{x>0} \frac{f(x)}{h(x)} = \sup_{x>0} \frac{\lambda^m x^{m-1} \mathrm{e}^{(\mu-\lambda)x}}{\mu \Gamma(m)}$$

显然如果 $m < 1$ 或者 $\lambda \leqslant \mu$ 时 k^* 是无穷的。对于 $m = 1$ 时,伽玛分布正好是指数分布。因此我们假设 $m > 1$ 并选择 $\mu < \lambda$。对于 $m \in (0,1)$,拒绝法仍然可用,但是需要一个不同的包络。

为了计算 k^* 我们对上式的右端项求导并令它等于零以寻找最大值点。你可以检验该点是 $x = (m-1)/(\lambda - \mu)$,所以

$$k^* = \frac{\lambda^m \ (m-1)^{m-1} \mathrm{e}^{-(m-1)}}{\mu \ (\lambda - \mu)^{m-1} \Gamma(m)}$$

为了提高效率,我们选择包络使得 k^* 尽可能的小。观察 k^* 的表达式这意味着选择 μ 使得 $\mu \ (\lambda - \mu)^{m-1}$ 尽可能的大。令关于 μ 的导数等于零。我们可以看到当 $\mu = \lambda/m$ 时出现最大值。把它带入 k^* 的表达式有 $k^* = m^m \mathrm{e}^{-(m-1)}/\Gamma(m)$。

现在可以编写我们的拒绝算法。

```
# program spuRs/resources/scripts/gamma.sim.r

gamma.sim <- function(lambda, m) {
  # sim a gamma(lambda, m) rv using rejection with an exp envelope
  # assumes m > 1 and lambda > 0
  f <- function(x) lambda^m*x^(m-1)*exp(-lambda*x)/gamma(m)
  h <- function(x) lambda/m*exp(-lambda/m*x)
  k <- m^m*exp(1-m)/gamma(m)
  while (TRUE) {
    X <- -log(runif(1))*m/lambda
    Y <- runif(1, 0, k*h(X))
    if (Y < f(X)) return(X)
  }
}

set.seed(1999)
n <- 10000
g <- rep(0, n)
for (i in 1:n) g[i] <- gamma.sim(1, 2)
hist(g, breaks=20, freq=F, xlab="x", ylab="pdf f(x)",
  main="theoretical and simulated gamma(1, 2) density")
x <- seq(0, max(g), .1)
lines(x, dgamma(x, 2, 1))
```

为了检验函数 **gamma.sim** 的运行,我们使用参数 $m = 2$ 和 $\lambda = 1$ 模拟一个大样本并用它们来估计密度函数。带有密度函数图形的结果如图 18.7 所示。

P.345

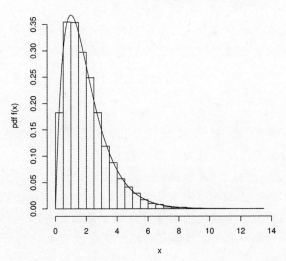

图 18.7　通过拒绝法生成的一个样本来模拟 $\Gamma(1,2)$ 的密度函数

18.5　正态分布的模拟

本节我们考虑不同的方法生成正态随机变量。因为正态随机变量是很重要的并且没有一种明显最好的模拟方法,所以历史上模拟正态随机变量的问题吸引了许多人的关注。为了观察 R 如何使用,键入 **RNGkind()**和? **RNGkind**。

如果 $Z \sim N(0,1)$ 那么 $\mu+\sigma Z \sim N(\mu,\sigma^2)$,因此模拟服从标准正态分布 $N(0,1)$ 的随机变量就足够了。

18.5.1　中心极限定理

中心极限定理给出了通过取平均可以得到一个明显的可以近似模拟正态分布的方法。回忆对于 $U \sim U(0,1)$ 有 $\mathbb{E}U = 1/2$,$\mathrm{Var}U = 1/12$,因此如果 $U_1,\cdots,$ P.346 U_{12} 相互独立同服从于 $U(0,1)$ 分布,那么

$$Z = \Big(\sum_{i=1}^{12} U_i \Big) - 6$$

的均值为 0 方差为 1,因此根据中心极限定理(近似)服从 $N(0,1)$ 分布。事实上这个发生器已经工作得很好,但是它也容易做得更好,并且这种方法浪费了均匀分布随机变量。

18.5.2　具有指数包络的拒绝法

如果我们把标准正态分布分为两半并只使用正的一边（使用因子 2 进行归一化使得它有一个正确的密度函数），那么我们得到所谓的"半正态"密度：

$$f_X(x) = \begin{cases} \sqrt{\dfrac{2}{\pi}}\exp\left(-\dfrac{1}{2}x^2\right) & x > 0; \\ 0 & \text{其他。} \end{cases}$$

如果 $Z \sim N(0,1)$，那么 $|Z|$ 有半正态密度。相反地如果 X 服从半正态分布，$S = \pm 1$ 取每个值的概率分别为 $1/2$ 并且与 X 相互独立，那么

$$Z = SX \sim N(0,1)$$

我们记 $S \sim U\{-1,+1\}$ 表示 S 在有限集 $\{-1,+1\}$ 上服从均匀分布。

P.347　　　我们可以使用拒绝法生成半正态分布 X 的观测值。考虑一个参数为 $\lambda = 1$ 的指数分布作为一个可能的包络。也即是包络的密度是 $h(x) = \exp(-x)$ 当 $x > 0$ 时。可以容易地检验

$$k^* = \sup_x \frac{f_X(x)}{h(x)} = \sup_x \sqrt{\frac{2}{\pi}}\exp(x - x^2/2) = \sqrt{\frac{2e}{\pi}}$$

可以给出下列算法（这里 ϕ 表示标准正态分布密度）：

使用拒绝法模拟标准正态分布

1.生成 $X \sim \exp(1)$ 以及 $Y \sim U(0, \exp(-X)\sqrt{2e/\pi})$。
2.如果 $Y < \phi(X)$ 那么生成 $S \sim U\{-1,+1\}$ 并返回 $Z = SX$，否则返回步骤 1。

对该算法的效率做少许的提高是有可能的。首先，我们使用 $-\log(U)$ 生成 $X \sim \exp(1)$（使用逆变换），这里 $U \sim U(0,1)$。因此 $\exp(-X) = U$ 并且 $Y \sim U(0, U\sqrt{2e/\pi})$。其次，可以不生成 $S \sim U\{-1,+1\}$，我们注意到如果 $Y < \phi(X)$，那么 $Y < \phi(X)/2$ 的概率是 $1/2$ 并且与 X 独立。合并上述两个改进步骤我们有

使用改进的拒绝法模拟标准正态分布

1.生成 $U \sim U(0,1)$ 以及 $Y \sim U(0, U\sqrt{2e/\pi})$。
2.令 $X = -\log(U)$。
3.(a)如果 $Y < \phi(X)/2$ 那么返回 $Z = -X$，

　(b)否则如果 $\phi(X)/2 < Y < \phi(X)$，那么返回 $Z = X$，

　(c)否则返回步骤 1。

18.5.3　Box-Muller 算法

假设 $P = (X,Y)$ 这里 X 和 Y 是相互独立的服从 $N(0,1)$ 的随机变量，那么 P 服从标准的二维正态分布。Box-Muller 算法通过在极坐标系 (R,Θ) 里模拟 P 然

后使用 $X = R\cos(\Theta)$ 和 $Y = R\sin(\Theta)$ 转换到笛卡尔坐标系里实现。因此每次我们需要生成两个独立的服从 $N(0,1)$ 分布的随机变量。

在极坐标系里推导 P 的分布不是太直接的。可以证明[①]$R^2 \sim \exp(1/2)$，$\Theta \sim U(0,2\pi)$ 并且与 R 相互独立。可以给出下列算法：

标准正态分布的 Box-Muller 算法　　　　　　　　　　　　　P.348

1. 生成 $U_1, U_2 \sim U(0,1)$ 。

2. 令 $\Theta = 2\pi U_1$ ，$R = \sqrt{-2\log(U_2)}$ 。

3. 返回 $X = R\cos(\Theta)$ 和 $Y = R\sin(\Theta)$ 。

计算正弦和余弦代价比较高(需要相应的时间)，但是这里有一种 Box-Muller 算法可以避免这样。假设点 $Q = (A,B)$ 均匀分布在一个单位圆上。令 Q 的极坐标是 (S,Ψ)，那么可以证明 $S^2 \sim U(0,1)$ ，$\Psi \sim U(0,2\pi)$ 并且与 S 独立。因此 $(\sqrt{-2\log(S^2)}, \Psi)$ 和极坐标系里的 P 具有相同的分布，即是二维标准正态分布。这种方法的优点是我们可以通过 A 和 B 容易地计算 X 和 Y 。三角函数的知识告诉我们

$$S^2 = A^2 + B^2$$
$$\cos(\Psi) = A/S$$
$$\sin(\Psi) = B/S$$

因此，对于 $R = \sqrt{-2\log(S^2)}$ ，

$$X = R\cos(\Psi) = A\sqrt{\frac{-2\log(S^2)}{S^2}}$$

$$Y = R\sin(\Psi) = B\sqrt{\frac{-2\log(S^2)}{S^2}}$$

我们仍然需要生成 Q ，但是可以使用拒绝法容易地得到。生成 $U,V \sim U(-1,1)$ 并相互独立，那么如果点 (U,V) 落在单位圆内也即是 $U^2 + V^2 < 1$ 时接受它。

把上述内容放在一起我们得到：

改进的标准正态分布的 Box-Muller 算法，带有拒绝的步骤

1. 生成 $U,V \sim U(-1,1)$ 。

2. $S^2 = U^2 + V^2$ ，当 $S^2 < 1$ 时接受反之返回步骤 1 。

3. 令 $W = \sqrt{-2\log(S^2)/S^2}$ 。

4. 返回 $X = UW$ 和 $Y = VW$ 。

---

① 证明需要使用多元微积分对联合密度函数进行变换。

18.6 习题

1. 用二进制表示 45。

   现在用二进制表示 45 除以 16 和 45 除以 17 的余数。

   你能说出这三个二进制代表了什么?

P.349 2. 计算下列同余发生器的周期。对于每一个周期请确定是哪一个种子 X_0 导致了这个周期。

   (a) $X_{n+1} = 9X_n + 3 \bmod 11$。

   (b) $X_{n+1} = 8X_n + 3 \bmod 11$。

   (c) $X_{n+1} = 8X_n + 2 \bmod 12$。

3. 这里有从总体 $x_1, \cdots, x_n$ 里无重复抽取一个样本 $y_1, \cdots, y_k$ $(k \leqslant n)$ 的伪代码算法:

   ```
   for (i in 1:k) {
     { Select j at random from 1:(n+1-i) }
     y[i] <- x[j]
     { Swap x[j] and x[n+1-i] }
   }
   ```

   在 R 里执行这个算法。(内置函数是 **sample**。)

4. 考虑满足以下概率质量函数的离散型随机变量:
   $$\mathbb{P}(X = 1) = 0.1, \quad \mathbb{P}(X = 2) = 0.3, \quad \mathbb{P}(X = 5) = 0.6$$
   画出该随机变量的累积分布函数。

   编写一个程序模拟一个服从该分布的随机变量,使用内置函数 **runif(1)**。

5. 如何从一个伯努利试验序列里模拟一个负二项分布?在 R 里编写一个函数实现。(内置函数是 **rnbinom(n, size, prob)**)

6. 对于 $X \sim \mathrm{Poisson}(\lambda)$ 令 $F(x) = \mathbb{P}(X = x)$,$p(x) = \mathbb{P}(X = x)$ 。证明概率函数满足
   $$p(x+1) = \frac{\lambda}{x+1} p(x)$$

   使用这个公式编写一个函数计算 $p(0), p(1), \cdots, p(x)$ 和 $F(x) = p(0) + p(1) + \cdots + p(x)$ 。

   如果 $X \in \mathbb{Z}_+$ 是一个随机变量,**F(x)** 是返回值为 X 的累积分布函数 F 的一个函数,那么你可以使用下列程序模拟 X:

```
F.rand <- function () {
  u <- runif(1)
  x <- 0
  while (F(x) < u) {
    x <- x + 1
  }
  return(x)
}
```

在泊松分布的情形下,该程序可以仅通过计算一次 F 而提高效率,而不是每次你调用函数 **F(x)** 时都重新计算。通过分别对 $p(x)$ 和 $F(x)$ 使用两个新的变量 **p.x** 和 **F.x**,修改该程序使得在 **while** 循环里更新 **p.x** 和 **F.x** 而非使用函数 **F(x)**。你的程序应该具有如下形式 P.350

```
F.rand <- function(lambda) {
  u <- runif(1)
  x <- 0
  p.x <- ?
  F.x <- ?
  while (F.x < u) {
    x <- x + 1
    p.x <- ?
    F.x <- ?
  }
  return(x)
}
```

你应该确保在 **while** 循环的开始总有 **p.x** 等于 $p(x)$ 和 **F.x** 等于 $F(x)$。

7. 该习题要求你验证习题 6 中的函数 **F.rand**。思想是使用 **F.rand** 估计泊松概率质量函数,并将估计值与已知值进行比较。假设 $X_1, \cdots, X_n$ 是独立同服从 pois(λ) 分布的随机变量,那么用下式估计 $p_\lambda(x) = \mathbb{P}(X_1 = x)$

$$\hat{p}_\lambda(x) = \frac{|\{X_i = x\}|}{n}$$

编写一个程序 **F.rand.test(n, lambda)** 模拟 n 个服从 pois(λ) 的随机变量并对 $x = 0, 1, \cdots, k$ 计算 $\hat{p}_\lambda(x)$,k 是任一选定值。使你的程序输出一个展示 $p_\lambda(x)$,$\hat{p}_\lambda(x)$ 的表格 和 $p_\lambda(x)$ 的 95% 的置信区间,这里 $x = 0, 1, \cdots, k$。

8. 假设 X 在可数集 $\{\cdots, a_{-2}, a_{-1}, a_0, a_1, a_2, \cdots\}$ 取值的概率为 $\{\cdots, p_{-2}, p_{-1}, p_0, p_1, p_2, \cdots\}$。又假设给定 $\sum_{i=0}^{\infty} p_i = p$,编写一个模拟 X 的算法。

   提示:首先决定是否有 $X \in \{a_0, a_1, \cdots\}$ 发生的概率是 p。

9. 假设 X 和 Y 是在 $\mathbb{Z}_+ = \{0, 1, 2, \cdots\}$ 上取值的相互独立的随机变量并令 $Z = X + Y$。

   (a)假设给定函数 **X.sim()** 和 **Y.sim()** 分别模拟 X 和 Y。使用这些函数,在 R 里

编写一个函数,对于给定的 z 估计 $\mathbb{P}(Z = z)$。

(b) 假设给定的是 **X.pmf(x)** 和 **Y.pmf(y)** 而不是 **X.sim()** 和 **Y.sim()**,分别计算 $\mathbb{P}(X = x)$ 和 $\mathbb{P}(Y = y)$。

P.351   使用这些函数,编写一个函数 **Z.pmf(z)**,对于给定的 z 计算 $\mathbb{P}(Z = z)$。

(c) 给定 **Z.pmf(z)** 在 R 里编写一个函数计算 $\mathbb{E}\,Z$。

注意对于所有的 $z \geqslant 0$ 我们可能有 $\mathbb{P}(Z = z) > 0$。为了从数值上近似地给出 $\mu = \mathbb{E}\,Z$,我们使用 $\mu_n^{trunc} = \sum_{z=0}^{n-1} z\,\mathbb{P}(Z = z) + n\,\mathbb{P}(Z \geqslant n) = n - \sum_{z=0}^{n-1} (n-z)\,\mathbb{P}(Z = z)$。我们如何决定 n 取多大时可以给出很好的近似?

你认为这种近似 $\mathbb{E}\,Z$ 方法比模拟好还是坏?

10. 考虑下面的程序,它是一个模拟实验。函数 **X.sim()** 模拟随机变量 X 并且我们希望估计 $\mathbb{E}\,X$。

```
# set.seed(7)
# seed position 1
mu <- rep(0, 6)
for (i in 1:6) {
  # set.seed(7)
  # seed position 2
  X <- rep(0, 1000)
  for (j in 1:1000) {
    # set.seed(7)
    # seed position 3
    X[j] <- X.sim()
  }
  mu[i] <- mean(X)
}
spread <- max(mu) - min(mu)
mu.estimate <- mean(mu)
```

(a) **spread** 的值是多少?

(b) 如果我们取消种子位置 3 的命令 **set.seed(7)** 的注释,那么 **spread** 是多少?

(c) 如果我们(仅)取消种子位置 2 的命令 **set.seed(7)** 的注释,那么 **spread** 是多少?

(d) 如果我们(仅)取消种子位置 1 的命令 **set.seed(7)** 的注释,那么 **spread** 是多少?

(e) 我们应该在哪个位置设置种子?

11. (a) 这里有模拟离散型随机变量 Y 的一些代码。Y 的概率质量函数是什么?

```
Y.sim <- function() {
  U <- runif(1)
  Y <- 1
  while (U > 1 - 1/(1+Y)) {
    Y <- Y + 1
  }
  return(Y)
}
```

P.352

令 N 表示当 `Y.sim()` 调用时 while 循环执行的次数。$\mathbb{E}\,N$ 是多少，该函数运行的期望时间是多少？

(b) 这里有模拟离散型随机变量 Z 的一些代码。证明 Z 和 Y 具有相同的概率质量函数。

```
Z.sim <- function() {
  Z <- ceiling(1/runif(1)) - 1
  return(Z)
}
```

这个函数是比 `Y.sim()` 快还是慢？

12. 人们到达一个鞋店是随机的，每个人在决定买鞋之前看的鞋子的数目也是随机的。

(a) 令 N 表示一小时内到达的人的数量。假设 $\mathbb{E}\,N = 10$，适合 N 的一个好的分布是什么？

(b) 第 i 个顾客在找到一双喜欢的鞋子并决定买之前试了 X_i 双他们不喜欢的鞋（$X_i \in \{0,1,\cdots\}$）。假设他们喜欢某双鞋的概率是 0.8 并与他们所看的其他鞋相互独立。X_i 的分布是什么？

(c) 令 Y 表示已试穿的鞋的总数，不包括被买的鞋。假设每位顾客的购买行为相互独立，给出一个 Y 关于 N 和 X_i 的表达式并编写一个函数模拟 N，X_i 和 Y。

(d) $\mathbb{P}(Y = 0)$ 的值是多少？

使用你对 Y 的模拟估计 $\mathbb{P}(Y = 0)$。如果你的置信区间包含真值，那么你就有一些旁证说明你的模拟是正确的。

13. 考虑连续型随机变量的概率密度函数为

$$f(x) = \begin{cases} 2\,(x-1)^2 & 1 < x \leqslant 2, \\ 0 & \text{其他}。 \end{cases}$$

画出该随机变量的累积分布函数图形。

说明如何利用逆变换法模拟具有该累积分布函数的随机变量。

14. 考虑连续型随机变量 X 概率密度函数为

$$f_X(x) = \frac{\exp(-x)}{(1+\exp(-x))^2}, \quad -\infty < x < \infty$$

称 X 服从标准逻辑斯谛分布。计算该随机变量的累积分布函数。说明如何利用逆变换法模拟具有该累积分布函数的随机变量。

P.353 15. 假设 $U \sim U(0,1)$ 并令 $Y = 1 - U$。根据 U 的累积分布函数推导 Y 的累积分布函数 $F_Y(y)$ 的表达式并据此证明 $Y \sim U(0,1)$。

16. 给定一个 u，采用第 10 章的二分法编写一个程序寻找函数 $\Phi(x) - u$ 的根，这里 $\Phi(x)$ 是标准正态分布的累积分布函数。（你可以使用数值积分或者 R 的内置函数计算 Φ。）注意根满足 $x = \Phi^{-1}(u)$。

使用逆变换法，编写一个程序生成服从标准正态分布的观测值。将观测值落在区间 $(-1,1)$ 内的比率与理论值 68.3% 作一比较。

17. 对于某个正的常数 c，连续型随机变量 X 服从下面的概率密度函数

$$f(x) = \frac{3}{(1+x)^3}, 0 \leqslant x \leqslant c$$

(a) 证明 $c = \sqrt{3} - 1$。

(b) $\mathbb{E}\, X$ 是多少？（提示：$\mathbb{E}\, X = \mathbb{E}(X+1) - 1$。）

(c) $\mathrm{Var}\, X$ 是多少？（提示：从 $\mathbb{E}(X+1)^2$ 开始。）

(d) 使用逆变换法，编写一个函数模拟 X。

18. 参数为 α 的柯西分布的概率密度函数为

$$f_X(x) = \frac{\alpha}{\pi(\alpha^2 + x^2)}, \quad -\infty < x < \infty$$

使用逆变换法编写一个程序模拟柯西分布。

现在考虑根据拒绝法使用一个柯西包络生成服从标准正态分布的随机变量。计算 α 和度量常数 k 的值使得拒绝的概率最小。编写一个 R 程序实现这个算法。

第 19 章

蒙特卡洛积分

蒙特卡洛被用来指涉及到计算机模拟的技术，也暗指赌城蒙特卡洛的赌博游 P.355
戏。蒙特卡洛积分是使用模拟方法进行数值积分。

本章涉及两种基于模拟方法的积分——投点法和（改进的）蒙特卡洛方法——
作为对第 11 章介绍方法的补充。再次说明，我们的目标是对在封闭形式下不定积
分未知的函数进行积分。

在本章的结尾我们给出了不同数值积分方法的误差比较结果。我们看到像辛
普森公式对于一维情形效果很好，但是对于计算高维积分 $\int \cdots \int f(x_1, \cdots,$
$x_n) \, \mathrm{d}x_1 \cdots \mathrm{d}x_n$ 不是很有效。相反地蒙特卡洛积分在一维里没有辛普森公式好用，
但是对高维比较有效。

19.1 投点法

我们希望计算 $I = \int_a^b f(x)\mathrm{d}x$ 。

假设有 c 和 d 使得对于所有的 $x \in [a,b]$ 有 $f(x) \in [c,d]$ 。令 A 表示曲线
下方与矩形 $[a,b] \times [c,d]$ 的交集，那么 $I = |A| + c(b-a)$ 。因此如果我们能估
计 $|A|$ ，那么我们就能估计 I 。A 是图 19.1 中的阴影部分。

为了估计 $|A|$ 可以想象在矩形 $[a,b] \times [c,d]$ 内投点。落在曲线下的平均比
例是 A 的面积除以矩形的面积，也即是 $|A| / ((b-a)(d-c))$ ，给了我们估计
$|A|$ 的一种方法。

假设 $X \sim U(a,b)$ ，$Y \sim U(c,d)$ ，那么 (X,Y) 在矩形 $[a,b] \times [c,d]$ 上服从
均匀分布，并且

$$\mathbb{P}((X,Y) \in A) = \mathbb{P}(Y \leqslant f(X)) = \frac{|A|}{(b-a)(d-c)}$$

令 $Z = 1_A(X,Y)$ ，也即是如果 $Y \leqslant f(X)$ 那么 $Z = 1$ 否则等于 0，那么 $\mathbb{E}\, Z =$
$\mathbb{P}((X,Y) \in A)$ 并且我们有

P.356

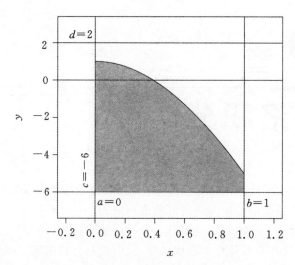

图 19.1 投点法感兴趣的区域

$$I = (\mathbb{E}\,Z)(b-a)(d-c) + c(b-a)$$

通过模拟 X 和 Y 我们可以模拟 Z,重复地模拟 Z 后,我们可以估计 $\mathbb{E}\,Z$ 进而得到 I。这里有一些在 R 里执行投点法的代码。

```
# program spuRs/resources/scripts/hit_miss.r

hit_miss <- function(ftn, a, b, f.min, f.max, n) {
  # Monte-Carlo integration using the hit and miss method
  # ftn is a function of one variable
  # [a, b] is the range of integration
  # f.min and f.max are bounds on ftn over the range [a, b]
  # that is f.min <= ftn(x) <= f.max for all x in [a, b]
  # n is the number of samples used in the estimation
  # that is the number of calls made to the function ftn
  Z.sum <- 0
  for (i in 1:n) {
    X <- runif(1, a, b)
    Y <- runif(1, f.min, f.max)
    Z <- (ftn(X) >= Y)
    Z.sum <- Z.sum + Z
    # cat("X =", X, "Y =", Y, "Z =", Z, "Z.sum =", Z.sum, "\n")
  }
  I <- (b - a)*f.min + (Z.sum/n)*(b - a)*(f.max - f.min)

  return(I)
}
```

我们应用该方法估计

P.357

$$\int_0^1 (x^3 - 7x^2 + 1)\mathrm{d}x = (x^4/4 - 7x^3/3 + x) \mid_0^1$$

$$= -13/12 = -1.0833 \, (\text{保留到 4 位小数})$$

在区间 $[0,1]$ 上取最小值和最大值,我们可以看到该函数是有界的,在 $c = 0 - 7 + 1 = -6$ 之上和 $d = 1 + 0 + 1 = 2$ 之下。

```
> source('../scripts/hit_miss.r')
> f <- function(x) x^3 - 7*x^2 + 1
> hit_miss(f, 0, 1, -6, 2, 10)

[1] -1.2

> hit_miss(f, 0, 1, -6, 2, 100)

[1] -0.88

> hit_miss(f, 0, 1, -6, 2, 1000)

[1] -0.784

> hit_miss(f, 0, 1, -6, 2, 10000)

[1] -1.0912

> hit_miss(f, 0, 1, -6, 2, 100000)

[1] -1.08928

> hit_miss(f, 0, 1, -6, 2, 1000000)

[1] -1.084752
```

我们看到重复次数 n 非常大时才能精确到两位小数。

这里有一个上述程序的向量化版本。我们添加了一条线绘制该积分的连续近似。输出如图 19.2 所示。

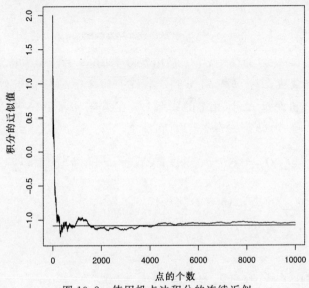

图 19.2　使用投点法积分的连续近似

P.358
```
hit_miss2 <- function(ftn, a, b, c, d, n) {
    # Monte-Carlo integration using the hit & miss method
    # vectorised version
    X <- runif(n, a, b)
    Y <- runif(n, c, d)
    Z <- (Y <= sapply(X, ftn))
    I <- (b - a)*c + (cumsum(Z)/(1:n))*(b - a)*(d - c)
    plot(1:n, I, type = "l")
    return(I[n])
}

> source('hit_miss2.r')①
> hit_miss2(f, 0, 1, -6, 2, 10000)

[1] -1.052

> lines(c(1, 10000), c(-13/12, -13/12))
```

19.2 （改进的）蒙特卡洛积分

投点的蒙特卡洛收敛很慢。本节我们给出一种更好的蒙特卡洛积分技术，人们常把它称为"蒙特卡洛积分"。我们说一种蒙特卡洛技术比另一种好的含义是用相同的函数调用次数它有更小的方差。请牢记因为我们的估计建立在随机样本上，所以估计本身也是随机变量。

我们再次考虑积分 $I = \int_a^b f(x)\mathrm{d}x$。由黎曼积分的定义我们有

$$I = \lim_{n \to \infty} \sum_{i=0}^{n-1} f(a + i(b-a)/n)(b-a)/n$$

P.359 这里的 $f(a + i(b-a)/n)(b-a)/n$ 是用宽度为 $(b-a)/n$，高度为 $f(a + i(b-a)/n)$ 的矩形区域从 $a + i(b-a)/n$ 到 $a + (i+1)(b-a)/n$ 的近似积分。

现在考虑随机变量 X_n 以相等的概率 $1/n$ 在集合 $\{a, a+(b-a)/n, a+2(b-a)/n, \cdots, a+(n-1)(b-a)/n\}$ 上取值，那么

$$\mathbb{E}\, f(X_n) = \sum_{i=0}^{n-1} f(a + i(b-a)/n)\, \mathbb{P}(X_n = a + i(b-a)/n)$$

$$= \sum_{i=0}^{n-1} f(a + i(b-a)/n)/n$$

因此，$I = \lim_{n \to \infty} \mathbb{E}\, f(X_n)(b-a)$。

---

① 应该是 source('··/scripts/hit_miss2.r')。——译者注

19.2.1　引理

当 $n \to \infty$ 时，$X_n \xrightarrow{\text{d}} U(a,b)$。也即是，对于任意的 $x \in [a,b]$，

$$\mathbb{P}(X_n \leqslant x) \to \mathrm{P}(U \leqslant x) = \frac{x-a}{b-a}，当 n \to \infty 时，$$

这里 $U \sim U(a,b)$。

证明。计算上式的左侧我们有

$$\mathbb{P}(X_n \leqslant x) = \frac{|\{i : a + i(b-a)/n \leqslant x\}|}{n}$$

$$= \frac{|\{i \leqslant (x-a)n/(b-a)\}|}{n}$$

$$= \left(1 + \left\lfloor \frac{x-a}{b-a}n \right\rfloor\right)\frac{1}{n}$$

$$\to \frac{x-a}{b-a}，当 n \to \infty 时$$

即为所求。（注意我们从 0 开始计数。）

使用引理我们可得

$$I = \lim_{n \to \infty} \mathbb{E}\, f(X_n)(b-a)$$

$$= \mathrm{E}f(\lim_{n \to \infty} X_n)(b-a)$$

$$= \mathrm{E}f(U)(b-a)，这里 U \sim U(a,b)$$

（严格地说，我们需要证明极限和期望可以交换，尽管我们这里没有做，但是只要 f P.360
是有界连续的就可以证明。）因此如果 $U_1, \cdots, U_n$ 是独立同服从 $U(a,b)$ 的随机变量，那么我们的估计 I 是

$$\hat{I} = \frac{1}{n}\sum_{i=1}^{n} f(U_i)(b-a)$$

下面的函数执行函数 `ftn` 在区间 $[a,b]$ 上的蒙特卡洛积分。

```
mc.integral <- function(ftn, a, b, n) {
  # Monte Carlo integral of ftn over [a, b] using a sample of size n
  u <- runif(n, a, b)
  x <- sapply(u, ftn)
  return(mean(x)*(b-a))
}
```

19.2.2　高维的精度

大写的记号 O 用来描述函数增加得有多快。我们说 $f(x)$ 是 $O(x^{-a})$，如果 $\limsup_{x \to \infty} f(x)/x^{-a} = \limsup_{x \to \infty} f(x)x^{a} < \infty$。

假设 d 是积分的维数,n 是函数调用的次数,那么我们所见过的不同的数值积分技术的精度如下:

方法	误差
梯形法	$O(n^{-2/d})$
辛普森公式	$O(n^{-4/d})$
投点的蒙特卡洛法	$O(n^{-1/2})$
改进的蒙特卡洛法	$O(n^{-1/2})$

我们看到蒙特卡洛方法的误差大小不依赖于 d,并且当 $d > 8$ 时它们是较好的。

19.3 习题

1. 假设 X 和 Y 是独立均服从 $U(0,1)$ 的随机变量。

   (a)当 $0 \leqslant a \leqslant b \leqslant 1$ 和 $0 \leqslant c \leqslant d \leqslant 1$ 时,$\mathbb{P}((X,Y) \in [a,b] \times [c,d])$ 是多少?

   基于你上述的答案,当 A 是 $[0,1] \times [0,1]$ 的任意子集时,$\mathbb{P}((X,Y) \in A)$ 的值应该是多少?

   (b)令 $A = \{(x,y) \in [0,1] \times [0,1]:x^2 + y^2 \leqslant 1\}$。$A$ 的面积是多少?

P.361   (c)定义随机变量 Z 是

$$Z = \begin{cases} 1 & \text{若 } X^2 + Y^2 \leqslant 1 \\ 0 & \text{其他} \end{cases}$$

   $\mathbb{E} Z$ 的值是多少?

   (d)通过模拟 Z,编写一个程序估计 π。

2. 投点法或者改进的蒙特卡洛积分法哪个更精确? 假设 $f:[0,1] \to [0,1]$ 我们希望估计 $I = \int_0^1 f(x)\mathrm{d}x$。

   使用投点法,我们得到估计是

$$\hat{I}_{HM} = \frac{1}{n} \sum_{i=1}^n X_i$$

   这里 $X_1,\cdots,X_n$ 是一个独立同分布的样本并且 $X_i \sim \mathrm{binom}(1,I)$(确信你知道为什么是这种情形)。

   使用改进的蒙特卡洛方法,我们得到估计是

$$\hat{I}_{MC} = \frac{1}{n} \sum_{i=1}^n f(U_i)$$

这里 $U_1, \cdots, U_n$ 是来自 $U(0,1)$ 随机变量的一个独立同分布样本。

投点法的精度可以通过 $\widehat{I}_{HM}$ 的标准差度量,它是 $1/\sqrt{n}$ 乘以 X_1 的标准差。类似地,基本的蒙特卡洛方法的精度可以通过 $\widehat{I}_{MC}$ 的标准差度量,它是 $1/\sqrt{n}$ 乘以 $f(U_1)$ 的标准差。

可以证明

$$\mathrm{Var}\, X_1 = \int_0^1 f(x)\mathrm{d}x - \left(\int_0^1 f(x)\mathrm{d}x \right)^2$$

和

$$\mathrm{Var}\, f(U_1) = \int_0^1 f^2(x)\mathrm{d}x - \left(\int_0^1 f(x)\mathrm{d}x \right)^2$$

解释为什么(至少这种情况下)改进的蒙特卡洛方法比投点法更精确?

3. 上一个习题给出了投点法与改进的蒙特卡洛方法的理论比较。你能否从实验上证实?

使用改进的蒙特卡洛方法重新计算 19.1 节里的例子。为了精确到两位小数需要调用函数多少次?

4. 梯形法近似计算积分 $I = \displaystyle\int_0^1 f(x)\mathrm{d}x$ 可以分为两步

步骤 1:$I = \displaystyle\sum_{i=0}^{n-1}$ (曲线下从 i/n 到 $(i+1)/n$ 的面积);

步骤 2:曲线下从 i/n 到 $(i+1)/n$ 的面积 $\approx \dfrac{1}{2}(f(i/n) + f(i+1)/n) \times \dfrac{1}{n}$。

P.362

二维情形下积分 $I = \displaystyle\int_0^1\int_0^1 f(x,y)\mathrm{d}x\mathrm{d}y$ 可以分解为

$$\sum_{i=0}^{n-1}\sum_{j=0}^{n-1} (\text{正方形}[i/n,(i+1)/n] \times [j/n,(j+1)/n] \text{ 之上曲面之下的体积})$$

(a) 通过分析梯形法,建议一种计算正方形 $[i/n,(i+1)/n] \times [j/n,(j+1)/n]$ 之上曲面之下的体积的方法,并使用这种方法计算二维积分。

(b) 你能否对改进的蒙特卡洛方法建议一个二维类似的算法?

第 20 章

方差缩减

前面利用 $\overline{X} = \sum_{i=1}^{n} X_i/n$ 估计参数 μ ,这里 $X_1,X_2,\cdots,X_n$ 表示来自以 μ 为均值的独立同分布样本。本章将采用一些新的方法来对 $X_1,X_2,\cdots,X_n$ 进行抽样,使得相关估计量的精确性大幅提高。这些方法包括对立抽样法、重要抽样法以及控制变量纠偏方法。

下面考虑使用模拟方法估计分布参数。由于内在随机性因素,估计结果会随着模拟数据的变化而变化。这时,人们自然希望能够尽可能减小这种变化的波动范围,以提高估计结果的可靠性。一种直接的方法是通过增加模拟数据量来达到减小波动的目的,但这种方法有可能花费很长时间进行试验。本节给出的方差缩减技术在模拟抽样中提供了一种好的途径来获得类似的效果。

对立抽样法 其基本方法是将所估计的量构造成一系列负相依随机变量和的形式,因为负相依随机变量可减小其和的方差,从而达到减小整体方差的目的。

重要抽样法 该方法涉及将样本安排在变异性最有利的位置。

控制变量法 该方法使用一个包含已知参数的随机变量 Y 来控制含有未知参数的随机变量 X ,通过考虑残差变量 $X-Y$ 来间接估计高度易变的 X 。

20.1 对立抽样法

假设要估计参数 θ ,同时我们有两个具有有限方差的无偏估计量 X,Y ,其方差为 $\sigma_X^2 = \sigma_Y^2 = \sigma^2$ 。显然, $Z = (X+Y)/2$ 也是参数 θ 的无偏估计,那么作为估计, Z 是否具有比 X 或 Y 更好的估计效果?

考虑到 X,Y 和 Z 均是参数 θ 的无偏估计,我们可通过比较其方差来考察其优劣性(方差越小越好),我们有

$$\text{Var}(Z) = \frac{1}{4}\text{Var}(X) + \frac{1}{4}\text{Var}(Y) + \frac{1}{2}\text{Cov}(X,Y) = \frac{1}{2}(\sigma^2 + \text{Cov}(X,Y))$$

如果 X, Y 是两个相互独立的随机样本,那么与 X, Y 的方差相比,由于 Z 所使 P.364
用的样本量相对于 X, Y 来说是其两倍,使得 Z 的方差由于两者影响减小,故变
量 Z 的方差较小。但是,如果 X, Y 是负相依随机变量,也就是说"对立"的,这时
$\text{Cov}(X, Y)$ 为负,则 $\text{Var}(Z)$ 的值更小。换句话说,通过负相依随机变量可以获得
比独立随机变量偏差更小的估计量(一般来说,正相依情况下得到的偏差要比独立
情形下偏差大)。

下面我们利用对立变量的思想,来考察一个有关几何概率的著名例子。

20.1.1 示例:蒲沣投针试验

1733 年,法国数学家蒲沣提出了一种估计圆周率 π 的方法。在平面上画一组
间距为 d 的平行线,将一根长度为 $l(l \leqslant d)$ 的针任意投置在这个平面上,计算此针
与平行线中任一条线相交的概率 p。蒲沣证明了 $p = 2l/\pi d$。进一步,该试验提
供了一种模拟方法估计概率 p 和 π 的值。

假设 $l = d$,进而有 $p = 2/\pi$。令 N 表示在 n 次独立投针试验中针与任一条
线相交的次数,则 $N \sim \text{binom}(n, p)$。我们用试验频率 $\hat{p} = N/n$ 估计概率 p,其
方差 $\text{Var}(\hat{p}) = p(1-p)/n$。

下面改变试验方法,假设将两个同样的针在中心处交叉成固定的角度,然后进
行上述投针试验。为方便起见,假设这两根针分别为红色和黑色。令 N_R, N_B 分
别表示 n 次独立投针试验中红针和黑针与任一条平行线相交的次数,则 N_R, N_B 具
有相同的分布 $N \sim \text{binom}(n, p)$。由于两针相交成一定角度,如果红针投置位置
近似平行于直线的话,它不可能与直线相交,反过来黑针肯定交于直线,从而可以
看到,N_R, N_B 是负相依的。

令 $\hat{p}_R = N_R/n, \hat{p}_B = N_B/n$,则可用平均值 $\hat{p}_C = (N_R + N_B)/2n$ 估计 p。$\hat{p}_C$ 是
通过 n 次投针试验得到的,它比 $\hat{p}$ 有更小的方差,这是因为 N_R 和 N_B 是对立的,而
$\hat{p}$ 是通过 $2n$ 次投针试验得到的。

20.1.2 一般对立变量方法

假设需要估计参数 $\theta = \mathbb{E}(Z)$,且 $\text{Var}(Z) = \sigma^2$。

我们可以利用随机变量 Z 的 $2n$ 次独立试验样本来估计 θ,即用 $\hat{\theta}_1 = \sum_{i=1}^{2n} Z_i/2n$ 估计 θ,且有 $\text{Var}(\hat{\theta}_1) = \sigma^2/2n$。

类似的,假设我们可以产生 n 对独立样本 (X_i, Y_i),这里,X_i, Y_i 具有和 Z 相 P.365
同的分布,且两者是负相依的。那么,利用无偏估计 $\hat{\theta}_a = (\overline{X} + \overline{Y})/2$ 估计 θ,其方

差为

$$\mathrm{Var}(\hat{\theta}_a) = \frac{1}{4}(\mathrm{Var}(\overline{X}) + \mathrm{Var}(\overline{Y}) + 2\mathrm{Cov}(\overline{X}, \overline{Y}))$$

$$= \frac{\sigma^2}{2n} + \frac{1}{2n}\mathrm{Cov}(X_i, Y_i)$$

$$= \frac{\sigma^2}{2n}(1 + \rho(X_i, Y_i))$$

这里，$\rho(X_i, Y_i)$ 表示随机变量 X_i, Y_i 的相关系数。因此，由于变量负相关，$\hat{\theta}_a$ 比 $\hat{\theta}_1$ 的估计方差减小了 $100\rho\%$ 。

20.1.3 示例：改进的蒙特卡洛积分

设 g 是闭区间 $[0,1]$ 上的增函数，考虑参数 $\theta = \int_0^1 g(u)\mathrm{d}u$ 的估计问题。基于 $2n$ 个样本观察值，通常的蒙特卡洛估计为

$$\hat{\theta}_1 = \sum_{i=1}^{2n} g(U_i)/2n$$

这里，$U_1, U_2, \cdots, U_{2n}$ 是来自于均匀分布 $U(0,1)$ 的独立同分布样本。

令 $(X_i, Y_i) = (g(U_i), g(1 - U_i))$，因为 $1 - U_i \sim U(0,1)$ ，X_i, Y_i 服从相同分布，则 $\mathbb{E}(X_i) = \mathbb{E}(Y_i) = \theta$，且可以得到如下对立估计量

$$\hat{\theta}_a = \frac{1}{2n}\left(\sum_{i=1}^{n} g(U_i) + \sum_{i=1}^{n} g(1 - U_i)\right)$$

为应用对立抽样法构造估计量，我们需要 $\mathrm{Cov}(X_i, Y_i) < 0$ 。注意到，$\hat{\theta}_a$ 仅使用 n 个均匀分布 $U_1, U_2, \cdots, U_n$ 样本，但通过函数 g 使用 $2n$ 次。因此，由 $\hat{\theta}_a$ 和 $\hat{\theta}_1$ 有相同的函数调用次数，且有大概相同的程序运行时间。

因为 g 是增函数，存在 $u^* \in [0,1]$，使得当 $u < u^*$ 时，$g(1-u) > \theta$，当 $u > u^*$ 时，$g(1-u) < \theta$。从而有

$$\mathrm{Cov}(X_i, Y_i) = \mathrm{Cov}(g(U_i), g(1 - U_i))$$

$$= \mathbb{E}(g(U_i) - \theta)(g(1 - U_i) - \theta)$$

$$= \mathbb{E}\, g(U_i)(g(1 - U_i) - \theta)$$

$$< g(u^*)\int_0^{u^*} (g(1-u) - \theta)\mathrm{d}u + g(u^*)\int_{u^*}^1 (g(1-u) - \theta)\mathrm{d}u$$

$$= 0$$

即，随机变量 X_i, Y_i 是对立的。由对称性，当 g 为减函数时，结论仍然成立。

通过下面的程序，对给定的函数 g（这里取 $g = 1 - x^2$），可以比较估计量 $\hat{\theta}_a$ 和

$\widehat{\theta}_1$ 的方差。令 $n = 50$,计算当 $N = 5000$ 次时的每个估计值,进而获得样本方差。

需要注意的是,为了提高计算效率,下面给出矢量形式的程序代码,避免了计算过程中的循环问题,提高了计算效率。其中,函数 **ColMeans** 表示计算每个矩阵列向量的均值。

```
> g <- function(x) 1 - x^2
> N <- 5000
> n <- 50
> u_1 <- matrix(runif(2 * n * N), ncol = N)
> theta_1 <- colMeans(g(u_1))
> u_a <- matrix(runif(n * N), ncol = N)
> theta_a <- 0.5 * (colMeans(g(u_a)) + colMeans(g(1 - u_a)))
> var1 <- var(theta_1)
> vara <- var(theta_a)
> reduction <- 100 * (var1 - vara)/var1
> cat("Variance theta_1 is", var1, "\n")

Variance theta_1 is 0.0009080722

> cat("Variance theta_a is", vara, "\n")

Variance theta_a is 0.0001112241

> cat("Variance reduction is", reduction, "percent \n")

Variance reduction is 87.75163 percent
```

理论上可以证明, $\mathrm{var}(\widehat{\theta}_1) = 2/45n$, $\mathrm{Var}(\widehat{\theta}_a) = 1/180n$,从而对立抽样获得的估计方差减小了 87.5% 。

在这个例子中,我们可以用一个很有趣的几何解释来理解对立估计量。注意到 $\int_0^1 g(x)\mathrm{d}x = \int_0^1 g(1-x)\mathrm{d}x$,则 θ 可表达为

$$\theta = \int_0^1 \frac{1}{2}(g(x) + g(1-x))\mathrm{d}x$$

用上述方法给出 θ 的改进的蒙特卡洛估计量,其形式与 $\widehat{\theta}_a$ 一致。也就是说,在这个例子中,对立抽样等价于将 $g(x)$ 替换成 $h(x) = (g(x) + g(1-x))/2$ 。h 是 $g(x)$ 在 $x = 1/2$ 处的对称函数。如果 h 小于 g ,对立抽样估计会实现方差缩减。如果 g 本身是关于 $1/2$ 的对称函数,相关结果方差保持不变。如果 h 是常数,则估计量也是常数,且方差缩减为 0(读者可尝试 $g(x) = \sin(\pi x)$ 和 $g(x) = 1-x$ 的例子)。

P.367

20.1.4 逆变换获取对立样本

通常情况下,可以通过逆变换法获得对立样本 (X_i, Y_i), $i = 1, 2, \cdots, n$ 。这

里，X_i，Y_i 具有相同的分布函数 F，但两者之间是负相关随机变量。对 $U_i \sim U(0, 1)$，令 $X_i = F^{-1}(U_i)$，$Y_i = F^{-1}(1-U_i)$，则在前面证明中令 $g = F^{-1}$，可直接证明随机变量 X_i，Y_i 均服从分布 F，且 $\mathrm{Cov}(X_i, Y_i) < 0$。

20.2　重要抽样法

本节通过考察类似 19.2 节中改进的蒙特卡洛积分法的例子来引入重要抽样法。

由前可知，当 $U \sim U(a,b)$，若 $\theta = \int_a^b \phi(x) \dfrac{1}{b-a} \mathrm{d}x$，则 $\theta = \mathbb{E}\,\phi(U)$。这里，我们推广这个例子使之不局限于均匀分布。假设 f 是支撑为闭区间 $[a,b]$ 上的密度函数，我们考虑估计 $\theta = \int_a^b \phi(x) f(x) \mathrm{d}x$，则

$$\theta = \int_a^b \phi(x) f(x) \mathrm{d}x = \mathbb{E}\,\phi(x)，其中 X 的密度函数为 f$$

如果 $X_1, X_2, \cdots, X_n$ 是来自于 f 的随机样本，则 θ 的一个无偏估计为

$$\hat{\theta} = \frac{1}{n} \sum_{i=1}^n \phi(X_i)$$

相应的方差为

$$\mathrm{Var}(\hat{\theta}) = \frac{1}{n} \left(\int_a^b \phi^2(x) f(x) \mathrm{d}x - \theta^2 \right)$$

当参数 θ 未知时，上述方差无法精确给出。

上式启发我们，通过选取合适的密度函数 f，可用内积 ϕf 计算 h 的积分。当然，不同的密度函数 f 会导致不同的 $\mathrm{Var}(\hat{\theta})$ 值。下面看一些具体的例子。

20.2.1　示例：通过三种不同方法计算一个简单积分

假设要通过蒙特卡洛方法计算如下积分（幸运的是这个积分值我们此前就知道了）。

$$\theta = \int_0^1 (1-x^2) \mathrm{d}x^{①}$$

P.368 方法 1：首先利用闭区间 $[0,1]$ 上均匀分布给出改进的蒙特卡洛法的计算结果，相关的估计量为

$$\hat{\theta}_1 = \frac{1}{n} \sum_{i=1}^n \phi(X_i) = \frac{1}{n} \sum_{i=1}^n (1 - X_i^2)$$

这里，$X_i \sim U(0,1)$。通过简单的计算可得 $\mathrm{Var}(\hat{\theta}_1) = 4/45n$。

---

① 此处可以加上积分值等于 $\dfrac{2}{3}$，便于理解。——译者注

为应用推广的蒙特卡洛法,这里要问:"是否闭区间 $[0,1]$ 上所有点在积分中都有相同的重要性?"由于积分函数在 0 附近值比较大,使得 0 附近的相应积分区域对于积分的贡献比较大。因此,我们推测是否可以通过选择随机值来减小蒙特卡洛估计的波动性,以更好地匹配积分形状。

方法 2:首先将积分表示成如下形式

$$\theta = \int_0^1 \frac{2}{3} \frac{3}{2}(1 - x^2)\,\mathrm{d}x$$

令 $\phi(x) = \frac{2}{3}, f(x) = \frac{3}{2}(1 - x^2)$,这里,$f(x)$ 是闭区间 $[0,1]$ 上的一个概率密度函数,进而参数有如下估计量

$$\hat{\theta}_2 = \frac{1}{n}\sum_{i=1}^n \phi(X_i) = \frac{2}{3}$$

其中,$X_1, X_2, \cdots, X_n$ 表示来自 f 的独立同分布样本。

在这个例子中,我们所采用的随机样本点与积分函数形状具有精确匹配,同时所得到的估计等于参数 θ,且 $\mathrm{Var}(\hat{\theta}_2) = 0$。需要注意的是,由于 θ 未知,实际上无法检验函数 f 是否是正常密度函数,但这个例子说明了构造的方向,即实际中要尽力构造出真正的密度函数。上述例子通过一个简单的三角分布,对零附近的值赋予更大的权重。

方法 3:将蒙特卡洛估计表示成如下形式

$$\theta = \int_0^1 (1 - x^2)\,\mathrm{d}x = \int_0^1 \frac{1}{2}(1 + x)2(1 - x)\,\mathrm{d}x$$

令 $\phi(x) = \frac{1}{2}(1 + x), f(x) = 2(1 - x)$,这里,$f(x)$ 是闭区间 $[0,1]$ 上的一个概率密度函数,进而获得 θ 的如下估计量

$$\hat{\theta}_3 = \frac{1}{n}\sum_{i=1}^n \frac{1}{2}(1 + X_i)$$

其中,$X_1, X_2, \cdots, X_n$ 表示来自于 f 的独立同分布样本,且 $\mathrm{Var}(\hat{\theta}_3) = 1/72n$。通过比较可以发现,该例给出的估计将原始估计量的波动性减小了 6.4 倍。

为引入**重要抽样法**,重新考虑期望

P.369

$$\theta = \int \phi(x)f(x)\,\mathrm{d}x = \mathbb{E}\,\phi(X)$$

这里,X 具有概率密度函数 f。假设我们选择了一个密度函数 g,它与映射 ϕf 尽可能接近。假如随机变量 Y 的概率密度函数为 g,则

$$\mathbb{E}\,\phi(X) = \int \phi(x)f(x)\mathrm{d}x$$
$$= \int \frac{\phi(x)f(x)}{g(x)}g(x)\mathrm{d}x$$
$$= \int \psi(x)g(x)\mathrm{d}x$$
$$= \mathbb{E}\,\psi(Y)$$

这里，$\psi(x) = \dfrac{\phi(x)f(x)}{g(x)} = w(x)\phi(x)$ 。

令 $Y_1, Y_2, \cdots, Y_n$ 表示来自分布 g 的独立同分布样本，则 $\mathbb{E}\,\psi(Y)$ 的重要抽样估计为

$$\hat{\theta}_g = \frac{1}{n}\sum_{i=1}^{n}\psi(Y_i) = \frac{1}{n}\sum_{i=1}^{n}w(Y_i)\phi(Y_i)$$

这里，$w(x) = f(x)/g(x)$ 。上述估计可看作原始改进蒙特卡洛估计的加权形式，其中的权重通过分布 g 抽样得到。同时，$\hat{\theta}_g$ 是 θ 的无偏估计，且

$$\mathrm{Var}(\hat{\theta}_g) = \frac{1}{n}\mathrm{Var}\,\psi(Y_1)$$

显然，在映射 ϕf 中，选取合适的 g 可使得相应的方差缩减得也越多。

20.2.2　示例：标准正态分布尾概率

假设估计概率

$$\theta = \mathbb{P}(Z > 2) = \int_2^{\infty} f(x)\mathrm{d}x = 0.02275$$

这里，Z 服从标准正态分布，其密度函数为 $f(x) = \mathrm{e}^{-x^2/2}/\sqrt{2\pi}$ 。

方法 1：将积分改写成如下形式

$$\theta = \int_2^{\infty} f(x)\mathrm{d}x = \int_{-\infty}^{\infty} \phi(x)f(x)\mathrm{d}x$$

P.370　这里有

$$\phi(x) = \begin{cases} 1 & x > 2; \\ 0 & x \leqslant 2. \end{cases}$$

进而，令 $X_1, X_2, \cdots, X_n$ 表示来自 f 的独立同分布样本，则有如下的估计量

$$\hat{\theta}_1 = \frac{1}{n}\sum_{i=1}^{n}\phi(X_i) = \frac{N}{n}$$

这里，$N \sim \mathrm{binom}(n, \theta)$ 。通过产生正态样本可以得到 θ 的估计值，其结果不会超过 2，且 $\mathrm{Var}(\hat{\theta}_1) = \theta(1-\theta)/n = 0.0223/n$ 。

方法 2：为给出重要抽样估计，我们需要寻找一个合适的密度函数，使其在区间 $(2, \infty)$ 上与标准正态分布具有类似的尾分布，其余区间为 0。一个简单方法是通过平移原始密度函数使其与重要值相匹配。在这个例子中，我们选择半正态密

度函数如下

$$g(x) = \begin{cases} 0 & x < 2; \\ \sqrt{\dfrac{2}{\pi}} e^{-(x-2)^2/2} & x > 2. \end{cases}$$

若 $X \sim g$,则

$$\theta = \mathbb{E}\left(\frac{f(X)}{g(X)}\right) = \frac{e^2}{2} \mathbb{E}(e^{-2X}) \quad \text{且} \quad \widehat{\theta}_g = \frac{1}{n}\sum_{i=1}^{n} \frac{e^2}{2} e^{-2X_i}$$

这里, $X_1, X_2, \cdots, X_n$ 表示来自 g 的独立同分布样本。由定义可知, $\widehat{\theta}_g$ 是 θ 的无偏估计,且

$$\mathrm{Var}(\widehat{\theta}_g) = \frac{1}{n}\mathrm{Var}\left(\frac{1}{2}e^2 e^{-2X_1}\right) = \frac{1}{n}\left(\frac{e^4}{4}\mathbb{E}(e^{-4X_1}) - \theta^2\right)$$

因为 $\mathbb{E}(e^{-4X_1}) = 2\,\mathbb{P}(Z > 4)$,所以 $\mathrm{Var}(\widehat{\theta}_g) = 0.000347/n$ 。在这个例子中,估计方差大致缩减了 64 倍,说明估计量 $\widehat{\theta}_g$ 比 $\widehat{\theta}_1$ 从每个样本 X_i 处提取了更多的信息,这里的 x_i 仅通过比较样本点与 2 的大小得到。

20.2.3　示例:标准正态分布中心概率

令 $Z \sim N(0,1)$,考虑估计

$$\theta = \int_0^1 e^{-x^2/2}\,\mathrm{d}x = \sqrt{2\pi}\,\mathbb{P}(0 < Z < 1).$$

θ 的一个直接的估计是 $\widehat{\theta}_1 = \sqrt{2\pi}\widehat{p}$,这里 $\widehat{p}$ 表示 n 个来自标准正态分布样本落入区间 $(0,1)$ 的比例。又因为 $\widehat{p} \sim \mathrm{binom}(n, \theta/\sqrt{2\pi})/n$,所以 $\mathrm{Var}(\widehat{\theta}_1) = \theta(\sqrt{2\pi} - \theta)/n = 1.413/n$ 。

为利用重要抽样法,给出 $e^{x^2/2}$ 在 0 处的二阶泰勒展开式

P.371

$$e^{-x^2/2} = \frac{1}{e^{x^2/2}} \approx \frac{1}{1 + x^2/2} = h(x)$$

我们选择重要抽样密度函数 $g \propto h(x)$, $h(x)$ 是截断型非中心柯西分布。因为

$$\int_0^x \frac{1}{1 + u^2/2}\,\mathrm{d}u = \sqrt{2}\arctan\left(\frac{x}{\sqrt{2}}\right)$$

所以 g 的分布函数为

$$G(x) = \frac{\arctan(x/\sqrt{2})}{\arctan(1/\sqrt{2})}, x \in (0,1)$$

这里,我们可以用逆变换 $G^{-1}(u) = \sqrt{2}\tan(u\arctan(1/\sqrt{2}))$ 产生来自于 g 的随机样本。

进一步,给出如下的重要抽样估计

$$\hat{\theta}_g = \frac{1}{n}\sum_{i=1}^{n} e^{-X_i^2/2} \sqrt{2}\arctan\left(\frac{1}{\sqrt{2}}\right)\left(1+\frac{X_i^2}{2}\right)$$

这里，$X_i = G^{-1}(U_i)$ 且 $U_1, U_2, \cdots, U_n$ 是来自于均匀分布 $U(0,1)$ 的独立同分布样本。

下面结合重要抽样密度函数 g，利用 R 程序给出方差缩减的估计，分别计算 $\hat{\theta}_1, \hat{\theta}_g$ 的估计结果 N 次，每次相应的样本量为 n。

```
> Ginv <- function(u) {
+     sqrt(2) * tan(u * atan(1/sqrt(2)))
+ }
> Psi <- function(x) {
+     exp(-(x^2)/2) * sqrt(2) * atan(1/sqrt(2)) * (1 + (x^2)/2)
+ }
> N <- 10000
> n <- 50
> u_a <- matrix(runif(n * N), ncol = N)
> theta_a <- colMeans(Psi(Ginv(u_a)))
> var1 <- 1.413/n
> vara <- var(theta_a)
> reduction <- 100 * (var1 - vara)/var1
> cat("Variance theta_1 is", var1, "\n")

Variance theta_1 is 0.02826

> cat("Variance theta_a is", vara, "\n")

Variance theta_a is 8.433276e-06

> cat("Variance reduction is", reduction, "% \n")

Variance reduction is 99.97016 %
```

P.372

在这个例子中，相比于 $\hat{\theta}_1$，重要抽样估计 $\hat{\theta}_g$ 几乎缩减了方差 3400 倍。

20.3 控制变量法

类似对立变量，控制变量法利用正协方差来达到缩减方差的目的。其基本思想是利用一个均值已知为 μ 的变量 Y 来控制其他变量 X，其中 X 均值为未知参数 θ。假设 $\mathrm{Cov}(X,Y) > 0$，定义 X 的"控制"型变量

$$X^* = X - \alpha(Y - \mu)$$

这里，$\alpha > 0$ 表示某个常数。由于 $\mathbb{E}(X^*) = \theta$，所以 X^* 是 θ 的无偏估计，且

$$\mathrm{Var}(X^*) = \mathrm{Var}(X) + \alpha^2 \mathrm{Var}(Y) - 2\alpha \mathrm{Cov}(X, Y - \mu)$$
$$= \mathrm{Var}(X) - \alpha(2\mathrm{Cov}(X,Y) - \alpha\mathrm{Var}(Y))$$

所以，当且仅当 $2\mathrm{Cov}(X,Y) - \alpha\mathrm{Var}(Y) > 0$ 或 $0 < \alpha < \dfrac{2\mathrm{Cov}(X,Y)}{\mathrm{Var}(Y)}$ 时，有

$Var(X^*) < Var(X)$ 。

因为 $f(\alpha) = Var(X^*)$ 的图形曲线 是一条抛物线,其最小值在某 α 处取到,满足 $f'(\alpha) = 0$,进而有

$$\alpha = \alpha^* = \frac{Cov(X,Y)}{Var(Y)}$$

所以,$Var(X^*)$ 的最小值为

$$f(\alpha)^* = Var(X) - \frac{Cov^2(X,Y)}{Var(X)Var(Y)}Var(X) = Var(X)(1-\rho^2)$$

这里,$\rho = \dfrac{Cov(X,Y)}{\sqrt{Var(X)Var(Y)}}$ 表示协方差系数(对读者来说,这即是通常线性回归中熟悉的 X 基于 Y 的残余变量),进而相应的方差缩减了 $100\rho^2 \%$ 。

20.3.1 示例:标准正态分布中心概率

再次考察例 20.2.3 的估计

$$\theta = \int_0^1 e^{-x^2/2} dx$$

P.373

令 $X = \hat{\theta}$ 是前面所给出的重要抽样估计,即

$$X = \hat{\theta} = \frac{1}{n}\sum_{i=1}^n e^{-T_i^2/2}\sqrt{2}\arctan\left(\frac{1}{\sqrt{2}}\right)\left(1+\frac{T_i^2}{2}\right)$$

$$= \frac{1}{n}\sum_{i=1}^n \psi_1(T_i)$$

这里,$\psi_1(T_i) = e^{-T_i^2/2}\sqrt{2}\arctan\left(\frac{1}{\sqrt{2}}\right)\left(1+\frac{T_i^2}{2}\right)$,且 $T_1, T_2, \cdots, T_n$ 是独立同分布样本,且与 g 有相同的密度函数。由于 $e^{-x^2/2}$ 在 0 处的二阶泰勒展开式为 $e^{-x^2/2} \approx 1 - x^2/2$,进而定义

$$\mu = \int_0^1\left(1-\frac{x^2}{2}\right)dx = \frac{5}{6}$$

基于 θ 同样的重要抽样分布 g ,我们选择控制变量 Y 作为 μ 的估计,即有

$$Y = \hat{\mu} = \frac{1}{n}\sum_{i=1}^n\left(1-\frac{T_i^2}{2}\right)\sqrt{2}\arctan\left(\frac{1}{\sqrt{2}}\right)\left(1+\frac{T_i^2}{2}\right)$$

$$= \frac{1}{n}\sum_{i=1}^n \psi_2(T_i)$$

这里,$\psi_2(T_i) = \left(1-\frac{T_i^2}{2}\right)\sqrt{2}\arctan\left(\frac{1}{\sqrt{2}}\right)\left(1+\frac{T_i^2}{2}\right)$ 。构造 $\mathbb{E}Y = \mu$,通过使用同样的 T_i 保证 X, Y 之间正相关。对 $\alpha > 0$,我们通过控制 X 产生如下 X^*

$$X^* = \hat{\theta}_c = X - \alpha\left(Y - \frac{5}{6}\right)$$

$$= \hat{\theta} - \alpha\left(\hat{\mu} - \frac{5}{6}\right)$$

由上述表达可以发现,控制变量估计 $\hat{\theta}_c$ 是原始的估计量 $\hat{\theta}$ 加上一个修正项。比如,如果控制变量 $\hat{\mu}$ 超过它的已知均值,则正的修正项指出 $\hat{\theta}$ 可能比较大,从而调整相应的估计值。

注意到,虽然 α 的最优值 $\alpha = \dfrac{\mathrm{Cov}(X,Y)}{\mathrm{Var}(Y)} = \dfrac{\mathrm{Cov}(\psi_1(T_1),\psi_2(T_1))}{\mathrm{Var}(\psi_2(T_1))}$ 未知,但可以通过样本方差和协方差来估计,下面的 R 程序中,我们用这种方法给出 α 的估计值,程序中的"**colMeans**"函数与前面的"**colSums**"函数有同样的功能。

```
> Ginv <- function(u){
+    sqrt(2)*tan(u*atan(1/sqrt(2)))
+ }
> psi1 <- function(x){
+    exp(-(x^2)/2)*sqrt(2)*atan(1/sqrt(2))*(1+(x^2)/2)
+ }
> psi2 <- function(x){
+    (1-(x^2)/2)*sqrt(2)*atan(1/sqrt(2))*(1+(x^2)/2)
+ }
> N <- 10000   # Number of estimates of each type
> n <- 50      # Sample size
> commonG <- matrix(Ginv(runif(n*N)), ncol=N)
> p1g <- psi1(commonG)
> p2g <- psi2(commonG)
> theta_hat <- colMeans(p1g)
> mu_hat <- colMeans(p2g)
> samplecov <- colSums((p1g - theta_hat) * (p2g - 5/6))/n①
> samplevar <- colSums((p2g - 5/6)^2)/n
> alphastar <- samplecov/samplevar
> theta_hat_c <- theta_hat - alphastar*(mu_hat - 5/6)
> var1 <- var(theta_hat)
> varc <- var(theta_hat_c)
> reduction<-100*(var1-varc)/var1
> cat("Variance theta_hat is", var1, "\n")

Variance theta_hat is 8.22984e-06

> cat("Variance theta_hat_c is", varc, "\n")

Variance theta_hat_c is 3.069343e-08

> cat("Variance reduction is", reduction, "percent \n")

Variance reduction is 99.62705 percent
```

P.374

可以看到,控制量是一个重要的次级变量。相对于直接考察标准正态分布样本落入区间 $(0,1)$ 的比例,结合控制变量法和重要抽样法,获得的结果将方差缩减了 10^6 倍。

———————————

① "**theta_hat**"应改为"**matrix(theta_hat,n,N,byrow=TRUE)**"。

20.4　习题

1. 试写出一个程序,利用对立抽样方法计算函数 fth(x) 的蒙特卡洛积分,并用其结果估计

$$B(z,w) = \int_0^1 x^{z-1}(1-x)^{w-1}\mathrm{d}x, z = 0.5, w = 2.$$

这里, $B(z,w)$ 称为贝塔函数,且对所有的 $z, w > 0$ 有限。

2. 假设随机变量 X 的连续分布函数为 F,且 F^{-1} 已知。令 $U_1, U_2, \cdots, U_n$ 是来自均匀分布 $U(0,1)$ 的独立同分布样本,且 $X_i = F^{-1}(U_i)$,则可以利用 $\overline{X} = n^{-1}\sum_{i=1}^{n} X_i$, $S^2 = (n-1)^{-1}\sum_{i=1}^{n}(X_i - \overline{X})^2$,分别估计 $\mu = \mathbb{E}(X)$, $\sigma^2 = \mathrm{Var}(X)$。

　(a) 证明如果 $U \sim U(0,1)$,则

$$\mathrm{Cov}(F^{-1}(U), F^{-1}(1-U)) \leqslant 0$$

　(b) 试利用对立抽样法提高 μ 的估计。

　(c) 假设 X 的分布关于 μ 对称,证明对立抽样法不会提高 σ^2 的估计。

3. 考虑积分 P.375

$$I = \int_0^1 \sqrt{1-x^2}\,\mathrm{d}x$$

　(a) 利用蒙特卡洛积分估计 I。

　(b) 利用对立抽样法估计 I,且给出相应方差缩减率。

　(c) 利用直线近似积分函数,结合控制变量估计积分 I 的值,且给出相应的方差缩减率。

　(d) 利用重要抽样法估计 I。试给出三种不同的重要抽样密度,并比较它们的效率。

4. 假设 X 是以 μ 为均值的随机变量,且可以模拟得到其样本点,假设 f 是一个非线性函数,我们希望利用模拟方法估计 $a = \mathbb{E}f(X)$。

令 $g(x) = f(\mu) + (x-\mu)f'(\mu)$,且调整参数 $\alpha = 1$,试利用控制变量估计 a。也就是说,如果 $X_1, X_2, \cdots, X_n$ 是来自 X 分布的独立同分布样本,对 $\alpha = 1$, a 的控制估计为

$$\frac{1}{n}\sum_{i=1}^{n} f(X_i) - (\overline{X} - \mu)f'(\mu)$$

进一步,因为当 x 接近 μ 时,有 $g(x) \approx f(x)$,试证明控制变量可近似地表达成

$$\frac{1}{n}\sum_{i=1}^{n} f(X_i) - f(\overline{X}) + f(\mu)$$

最后,试找出 α 的最优值。

5. 某报纸的日需求量可以近似用伽玛分布表示,其均值和方差分别为 10 000 和 1 000 000。每天的报纸印刷量是 11 000 份,每份售出报纸的利润是 \$1,未售出报纸的损失是 \$0.25。

    (a)试用积分形式给出每日销售报纸的利润,并利用辛普生方法和蒙特卡洛方法计算该积分。

    (b)利用重要抽样法和控制变量法计算上述积分。

    (c)当 m 为整数时,一个伽玛 $\Gamma(\lambda,m)$ 随机变量可表示成 m 个独立同分布指数 $\exp(\lambda)$ 的和。试用该结论模拟 $\Gamma(\lambda,m)$ 随机变量,并通过对立抽样法估计日报纸销售利润。

P.376

6. 试利用改进蒙特卡洛积分法给出 $I = \int_0^1 g(x)\mathrm{d}x$ 的估计。由 20.1.3 节可知,对立抽样法等价于用 $h(x) = (g(x)+g(1-x))/2$ 替换 g ,这里 h 以 $x = 1/2$ 为中心对 g 进行平均。进一步,我们可以通过在子区间重复该过程达到方差缩减的目的,其具体过程如下

    (a)令 $g(x) = x^4$ 。试利用 R 程序给出 I 的改进蒙特卡洛方法估计量 $\hat{I}$,并估计相应的方差。

    (b)利用对立抽样法重复(a)的结果,并计算相应的方差缩减率。

    (c)利用条件 $h(x) = h(1-x)$,证明

$$I = \int_0^{1/2} (g(x) + g(1-x))\mathrm{d}x$$

进一步,证明在该子区间 $(0,1/2)$ 上仍然可用以 $x = 1/4$ 为中心的函数平均被积函数,即证明

$$I = \int_0^{1/4} (g(x) + g(1-x) + g((1/2)-x) + g((1/2)+x))\mathrm{d}x$$

利用上述方法估计 I ,并给出相应的方差缩减率。

第 **21** 章

案例研究

21.1 引言

模拟方法在科学领域非常常见,因此要详细列举其应用的领域几乎是不可能 P.377
的。本章我们研究三类不同的例子,以说明前面所介绍的相关模拟技术。为了简明起见,我们这里给出部分应用模拟方法的科学领域:

- 旋转系统:研究相互作用大分子的点阵结构。
- 粒子材料学:研究当赋予微小颗粒一定质量时,粒子如何运动。
- 分子几何学:研究复杂分子的形状及其作用机制。
- 股票市场:研究如何评估金融工具,如债券等。
- 医疗健康:建模并寻找最优的治疗方案。
- 通信领域:研究如何设计出最优的通信网络。
- 碳模型:研究碳的分布及其以何种机制影响全球温度。
- 森林管理:研究何时何地以什么样的方式植树造林。

模拟技术是一门全新的科学研究领域。随着计算机计算能力的增加,数值模拟和优化技术变得越来越复杂,且应用领域越来越广泛。下面列出了一些本文中没有涉及的模拟仿真问题,有兴趣的读者可以进一步研究。

- 随机过程:模拟和研究系统随着时间改变的问题。也就是说,不同于独立样本,这里的随机变量是相依的。其中,离散事件模拟仿真是该领域一种非常重要的技术方法。
- 马尔可夫链-蒙特卡洛方法:一种源于现代贝叶斯统计学的模拟仿真技术。
- 随机最优化:利用随机过程方法研究函数的优化问题。相关的技术包括退火 P.378
法、遗传算法、交互熵法、蚁群算法等。
- 自助法:一种好的统计技术,研究如何利用重抽样方法从样本中提取信息。

- Meta 模型:研究如何利用简单而更加快速的模拟方法近似一个复杂而低效率的模拟过程。
- 最优模拟:研究在有限的时间内如何达到其渐近极限。

21.2 流行病案例

流行病学是一门研究疾病传播的科学,包括研究如何利用数学和统计方法模拟疾病传播过程。本节,我们考察相关模型,并利用模拟方法研究其传播行为。

21.2.1 SIR 模型

SIR 模型分别表示易感者(Susceptible)、感染者(Infected)和恢复者(Removed)。在该模型中,假设任何个体均是上述三种状态之一:如果个体并未感染某种疾病,称之为易感者;如果感染某种疾病,称之为感染者;如果感染过该疾病,且已恢复(现在具有免疫力)或者死亡的,称之为恢复者。在下面的描述中,我们分别用易感者、感染者和恢复者来区分个体的不同状态。同时,将时间表示成为离散数据形式。在每个时间点,每个感染者可以使易感者感染致病或者本身恢复或死亡。

令 $S(t),I(t)$ 和 $R(t)$ 分别表示在时刻 t 的易感者、感染者和恢复者数量。在任意时刻每个感染者以概率 α 使易感者染病(或者说每个感染者与所有的易感者有相同的接触机会,这里称之为**混合**假设)。在有机会感染其他人之后,每个感染者以概率 β 恢复或被移除。

假设初始条件

$$
\begin{aligned}
S(0) &= N; \\
I(0) &= 1; \\
R(0) &= 0.
\end{aligned}
$$

注意到总的个体数量是 $N+1$,即在所有的时刻 t,有 $S(t)+I(t)+R(t)=N+1$。

在每个时刻 t,易感者未被感染的概率是 $(1-\alpha)^{I(t)}$。

P.379　　进一步,假设感染者在变为易感者之后失去传染能力(失效),因而

$$S(t+1) \sim \mathrm{binom}(S(t),(1-\alpha)^{I(t)})$$

每个感染者以概率 β 恢复正常,即

$$R(t+1) \sim R(t)+\mathrm{binom}(I(t),\beta)$$

同时

$$I(t+1) = N+1-R(t+1)-S(t+1)$$

通过上述过程,一个 SIR 模型简单的模拟算法如下。

```
# program spuRs/resources/scripts/SIRsim.r

SIRsim <- function(a, b, N, T) {
  # Simulate an SIR epidemic
  # a is infection rate, b is removal rate
  # N initial susceptibles, 1 initial infected, simulation length T
  # returns a matrix size (T+1)*3 with columns S, I, R respectively
  S <- rep(0, T+1)
  I <- rep(0, T+1)
  R <- rep(0, T+1)
  S[1] <- N
  I[1] <- 1
  R[1] <- 0
  for (i in 1:T) {
    S[i+1] <- rbinom(1, S[i], (1 - a)^I[i])
    R[i+1] <- R[i] + rbinom(1, I[i], b)
    I[i+1] <- N + 1 - R[i+1] - S[i+1]
  }
  return(matrix(c(S, I, R), ncol = 3))
}
```

图 21.1 给出了当 $\alpha = 0.0005, \beta = 0.1, 0.2, 0.3, 0.4$ 时，$S(t), I(t)$ 和 $R(t)$ 的模拟结果。由图形可以发现，随着 β 的增加，传染病的数量减小。

为了考察当 α, β 取不同值时，模型有关可能行为的变化情况，图 21.2 给出了模拟的一些结果。可以发现，传染病数量既没有很快减小，也没有大幅增加。

考察参数 α, β 如何影响传染病的数量也是重要的。针对不同的 α, β 值，利用模拟方法可以得到 $\mathbb{E}\, S(T)$ 的不同估计。下面程序给出了当 $\alpha \in [0.0001, 0.001]$，$\beta \in [0.1, 0.5]$ 的 3D 模拟图，(读者可在 7.7 节查找有关 3D 画图信息)，其模拟结果见图 21.3。

```
# program spuRs/resources/scripts/SIR_grid.r
# discrete SIR epidemic model
#
# initial susceptible population N
# initial infected population 1
# infection probability a
# removal probability b
#
# estimates expected final population size for different values of
# the infection probability a and removal probability b
# we observe a change in behaviour about the line Na = b
```

P. 380

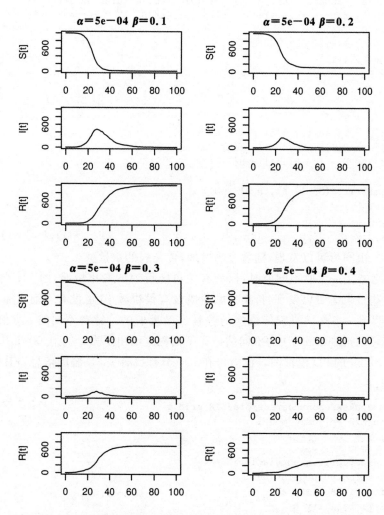

图 21.1　SIR 传染病模型模拟（ $\alpha = 0.0005, \beta = 0.1, 0.2, 0.3, 0.4$ ）

$\pmb{\alpha=5e-04\ \beta=0.3}$

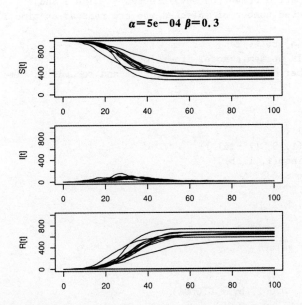

图 21.2　当 $\alpha = 0.0005, \beta = 0.3$ 时，SIR 传染病模型 20 次模拟结果

P.381
~382

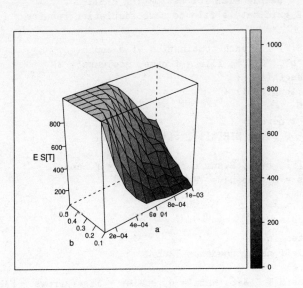

图 21.3　不同感染率 α 和恢复率 β 时，平均传染病数量

```
# (Na is the expected number of new infected at time 1 and
# b is the expected number of infected who are removed at time 1)

SIR <- function(a, b, N, T) {
  # simulates SIR epidemic model from time 0 to T
  # returns number of susceptibles, infected and removed at time T
  S <- N
  I <- 1
  R <- 0
  for (i in 1:T) {
    S <- rbinom(1, S, (1 - a)^I)
    R <- R + rbinom(1, I, b)
    I <- N + 1 - S - R
  }
  return(c(S, I, R))
}

# set parameter values
N <- 1000
T <- 100
a <- seq(0.0001, 0.001, by = 0.0001)
b <- seq(0.1, 0.5, by = 0.05)

n.reps <- 400 # sample size for estimating E S[T]
f.name <- "SIR_grid.dat" # file to save simulation results

# estimate E S[T] for each combination of a and b
write(c("a", "b", "S_T"), file = f.name, ncolumns = 3)
for (i in 1:length(a)) {
  for (j in 1:length(b)) {
    S.sum <- 0
    for (k in 1:n.reps) {
      S.sum <- S.sum + SIR(a[i], b[j], N, T)[1]
    }
    write(c(a[i], b[j], S.sum/n.reps), file = f.name,
      ncolumns = 3, append = TRUE)
  }
}

# plot estimates in 3D
g <- read.table(f.name, header = TRUE)
library(lattice)
print(wireframe(S_T ~ a*b, data = g, scales = list(arrows = FALSE),
                aspect = c(.5, 1), drape = TRUE,
                xlab = "a", ylab = "b", zlab = "E S[T]"))
```

可以观察到，疾病传播行为在 $N\alpha = \beta$ 时发生变化。这里，$N\alpha$ 表示在时刻 1
时新感染个体的期望数目，β 表示在时刻 1 时感染者恢复正常时的期望数目。当

$N\alpha > \beta$ 时,传染病规模变大,但是当 $N\alpha \leqslant \beta$ 时,传染病的数量急剧降低。

有关如何该变化的发生机制及更多信息,读者可参考分支过程模型的有关理论。

21.2.2　分支过程

在传播初期时,如果 $\mathbb{E}$(新感染者) $> \mathbb{E}$(新恢复者),则传染病有可能大规模爆发。对于一般的传染病疾病,由于个体的交叉影响,计算 $\mathbb{E}$(新感染者)是困难的: P.383

* 有限的总体量意味着个体从正常到感染是"互相竞争的";

* 空间因素限制了感染者和易感者之间的接触。

SIR 模型忽略了空间之间的相互作用,仅模拟总体有限时的情形。分支过程忽略了有限总体这一限制,是一个简单而有用的模型。因此,分支过程可被视为一种模拟传染病早期阶段的模型。

分支过程通常用来描述人口的出生和增长问题,而非疾病的感染。令 Z_n 表示第 n 代时的总体数量。在任一时间,每个个体生产一定数量的后代,用随机变量 X 表示,然后死亡(这里可以包括个体生产后不死亡的情况,但需要给随机变量 X 加 1)。令 $Z_0 = 1$,则

$$Z_{n+1} = X_{n,1} + \cdots + X_{n,Z_n}$$

这里,$X_{n,i}$ 表示第 i 个个体在第 n 代时的家族个体数量。显然,$X_{n,i}$ 与 X 独立,且服从相同分布。

如果仅仅考察感染情况,SIR 传染模型的第一步与分支过程第一步相同,即 $X_{0,1} = A + B$,这里,$A \sim \text{binom}(N, \alpha)$ 表示新感染者分布,$B \sim \text{binom}(1, 1-\beta)$ 等于 1 或 0 分别表示感染者恢复正常或没恢复的情况。注意到 $\mathbb{E} X = N\alpha + 1 - \beta$,传染病增长的条件 $N\alpha > \beta$ 等价于 $\mathbb{E} X > 1$。

下面给出一个分支过程模拟程序,它在传递输入变量数目到某个函数方面非常有用。

```
# Program spuRs/resources/scripts/bp.r
# branching process simulation

bp <- function(gen, rv.sim, ...) {
  # population of a branching process from generation 0 to gen
  # rv.sim(n, ...) simulates n rv's from the offspring distribution
  # Z[i] is population at generation i-1; Z[1] = 1
```

P.384

```
  Z <- rep(0, gen+1)
  Z[1] <- 1
  for (i in 1:gen) {
    if (Z[i] > 0) {
      Z[i+1] <- sum(rv.sim(Z[i], ...))
    }
  }
  return(Z)
}

bp.plot <- function(gen, rv.sim, ..., reps = 1, logplot = TRUE) {
  # simulates and plots the population of a branching process
  # from generation 0 to gen; rv.sim(n, ...) simulates n rv's
  # from the offspring distribution
  # the plot is repeated reps times
  # if logplot = TRUE then the population is plotted on a log scale
  # Z[i,j] is population at generation j-1 in the i-th repeat
  Z <- matrix(0, nrow = reps, ncol = gen+1)
  for (i in 1:reps) {
    Z[i,] <- bp(gen, rv.sim, ...)
  }
  if (logplot) {
    Z <- log(Z)
  }
  plot(c(0, gen), c(0, max(Z)), type = "n", xlab = "generation",
    ylab = if (logplot) "log population" else "population")
  for (i in 1:reps) {
    lines(0:gen, Z[i,])
  }
  return(invisible(Z))
}
```

图 21.4 给出当 $X \sim \text{binom}(2, 0.6)$ 时,一些例子的输出结果。这里,给出了 20 次由初始状态传递到第 20 代的模拟。结果显示,其中有一半的总体死亡,同时另一半总体成倍增长。该例使用的相关命令为 **bp.plot(20, rbinom, 2, 0.6, 20, logplot = F)**。

子代的分布 X 与增长过程之间存在什么关系呢?为了考察这个问题,固定 T,使用模拟方法对不同的 X 估计 $\log \mathbb{E} Z_T$ 的值,并相对于 $\mu = \mathbb{E} X$ 给出图形。下面给出当 $T = 50$,$X \sim \text{binom}(2, p)$,$p \in [0.3, 0.6]$ 时的程序,其输出结果如图 21.5 所示。需要注意的是,在该图中,点 $\log(0)(= -\infty)$ 并未标示。

binomial(2, 0.6) offspring distribution, 20 reps

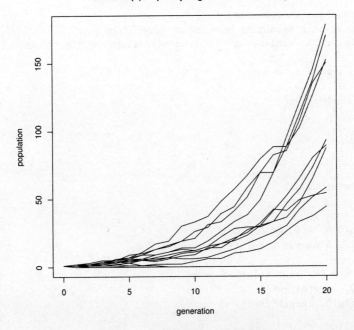

图 21.4 分支过程的一些关系图

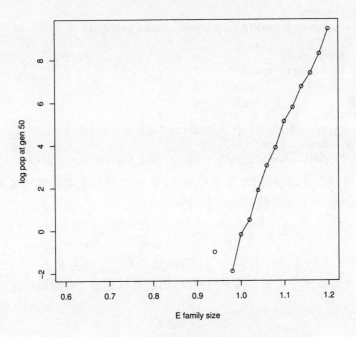

图 21.5 时刻 T 的期望总体数量

```
# program spuRs/resources/scripts/bp_grid.r

bp.sim <- function(gen, rv.sim, ...) {
  # population of a branching process at generation gen
  # rv.sim(n, ...) simulates n rv's from the offspring distribution
  Z <- 1
  for (i in 1:gen) {
    if (Z > 0) {
      Z <- sum(rv.sim(Z, ...))
    }
  }
  return(Z)
}

# set parameter values
gen <- 50
size <- 2
prob <- seq(0.3, 0.6, by = 0.01)
n.reps <- 100 # sample size for estimating E Z

# estimate E Z for each value of prob
mu <- rep(0, length(prob))
Z.mean <- rep(0, length(prob))

for (i in 1:length(prob)) {
  Z.sum <- 0
  for (k in 1:n.reps) {
    Z.sum <- Z.sum + bp.sim(gen, rbinom, size, prob[i])
  }
  mu[i] <- size*prob[i]
  Z.mean[i] <- Z.sum/n.reps
}

# plot estimates
# note that values of log(0) (= -infinity) are not plotted
plot(mu, log(Z.mean), type = "o",
     xlab = "E family size", ylab = paste("log pop at gen", gen))
```

P.385

P.386　　由图形可以明显地观察到,在 $\mathbb{E}\,X$ 和 $\log\mathbb{E}\,Z_T$ 之间存在某种线性关系,且横坐标截距为 1。即,对某个常数 $c = c(T)$,我们有

$$\log\mathbb{E}\,Z_T \quad\approx\quad c(\mathbb{E}\,X - 1)$$

$$\mathbb{E}\,Z_T \quad\approx\quad e^{c(\mathbb{E}\,X-1)}$$

于是,当 $\mathbb{E}\,X > 1$ 时有 $\mathbb{E}\,Z_T > 1$,同时当 $\mathbb{E}\,X < 1$ 时有 $\mathbb{E}\,Z_T < 1$。

P.387　　由于分支过程是一个相对简单的模型,因而可以给出一些精确结论。特别地,可以证明

$$\mathbb{E}\,Z_n = (\mathbb{E}\,X)^n \qquad\qquad (21.1)$$

所以,当 $\mathbb{E}\,X > 1$ 时,该过程以指数形式增长;当 $\mathbb{E}\,X < 1$ 时,该过程以指数形式消

亡。这与前面的 SIR 模型结论是一致的。

后面给出一个习题,利用模拟方法检验(21.1)式成立。

21.2.3　森林火灾模型

森林火灾模型的特点表现为其对空间相互作用的模拟。类似 SIR 模型,假设模型总体由易感者(未燃烧)、感染者(燃烧)和移除个体(熄灭)组成。两者的区别在于森林火灾模型中个体放置在一个网格中,感染者只能感染与其相邻的易感个体。定义点 (x,y) 的 8 个邻点分别为 $(x-1,y-1),(x-1,y),(x-1,y+1),(x,y-1),(x,y+1),(x+1,y-1),(x+1,y),(x+1,y+1)$。

下面利用离散化步骤逐步建立模型。在每一步中,每个感染个体以概率 α 感染与其相邻的易感个体。令 x 表示与一个易感个体相邻的感染者总数,则该易感个体以概率 $(1-\alpha)^x$ 保持未被感染。在感染其他个体后,每个感染者以概率 β 被移除。

假设森林火灾限制在一个 $N \times N$ 的网格中,令 X_t 表示在时刻 t 时的一个 $N \times N$ 矩阵,且令

$$X_t(i,j) = \begin{cases} 2 & \text{个体在点}(i,j)\text{为易感者;} \\ 1 & \text{个体在点}(i,j)\text{为感染者;} \\ 0 & \text{个体在点}(i,j)\text{被移除.} \end{cases}$$

下面给出模拟森林火灾模型的模拟程序,图 21.6 给出了一个输出结果。仔细

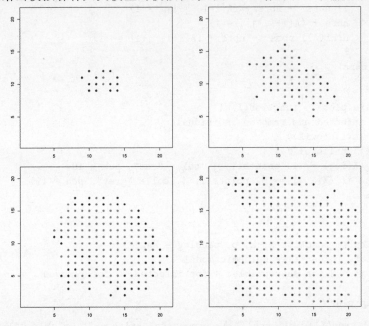

图 21.6　在时刻 5,10,15 和 20 时,模拟森林火灾传播。其中,深灰色和浅灰色分别表示感染者和移除个体。这里,$\alpha = 0.2, \beta = 0.4$,且假设在开始时在网格中心存在一个单一的着火点

观察该图形可以发现，存在一个阈值，在该阈值以下，森林火灾发生的概率很小，但在该阈值以上，火灾有可能变得很大。同时，该模型存在新感染者出现频率和感染者被移除频率之间的平衡问题。

```
# program: spuRs/resources/scripts/forest_fire.r
# forest fire simulation
rm(list = ls())

neighbours <- function(A, i, j) {
  # calculate number of neighbours of A[i,j] that are infected
  # we have to check for the edge of the grid
  nbrs <- 0
  # sum across row i - 1
  if (i > 1) {
    if (j > 1) nbrs <- nbrs + (A[i-1, j-1] == 1)
    nbrs <- nbrs + (A[i-1, j] == 1)
    if (j < ncol(A)) nbrs <- nbrs + (A[i-1, j+1] == 1)
  }
  # sum across row i
  if (j > 1) nbrs <- nbrs + (A[i, j-1] == 1)
  nbrs <- nbrs + (A[i, j] == 1)
  if (j < ncol(A)) nbrs <- nbrs + (A[i, j+1] == 1)
  # sum across row i + 1
  if (i < nrow(A)) {
    if (j > 1) nbrs <- nbrs + (A[i+1, j-1] == 1)
    nbrs <- nbrs + (A[i+1, j] == 1)
    if (j < ncol(A)) nbrs <- nbrs + (A[i+1, j+1] == 1)
  }
  return(nbrs)
}

forest.fire.plot <- function(X) {
  # plot infected and removed individuals
  for (i in 1:nrow(X)) {
    for (j in 1:ncol(X)) {
      if (X[i,j] == 1) points(i, j, col = "red", pch = 19)
      else if (X[i,j] == 0) points(i, j, col = "grey", pch = 19)
    }
  }
}

forest.fire <- function(X, a, b, pausing = FALSE) {
  # simulate forest fire epidemic model
  # X[i, j] = 2 for susceptible; 1 for infected; 0 for removed

  # set up plot

  plot(c(1,nrow(X)), c(1,ncol(X)), type = "n", xlab = "", ylab = "")
  forest.fire.plot(X)
```

P.388

```
# main loop
burning <- TRUE
while (burning) {
  burning <- FALSE
  # check if pausing between updates
  if (pausing) {
    input <- readline("hit any key to continue")
  }

  # update
  B <- X
  for (i in 1:nrow(X)) {
    for (j in 1:ncol(X)) {
      if (X[i, j] == 2) {
        if (runif(1) > (1 - a)^neighbours(X, i, j)) {
          B[i, j] <- 1
        }
      } else if (X[i, j] == 1) {
        burning <- TRUE
        if (runif(1) < b) {
          B[i, j] <- 0
        }
      }
    }
  }
  X <- B

  # plot
  forest.fire.plot(X)
}

  return(X)
}

# spark
set.seed(3)
X <- matrix(2, 21, 21)
X[11, 11] <- 1
# big fires
#X <- forest.fire(X, .1, .2, TRUE)
X <- forest.fire(X, .2, .4, TRUE)
# medium fires
#X <- forest.fire(X, .07, .2, TRUE)
#X <- forest.fire(X, .1, .4, TRUE)
# small fires
#X <- forest.fire(X, .05, .2, TRUE)
#X <- forest.fire(X, .07, .4, TRUE)
```

P.389

显然,随着 α 的增加或者 β 的减小,森林发生大火灾的概率将大大增加。类似 SIR 模型和分支过程模型,这里存在一个阈值,在此阈值之上,大火灾的出现几率将大大增加。比如,假设火灾是沿着一个直线方向燃烧,那么每一个未燃烧树木(易感者)都与三个燃烧的树木(感染者)相邻,则该树木着火的可能性为 $1-(1-\alpha)^3$。因此,考虑到燃烧树木以概率 β 被移除,我们可以作这样推测,如果 $1-(1-\alpha)^3 > \beta$,则火势将会变大。

P.390　　然而,这样的推测低估了大型火灾发生的可能性。原因在于火灾的传播方向并不是沿直线进行的,不规则的火灾传播方向比直线火灾传播速度要快得多。即使火灾传播路线开始沿直线前进也很快会扭曲,这一点可以由模拟中的初始条件看出。

```
X <- matrix(2, 21, 21)
X[21,] <- 1
```

21.3　库存问题

　　为在市场竞争中及时满足市场需求,企业自身需保持一定的产品库存储备。库存理论的目标就是在相关的政策和规则基础上,研究如何以最低成本运行一个库存系统,并同时满足消费者的需求。下面给出一些与库存系统有关的费用指标。

P.391　1. **订购和准备成本**:该项包括文件准备和订购相关的成本,同时也可能包括前期需要支付的运输等费用。如果是企业内部生产的产品,还可能包括启动和关闭生产系统中设备所产生的费用。其中,**交货期**是指订货命令发出到货物运抵之间的时间。

2. **采购成本**:若产品是从外部购买,则成本包括相关的运输费用,及产品本身的费用;如果产品是企业内部自身生产的,则成本包括由原材料和劳动力产生的相关费用。

3. **储存成本**:该项目包括在一个时期内储存一单位库存所需要的费用。如果储存时间为一年,则指年储存费用。该成本包括场地租金、安全费用以及由腐败和通货膨胀所带来的相关损失。

4. **缺货成本**:当需求不能及时满足,缺货时常发生。该情况存在以下两种可能:
　　(a)消费者接受延迟交货,这被称之为**积压需求**;
　　(b)消费者拒绝延迟交货,这被称之为**销售损失**。

　　在第 2 种情形下缺货成本是主要的损失。在第 1 种情况下,缺货成本还包括逾期交货所需的滞纳金。在这两种情况下,缺货成本也包括由于缺货引起的未来的销售损失。

21.3.1　连续检验库存模型

　　该模型包括下面的基本假设:

1. 库存处于连续检验之下,即当销售发生时销售量都被记录下来,因而在任何时间 t ,库存水平 $I(t)$ 已知。

2. 需求量服从泊松分布,且年需求量比率为 $D/$ 年 。

3. 交货时间 L 为已知常数。

4. 订货成本为 K ,且每单位价格为 p 元。

5. 单位储存成本为每年 h 元。

6. 缺货情形下产生销售损失,且缺货成本为每单位 s 元。

我们称库存方案(或订货方案)为 (q,r) 策略。即库存水平为 r (订货时刻)时,再存储 q 个货物,且这些货物在订单下达后 L 交货时间后到达。我们的目标是选择合适的 q 和 r 使得成本最小。

在等待交货的 L 时间期间,市场期望需求量为 LD 。因此,如果再次订货,当 $I(t) = r$ 时,则期望最小库存水平为 $m = r - LD$ 。这里,m 称为**安全库存量**。我们假设 $m \geqslant 0$,则 $r \geqslant LD$,且 $q \geqslant r$ 。

我们希望估计库存系统单位时间内的期望成本 $c(q,r)$ (即年总体成本),进而选择 P.392
合适的 q,r 使之最小化。但是,这里需要格外小心"单位时间内成本",因为随着库存水平的改变,成本相应也会改变。该模型同时还需要考虑系统运行的周期问题。一个周期是指当库存水平为 r 时,一次订购行为到下一次订购之间的时间。事实上,这些周期是**相互独立的**。[①] 令 C 表示运行成本,T 表示一个单独周期的时间长度,定义

$$c(q,r) = \mathbb{E}\left(\frac{C}{T}\right) \approx \frac{\mathbb{E}\,C}{\mathbb{E}\,T}$$

图 21.7 给出了一个单独周期内的期望库存水平。这里,期望需求量是每年 D 单位。$\mathbb{E}\,I(t)$ 的图形在 r 到 m 之间以斜率 $-D$ 递减,然后跳跃至 $q + m$ 点,再以同样的斜率递减。显然,有 $\mathbb{E}\,T = q/D$ 。

为了估计 $\mathbb{E}\,C$,这里将成本分为四部分——储存成本、订购成本、购买成本和缺货成本,并逐个讨论之。

1. 令 $I(0) = r$ 。因为 $m = r - LD$,则一个周期内的期望储存成本为 P.393

$$
\begin{aligned}
\mathbb{E}\int_0^T hI(t)\,\mathrm{d}t &\approx h\int_0^{q/D} EI(t)\,\mathrm{d}t \\
&= h\int_0^{q/D} (m + Dt)\,\mathrm{d}t \\
&= h\left(\frac{q^2}{2D} + \frac{(r - LD)q}{D}\right)
\end{aligned}
$$

因此,可以利用 $\mathbb{E}\,T$ 来近似估计 T 。

---

① 这里给出库存系统的例子本质上是**更新过程**的例子,调整后时刻称为**更新时间**。

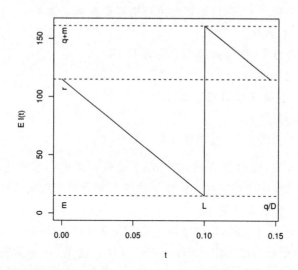

图 21.7 (q,r) 策略下, 单个周期时间内的期望库存水平

2. 每个周期内订货成本为 K 。

3. 每周期内购买成本为 pq 。

4. 为计算缺货成本, 可利用结论: 交货时间服从泊松分布 Poisson(DL) 。为简化结论, 可用一个连续概率密度函数 $f(x)$ 来近似交货时间内的需求量。进而, 交货时间内的期望缺货量为

$$n(r) = \int_r^\infty (x - r) f(x) \mathrm{d}x$$

则期望缺货成本为 $sn(r)$ 。

综上所述, 在 (q,r) 策略下, 单位时间内的期望成本 (近似量) 为

$$c(q,r) = h\left(r - LD + \frac{q}{2}\right) + \frac{KD}{q} + pD + \frac{sDn(r)}{q}$$

定理　一个最小化 $c(q,r)$ 的必要条件是 q,r 满足方程

$$q = \sqrt{\frac{2D(K + sn(r))}{h}}, \text{ 且 } 1 - F(r) = \frac{qh}{sD} \tag{21.2}$$

其中 $F(r) = \int_0^r f(x) \mathrm{d}x$ 。

证明。我们注意到

$$\frac{\partial c(q,r)}{\partial q} = \frac{h}{2} - \frac{KD}{q^2} - \frac{sDn(r)}{q^2}$$

且

$$\frac{\partial c(q,r)}{\partial r} = h + \frac{sDn'(r)}{q}$$

这里，

$$n'(r) = \frac{\mathrm{d}}{\mathrm{d}r}\left(\int_r^\infty xf(x)\mathrm{d}x - r\int_r^\infty f(x)\mathrm{d}x\right) = -rf(x) - \int_r^\infty f(x)\mathrm{d}x + rf(r) = F(r) - 1$$

上述结论可通过令 $\partial c(q,r)/\partial q = \partial c(q,r)/\partial r = 0$ 直接得到。

服务率 α 是指在任一周期内没有售完库存的概率，这里用 $F(r)$ 表示。实践 P.394 中，不同于求解最优的 q,r，人们往往提前根据客户要求指定一个服务率。一般地，令 $\alpha = 0.95$ 或 0.99。在给定 α,r 之后，期望成本变成了 q 的函数，进而可以利用通常的方法获得最小成本。因为

$$c(q) = h\left(r - LD + \frac{q}{2}\right) + \frac{KD}{q} + pD + \frac{sDn(r)}{q}$$

则最优的 q 为

$$q^* = \sqrt{\frac{2D(K + sn(r))}{h}} \approx \sqrt{\frac{2DK}{h}}$$

注意到当 α 接近 1 时，$n(r)$ 的值很小。上式最后一项在库存模型文献中被称为**经济订购量**（Economic Order Quantity，EOQ）。

比如，令每年 $D = 1000$ 单位，$L = 0.1$ 年，$K = 1000$，$p = 100$，每年 $h = 100$ 单位，$s = 200$。令 X 表示订货时间内的需求量，则 $X \sim \mathrm{pois}(100) \approx N(100, 100)$。利用正态逼近方法有

$$f(x) = \frac{1}{\sqrt{200\pi}}\exp(-(x - 100)^2/200)$$

给定服务水平 $\alpha = 0.95$，则 r 满足 $\mathbb{P}(X \leqslant r) = 0.95$。为计算等式左边的项，可利用辛普森方法进行数值积分，再利用牛顿-辛普森算法求解等式。令

$$F(x) = \int_{-\infty}^x f(u)\mathrm{d}u = 0.5 + \int_{100}^x f(u)\mathrm{d}u$$

```
> rm(list = ls())
> source("../scripts/simpson.r")
> f <- function(x) exp(-(x - 100)^2/200)/sqrt(200 * pi)
> F <- function(x) {
+     if (x > 100)
+         return(0.5 + simpson(f, 100, x))
+     else if (x < 100)
+         return(0.5 - simpson(f, x, 100))
+     else return(0.5)
+ }
> source("../scripts/newtonraphson.r")
> g <- function(r) c(F(r) - 0.95, f(r))
> r <- newtonraphson(g, 100)

At iteration 1 value of x is: 111.2798
At iteration 2 value of x is: 115.0524
At iteration 3 value of x is: 116.3077
```

```
At iteration 4 value of x is: 116.4469
At iteration 5 value of x is: 116.4485
At iteration 6 value of x is: 116.4485
Algorithm converged
```

取与 r 最接近的整数值 $r = 116$。利用 EOQ 近似 q 得 $q = \sqrt{2KD/h} = 141$（最接近的整数值）。

为考察上述 q,r 是否给出比较好的结果，我们求解（21.2）式，且比较两者的差异。

令 A 为任何 2×2 非退化奇异矩阵，则最优 $(q,r)^{\mathrm{T}}$ 是下面方程的一个固定点

$$G\begin{pmatrix} q \\ r \end{pmatrix} = A\begin{pmatrix} q^2 h - 2D(K + sn(r)) \\ (1 - F(r))sD - qh \end{pmatrix} + \begin{pmatrix} q \\ r \end{pmatrix}$$

如果能够选择合适的 A 使得 G 是可压缩的，则可通过迭代算法找到该点。这里，G 可压缩是指存在 $\delta \in (0,1)$，使得对于任意向量 x, y，$\| G(x) - G(y) \| \leqslant \delta \| x - y \|$。在上面的例子中，令 $x_n = G(x_{n-1})$，则

$$\begin{aligned} \| x_{n+1} - x_n \| &= \| G(x_n) - G(x_{n-1}) \| \\ &\leqslant \delta \| x_n - x_{n-1} \| \\ &\leqslant \delta^n \| x_1 - x_0 \| \to 0(n \to \infty) \end{aligned}$$

进一步，对任意 k 有 $\| x_{n+k} - x_n \| \leqslant \delta^n \| x_1 - x_0 \| /(1 - \delta)$。即 x_n 收敛到某 x_*。（柯西收敛）。因为 G 为连续函数，所以

$$x_* = \lim_{n \to \infty} x_{n+1} = \lim_{n \to \infty} G(x_n) = G(\lim_{n \to \infty} x_n) = G(x_*)$$

即 x_* 是 G 的一个固定点。

为计算 G，需要知道 $n(r) = \int_r^{\infty} (x - r)f(x)\mathrm{d}x$。利用变量替换 $y = (x - 100)^2/2$，重新把 n 记为

$$n(r) = \sqrt{50/\pi}\exp(-(r - 100)^2/200) - (r - 100)(1 - F(r))$$

上面变换的优点在于避免了无限区间上的积分。

在允许的误差下，可获得 A 的结果如下

$$\begin{pmatrix} -1/50\,000 & 0 \\ 0 & 1/50\,000 \end{pmatrix}$$

以 $(141,116)^{\mathrm{T}}$ 作为迭代算法的初始点，G 可收敛到一个固定点：

```
> n <- function(r) {
+   return(sqrt(50/pi)*exp(-(r - 100)^2/200) - (r - 100)*(1 - F(r)))
+ }
```

P. 396

```
> G <- function(x) {
+   q <- x[1]
+   r <- x[2]
+   A <- matrix(c(-1, 0, 0, 1), 2, 2)/50000
+   return( A %*% c(100*q^2 - 2000*(1000 + 200*n(r)),
+                   (1 - F(r))*200000 - 100*q) + c(q, r) )
+ }
> tol <- 1e-3
> x <- c(141, 116)
> x.diff <- 1
> while (x.diff > tol) {
+   x.old <- x
+   x <- G(x)
+   x.diff <- sum(abs(x - x.old))
+ }
> x

          [,1]
[1,] 145.9390
[2,] 114.5481
```

取最近的整数,可得 $q = 146, r = 115$。比较给出的两个结果。可以发现,当 $r = 115$ 时服务水平为 $F(r) = 0.933$(精确到 3 位有效数字),稍低于给定水平 0.95。相应年度成本分别为

$$c(141, 116) = 116\ 071.9, \quad c(146, 115) = 116\ 050.8$$

因而,在这个例子中,EOQ 给出了一个最优 q 值的合理近似。

21.3.2　模拟库存水平

由前面章节可知,单位时间成本 $c(q, r)$ 满足以下简单的假设。特别地,这里假设

$$\mathbb{E}\left(\frac{C}{T}\right) \approx \frac{\mathbb{E}\,C}{\mathbb{E}\,T}$$

和

$$\mathbb{E}\int_0^T hI(t)\,\mathrm{d}t \approx h\int_0^{q/D} \mathbb{E}\,I(t)\,\mathrm{d}t$$

同时,我们还假设在收货时间内需求量可以用连续分布近似。

为考察这些假设如何影响 $c(q, r)$,我们用**离散事件模拟**方法给出一个独立的估计。

令 $I(t)$ 表示时刻 t 的库存水平,$c(t)$ 表示时刻 t 的累积成本。三元组 $(t, I(t), c(t))$ 描述系统的状态。当新的事件发生时,可利用离散事件方法更新系统 P. 397

状态。在我们讨论的这个例子中,相关的事件为**购买**和**新库存**行为的到达。

假设前一事件的系统状态为 $(u, I(u), c(u))$,且 u 时刻后的 v 时刻,相应的系统状态是 $(v, I(v), c(v))$。

如果新事件是一次购买行为,则 $I(v) = \max\{I(u) - 1, 0\}$。更新成本如下:

- 在区间 $(u, v]$ 内,储存成本增加了 $hI(u)(v - u)$;
- 如果 $I(u) = 0$,则会产生 s 单位的缺货成本;
- 如果 $I(v) = r$,则会产生 $K + qp$ 单位的再订购成本。

如果新事件是发生一次新储存,则 $I(v) = I(u) + q, c(v) = c(u) + I(u)(v - u)$。

按照上述的方式,通过增加或移除出现的状态来更新下一时刻系统的状态。在这个例子中,如果在时刻 v 是购买行为,则在时刻 $v + A$ 也产生一次购买行为,其中 $A \sim \exp(D)$。即 A 表示比率为 D 的泊松分布的到达时间间隔。进一步,如果库存水平降为 r,我们在时刻 $v + L$ 产生一个新的库存到达行为,但是新的库存不引发任何新的事件。(由假设 $q > r$ 可知,这时没有必要订购新的库存。)

一旦定义了事件更新系统状态的规则,相关的模拟可表示为如下简单形式(伪代码):

```
initialise state and event list
while (stopping condition not met) {
  get next event
  if event type = a
    update state and event list
  else if event type = b
    update state and event list
  else ...
}
```

事件组 我们用列的形式 **list** 在 R 程序中实现事件组。每个元素本身是一个包含 **type** 和 **time** 的列,同时假设事件组的元素是根据它们的时间因素安排的。

P.398 给定结构,为了获得下一事件,这里需要给出事件组的第一个元素:

```
current.event <- event.list[[1]]
event.list <- event.list[-1]
```

将新的事件插入事件组需要做很多的工作,因为我们需要重新排序。下面给出一个相关的程序代码:

```
add_event <- function(event.list, new.event) {
  # add new.event to event.list
  N <- length(event.list)
  if (N == 0) return(list(new.event))
  # find position n of new.event
  n <- 1
  while ((n <= N) && (new.event$time > event.list[[n]]$time)) {
    n <- n + 1
  }
  # add new.event to event.list
  if (n == 1) {
    event.list <- c(list(new.event), event.list)
  } else if (n == N + 1) {
    event.list <- c(event.list, list(new.event))
  } else {
    event.list <- c(event.list[1:(n-1)], list(new.event), event.list[n:N])
  }
  return(event.list)
}
```

在我们的例子中,事件组只包括下次购买事件和下次库存到达事件。

下面给出库存系统一个单独周期的模拟程序,为此令 $I(0) = r, c(0) = 0$,且运行程序直至 $I(t) = r$。

```
# program: spuRs/resources/scripts/inventory_sim.r

rm(list=ls())
set.seed(1939)
source("../scripts/add_event.r")

# inputs
# system parameters
D <- 1000
L <- 0.1
K <- 1000
p <- 100
h <- 100
s <- 200
# control parameters
q <- 146
r <- 115
# initialise system and event list
n <- 0  # number of events so far
t <- 0  # time
stock <- r
costs <- 0
event.list <- list(list(type = "purchase", time = rexp(1, rate = D)))
event.list <- add_event(event.list, list(type = "new stock", time = L))
# initialise stopping condition
```

P.399

```
time.to.stop <- FALSE
# simulation
while (!time.to.stop) {
  # get next event
  current.event <- event.list[[1]]
  event.list <- event.list[-1]
  n <- n + 1
  # update state and event list according to type of current event

if (current.event$type == "purchase") {
  # update system state
  t[n+1] <- current.event$time
  if (stock[n] > 0) {  # reduce inventory, update holding costs
    costs[n+1] <- costs[n] + h*stock[n]*(t[n+1] - t[n])
    stock[n+1] <- stock[n] - 1
  } else {                # lost sale
    costs[n+1] <- costs[n] + s
    stock[n+1] <- stock[n]
  }

    # generate next purchase
    new.event <- list(type = "purchase", time = t[n+1] + rexp(1, rate = D))
    event.list <- add_event(event.list, new.event)
    # check for end of cycle
    if (stock[n+1] == r) {
      # order more stock
      new.event <- list(type = "new stock", time = t[n+1] + L)
      event.list <- add_event(event.list, new.event)
      costs[n+1] <- costs[n+1] + K + q*p
    }
  } else if (current.event$type == "new stock") {
    # update system state
    t[n+1] <- current.event$time
    costs[n+1] <- costs[n] + h*stock[n]*(t[n+1] - t[n])
    stock[n+1] <- stock[n] + q
  }
  # check stopping condition
  if (stock[n+1] == r) time.to.stop <- TRUE
}
```

　　我们画出一个周期内的库存水平图,并与 21.3.1 节中所给出的期望库存水平进行了比较。

P.400

```
plot(t, stock, type = "s", ylim=c(0, max(stock)))
lines(c(0, L, L, q/D), c(r, r-L*D, q+r-L*D, r), lty=2, col="red")
```

　　图 21.8 给出库存水平的模拟结果。从图上可以看出,模拟库存水平与期望水平基本相似。

　　为估计 $c(q,r)$,需要模拟几个周期库存系统的变化情况。程序 **inventory_**

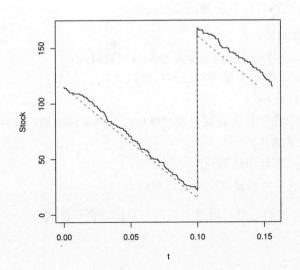

图 21.8　连续检验库存模型的模拟和期望库存水平

sim.r 更新了每个事件的状态向量 t,库存 **stock** 和成本 **costs**,从而完整地记录了整个过程。但当周期增多时,需要很长的时间运行程序。为了估计 $c(q,r)$,我们改变程序,使其只保留现在的系统状态。同时,我们改变停止条件,使程序停止在需要的周期上。最后,对每个周期记录 C/T 的值。读者可通过路径 **resources/scripts** 查阅 **spuRs** 包的 **inventory2_sim.r** 从中获得变化后的程序。

　　模拟 1000 个周期,我们获得 $\hat{c}(q,r) = 116\,338.3$,且它的一个 95% 置信区间为 $(115\,826.9, 116\,849.8)$。可以发现,21.3.1 节给出的近似结果 $116\,050.8$ 也在该置信区间内。

21.3.3　两阶段库存系统

　　由前可以看到,对连续检验系统指标 $c(q,r)$ 的近似获得了良好的效果。然而,类似的方法在处理复杂系统时变得非常困难,下面我们对相关模拟进行更详尽的说明。

　　考虑一个具有零售和储藏功能的库存系统。零售部门在销售物品的同时,保 P.401
持少量的库存,且经常性的从储藏仓库更新货物。储藏仓库为零售提供货物,且保持大量的库存,同时通过订货保持库存。假设从储藏仓库到零售部门的送货时间非常短,而从外订货至储藏仓库的送货时间相对较长。类似的库存系统存在于零售缺货时成本昂贵,但是储藏缺货时损失较低的情形。

　　实际中,一个储藏仓库经常服务于几个零售部门,这里我们将其限制在一个简单的情形下。

这里给出描述两阶段系统的相关参数如下：

- D 表示零售需求量；
- L_1, L_2 分别表示对零售部门和储藏仓库的交货时间；
- K_1, K_2 分别表示零售和储藏仓库的订货时间；
- P 表示零售单位成本；
- h_1, h_2 分别表示在零售和储藏仓库时单位时间内单位货物的储存成本；
- s 表示零售缺货成本；
- q_1, q_2 分别表示零售和储藏仓库的订货量；
- r_1, r_2 分别表示零售和储藏仓库再订购的点。

利用离散事件模拟，可以通过下面的变量描述该系统状态

- 时间 t；
- 零售部门库存 I_1；
- 储藏仓库库存 I_2；
- 累积成本 c；

同时，系统有如下状态

- 在零售部门购买货物；
- 在零售部门库存交货；
- 在储藏仓库库存交货。

对于两阶段系统，还存在一些更复杂的情形。有时可能出现这样的情况，当零售部门向仓库订货时，仓库没有库存。该情形不能看作是销售损失，且订货要求只能累积起来直至仓库有新的库存为止。为处理这种情况，需对这种积累起来的订货要求给出一个新的事件

- 积累订购

当仓库不能完成订货要求时，即在未来时间 b 内出现我们所说的积累订购情形。也就是说，我们需要等待 b 时间，然后再次尝试订货。

伪代码　这里我们利用伪代码给出两阶段库存系统的模拟，而省略了该系统状态模拟的完整程序。感兴趣的读者可以在 **spuRs** 包中的 **inventory_2stage_sim.r** 中找到程序，图 21.9 给出一个利用不同参数值得到的模拟结果。

虽然周期性使得两阶段库存系统显得更为复杂，但它本质是一种更新过程。观察到当储藏仓库库存水平到达再订购点 r_2 时，也是零售库存水平到达 r_1 的时刻，原因在于储藏仓库出货是由于零售仓库再次订货导致的。此时，有如下即将发生的事件：在交货时间 L_1 后零售部门收到新的库存；交货时间 L_2 后储藏仓库收到

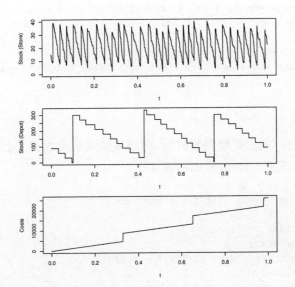

图 21.9　一个两阶段库存系统模拟,分别给出零售和储藏库存水平及累积成本

新的库存;下次购买发生时间服从参数为 D 的指数分布;不存在积累订购情形。进而,库存水平 I_1, I_2 在 r_1, r_2 点获得更新,开始了新一轮独立的周期。

对该例子中,在给出更新结构的基础上,我们在给定的时间 T 内对库存系统进行模拟,而不是模拟该系统的几个周期。其基本程序如下:

P.403

```
# initialise state variables
t <- 0
I1 <- r1
I2 <- r2
c <- 0
# initialise event list
create empty event list
add stock_arrival_at_store event at time L1
add stock_arrival_at_depot event at time L2
add purchase event at time X ~ exp(D)
# run the simulation
while (t < T) {
  t.old <- t
  get next event from event list
  if (next event is a purchase) {
    # update state and event list for a purchase
    ...
  } else if (next event is a stock_arrival_at_store) {
    # update state and event list for a stock_arrival_at_store
    ...
```

```
  } else if (next event is a stock_arrival_at_depot) {
    # update state and event list for a stock_arrival_at_depot
    ...
  } else { # next event is a backlogged_order
    # update state and event list for a backlogged_order
    ...
  }
}
```

对于每个事件,我们需要调整时间,将积累储藏成本加到 c 上。同时,根据事件调整其他状态变量。首先,考虑购买事件:

```
# update state and event list for a purchase
# update time
t <- new event time
# update holding costs
c <- c + h1*I1*(t - t.old) + h2*I2*(t - t.old)
# update stock level
if (I1 > 0) {
  I1 <- I1 - 1
} else {
  # incur shortfall cost
  c <- c + s
}

# check store reorder level
if (I1 == r1) {
  # order from depot
  ...
}
# schedule next purchase
add purchase event at time t + X where X ~ exp(D)
```

P.404 由于订购行为会直接影响储藏仓库库存水平,因此需要仔细检查再订购时间。同时,如果储藏仓库没有足够库存满足订货需求,我们需要给出积累订购情形。这里,假设储藏仓库的库存水平总是 q_1,其优点在于再订购时间发生在 $I_2 = r_2$ 已知,而非 $I_2 \leqslant r_2$。当再订购发生在时间 $I_2 \leqslant r_2$ 时,在等待第一次送货时间内,我们还可以做出若干次其他订货命令。(处理该情形的一般方法是在描述该状态时增加一个逻辑变量,通过该变量来指示零售部门是否等待第一次送货到达。)

```
# order from depot
if (I2 >= q1) {
  # depot can fill order
  I2 <- I2 - q1
  c <- c + K1
  add stock_arrival_at_store event at time t + L1
```

```
# check depot reorder level
if (I2 == r2) {
  # order from supplier
  c <- c + K2 + q2*p
  add stock_arrival_at_depot event at time t + L2
}
} else {
# depot cannot fill order
add backlogged_order event at time t + d
}
```

当积累订购事件发生时,需要更新状态,然后对储藏仓库再次发出订购要求。

```
# update state and event list for a backlogged_order
# update time
t <- new event time
# update holding costs
c <- c + h1*I1*(t - t.old) + h2*I2*(t - t.old)
# order from depot
...
```

下面直接给出货物到达事件的模拟。

```
# update state and event list for a stock_arrival_at_store
# update time
t <- new event time
# update holding costs
c <- c + h1*I1*(t - t.old) + h2*I2*(t - t.old)
# update stock
I1 <- I1 + q1
# update state and event list for a stock_arrival_at_depot
# update time
t <- new event time
# update holding costs
c <- c + h1*I1*(t - t.old) + h2*I2*(t - t.old)
# update stock
I2 <- I2 + q2
```

P.405

　　将上述代码综合在 起,即可得到完整程序。我们把这种将一个问题分成若干个小问题的做法称之为自顶向下编程,它是一种用于处理大问题的重要方法。在上面的例子中,基于发生事件的观点给出了解决问题的方法。当然,实际中还存在其他解决问题的方法,比如基于过程构造问题,基于事件活动解决问题和三阶段方法等。有关离散事件模拟仿真的更深入材料,作者可参考 Mike Pidd 的著作 *Computer Simulation in Management Science*,或 Law 和 Kelton 的著作 *Simulation Modelling and Analysis*。

21.4 种子传播

P.406 　　生态学家常常对植物种子从其母体成熟离开后的传播问题感兴趣。这些传播信息可以使生态学家预测诸如物种侵入新区域的能力。

　　这里,我们要考虑的第一个问题是"一个源于母体的种子传播的平均位移是多少?"。为了回答这个问题,我们可以将问题变为求解"一个从母体中随机选取种子位移极坐标 (R,Θ) 的分布是什么?"。为了通过收集数据来解决这些问题,如图 21.10 所示,生态学家在母体延伸线上设置一些种子收集器,这些延长线称为横截面。一段时间后,每个收集器里的种子数目可被检测到,从而这些离开母体的种子,在不同距离上收集的数目构成了所要研究的数据。

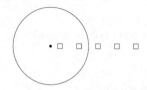

图 21.10　种子从母体传播的示意图。其中,正方形表示种子收集器,圆表示整体种子阴影的中位数,黑点表示产生种子的母体

　　进一步,假设种子呈放射状对称围绕母体,该假设称为各向同性。由该假设可知 $\Theta \sim U(0, 2\pi)$,且与 R 独立。同时,因为种子沿每个横截面的传播是独立同分布的,从而只需考虑单独一个横截面的情形即可。

　　令 T 表示一个从横截面上随机选定种子距离母体的位移。我们想要知道 T 的分布,而 T 与 R 的分布函数是不同的。这是因为由于距离母体较近处的收集器比较远处的收集器具有更大的检测角度,从而较近处种子收集器里种子的比重大于远处。也就是说,较近处的种子收集器可以检测到更多传播中的种子,图 21.11 给出了相应的说明。

　　假设种子收集器的宽度为 δ(很小),则落在距离为 t 的横截面上种子的极坐标为 (r, α)。这里 $r = t, -\theta/2 < \alpha < \theta/2$,且

$$t\sin\theta = \delta$$

当 δ/t 非常小时,则其值近似等于 θ,我们有 $\sin\theta$ 也非常小,从而利用关系 $\sin\theta \approx \theta$ 得到

$$-\frac{\delta}{2t} < \alpha < \frac{\delta}{2t}$$

即沿横截面上距离大于 t 的种子数与 t 成反比。

　　事实上,我们实际中并未真正观察到 T。假设第 i 个种子收集器的覆盖区域

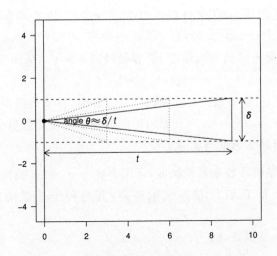

图 21.11　沿横截面 t 到放射位移 r 的相对距离

为 $[x_i - \varepsilon/2, x_i + \varepsilon/2] \times [-\delta/2, \delta/2]$，$i = 1, \cdots, k$。若将种子收集器的中心设置 P.407
为位移中心，则可以观察到 T 的离散化形式 T^*，从而有

$$\mathbb{P}(T^* = x_i) = \frac{\mathbb{P}(x_i - \varepsilon/2 < T < x_i + \varepsilon/2)}{\sum_{j=1}^{k} \mathbb{P}(x_j - \varepsilon/2 < T < x_j + \varepsilon/2)}$$

实际中，如果种子收集器形状是规则的，且彼此位置很近（相对于观察值的范围），则可以将 T^* 看作是 T。这样的话我们就可以忽略 T 的分布问题。

令 $t_1, \cdots, t_n$ 表示来自于 T 的样本。我们用一个概率密度函数来描述落入每个收集器里种子的相对数目，它以种子离母体的距离为变量，这里称之为**横截面**密度。假设横截面分布服从指数分布。即对 $0 \leqslant t < \infty, \tau > 0$，有

$$f_T(t) = \tau e^{-t\tau}$$

这里 τ 表示比例参数。因为 T 的均值和方差分别为 $1/\tau, 1/\bar{t}^2$，则可用 $\hat{\tau} = 1/\bar{t}$ 估计 τ，其中 $\bar{t}$ 表示种子离母体的平均距离。

我们可以直接给出横截面密度，但是如何通过该密度获得 R 的放射分布密度呢？令 R 的概率分布为 f_R，则由图 21.11 可得

$$f_T(t)\mathrm{d}t = \mathbb{P}(t < T < t + \mathrm{d}t)$$
$$\approx \mathbb{P}\left(t < R < t + \mathrm{d}t, -\frac{\delta}{2t} < \Theta < \frac{\delta}{2t}\right)$$
$$= f_R(t)\mathrm{d}t \frac{\delta}{2t}, \text{ 且 } R, \Theta \text{ 独立}。$$

即

$$f_R(r) \propto r f_T(r) \tag{21.3}$$

上面的近似关系是根据 $\sin\Theta \approx \Theta$ 得出的，当 $\delta \to 0$ 时，近似关系将精确成立。

综上可知，当 $T \sim \exp(\tau)$ 时，有 $f_R(r) = kre^{-r\tau}, 0 \leqslant r < \infty, \tau > 0$。这里，$k$ 表示正则化常数，使得密度函数积分为 1。容易得到 $k = \tau^2$，从而

$$f_R(r) = r\tau^2 e^{-r\tau}$$

这是形状参数为 2、尺度参数为 τ 的伽玛分布。进而，种子传播距离的均值和方差分别为 $\mathbb{E}R = 2/\tau, \mathrm{Var}R = 2/\tau^2$。如果用指数分布来代替伽玛分布，则模型显示种子分布距离离母体太近而与实际不符。

总之，如果测量种子收集器横截面，且用参数为 $\hat{\tau} = 1/\bar{t}$ 的指数分布来模拟种子数量，则可用分布 $\Gamma(\tau, 2)$ 描述放射距离，其与种子传播角度分布 $U(0, 2\pi)$ 独立。

P.408　　　对 (21.3) 式两端积分，则

$$f_R(r) = \frac{rf_T(r)}{\mathbb{E}(T)} \tag{21.4}$$

即 $\mathbb{E}(T)$ 是长度加权放射分布的比例因子。

21.4.1　模拟放射距离 R

下面模拟种子传播过程。如果我们仅仅模拟一个单独的母体，则需要进一步给出每个种子位置分布的描述。即模拟 (R, Θ) 的分布。当然，我们还需要知道一个母体产生种子的数量，产生的时间及其存活寿命和种子发芽的概率等，其中发芽的概率取决于播种的地点，这是要另外谈及的话题。

如前所述，当知道横截面概率 f_T 后，可利用 (21.4) 式获得放射分布密度 f_R。但是，横截面分布的精确密度有时候是未知的。我们这里采取一般的方法进行模拟，即通过模拟 T 进而 R 的模拟。比如，如果不提前假设 T 的分布，则可以直接从观察值 $t_1, \cdots, t_n$ 模拟 T。比如，令 $\mathbb{P}(T = t_i) = 1/n, i = 1, \cdots, n$。当然这里也可以用一些更复杂的方法如非参数方法估计 f_T，本书就不涉及了。

下面进一步说明，通过利用筛选抽样法和模拟分布 f_T 可以获得 f_R 的分布及其样本。即读者只要知道 f_T 的表达式就可以对 f_R 进行模拟，而不需要知道 f_R 的精确表达形式。假设 T 的取值范围满足 $0 \leqslant T \leqslant a$。令 $U \sim U(0, a)$ 且与 T 独立，并定义

$$S = T \mid T > U$$

从而，对 $r \in [0, a]$ 有

$$\mathbb{P}(S \leqslant r) = \mathbb{P}(T \leqslant r \mid T > U)$$

为计算右边的概率，我们需要利用全概率法则。即对任意随机变量 X, Y，且 Y 连续，对于任意集合 $A \subset \mathbb{R}^2$ 有

$$\mathbb{P}((X,Y) \in A) = \int_y \mathbb{P}((X,Y) \in A \mid Y = y) f_Y(y) \mathrm{d}y$$

对于本节的例子,由于 T,U 相互独立,则 P.409

$$\mathbb{P}(T \leqslant r \mid T > U) = \frac{\mathbb{P}(U < T \leqslant r)}{\mathbb{P}(T > U)}$$

$$= \frac{\int_0^a \mathbb{P}(U < t \leqslant r) f_T(t) \mathrm{d}t}{\int_0^a \mathbb{P}(t > U) f_T(t) \mathrm{d}t}$$

$$= \frac{\int_0^r (t/a) f_T(t) \mathrm{d}t}{\int_0^a (t/a) f_T(t) \mathrm{d}t}$$

$$= \frac{\int_0^r f_R(t) \mathrm{d}t}{\int_0^a f_R(t) \mathrm{d}t}$$

$$= F_R(t) = \mathbb{P}(R \leqslant t)$$

这说明, $S = T \mid T > U$ 与 R 分布相同。即如果我们可以模拟 T,进而可以利用筛选抽样法模拟 S。下面,假设用函数 **T.sim()** 模拟 T,进一步模拟 S(或等价的模拟 R),相应的算法如下给出。其中, a 给出了 T 的取值上限范围。

```
R.sim <- function(a) {
  while (TRUE) {
    U <- runif(1, 0, a)
    T <- T.sim()
    if (T > U) return(T)
  }
}
```

  观察(21.3)式,位移变量 T 的分布与原始距离分布成反比,两者之间相差一个比例因子,我们这里的筛选算法利用该关系给出了 T 的观察值。具体方法是在忽略横截面测量误差的假设下,通过找到一个与原始数据成逆比例的因子筛选得到样本点。

  前面定义的 S 需要变量 T 有界。实际中,因为考虑问题都存在一定误差,因此如果 T 无界,我们可选取一个非常大的 a,使得对任意小的 ε,有 $\mathbb{P}(T > a) \leqslant \varepsilon$。例如,如果 $T \sim \exp(1/2)$,则 $\mathbb{P}(T > a) = \exp(-a/2)$,所以当 $\varepsilon = 0.0001$,则 $a \geqslant -2\log\varepsilon = 18.42$。当满足上述条件时,对模拟产生大于 a 的 T 值也是可以接受的,其效果要优于在较小的 a 值下获得的结果。

  为了检验 S, R 的分布相同,我们假设 R 分布已知,并将其与由模拟样本得到的 S 密度的经验估计相比较。假设 $T \sim \exp(1/2), R \sim \Gamma(1/2, 2), a = 20$。图 21.12 给出了模拟结果。左边图形给出了横截面分布(实线给出)和计算得到的放射分布(点线给出)。右边图形给出了同样的放射分布密度并添加了 S 的经验分布密度估计,可以看到两者的结果十分接近。

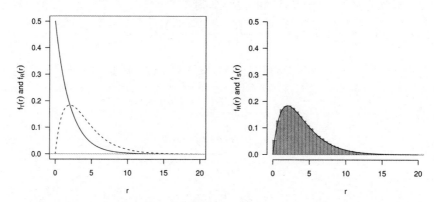

图 21.12 具有指数横截面分布密度的种子传播筛选抽样

P.410　　下面利用向量的形式给出 S 模拟程序 **R.sim**。该方法的优点在于可以提高模拟速度,缺点是我们无法知道需要获得多少个 S 的观察值。在这个种子传播例子中,我们假设已经获得了充分多的样本来估计 S 的分布。

```
# program spuRs/resources/scripts/seed-test.r

# set up two plots side-by-side
par(las=1, mfrow=c(1,2), mar=c(4,5,0,2))

# graph f_R and f_T on the LHS plot
curve(dgamma(x, shape=2, rate=1/2), from=0, to=20,
      ylim=c(0, dexp(0, rate=1/2)), lty=2,
      xlab="r", ylab=expression(paste(f[T](r), " and ", f[R](r))))
curve(dexp(x, rate=1/2), add=TRUE)
abline(h=0, col="grey")

# generate T, U, and S samples for case 1
T <- rexp(1000000, rate=1/2)
U <- runif(1000000, min=0, max=20)
S <- T[T > U]

# graph estimate of f_S and f_R on the RHS plot
hist(S, breaks=seq(0, max(S)+0.5, 0.5), freq=FALSE,
     xlim=c(0,20), ylim=c(0, dexp(0, rate=1/2)),
     main="", xlab="r",
     ylab=expression(paste(f[R](r), " and ", hat(f)[S](r))),
     col="lightgrey", border="darkgrey")
curve(dgamma(x, shape=2, rate=1/2), add=TRUE)
```

P.411　　为检验上面程序的可用性,下面考虑当放射密度为其他函数时的例子。在这些例子中放射密度函数 f_R 可以精确表达出来,同时容易进行模拟,而且这些例子也可进一步用来检验我们提出的拒绝抽样算法。

在第一个例子中，考虑横截面密度 f_T 为对数正态分布，其参数为 μ 和 σ^2，即

$$f_T(x \mid \mu, \sigma^2) = \frac{1}{\sqrt{2\pi}x\sigma} e^{-(\log x - \mu)^2/(2\sigma^2)}$$

相应的放射分布密度为

$$f_R(r) \propto e^{(\log r - \mu)^2/(2\sigma^2)}$$

上面结论可以由 $\log R$ 的分布（参考 14.5.2 节）变换得到。因为 $\log R \sim N(\mu + \sigma^2, \sigma^2)$，从而 R 服从参数为 $\mu + \sigma^2$ 和 σ^2 的对数正态分布。

第二个例子中，考虑横截面密度 f_T 为以 a, b 为参数的威布尔分布，即

$$f_T(x \mid a, b) = \frac{a}{b}\left(\frac{x}{b}\right)^{a-1} \exp\left(-\left(\frac{x}{b}\right)^a\right)$$

进而，有

$$f_R(r) \propto x^2 e^{-x^2/4}$$

也就是说，R 服从自由度为 3，尺度分布为 $\sqrt{2}$ 的卡分布。即，$R \sim \sqrt{2}\chi_3$。这里，自由度为 k 的卡分布是指自由度为 k 的卡方分布的平方根。

我们利用类似产生图 21.12 的程序估计 f_R，只是在模拟横截面分布变量 T 时将程序稍稍调整，结果见图 21.13。

```
> # set up two plots side-by-side
> par(las=1, mfrow=c(1,2), mar=c(4,5,3,2))
> # Construct a graphic for the Lognormal transect pdf
> T <- rlnorm(1000000, meanlog = 0.5, sdlog = 0.55)
> U <- runif(1000000, min=0, max=20)
> S <- T[T > U]
> hist(S, breaks=seq(0, max(S)+0.5, 0.125), freq=FALSE,
+      xlim=c(0,7),  ylim=c(0, dexp(0, rate=1/2)),
+      main="Lognormal", xlab="r",
+      ylab=expression(paste(f[R](r), " and ", hat(f)[S](r))),
+      col="lightgrey", border="darkgrey")
> curve(dlnorm(x, meanlog = 0.5, sdlog = 0.55), add=TRUE, lty=2)
> curve(dlnorm(x, meanlog = 0.8025, sdlog = 0.55), add=TRUE)
> # Construct a graphic for the Weibull transect pdf
> T <- rweibull(1000000, shape=2, scale=2)
> U <- runif(1000000, min=0, max=20)
> S <- T[T > U]
> hist(S, breaks=seq(0, max(S)+0.5, 0.125), freq=FALSE,
+      xlim=c(0,7),  ylim=c(0, dexp(0, rate=1/2)),
+      main="Weibull", xlab="r",
+      ylab=expression(paste(f[R](r), " and ", hat(f)[S](r))),
+      col="lightgrey", border="darkgrey")
> curve(dweibull(x, shape=2, scale=2), add=TRUE, lty=2)
> curve((1/(2*sqrt(pi)))*x^2*exp(-(x^2)/4),add=TRUE)
```

P.412

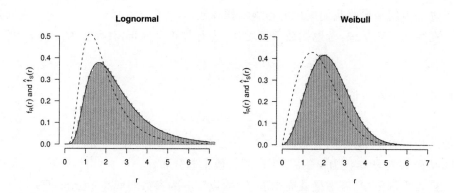

图 21.13　利用对数正态和韦布尔分布产生的接受/拒绝抽样。点线表示横截面密
度,阴影表示模拟的放射分布密度,实线表示精确放射分布密度

21.4.2　面向对象设计实现

在第 8.4 节(面向对象设计,OOP)中,我们给出了 **trapTransect** 类程序。本节中,我们将进一步构造一个 **transectHolder** 类,它包含一个或多个 **trapTransect** 类对象,并利用该方法拟合种子沿横截面传播的分布函数,并通过该拟合得到的分布函数,利用拒绝抽样方法模拟种子的传播位置。

这里,我们主要利用第 8.4 节给出的 **S3 trapTransect** 构造函数及 **print** 和 **mean** 两方法。这里,收集到的数据是以给定距离上种子数量表达的。

```
> trapTransect <- function(distances, seed.counts, trap.area = 0.0001) {
+    if (length(distances) != length(seed.counts))
+      stop("Lengths of distances and counts differ.")
+    if (length(trap.area) != 1) stop("Ambiguous trap area.")
+    trapTransect <- list(distances = distances,
+                         seed.counts = seed.counts,
+                         trap.area = trap.area)
+    class(trapTransect) <- "trapTransect"
+    return(trapTransect)
+ }
> print.trapTransect <- function(x, ...) {
+    str(x)
+ }
> mean.trapTransect <- function(x, ...) {
+    return(weighted.mean(x$distances, w=x$seed.counts))
+ }
```

P.413

我们考虑一种情况,假设存在大量母体,每个母体周围都安装种子收集器,且该装置的数目随着母体数目的不同而可能不同。比如,种子收集器数目随母体高度不同而变化。为保存观察值,我们需要设置一个存储器,它不要求每个母体具有相同的长度,这里可以考虑用列 list 给出。即一个 transectHolder 应包含一列 trapTransect 对象(及一些可能的其他指标)。

同时,我们还希望构造一个拟合函数 fitDistances,该函数可以使用 transectHolder 对象,同时利用观测到的种子数目拟合分布密度。即假设对每个母体,其横截面分布相同,适合所有观察数据,这里只需要对所有数据拟合一个单独的分布即可。其实,有很多方法来实现这个目标。我们采取的手段是对每个横截面拟合给定的密度,然后通过计算相应的参数均值来进行估计。虽然这个方法不是最优,但仍然是合理的。

在构造过程中,将 fitDistances 函数隐藏在 transectHolder 构造函数中,这样做对于我们尝试不同模型是有益的,对于用户来讲,fitDistances 函数最好是直接可用的。实际中,通过从 MASS 程序包中调用 fitdistr 函数利用极大似然估计法拟合分布密度,用户只需将数据转化为合适的形式即可。进一步,定义一个 getDistances 函数,它包含一个 trapTransect 对象,且返回一个向量形式表示的种子距离值。

```
> fitDistances <- function(x, family=NULL) {
+   # x$transects is a list of trapTransect objects
+   # family is a string giving the name of a pdf
+   require(MASS)  # we need this package for the fitdistr() function
+   getDistances <- function(y) {
+     rep(y$distances, y$seed.counts)
+   }
+   getEstimates <- function(distance) {
+     fitdistr(distance, family)$estimate
+   }
+   distances <- lapply(x$transects, getDistances)
+   parameter.list <- lapply(distances, getEstimates)
+   parameters <- colMeans(do.call(rbind, parameter.list))
+   return(parameters)
+ }
```

上面程序中 **do.call** 函数其自变量可以是函数名或函数列表,我们称这种函数使用自变量列表。 P.414

为简单起见,这里忽略对目标类的检验和空横截面带来的信息。注意到,虽然可以设置任意数目的目标对象,但事实上程序运行时不需要调用循环语句实现。相反,我们只需利用 lapply 将所有运算向量化即可。

下面构造一个 transectHolder 类。除创建一个 trapTransect 目标列表,我们还可以在程序中额外加入一些可自动拟合横截面密度、模拟拟合模型的基本语句。

```
> transectHolder <- function(..., family="exponential") {
+   transectHolder <- list()
+   transectHolder$transects <- list(...)
+   distname <- tolower(family)
+   transectHolder$family <- family
+   transectHolder$parameters <- fitDistances(transectHolder, distname)
+   transectHolder$rng <- switch(distname,
+                              "beta" = "rbeta",
+                              "chi-squared" = "rchisq",
+                              "exponential" = "rexp",
+                              "f" = "rf",
+                              "gamma" = "rgamma",
+                              "log-normal" = "rlnorm",
+                              "lognormal" = "rlnorm",
+                              "negative binomial" = "rnbinom",
+                              "poisson" = "rpois",
+                              "weibull" = "rweibull",
+                              NULL)
+   if (is.null(transectHolder$rng))
+     stop("Unsupported distribution")
+   class(transectHolder) <- "transectHolder"
+   return(transectHolder)
+ }
```

同样，上面程序仍忽略了诸如参数检验、拟合优度检验等步骤。其中，**trap-Transect** 目标列表以 **transectHolder $ transects** 的形式存储。**fitDistances** 函数用来估计给定密度的参数，相关的密度函数及其参数值存储在 **transectHolder $ family** 和 **transectHolder $ parameters** 中。**transectHolder $ rng** 存储所有的可用来模拟横截面分布的函数名。当程序结束时，所有的对象存储在 **transectHolder** 类中。

P.415　　　下面程序给出输出目标的打印程序。

```
> print.transectHolder <- function(x, ...){
+   print(paste("This object of class transectHolder contains ",
+               length(x$transects), " transects.", sep=""))
+   str(x)
+ }
```

对给定的 **transectHolder** 对象，可以利用下面的 **simulate** 函数构造 n 个随机种子分布的情形。

```
> methods(simulate)

[1] simulate.lm*

   Non-visible functions are asterisked

> simulate

function (object, nsim = 1, seed = NULL, ...)
UseMethod("simulate")
<environment: namespace:stats>
```

同时，我们还需要对涉及的类给出具体程序，确保通用函数的自变量名称相互匹配。

```
> simulate.transectHolder <- function(object, nsim=1, seed=NULL, ...) {
+   if (!is.null(seed)) set.seed(seed)
+   distances <- c()
+   while(length(distances) < nsim) {
+     unfiltered <- do.call(object$rng,
+                           as.list(c(10*nsim, object$parameters)))
+     filter <- runif(10*nsim, 0, max(unfiltered))
+     distances <- c(distances, unfiltered[unfiltered > filter])
+     }
+   distances <- distances[1:nsim]
+   angles <- runif(nsim, 0, 2*pi)
+   return(data.frame(distances = distances,
+                     angles = angles,
+                     x = cos(angles) * distances,
+                     y = sin(angles) * distances))
+ }
```

需要注意的是，使用 **do.call** 函数，可直接调用随机数传递估计的参数值，而不需要知道具体的分布函数和参数的数目。

下面利用田间数据来说明如何构造一个 **transectHolder** 目标，同时结合检测 P.416 器数据获得的拟合分布给出五组随机种子。

```
> transect.1 < trapTransect(distances = 1:4,
+                      seed.counts = c(4, 3, 2, 0))
> transect.2 <- trapTransect(distances = 1:3,
+                      seed.counts = c(3, 2, 1))
> transect.3 <- trapTransect(distances=(1:5)/2,
+                      seed.counts = c(3, 4, 2, 3, 1))
> allTraps <- transectHolder(transect.1, transect.2, transect.3,
+                         family="Weibull")
> allTraps
```

```
[1] "This object of class transectHolder contains 3 transects."
List of 4
 $ transects :List of 3
  ..$ :List of 3
  .. ..$ distances  : int [1:4] 1 2 3 4
  .. ..$ seed.counts: num [1:4] 4 3 2 0
  .. ..$ trap.area  : num 1e-04
  .. ..- attr(*, "class")= chr "trapTransect"
  ..$ :List of 3
  .. ..$ distances  : int [1:3] 1 2 3
  .. ..$ seed.counts: num [1:3] 3 2 1
  .. ..$ trap.area  : num 1e-04
  .. ..- attr(*, "class")= chr "trapTransect"
  ..$ :List of 3
  .. ..$ distances  : num [1:5] 0.5 1 1.5 2 2.5
  .. ..$ seed.counts: num [1:5] 3 4 2 3 1
  .. ..$ trap.area  : num 1e-04
  .. ..- attr(*, "class")= chr "trapTransect"
 $ family    : chr "Weibull"
 $ parameters: Named num [1:2] 2.37 1.8
  ..- attr(*, "names")= chr [1:2] "shape" "scale"
 $ rng       : chr "rweibull"
 - attr(*, "class")= chr "transectHolder"
> simulate(allTraps, 5, seed = 123)

  distances   angles        x          y
1 1.9707469 3.769842 -1.5944481 -1.1582653
2 0.7456877 2.091192 -0.3707734  0.6469754
3 2.8898740 3.070046 -2.8824807  0.2065838
4 1.4863482 5.997136  1.4259521 -0.4193945
5 1.6207433 3.034165 -1.6114000  0.1737775
```

上述程序简单说明了类第一阶段的发展情况。

接下来,利用模拟方法检验前面例子中的一个猜测(即放射密度 f_R 和横截面密度 f_T 之间的关系 $f_R(r) \propto r f_T(r)$)。其基本步骤如下。

P.417 1. 选择一个合适的横截面函数,利用接受抽样算法模拟二维种子传播过程。

2. 在给定的横截面内随机选择一个点,与原始横截面分布的分位数进行比较。

总之,通过沿横截面抽样,我们可以用合适的模拟方法还原原始横截面分布。

下面给出一个例子,对任意给定参数的威布尔分布进行模拟。结合离散化方法对种子检测器随机抽样。韦布尔分布的密度函数如下:

$$f(x) = \frac{a}{b} \left(\frac{x}{b}\right)^{a-1} \exp\left(-\left(\frac{x}{b}\right)^a\right)$$

其中,a 为形状参数,b 为尺度参数。

```
> simulated.seed.points <- table(round(rweibull(1000, shape = 2,
+     scale = 5)))[-1]
```

在拟合韦布尔密度函数过程中，我们先去掉观察样本中的所有零值。然后利用模拟的种子检测陷阱点构造横截面，并存储在 **transectHolder** 中。

```
> simulated.transect <-
+   trapTransect(distances = as.numeric(names(simulated.seed.points)),
+               seed.counts = simulated.seed.points)
> simulated.holder <- transectHolder(simulated.transect, family="Weibull")
```

最后，利用拟合模型模拟一个新位置，并选择新横截面位置产生的点。为了简单起见，这里不对数据进行离散化。任意假设横截面位置坐标满足 $x > 0$ 且 $-0.5 < y < 0.5$。如果猜测是正确的，这些点的分布应该接近原始韦布尔拟合分布密度。

```
> good.site <- simulate(simulated.holder, 100000)
> good.points <- good.site$x[abs(good.site$y) < 0.5 & good.site$x > 0]
```

利用下面程序比较分布函数，图 21.14 给出输出结果。这里，我们利用 QQ 图（quantile-quantile plot，QQ）给出模拟和理论的比较。如果模拟分布与理论分布十分接近，则模拟值与理论值也相互接近。由图比较可见，模拟结果与理论分布十分吻合。

P.418

```
> par(las = 1)
> quantiles <- (1:99)/100
> plot(quantile(good.points, probs = quantiles), do.call(qweibull,
+     c(list(quantiles), unlist(simulated.holder$parameters))),
+     xlab = "Simulated Quantiles", ylab = "Theoretical Quantiles")
> abline(0, 1, col = "darkgrey")
```

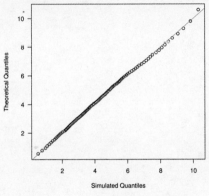

图 21.14　种子位置分布 QQ 图

进一步,利用 **transectHolder** 目标中所有的横截面数据计算横截面距离的均值和标准差。这里,假设每个母体具有相同的权重。又因为 **trapTransect** 函数是包含在 **transectHolder $ transects** 类内,我们可以重复利用 **mean.trapTransect** 函数。

```
> mean.transectHolder <- function(x) {
+     mean(sapply(x$transects, mean))
+ }
```

注意到,当处理目标在 **trapTransect** 类中时,**sapply** 函数中的求均值函数会自动调用 **mean.trapTransect** 函数。因此,在用不同函数求解 **trapTransect** 类中均值时,我们需要做的仅是修改 **mean.trapTransect** 函数的定义即可。

程序中,**sd** 不是一个通用函数,虽然可以创建一个 **sd.transectHolder** 对象,但是当调用 **sd** 函数时,它不能自动替换 **sd** 函数执行文件。因而,程序中还需给出如下 **sd.transectHolder** 函数。

P.419

```
> var.trapTransect <- function(x) {
+     return(var(rep(x$distances, x$seed.counts)))
+ }
> sd.transectHolder <- function(x) {
+     sqrt(mean(sapply(x$transects, var.trapTransect)))
+ }
```

现在,我们可以调用上述函数找到所有横截面种子距离均值的平均值和种子距离标准差的二次均值。

```
> mean(allTraps)
```

```
[1] 1.584046
```

```
> sd.transectHolder(allTraps)
```

```
[1] 0.7746426
```

第 **22** 章
案例选讲

本章给出一些读者在实际中可能遇到的应用问题。本章给出一组在实践中读 P.421
者可能遇到的实际问题,虽然这些问题在本章中讲述的处理过程不如前面章节中
的例题那么详细,但是它们涉及更广,更加贴近实际,比前面所有章节中给出的例
题都具有更加重要的意义。

22.1　水坝水位模型

这一小节,我们考虑如图 22.1 给出的水坝水位(高度)变化问题。这里,水位
高度值介于 0 和 h_{max} 之间。同时,水位随雨水落入而升高,随水份的蒸发或使用而
降低。这里忽略由于泄露或者渗漏引起的水位变化情形。

22.1.1　高度和容量

容量　设 $A(h)$ 表示高度为 h 时水坝的横截面面积。

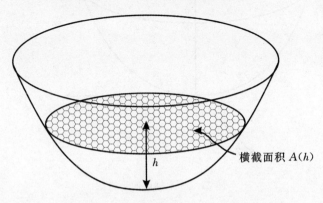

图 22.1　一个理想的水坝示意图

当水位高度为 h 时,水坝的水容量可由下式表示

$$V(h) = \int_0^h A(u)\,\mathrm{d}u$$

P.422 给出函数 **volume(h, hmax, ftn)** 表示水坝容量,当水位 $h \in [0, h_{\max}]$ 时,其值为 $V(h)$。这里,**hmax** 表示最高水位值 $h_{\max}$,**ftn** 表示一个单变量函数,且假设该变量返回值为 $A(h)$。当水位 $h < 0$ 时,**volume(h, hmax, ftn)** 的返回值为 0,当 $h > h_{\max}$ 时,**volume(h,hmax,ftn)** 的返回值为 $V_{\max} = V(h_{\max})$。

当进行数值积分时,将积分区间至少分割 100 份以上。

高度 若当前水位高度为 h,当水坝容量改变 v 单位时,则水位变为 $u = H(h, v)$,u 满足

$$V(u) = V(h) + v$$

注意到,如果上述方程右侧 $> V_{\max}$ 或 < 0,则方程无解。这种情况下,分别令 $u = h_{\max}$ 或 $u = 0$。

利用求根算法,给出函数 **height(h, hmax, v, ftn)**,其返回值为 $H(h,v)$,这里,**hmax** 表示 $h_{\max}$,**ftn** 是一个单变量函数,且该变量返回值为 $A(h)$。

在求根过程中,计算精度控制为 10^{-6}。

案例检验 假设水坝形状由方程 $y = \pi x^2$ 给出。即,水坝由曲线 $y = \pi x^2$ 围绕 y 轴旋转构成(见图 22.2)。

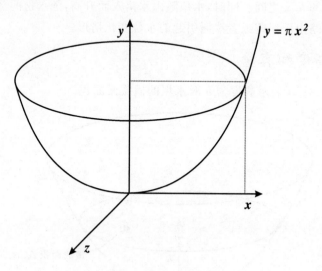

图 22.2 水坝简明示意图

由图可见,当 $h \in [0, h_{\max}]$,$v \in [-h^2/2, V_{\max} - h^2/2]$ 时,有

$$A(h) = h;$$

$$V(h) = h^2/2;$$

$$H(h,v) = \sqrt{h^2 + 2v}.$$

为检验函数 `height(h, hmax, v, ftn)` 是否可行,定义

P.423

```
A <- function(h) return(h)
```

对下面 h,v 的值计算 `height(h, hmax = 4, v, ftn = A)`

$$
\begin{array}{c|ccccc}
h & 0 & 2 & 4 & 1 & 1 \\
\hline
v & 1 & 1 & 1 & 0.1 & 0.1
\end{array}
$$

22.1.2　追踪水位高度随时间变化的情况

假设 $h(t)$ 表示第 t 天时的水位高度,$v(t)$ 表示截止 t 时水坝接收到的雨水容量,这里,$t = 1,\cdots,n$。令 α 表示每天使用消耗的水容量,$\beta A(h(t))$ 表示截至第 t 天时由于蒸发而减少的水容量。那么,第 $t+1$ 天时的水位高度为

$$h(t+1) = H(h(t),v(t) - \alpha - \beta A(h(t)))$$

进一步,假设 $h_{\max} = 10, \alpha = 1, \beta = 0.05$,则 $A(h)$ 可表示为

$$
A(h) = \begin{cases}
100h^2 & \text{当} \quad 0 \leqslant h \leqslant 2; \\
400(h-1) & \text{当} \quad h \geqslant 2.
\end{cases}
$$

spuRs 中的 `catchment.txt` 文件给出 $n = 100$ 即连续 100 天时 $v(t)$ 的值。利用程序读取该文件,对给定的值 $h(1)$,计算 $h(2),\cdots,h(n+1)$ 的值。图 22.3 和 22.4 给出了当 $h(1) = 1$ 和 $h(1) = 5$ 时的输出结果。

P.424

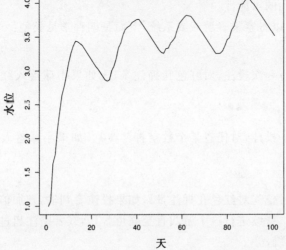

水坝每日水位变化情况

图 22.3　当 $h(1) = 1$ 时,水坝水位高度随时间变化模拟图

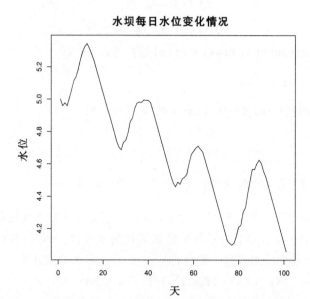

图 22.4 当 $h(1) = 5$ 时,水坝水位高度随时间变化模拟图

22.2 轮盘赌问题

P.425 在澳大利亚的某些地方,一些轮盘由 18 个涂成红色的孔,18 个涂成黑色的孔和 1 个绿色孔组成。其中,绿颜色孔标记为 0,其余红色和黑色的孔分别从 1 至 36标记。(需注意的是,有些轮盘具有两个标记为绿色的 0 号孔,这种设置几乎成倍增加了选中 0 号孔的可能性。)

利用轮盘,可以考察很多游戏或系统,下面是四种常见类型:

- 投注红色赢

   该游戏只进行一次投注,对红色孔押注 $1。如果小球落入红色孔,则可以赢得 $1,否则判输。

- 投注某个数字

   本游戏只有一投注,对任意某个数字押注 $1。如果小球落入这个数字,则赢 $35,否则判输。

- 鞅系统

   本游戏开始时首先对红色孔押注 $1,如果投注者判输,则加倍前面的赌注;如果判赢,则赢 $1。持续进行这个游戏直至赢得 $10,或者赌注超过 $100。

- Labouchere 系统

   这个游戏以一列数字(1,2,3,4)开始。押注者以第一个和末尾的数字和($5)

为赌注压红色赢进行投注。如果压中赢了，则从列表中删除第一和末尾的数字（这时数字变为(2,3)），否则将压注数字加到这列数字的末尾（这时，数字变为(1,2,3,4,5)）。重复上述过程直至这列数字为空，或者赌注超过 $100 者数字序列中仅剩一个数字，则投注者以此数字为赌注投注。

　　不同的游戏具有不同特点。比如，有些游戏赢的比输的多，有的游戏可以进行很长时间，有的游戏成本花费很高，有些游戏具有很大风险等。本节的目的是通过下列原则对上述四种游戏进行比较：

1. 每场游戏的期望收益；
2. 获胜概率；
3. 每场游戏的期望游戏时间（以投注次数计算）；
4. 最大输钱金额；
5. 最大赢钱金额。

P.426

22.2.1　模拟

　　对每种游戏，给出一个函数表示游戏进行一次的过程，并返回一个二元向量，分别表示完成一次游戏时输赢次数和赌注情况。进一步，写出一个程序对每个游戏的第 1,2,3 个准则进行 1 000 000 次模拟。需要注意的是，游戏中以赢钱表示赢得一次游戏，以输钱表示输掉一次游戏。

22.2.2　查证检验

　　对游戏 A 和 B，通过计算精确答案给出准则 1 和 2 的估计，进一步读者可以在 100 000 次重复计算中考察所得到结果误差的百分数。

　　对每种游戏，通过计算精确结果给出准则 4 和 5 的估计。如果精确结果和模拟结果不接近，则读者需要检查自己计算或者程序的正确性。

22.2.3　变异

　　重复 22.2.1 节给出的模拟试验 5 次，按照下表给出问题 1,2,3 的最大值和最小值。

游戏	期望收益 （最小值－最大值）	获胜概率 （最小值－最大值）	期望游戏时间 （最小值－最大值）
A			
B			
C			
D			

读者修改在 22.2.1 节中自己给出的程序以估计期望收益、期望获胜概率和期望游戏进行时间,并估计及相应的**标准差**。这里,读者可利用内置函数 **sd(x)** 计算标准差。将每种游戏重复 100 000 次,并按照下表给出计算结果:

P.427

游戏	平均收益 均值,标准差	获胜概率 均值,标准差	游戏时间 均值,标准差
A			
B			
C			
D			

进一步,请读者根据自己的计算结果,考虑哪种游戏可能获利最大?哪种游戏进行时间有可能最长?

22.3　蒲沣投针试验

P.428

法国数学家蒲沣等人于 1733 年考虑了下述问题:

"如果一个长度为 l 的细针随机地投掷在画满间距为 $d \geqslant l$ 平行线的纸上,则平行线与细针不相交的概率为多少?"

其答案与 π^{-1} 有关,我们可以通过模拟该试验给出 π^{-1} 的一种估计方法。下面我们完整地考察直线与细针相交的概率。

22.3.1　理论分析

细针的位置由以下两个随机变量确定:

Y :针的中心与最近直线的垂直距离;
X :过针中心平行表格的直线与针所成的角度。

图 22.5 给出了示意图。

由于针的位置是随机的,假设 Y 服从均匀分布 $U(0, d/2)$, X 服从均匀分布 $U(0, \pi)$ 。其样本空间为 $\Omega = [0, \pi] \times [0, d/2]$ 。

1. 当细针与直线相交时,给出 X, Y 所满足的不等式。通过不等式在样本空间 Ω 中画图找到所有相交区域 C 。

2. 由于是随机投针,因此细针落入样本空间 Ω 内任意区域 R 的概率是 R 的面积 $|R|$ 与 Ω 面积的比值,即 $2|R|/(\pi d)$ 。通过积分可以算出 C 的面积,从而细针

与直线相交的概率为 $2l/(\pi d)$。

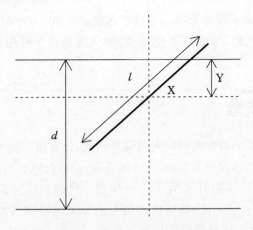

图 22.5　蒲沣投针试验示意图

22.3.2　模拟估计

令 T_1 表示 n 次投针试验中针与直线相交的次数,则 $E_1 = T_1 d/(nl)$ 是 $2/\pi$ 的一个无偏估计。利用计算机程序模拟 $n = 100\,000$ 次投针试验,获得 E_1 的估计。

计算 E_1 的方差,并找出满足 $l \leqslant d$ 的针的最优长度 l。

22.3.3　蒲沣交叉试验

作为蒲沣问题的推广,考虑中心点交叉成一定角度的两个等长细针的投掷问 P.429
题。假设细针长度均为 $l = d$,投掷一次,该交叉细针与直线有可能存在 0 个、1 个或 2 个交叉位置。

1. 如果第一个针的位置由前面给出的 (X, Y) 确定,则下面条件满足时,第二个针与直线相交:

$$Y \leqslant \frac{l}{2}\cos(X),\text{当 } 0 < X < \frac{\pi}{2};$$

$$Y \leqslant \frac{-l}{2}\cos(X),\text{当 } \frac{\pi}{2} < X < \pi.$$

2. 给出程序模拟 50 000 次投针试验,分别估计针与直线交叉 0,1,2 次的概率。

3. 当然,可以将该试验看成同时投掷两个针。那么,如果 T_2 表示 n 次投针试验中两个针与直线相交的总次数,则 $E_2 = T_2/2n$ 是 $2/\pi$ 的另一无偏估计。

将 E_2 改写成 $\sum_{i=1}^{n} Z_i/n$ 的形式。这里,$Z_i \in \{0, 1/2, 1\}$ 表示第 i 次投针时,

针与直线相交的一半的数目。我们可用 S_Z^2/n 估计 E_2 的方差,这里 $S_Z^2 = \sum_{i=1}^{n}$ $(Z_i - \bar{Z})^2/(n-1)$ 表示样本方差。当模拟次数 $n = 100\ 000$ 时,读者试比较 E_1 理论方差和模拟方差的值,考察两者是否接近?(这是一个利用对立抽样法模拟的例子。)

22.4 投保风险

P.430

本小节给出保险公司常遇到的两种简单问题:计算破产概率和盈利数目。

假设保险公司初始时有 $\$1\ 000\ 000$ 的资金。同时,该公司有 $n = 1000$ 个投保人,每个投保人在每年年初时缴纳 $\$5500$ 保费。根据以往经验,每年需对投保人进行理赔的概率为 $p = 0.1$,且每次理赔与前一次理赔和其他投保人相互独立。理赔数目 X 是变化的,这里假设服从如下参数 $\alpha = 3, \beta = 100\ 000$ 的分布

$$f(x) = \begin{cases} \dfrac{\alpha\beta^\alpha}{(x+\beta)^{\alpha+1}}, & \text{当 } x \geqslant 0, \\ 0, & \text{当 } x < 0. \end{cases}$$

(称上述 X 服从帕累托分布,在实际中它是一个描述保险理赔数目的常用模型。)

考虑保险公司五年的收益情况。令 $Z(t)$ 表示第 t 年年末的财产,则

$Z(0) = 1\ 000\ 000$,

$$Z(t) = \begin{cases} \max\{Z(t-1) + \text{保费} - \text{理赔金额}, 0\}, & \text{若 } Z(t-1) > 0, \\ 0, & \text{若 } Z(t-1) = 0. \end{cases}$$

注意到,当 $Z(t)$ 降到低于 0 时,其财产数不变。即,当发生破产时,保险公司停止保险活动。

22.4.1 模拟 X

令 X 表示如前所给出的理赔数目。计算其分布函数 F_X,数学期望 $\mathbb{E}X$ 和方差 $\mathrm{Var}X$。利用逆变换法,给出模拟 X 的子程序。

利用模拟方法估计 X 的概率密度函数,并将其与真实密度函数进行比较。读者自己给出的结果应与图 22.6 类似。

22.4.2 模拟 Z

给出函数模拟保险公司五年的收益情况,并画出如图 22.7 所示的财产走势图。

请读者利用自己编写的函数估计下列指标:

1. 保险公司破产概率;

2. 在第五年年末保险公司的期望财产数目。

P.431

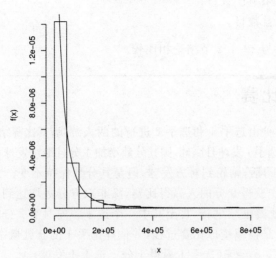

图 22.6 保险风险例子的模拟和真实密度函数

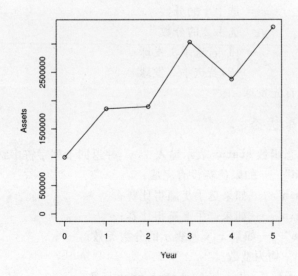

图 22.7 保险公司模拟财产走势

22.4.3 利润分析

假设保险公司在每年年末获得收益。即,如果 $Z(t) > 1\,000\,000$,则 $Z(t) -$ P.432
$1\,000\,000$ 是股东获得的利润。如果 $Z(t) \leqslant 1\,000\,000$,则股东该年没有收益。

利用上面新策略,估计:

1. 保险公司破产概率；
2. 第五年年末的期望财产数目；
3. 五年总的期望收益数目。

试将上述结果与 22.4.2 节结论相比较。

22.5 壁球比赛

P.433 壁球比赛是一种由选手 1 和选手 2 进行的两人游戏，其比赛结果由一系列得分点组成。如果轮到选手 i 发球且赢球，则其分数增加 1 分且继续发球（$i=1$ 或 2）；如果选手 i 发球且输球的话，则轮到对方发球，但是其分数保持不变。

该游戏中，首先获得 9 分的人赢得比赛，除非双方分数均达到 8 分。当双方的分数均为 8 分时，比赛继续进行，直至其中一个选手领先对手 2 分时获胜。

本小节的目的是模拟壁球比赛过程，并估计选手 1 的获胜概率。定义

$$a = \mathbb{P}(选手\ 1\ 赢得\ 1\ 分 \mid 选手\ 1\ 发球)$$
$$b = \mathbb{P}(选手\ 1\ 赢得\ 1\ 分 \mid 选手\ 2\ 发球)$$
$$x = 选手\ 1\ 的分数$$
$$y = 选手\ 2\ 的分数$$
$$z = \begin{cases} 1, 若选手\ 1\ 发球 \\ 2, 若选手\ 2\ 发球 \end{cases}$$

这里假设选手 1 首先发球。

22.5.1 比赛状态

编写一个状态函数 status 表示输入 x, y，并返回下列字符串结果之一：

"**unfinished**"——如果比赛没有完成；

"**player 1 win**"——如果选手 1 赢得比赛；

"**player 2 win**"——如果选手 2 赢得比赛；

"**impossible**"——如果 x, y 所表示的分数无效。

这里假设分数 x, y 均为整数。

当给出状态函数后，载入如下 **status.test** 函数。

```
# Program spuRs/resources/scripts/status.test.r

status.test <- function(s.ftn) {
  x.vec <- (-1):11
  y.vec <- (-1):11
  plot(x.vec, y.vec, type = "n", xlab = "x", ylab = "y")
  for (x in x.vec) {
    for (y in y.vec) {
```

P.434

```
        s <- s.ftn(x, y)
        if (s == "impossible") text(x, y, "X", col = "red")
        else if (s == "unfinished") text(x, y, "?", col = "blue")
        else if (s == "player 1 win") text(x, y, "1", col = "green")
        else if (s == "player 2 win") text(x, y, "2", col = "green")
    }
}
return(invisible(NULL))
}
```

运行 **status.test(status)** 函数,获得如图 22.8 给出的结果。

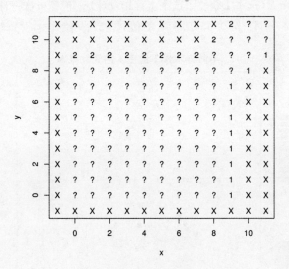

图 22.8 壁球比赛状态

22.5.2 模拟壁球比赛

假设向量 $state = (x, y, z)$ 描述当前比赛的状态。给出一个函数 **play_ point**,该函数以 $state, a, b$ 作为输入变量值,进而模拟一次比赛,并给出更新以后的比赛状态值 $state$ 。

运行下列 **play-game** 函数。

P.435

```
# Program spuRs/resources/scripts/play_game.r

play_game <- function(a, b) {
    state <- c(0, 0, 1)
    while (status(state[1], state[2]) == "unfinished") {
        # show(state)
        state <- play_point(state, a, b)
    }
```

```
if (status(state[1], state[2]) == "player 1 win") {
    return(TRUE)
} else {
    return(FALSE)
}
}
```

假设前面给出的 **status** 函数和 **play_point** 函数正确,则函数 **play_game** 函数将模拟一场壁球比赛。如果选手 1 获胜,该函数将返回 **TRUE** 值;如果选手 1 失败,则返回 **FALSE** 值。

定义 $p(a,b) = \mathbb{P}($选手 1 获胜 $|$ 选手 1 首先发球$)$。模拟 n 次壁球比赛,对 $n = 2^k$ 和 $k = 1, 2, \cdots, 12$,估计 $p(0.55, 0.45)$ 的值,图 22.9 给出了模拟结果。

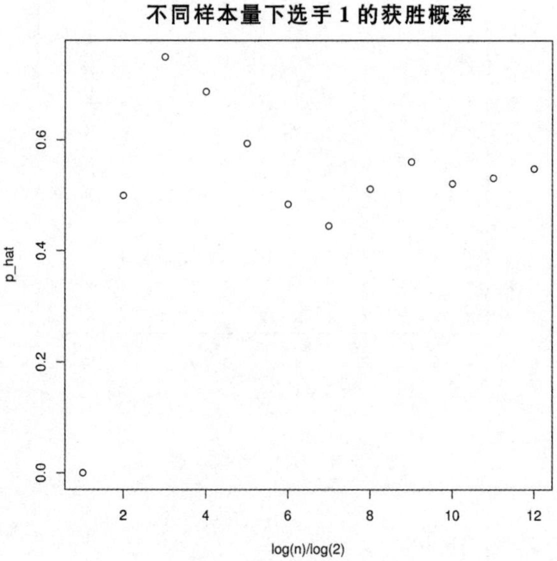

不同样本量下选手 1 的获胜概率

图 22.9　壁球比赛模拟

根据模拟结果,判断是否有 $p(0.55, 0.45) = 0.5$？请读者给出简单解释。

注意到,这里需要对随机数产生器确定一个种子值,这样读者可根据实际需要进行多次模拟。

P.436

22.5.3　获胜概率

假设 $X_1, \cdots, X_n$ 表示来自 Bernoulli(p) 分布的独立同分布样本,则可用 $\hat{p} = \overline{X}$ 估计 p 的值,证明其方差为 Var$(\hat{p}) = p(1-p)/n$。

标准差是方差的平方根,那么对任意的 p 值,什么样的 n 值可以保证 $\hat{p}$ 的标准差小于 0.01?

利用上面获得的 n 值,试对照下表给出不同 a,b 得到的 $p(a,b)$ 估计值。

```
       |b=0.1  b=0.2  b=0.3  b=0.4  b=0.5  b=0.6  b=0.7  b=0.8  b=0.9
-------|-----------------------------------------------------------------
a=0.1  |0      0      0      0      0      0      0.01   0.05   0.51
a=0.2  |0      0      0      0      0.01   0.04   0.16   0.51   0.96
a=0.3  |0      0      0.01   0.03   0.09   0.25   0.51   0.85   1
a=0.4  |0.01   0.01   0.05   0.12   0.28   0.53   0.79   0.97   1
a=0.5  |0.02   0.06   0.15   0.32   0.53   0.76   0.94   0.99   1
a=0.6  |0.06   0.19   0.35   0.55   0.76   0.9    0.98   1      1
a=0.7  |0.18   0.36   0.56   0.75   0.9    0.97   1      1      1
a=0.8  |0.35   0.59   0.79   0.9    0.97   0.99   1      1      1
a=0.9  |0.66   0.82   0.92   0.98   0.99   1      1      1      1
```

请读者试简单解释你观察到的数值变化规律。需要注意的是,模拟获得的估计值可能存在微小差别,因为它们是模拟的估计值。

读者在进行模拟时,需确定在程序中对随机数发生器给出了种子值,这样可以根据需要重复模拟结果。

22.5.4　比赛时间长度

修改函数 **play_game**,使其可以返回选手的比赛得分值(而不仅仅是选手 1 的获胜状态)。

利用修改后函数,重复计算下面的表。该表对相同的 n 和不同的 a,b 分别给出了比赛的期望得分值。

estimated p(a, b) for various a and b

```
       |b=0.1  b=0.2  b=0.3  b=0.4  b=0.5  b=0.6  b=0.7  b=0.8  b=0.9
-------|-----------------------------------------------------------------
a=0.1  |0      0      0      0      0      0      0.01   0.05   0.51
a=0.2  |0      0      0      0      0.01   0.04   0.16   0.51   0.96
a=0.3  |0      0      0.01   0.03   0.09   0.25   0.51   0.85   1
a=0.4  |0.01   0.01   0.05   0.12   0.28   0.53   0.79   0.97   1
a=0.5  |0.02   0.06   0.15   0.32   0.53   0.76   0.94   0.99   1
a=0.6  |0.06   0.19   0.35   0.55   0.76   0.9    0.98   1      1
a=0.7  |0.18   0.36   0.56   0.75   0.9    0.97   1      1      1
a=0.8  |0.35   0.59   0.79   0.9    0.97   0.99   1      1      1
a=0.9  |0.66   0.82   0.92   0.98   0.99   1      1      1      1
```

请读者试简单解释自己得到的结果。这里,获得的估计可能存在微小差别,因为它们是模拟的估计值。同时,读者需确定在程序中对随机数发生器给出了种子值,这样可以根据需要重复模拟。

P.437

22.6 股票价格

P.438 个模拟股票价格的常用模型是几何布朗运动。令 $S(i)$ 表示第 i 天交易结束时的股票价格,利用几何布朗运动模型作如下假设

$$S(i+1) = S(i)\exp(\mu - \frac{1}{2}\sigma^2 + \sqrt{\sigma^2}Z(i+1))$$

这里,$Z(1),Z(2),\cdots,$ 是来自标准正态分布 $N(0,1)$ 的独立同分布样本。其中,μ 是漂移参数,σ^2 为波动参数。

实际中,参数 μ 和 σ^2 可由以前的股票价格估计得到。

22.6.1 模拟 S

编写程序输入 $\mu,\sigma^2,S(0),t$ 的值,进而模拟 $S(1),\cdots,S(t)$,并作出相关图形。

在得到的结果中,读者需给出至少包含 μ 和 σ^2 两个以上的值进而做出图形,试根据图形描述当 μ 和 σ^2 增加或者减小时图形的变化情况。

22.6.2 估计 $\mathbb{E}\,S(t)$

固定 $S(0)=1$,试证明对某些 α,β^2 有 $\log S(t) \sim N(\alpha,\beta^2)$,并找出相关的 α,β^2。

因为 $\mathbb{E}\,S(t) = \mathbb{E}\exp(\log S(t)) \neq \exp(\mathbb{E}\log S(t)) = \exp(\alpha)$,进而可以精确地计算出 $\mathbb{E}\,S(t)$(答案是 $\exp(\mu t)$),但计算过程非常复杂。为此,我们利用模拟方法估计 $\mathbb{E}\,S(t)$。

对给定 μ,σ^2 和 t,写出一个程序估计 $S(t)$ 的值(至少模拟 10000 次),进而估计 $\mathbb{E}\,S(t)$ 和 $\mathbb{P}(S(t) > S(0))$,并给出每个估计的 95% 置信区间。

请读者利用自己编写的程序完成下面的表格。

μ	0.05	0.01	0.01
σ^2	0.0025	0.0025	0.01
$\mathbb{E}\,S(100)$ 的估计			
$\mathbb{E}\,S(100)$ 的 95% 置信区间			
$\mathbb{P}(S(100)>S(0))$ 的估计			
$\mathbb{P}(S(100)>S(0))$ 的 95% 置信区间			

P.439

22.6.3 跌停期权

跌停期权是一种出售我们感兴趣股份的金融工具。期权由执行价格 K、交割日期 t 和壁垒价格 B 决定。一个单独的期权赋予购买者在到期时间 t,以价格 K

购买某个股份的权利。这里,假设股份价格目前高于 B。

令 $V(t)$ 表示在到期时刻的期权价格,则

$$V(t) = \begin{cases} S(t) - K, & \text{若 } S(t) \geqslant K \text{ 且 } \min_{0 \leqslant i \leqslant t} S(i) > B, \\ 0, & \text{若 } S(t) < K \text{ 或 } \min_{0 \leqslant i \leqslant t} S(i) \leqslant B. \end{cases}$$

期权可用来减小由于价格变动而对企业造成的影响。比如,一个钢铁生产厂家知道在未来的 12 个月内需要大量钢铁矿石,则他们现在可以购买一个在未来能够以保证价格购买钢铁矿石的期权,而不需要现在就购买钢铁矿石。

假设 $S(0) = 1$,给定 μ, σ^2, K, t 和 B,请读者试写出一个程序对 $V(t)$ 进行模拟(至少 10 000 次),并估计 $V(t)$ 的分布函数。需要注意的是,$V(t)$ 的分布函数可能在 0 处存在跳点,而在其他地方连续(这是一个混合分布的例子)。

对 $\mu = 0.01, \sigma \in \{0.0025, 0.005, 0.01\}, K = 2, t = 100$ 和 $B = 0.2$,试估计 $\mathbb{P}(V(100) > 0)$ 的值,并考察当 σ^2 增加或减小时 $V(t)$ 的分布变化规律。

另外一个重要的问题是,当前情况下,应以什么价格购买期权?莫顿(Merton)和休斯(Scholes)对这个问题(在特殊情况 $B = 0$ 时)给予了回答,并因此获得了 1997 年的诺贝尔经济学奖。

R 命令术语表

工作空间和帮助

getwd()	获取工作目录
setwd(dir)	将工作目录设置到 dir
help(topic) ? topic	获取 topic 的帮助信息
help.search("keyword")	寻求帮助
help.start()	HTML 帮助界面
demo()	列出可用的演示
save(…, file) load(file)	保存和加载对象
savehistory(f) loadhistory(f)	保存和加载历史记录中的命令
source(file)	从文件 file 中执行命令
list.files(dir) dir(dir)	在目录 dir 下列出文件
q()	退出 R

对象

mode(x)	x 的模式
Is() objects()	列出已存在的对象
rm(x) rm(list = Is())	移除对象 x 或者所有对象
exists(x)	检测对象 x 是否已经存在
as.numeric(x) as.list(x) …	强制转换对象 x 的模式
is.numeric(x) is.na(x) …	检测对象 x 的模式
identical(x1, x2)	检测这两个对象是否相同
return(invisible(x))	返回不可见的副本(不打印输出)

程序包

install.packages(name)	下载并安装程序包 name
download.packages(name, dir)	将程序包 name 下载到 dir 中
library(name) require(name)	加载程序包 name
data(name)	加载数据集 name
.libPaths(dir)	将目录 dir 加到库路径中
sessionInfo()	列出加载的程序包

流程、控制以及函数定义

if (logical_expression) expression_1 else expression_2

for (x in vector) expression

while (logical_expression) expression

name < - function(input_1, …) {expression_1; …; return(output)}

stop(message)	进程停止并打印输出 message
browser()	停止，调试对象
system.time(expression)	报告 expression 的运行时间

数学、逻辑运算符及函数

+ - * / ^ % % %\%	代数运算符
< > <= >= == !=	比较运算符
& | !	逻辑运算符（和，或，非）
&& ||	从左开始逐步执行和/或
xor(A, B)	异或（A 或 B 中的一个）
ifelse(condition, x, y)	基于元素来选择 x 或者 y
sin(x) cos(x) tan(x)	正弦、余弦和正切
asin(x) acos(x) atan(x)	反正弦、反余弦和反正切
exp(x) log(x)	底为 e 的指数和对数
sqrt(x)	开方
abs(x)	绝对值
pi	3.1415926…
ceiling(x)	x 向上取整
floor(x)	x 向下取整
all.equal(x, y)	几乎相等
round(x, k)	对 x 四舍五入取 k 位有效数字
deriv(expression, vars)	符号微分

向量

x[i]	使用索引向量选择子向量
x[logical] subset(x, subset)	使用逻辑向量选择子向量
c(…)	合并向量
seq(from, to, by) from: to	生成数字序列
rep(x, times)	生成重复的数值
length(x)	x 的长度
which(x)	x 中元素为 TRUE 的指标
sum(…)	向量的和

prod(…)	向量的乘积
cumsum(x) cumprod(x)	累积和与累积积
min(…) max(…)	最小值与最大值
sort(x)	对向量的元素进行排序
mean(x)	向量元素的平均值
var(x) sd(x)	向量元素的方差与标准差
order(x)	向量 x 排序后元素标号的顺序

矩阵

matrix(data, nrow, ncol, byrow)	创建一个矩阵
rbind(…) cbind(…)	结合行或者列
diag(x)	创建一个对角阵
% * %	矩阵乘法符号
nrow(A) ncol(A)	矩阵的行数和列数
colMeans(A) colSums(A)	矩阵列的均值或和
dim(A)	矩阵的维数
det(A)	矩阵的行列式
t(A)	矩阵的转置
solve(A, b)	方程 A x = = b 的解
solve(A)	逆矩阵
array(data, dim)	创建多维数组

数据框、因子和列表

data.frame(…)	创建一个数据框
str(x)	x 的概括结构
names(x)	x 的名称
dim(x)	x 的行数和列数
attach(x)	将数据框复制到工作空间中
detach(x)	从工作空间中删除数据框
factor(x)	创建一个因子
levels(x)	列出因子水平
list(…)	创建一个列表
unlist(…)	将列表转换到向量中
apply(x, i, f, …)	对数组的第 i 个元素使用函数 f
sapply(x, f, …)	对 x 使用函数 f 并返回一个向量
lapply(x, f, …)	对 x 使用函数 f 并返回一个列表
tapply(x, i, f, …)	在因子 i 的各种水平下对 x 的子向量使用函数 f
mapply(f, …)	对多个参数使用函数 f

输入与输出

scan(file, what, n, sep, skip)	从文件（或键盘）读取
read.table(file)	将表中的数据读取到数据框中
read.csv(file)	读取用逗号分隔的数据
read.delim(file)	将制表符分隔的数据读取到数据框中
readline(prompt)	从键盘读取一行文本
show(object)	将 object 显示在屏幕上
head(object)	列出 object 的标题行
tail(object)	列出 object 的结尾行
print(object)	打印出 object
options(digits = x)	在输出中显示 x 位有效数字
cat(…, file)	连接并且写入
format(x, digits, nsmall, width)	x 的输出格式
paste(…, sep = " ")	将字符串粘贴在一起
write(x, file, append = FALSE)	写入到一个文件（或者屏幕）
sink(file)	输出重定向到一个文件
dump("x", file)	x 的文本表示
write.table(x, file)	将数据框 x 写入文件中

绘图

plot(x, y)	分别以 x 和 y 为横纵坐标绘图
type = "?"	确定类型
"p", "l", "b"	点图、线图或点线图
"c"	点线图中只保留线
"o"	点线图中点在线上
"h"	画垂直线（类似于直方图）
"s", "S"	画阶梯函数，正方向或者反方向
"n"	不绘制数据，仅画出坐标轴
main = "title"	给出绘制图形的标题
xlim = c(a, b)	设置 x 轴的上下界
ylim = c(a, b)	设置 y 轴的上下界
xlab = "?" ylab = "?"	给出 x 或者 y 轴的名称
pch = k	设置点的形状（k 取值从 1 到 25）
lwd = ?	设置线的宽度，默认值为 1
col = "?"	设置点和线的颜色
colours() or colors()	列出 R 所有的颜色
lines(x, y)	在图中增加一条线
abline(h) abline(v)	画水平或者垂直线

points(x, y)	在图中增加点
text(x, y, labels)	在图中相应位置插入文本
curve(f, from, to)	绘制 f 的图形
par(?)	设置图形参数
mfrow = c(nr, nc)	按行生成 nr 行 nc 列的图形格子(若需按列使用 mfcol)
oma = c(b, l, t, r)	给所有图形生成外边界
mar = c(b, l, t, r)	给每个图形生成外边界
las = 1	y 轴的刻度标记水平显示
pty = "s"	强制将图形画成正方形
cex = x	将图形中的符号和文本放大 x 倍
bty = "?"	确定绘图所在格子的外形

随机数和概率分布

ddist(x, p1, ⋯)	$\mathbb{P}(X = x)$ 或者 $f(x)$
pdist(q, p1, ⋯)	$\mathbb{P}(X \leqslant q)$
qdist(p, p1, ⋯)	p 分位数点,即 $100p\%$ 点
rdist(n, p1, ⋯)	伪随机数
dist p1, ⋯	分布及参数
unif min = 0 max = 1	均匀分布
binom size prob	二项分布
geom prob	几何分布
hyper m n k	超几何分布
nbinom size prob	负二项分布
pois lambda	泊松分布
exp rate	指数分布
chisq df	卡方分布
gamma shape rate	伽玛分布
norm mean sd	正态分布
t df	t 分布
weibull shape scale	威布尔分布
set.seed(seed)	设置伪随机数序列的参数
.Random.seed	随机数生成器的声明
RNGkind	哪个随机数生成器?
sample(x, n, replace = TRUE)	从 x 中选取大小为 n 的样本

书中涉及的程序与函数

索 引